国家出版基金资助项目
"新闻出版改革发展项目库"入库项目
"十三五"国家重点出版物出版规划项目

国家出版基金项目
NATIONAL PUBLICATION FOUNDATION

钢铁工业绿色制造
节能减排先进技术丛书

主　编　干　勇
副主编　王天义　洪及鄙
　　　　赵　沛　王新江

轧钢过程
节能减排先进技术

Advanced Technology of Energy Saving and
Emission Reduction for Steel Rolling

康永林　唐荻　著

北　京
冶金工业出版社
2020

内 容 提 要

本书系统地介绍了轧钢过程中的节能减排先进技术。全书共 13 章，第 1、2 章介绍了轧钢工艺概论和轧钢技术发展现状及趋势，第 3~13 章从近年我国轧钢领域研究开发并应用的一大批相关节能减排先进技术中选择了 11 个方面的典型案例，对各项技术涉及的相关原理、方法、技术内容及应用实例进行了较为详细的介绍，力求为我国轧钢领域节能减排技术发展与推广起到推动作用。

本书可供轧钢领域科技人员、工程技术人员阅读，也可作为大专院校材料工程专业高年级学生的教学参考书。

图书在版编目(CIP)数据

轧钢过程节能减排先进技术/康永林，唐荻著. —
北京：冶金工业出版社，2020.10
（钢铁工业绿色制造节能减排先进技术丛书）
ISBN 978-7-5024-8427-9

Ⅰ.①轧… Ⅱ.①康… ②唐… Ⅲ.①轧钢学—节能
减排—研究—中国 Ⅳ.①TG33

中国版本图书馆 CIP 数据核字(2020)第 169604 号

出 版 人　苏长永
地　　址　北京市东城区嵩祝院北巷 39 号　邮编　100009　电话　(010)64027926
网　　址　www.cnmip.com.cn　电子信箱　yjcbs@cnmip.com.cn
策　　划　任静波
责任编辑　李培禄　任静波　美术编辑　彭子赫
版式设计　孙跃红　责任校对　郑　娟　责任印制　李玉山
ISBN 978-7-5024-8427-9

冶金工业出版社出版发行；各地新华书店经销；三河市双峰印刷装订有限公司印刷
2020 年 10 月第 1 版，2020 年 10 月第 1 次印刷
169mm×239mm；31.25 印张；606 千字；477 页
136.00 元

冶金工业出版社　投稿电话　(010)64027932　投稿信箱　tougao@cnmip.com.cn
冶金工业出版社营销中心　电话　(010)64044283　传真　(010)64027893
冶金工业出版社天猫旗舰店　yjgycbs.tmall.com
（本书如有印装质量问题，本社营销中心负责退换）

丛书出版说明

随着我国工业化、城镇化进程的加快和消费结构持续升级，能源需求刚性增长，资源环境问题日趋严峻，节能减排已成为国家发展战略的重中之重。钢铁行业是能源消费大户和碳排放大户，节能减排效果对我国相关战略目标的实现及环境治理至关重要，已成为人们普遍关注的热点。在全球低碳发展的背景下，走节能减排低碳绿色发展之路已成为中国钢铁工业的必然选择。

近年来，我国钢铁行业在降低能源消耗、减少污染物排放、发展绿色制造方面取得了显著成效，但还存在很多难题。而解决这些难题，迫切需要有先进技术的支撑，需要科学的方向性指引，需要从技术层面加以推动。鉴于此，中国金属学会和冶金工业出版社共同组织编写了"钢铁工业绿色制造节能减排先进技术丛书"（以下简称丛书），旨在系统地展现我国钢铁工业绿色制造和节能减排先进技术最新进展和发展方向，为钢铁工业全流程节能减排、绿色制造、低碳发展提供技术方向和成功范例，助力钢铁行业健康可持续发展。

丛书策划始于 2016 年 7 月，同年年底正式启动；2017 年 8 月被列入"十三五"国家重点出版物出版规划项目；2018 年 4 月入选"新闻出版改革发展项目库"入库项目；2019 年 2 月入选国家出版基金资助项目。

丛书由国家新材料产业发展专家咨询委员会主任、中国工程院原副院长、中国金属学会理事长干勇院士担任主编；中国金属学会专家委员会主任王天义、专家委员会副主任洪及鄙、常务副理事长赵沛、副理事长兼秘书长王新江担任副主编；7 位中国科学院、中国工程院院士组成顾问团队。第十届全国政协副主席、中国工程院主席团名誉主席、中国工程院原院长徐匡迪院士为丛书作序。近百位专家、学者参加了丛书的编写工作。

针对钢铁产业在资源、环境压力下如何解决高能耗、高排放的难题，以及此前国内尚无系统完整的钢铁工业绿色制造节能减排先进技术图书的现状，丛书从基础研究到工程化技术及实用案例，从原辅料、焦化、烧结、炼铁、炼钢、轧钢等各主要生产工序的过程减排到能源资源的高效综合利用，包括碳素流运行与碳减排途径、热轧板带近终形制造，系统地阐述了国内外钢铁工业绿色制造节能减排的现状、问题和发展趋势，节能减排先进技术与成果及其在实际生产中的应用，以及今后的技术发展方向，介绍了国内外低碳发展现状、钢铁工业低碳技术路径和相关技术。既是对我国现阶段钢铁行业节能减排绿色制造先进技术及创新性成果的总结，也体现了最新技术进展的趋势和方向。

丛书共分 10 册，分别为：《钢铁工业绿色制造节能减排技术进展》《焦化过程节能减排先进技术》《烧结球团节能减排先进技术》《炼铁过程节能减排先进技术》《炼钢过程节能减排先进技术》《轧钢过程节能减排先进技术》《钢铁原辅料生产节能减排先进技术》《钢铁制造流程能源高效转化与利用》《钢铁制造流程中碳素流运行与碳减排途径》《热轧板带近终形制造技术》。

中国金属学会和冶金工业出版社对丛书的编写和出版给予高度重视。在丛书编写期间，多次召集丛书主创团队进行编写研讨，各分册也多次召开各自的编写研讨会。丛书初稿完成后，2019 年 2 月召开了《钢铁工业绿色制造节能减排技术进展》分册的专家审稿会；2019 年 9 月至 10 月，陆续组织召开 10 个分册的专家审稿会。根据专家们的意见和建议，各分册编写人员进一步修改、完善，严格把关，最终成稿。

　　丛书瞄准钢铁行业的热点和难点，内容力求突出先进性、实用性、系统性，将为钢铁行业绿色制造节能减排技术水平的提升、先进技术成果的推广应用，以及绿色制造人才的培养提供有力支持和有益的参考。

中国金属学会
冶金工业出版社
2020 年 10 月

总　　序

党的十九大报告指出，中国特色社会主义进入了新时代，"我国社会主要矛盾已经转化为人民日益增长的美好生活需要和不平衡不充分的发展之间的矛盾"。为更好地满足人民日益增长的美好生活需要，就要大力提升发展质量和效益。发展绿色产业、绿色制造是推动我国经济结构调整，实现以效率、和谐、健康、持续为目标的经济增长和社会发展的重要举措。

当今世界，绿色发展已经成为一个重要趋势。中国钢铁工业经过改革开放 40 多年来的发展，在产能提升方面取得了巨大成绩，但还存在着不少问题。其中之一就是在钢铁工业发展过程中对生态环境重视不够，以至于走上了发达国家工业化进程中先污染后治理的老路。今天，我国钢铁工业的转型升级，就是要着力解决发展不平衡不充分的问题，要大力提升绿色制造节能减排水平，把绿色制造、节能环保、提高发展质量作为重点来抓，以更好地满足国民经济高质量发展对优质高性能材料的需求和对生态环境质量日益改善的新需求。

钢铁行业是国民经济的基础性产业，也是高资源消耗、高能耗、高排放产业。进入 21 世纪以来，我国粗钢产量长期保持世界第一，品种质量不断提高，能耗逐年降低，支撑了国民经济建设的需求。但是，我国钢铁工业绿色制造节能减排的总体水平与世界先进水平之间还存在差距，与世界钢铁第一大国的地位不相适应。钢铁企业的水、焦煤等资源消耗及液、固、气污染物排放总量还很大，使所在地域环境承载能力不足。而二次资源的深度利用和消纳社会废弃物的技术与应用能力不足是制约钢铁工业绿色发展的一个重要因素。尽管钢铁工业的绿色制造和节能减排技术在过去几年里取得了显著的进步，但是发展仍十分不平衡。国内少数先进钢铁企业的绿色制造已基本达到国际先进水平，但大多数钢铁企业环保装备落后，工艺技术水平低，能源消耗高，对排放物的处理不充分，对所在城市和周边地域的生态环境形成了严峻的挑战。这是我国钢铁行业在未来发展中亟须解决的问题。

国家"十三五"规划中指出，"十三五"期间，我国单位 GDP 二氧化碳排放下降 18%，用水量下降 23%，能源消耗下降 15%，二氧化硫、氮氧化物排放总量分别下降 15%，同时提出到 2020 年，能源消费总量控制在 50 亿吨标准煤以内，用水总量控制在 6700 亿立方米以内。钢铁工业节能减排形势严峻，任务艰巨。钢铁工业的绿色制造可以通过工艺结构调整、绿色技术的应用等措施来解决；也可以通过适度鼓励钢铁短流程工艺发展，发挥其低碳绿色优势；通过加大环保技术升级力度、强化污染物排放控制等措施，尽早全面实现钢铁企业清洁生产、绿色制造；通过开发更高强度、更好性能、更长寿命的高效绿色钢材产品，充分发挥钢铁制造能源转化、社会资源消纳功能作用，钢厂可从依托城市向服务城市方向发展转变，努力使钢厂与城市共存、与社会共融，体现钢铁企业的低碳绿色价值。相信通过全行业的努力，争取到 2025 年，钢铁工业全面实现能源消耗总量、污染物排放总量在现有基础上又有一个大幅下降，初步实现循环经济、低碳经济、绿色经济，而这些都离不开绿色制造节能减排技术的广泛推广与应用。

中国金属学会和冶金工业出版社共同策划组织出版"钢铁工业绿色制造节能减排先进技术丛书"非常及时，也十分必要。这套丛书瞄准了钢铁行业的热点和难点，对推动全行业的绿色制造和节能减排具有重大意义。组织一大批国内知名的钢铁冶金专家和学者，来撰写全流程的、能完整地反映我国钢铁工业绿色制造节能减排技术最新发展的丛书，既可以反映近几年钢铁节能减排技术的前沿进展，促进钢铁工业绿色制造节能减排先进技术的推广和应用，帮助企业正确选择、高效决策、快速掌握绿色制造和节能减排技术，推进钢铁全流程、全行业的绿色发展，又可以为绿色制造人才的培养，全行业绿色制造技术水平的全面提升，乃至为上下游相关产业绿色制造和节能减排提供技术支持发挥重要作用，意义十分重大。

　　当前，我国正处于转变发展方式、优化经济结构、转换增长动力的关键期。绿色发展是我国经济发展的首要前提，也是钢铁工业转型升级的准则。可以预见，绿色制造节能减排技术的研发和广泛推广应用将成为行业新的经济增长点。也正因为如此，编写"钢铁工业绿色制造节能减排先进技术丛书"，得到了业内人士的关注，也得到了包括院士在内的众多权威专家的积极参与和支持。钢铁工业绿色制造节能减排先进技术涉及钢铁制造的全流程，这套丛书的编写和出版，既是对我国钢铁行业节能环保技术的阶段性总结和下一步技术发展趋势的展望，也是填补了我国系统性全流程绿色制造节能减排先进技术图书缺失的空白，为我国钢铁企业进一步调整结构和转型升级提供参考和科学性的指引，必将促进钢铁工业绿色转型发展和企业降本增效，为推进我国生态文明建设做出贡献。

徐匡迪

2020 年 10 月

前　　言

　　近年我国各类轧制钢材年产量已超过 11 亿吨，在如此巨量的钢材生产过程中，从连铸坯的输送、加热、轧制（热轧、冷轧）、热处理到轧材表面处理等，涉及大量的能源消耗及废水、废液、废料排放，而钢材在汽车、交通运输、工程机械、建筑、能源输送、海洋工程、家电等下游用户经过剪裁（或切割）、成形、连接及应用过程中，也同样涉及大量的能源消耗及排放问题。同时，就钢材的全生命周期而言，钢材结构件经若干年的使用后最终到报废、回收并循环再利用的过程也同样存在节约资源、节能减排、绿色可循环及可持续发展的巨大潜力。

　　因此，考虑轧钢过程的节能减排问题时，需要从连铸坯凝固过程的铸坯质量及所含热能的有效控制与利用，到轧制过程的高效衔接；从热轧控轧控冷的组织性能控制、表面氧化铁皮控制及在线热处理，到薄钢板冷轧、退火及表面处理；从钢材深加工，到应用与回收循环再利用等钢材生产、加工、应用的全过程，只有进行全流程、全工序、全方位的优化设计与控制，才有可能达到最佳的节约资源和节能减排效果。

　　近年来，国内外许多冶金材料科技人员在钢材生产过程节能减排技术上进行了大量的研发工作并取得了巨大的成效。如：钢铁短流程技术、新一代控轧控冷技术、薄宽带钢无头轧制/半无头轧制技术、连铸坯凝固末端大压下技术、小方坯免加热直轧技术、棒材多线切分轧制技术、板带钢及型钢轧制数字化技术、热轧板带材表面氧化铁皮控制技术、板带钢免酸洗技术、轧后钢材在线热处理技术、先进钢材深加工技术，以及钢铁材料全生命周期绿色化、可循环再利用技术等，为大幅度降低钢材轧制生产过程能耗，显著提高新工艺新产品研发生产效率、钢材质量性能及成材率，实现钢材高效利用、结构轻量化并延长使用寿命等，为钢铁绿色化制造与节能减排作出了巨大的贡献。

本书是"钢铁工业绿色制造节能减排先进技术丛书"之一。从全书系统性、整体性考虑，本书在前面编排了轧钢工艺概论和轧钢技术发展现状及趋势两章，第3~13章是从近年我国轧钢领域研究开发并应用的一大批相关节能减排先进技术中选择了11个方面的典型案例，对各项技术涉及的相关原理、方法、技术内容及应用实例进行了较为详细的介绍，供有关读者参考，努力为我国轧钢领域节能减排技术发展与推广起到推动作用。

本书由康永林、唐荻等著，其中，前言、第1章、第2章、第4章、第7章、第10章由康永林、朱国明编写，第3章由陈俊、沈鑫珺、唐帅、王斌、刘振宇、王国栋编写，第5章由曹光明、李志锋、刘振宇编写，第6章由杨新法编写，第8章由冯光宏编写，第9章由邸全康编写，第11章由孙蓟泉、余伟编写，第12章由唐荻、苏岚编写，第13章由孙蓟泉、苏岚编写。

在本书的编写过程中，得到中国金属学会理事长干勇院士、专家委员会主任王天义先生和副主任洪及鄙先生、常务副理事长赵沛教授、副理事长兼秘书长王新江先生、冶金工业出版社任静波总编辑等有关专家领导的具体指导和支持，国家出版基金对该书的出版给予了支持，在此一并表示感谢。

由于编者学术水平及掌握的相关资料有限，书中不妥之处，恳请广大读者批评、指正。

作　者

2020 年 7 月

目　　录

11 轧后钢材在线热处理技术与节能减排 ……………………………… 304

12 钢材深加工与节能减排 …………………………………………… 383

1 轧钢工艺概论

1.1 引言

轧制是金属塑性加工成形的主要方法。金属在轧机上通过旋转的轧辊之间产生连续塑性变形，在改变尺寸形状的同时，使组织性能得到控制和改善。轧制的方式和种类很多，有热轧、冷轧和温轧，板带轧制、斜轧、楔横轧、型线材轧制、周期断面轧制以及特种轧制等。轧制主要涉及金属塑性加工力学、金属材料科学与工艺、轧件与轧辊的接触摩擦学、轧制设备、计算机与数值模拟、自动化、智能化与信息技术等相关理论与技术。

现代轧制技术已发展成为集自动化、高效化、尺寸形状与组织性能高精度控制的现代化钢铁与金属材料加工生产方式，其产品遍及经济建设、国防和国民生活的各个领域。目前，轧制技术正在向着绿色化、数字化、智能化方向发展。

轧制的生产效率极高，是应用最广泛的金属塑性加工方法，钢铁、有色金属以及复合金属材料等均可以采用轧制进行加工，轧制产品占所有金属塑性加工产品的95%以上。例如，2015年我国粗钢产量8.038亿吨，实际钢材产量为7.795亿吨，约为粗钢产量的96.98%。

近年来，轧制工程技术发展迅速，薄板坯连铸连轧、近终形薄带铸轧、高精度板带、钢管及型线材轧制、无头轧制/半无头轧制、自由规程轧制、多线切分轧制及高速轧制等现代轧制技术以及现代控制冷却技术日新月异，尤其是与信息技术、智能控制技术和现代工程控制、管理技术的紧密结合，使现代控制轧制与控制冷却成为复杂的系统工程。

由于轧钢工艺过程复杂、轧制产品数量巨大、种类繁多、产品应用到国民经济的各个行业以及国民生活的衣食住行，因而，钢铁产品的轧制生产和应用过程均涉及数量巨大的节能减排以及对资源、能源和环境影响的国家经济发展重大战略问题。多年来，轧钢企业家及科技人员一直在致力于轧钢过程节能减排技术研发及应用，近年来，在国家及行业的支持和推动下，通过自主创新和产学研相结合，取得了一大批轧钢过程节能减排技术成果并进行了规模化的应用，在节能减排、降低成本及消耗、改善环境方面取得了显著的成效。

本书将从新一代控轧控冷技术、薄宽带钢无头轧制/半无头轧制技术、连铸坯凝固末端大压下技术、小方坯免加热直轧技术、棒材多线切分轧制技术、板带钢及型钢轧制数字化技术、热轧板带材表面氧化铁皮控制技术、板带钢免酸洗技术、轧后钢材在线热处理技术、先进钢材深加工技术，以及钢铁材料全生命周期绿色化、循环再利用技术等方面介绍近年出现的轧钢节能减排新技术，并给出一些典型案例，供读者和有关企业参考。

1.2 板带材生产工艺

1.2.1 板带材的种类及技术要求

国民经济建设大量使用的金属材料中，钢铁材料占很大比例，例如，2016年中国钢产量 8.08 亿吨，而钢材产量为 11.38 亿吨，去掉重复加工量 3.44 亿吨，钢材产量为 7.94 亿吨，98.27% 的钢铁材料是采用轧制方法生产的。轧材中 30%~60% 甚至更多为板带材，例如 1997 年日本板带材占钢铁总产量的 52.7%，美国为 61.4%，中国为 32.3%。2016 年中国板带比达到了 45.5%。板带钢产品薄而宽的断面决定了板带钢产品在生产上和应用上有其特有的优越条件。从生产上讲，板带钢生产方法简单，便于调整改换规格；从产品应用上讲，钢板的表面积大，是一些包覆件（如油罐、船体、车厢等）不可缺少的原材料，钢板可冲、可弯、可切割、可焊接，使用灵活。因此板带钢在建筑、桥梁、机车车辆、汽车、船舶、压力容器、锅炉、家用电器及生活用品等方面得到广泛的应用。

1.2.1.1 板带钢的种类及用途

板带材根据规格、用途、钢种的不同划分成不同的种类。

（1）按规格可分为厚板、薄板、极薄带等，有时又把厚板细分为特厚板、厚板、中板。世界上并无统一的划分标准，我国的分类标准是把厚度 60mm 以上的称为特厚板，20~60mm 称为厚板，3~20mm 称为中板，0.2~3.0mm 称为薄板，0.2mm 以下称为极薄带钢或箔材。美国、日本、德国、法国等国家把厚度 4.7~5.5mm 以上的钢板统称为厚板，此厚度以下到 3.0mm 称为中板，3.0mm 以下称为薄板。从钢板的规格来看世界上生产钢板的厚度范围最薄已达到 0.001mm，最厚超过 500mm，宽度最宽达 5350mm，最重 250t。

（2）按用途可分为汽车钢板、压力容器钢板、造船钢板、锅炉钢板、桥梁钢板、电工钢板、深冲钢板、航空结构钢板、屋面钢板及特殊用途钢板等。不同用途的板带钢常用的产品规格是不同的。

（3）按钢种可分为普通碳素钢板、优质碳素钢板、低合金结构钢板、碳素工具钢板、合金工具钢板、不锈钢板、耐热及耐酸钢板、高温合金钢板等。

一个钢种的钢板可以有不同的规格、不同的用途，同一种用途的钢板也可采用不同的钢种来生产，因此标识一个钢板品种通常是要用钢板的钢种、规格、用途等来表示。

1.2.1.2 板带钢产品的技术要求

板带钢的用途非常广泛，用途不同对板带钢的技术要求也就不同。对板带钢产品的基本要求包括化学成分、几何尺寸、强度、板形、表面、性能等几个方面。

（1）钢板的化学成分要符合选定品种的钢的化学成分（通常是指熔炼成分），这是保证产品性能的基本条件。

（2）钢板的外形尺寸包括厚度、宽度、长度以及它们的公差应满足产品标准的要求。例如公称厚度为 0.2~0.5mm 的冷轧板带钢，其厚度允许偏差 A 级精度为±0.04mm，B 级精度为±0.05mm。公称宽度不大于 1000mm 的冷轧板带钢宽度允许偏差为 +6mm，公称长度不大于 2000mm 的冷轧板带钢长度允许偏差为+10mm。对钢板而言，钢板的厚度精度要求是钢板生产和使用特别关注的尺寸参数。钢板的厚度控制也是一条钢板生产线技术装备水平的重要标志之一。

（3）钢板常常作为包覆材料和冲压等进一步深加工的原材料使用，使用上要求板形要平坦。在钢板的技术条件中对钢板的不平度提出要求，以钢板自由放在平台上，不施加任何外力的情况下，钢板的浪形和瓢曲程度的大小来度量。不同品种钢板的不平度的要求不同，例如公称厚度大于 4~10mm 的热轧钢板、钢带在测量长度 1000mm 条件下，不平度不能大于 10mm；公称厚度大于 0.70 ~ 1.50mm、公称宽度大于 1000 ~ 1500mm 的冷轧钢板、钢带，不平度不能大于 8mm。

（4）使用钢板作原料生产的零部件，原钢板的表面一般是工作面或外表面，从使用的要求出发对钢板表面有较高的要求，生产中从设备和工艺上要保障能生产出满足表面质量要求的产品。技术条件中通常要求钢板和钢带表面不得有气泡、裂纹、结疤、拉裂和夹杂，钢板和钢带不得有分层；钢板表面上的局部缺陷应用修磨的方法清除，清除部位的钢板厚度不得小于钢板最小允许厚度。

（5）根据钢板用途的不同，对钢板和钢带的性能要求不同，对性能的要求包括四个方面：力学性能、工艺性能、物理性能、化学性能。对力学性能的要求包括对强度、塑性、硬度、韧性的要求，对绝大多数的钢板、钢带产品而言，力学性能是最基本的要求；工艺性能包括冷弯、焊接、深冲等性能；材料使用时对物理性能有要求时在技术条件中提出，如电机和变压器用钢对磁感应强度、铁磁损失等物理性能提出要求；材料使用时对化学性能有要求时在技术条件中提出，如不锈钢板钢带对防腐、防锈、耐酸、耐热等化学性能提出要求。

1.2.1.3 技术要求

产品技术要求包括：

（1）化学成分：化学成分一般由冶炼车间按技术标准进行控制。

（2）力学性能：一般产品只要求抗拉强度、屈服强度、屈服极限和伸长率。

有的产品还要求硬度、硬化指数、高温持久、冲击值或瞬时强度等。

（3）物理性能：大部分产品对物理性能无特殊要求，有的产品要求弹性、电阻率等。

（4）工艺性能：用于深冲或拉伸的产品要求作杯突试验，其深冲值应符合标准要求。试验时试样不允许有明显的裙边，或其制耳率不得超过允许范围。

（5）金相组织：不同用途的产品要求不同的晶粒度大小、第二相分布、氧含量及过烧情况的金相检验。

（6）表面质量：对表面质量的要求基本上属于定性的。如表面要求光滑、清洁，不应有裂纹、皱纹、起皮、起泡、针孔、水迹、酸迹、油斑、腐蚀斑点、压入物、划伤、擦伤、包铝层脱落、辊印、氧化等，或不应超过允许范围。

（7）产品内部质量：不允许有中心裂纹和分层，对双金属复合材料要求层间结合牢固，经反复弯曲试样不分层等。

此外，对产品的验收规则和实验方法、包装、标志、运输及保管方法等都有具体规定。

板带材产品尽管品种、用途不同，技术要求各不一样，但其共同点可归纳为"组织均匀性能好，尺寸精确板形好，表面光洁性能好"。这概括了板带材产品的主要质量要求，某一产品的整个生产工艺过程，都要求保证产品质量要求，严格按照技术标准组织生产。

1.2.1.4 板带材生产特点

板带材的外形特点是宽而薄，宽厚比很大，这一特点决定了生产板带材的轧机特点。板带材的宽度大，轧制压力大，生产板带材轧机的轧辊辊身长度大。要减小轧制压力就要减小辊径，要保证轧辊的刚度需要使用有支撑辊的多辊轧机，同时轧机整体的刚度要高。轧制压力高和轧制压力的波动是影响板带材厚度公差的关键因素，检测和控制轧制压力的波动以控制板厚变化，所以板带材轧机应有板厚自动控制装置。在生产过程中轧辊受变形热等因素的影响，以及轧辊因与轧件的摩擦造成的不均匀磨损，轧辊直径会发生不同变化，要保证板材的厚度和板形，就要对轧辊的辊形进行调整，因此板带材轧机应具有辊形的调整手段和装置。

板带材的外形特点还决定了板带材轧制工艺上的特点。由于板带材的表面积大，对板带材的表面质量要求高，保证表面质量是板带材生产工艺中一个重要的技术要求。例如加热时的加热制度、氧化铁皮的清除、轧辊表面状态、运送过程中对表面的防护等，都是生产工艺中不可或缺的关注环节。热轧板带材由于表面积大，散热快且温度难以均匀，造成轧制压力波动，使板厚不均，影响产品质量。在热轧时减少温度的波动，减少板面与内部温度不均匀分布，控制轧制与控制冷却等都是板带材生产工艺的重要工艺环节。

1.2.2 热连轧板带生产工艺

1.2.2.1 常规热连轧生产

热轧薄板产品薄、表面积大，产品的这一特点决定了薄板热轧时具有不同于中厚板轧制的特性。热轧薄板生产主要有带钢热连轧机、炉卷轧机、行星轧机三种方式，其中热连轧带钢生产方式是目前世界上生产板带钢的主导形式，生产产品的厚度规格为 1.0~25.4mm，绝大多数的薄板（厚度 3mm 以下）是采用这种方式生产的。

A 热连轧带钢生产工艺概述

热连轧带钢生产一般使用 200~360mm 连铸坯，由于带钢连轧机采用全纵轧法，板坯宽度比成品宽度宽约 50mm。采用步进式连续加热炉，多段供热方式。从连铸机拉出板坯后直接用保温辊道和保温车热送至加热炉进行热装炉。板坯加热炉起补充加热、衔接连铸机与轧机、调节连铸机与轧机生产节奏的作用。

热连轧带钢轧制分为除鳞、粗轧、精轧等几个阶段。除鳞一般采用立辊轧机和高压水除鳞箱的方式。立辊在板坯宽度方向给于 50~100mm 压下量，可使板坯表面上一部分氧化铁皮破碎，然后经过高压水除鳞箱。粗轧采用全纵轧方式，一般需轧制 5 道以上。精轧机组多由 5~7 架四辊轧机或 HC 轧机组成，精轧机前设置一台飞剪，用于中间坯切头、切尾。在精轧机前有高压水除鳞箱，在机架间有的还设有高压水喷嘴，用来清除二次氧化铁皮。钢带以较低的速度进入精轧机组，钢带头部进入卷取机后精轧机组、辊道、卷取机等同步加速，在高速下进行轧制，在钢带尾部抛出前减速抛出。为了获得高精度板厚的板带钢，要求有响应速度快、调整精度高的压下调整系统和板形调整、控制系统，目前广泛采用液压厚度自动控制系统。

终轧温度通常在 800~930℃，卷取温度多在 600~700℃，从末架轧机到卷取机之间轧件要快速降温。轧后强化冷却的设备有高压喷嘴冷却、层流冷却、水幕冷却等不同的形式，广泛采用的是层流冷却和水幕冷却方式。层流冷却与水幕冷却相比，占地面积大、控制系统复杂、对水质要求高，如三对水幕冷却区长 20m，使用水量 7500L/min 情况下，比长 55m、使用 117 根上部集水管的 U 形虹吸管层流冷却系统的冷却效率要高，近年，部分常规热连轧线的前部或后部还设置了快速冷却装置。

冷却后钢带温度在 300~700℃进行卷取，通常设置 2~3 台卷取机交替使用，卷取后经卸卷和运输链送往精整作业线，进行纵剪、横剪、平整、检验、包装等工序出厂。

B 热连轧带钢生产的轧机组成及布置形式

热连轧带钢生产是当今板带材生产的最主要方式。用热连轧方式生产的热连轧带钢根据用户需要可成卷交货，也可按张交货，同时也可以将宽带钢按需要纵切成窄带钢交货。

热连轧带钢产品厚度范围不断发生变化，1960 年设计的热连轧带钢产品为 1.0~9.5mm，1961 年后厚度的上下限为 0.8~20.2mm，近年为 1.2~25.4mm，厚度的下限不追求更薄，而上限进一步提高这说明热连轧带钢产品已占有了传统中板的相当一部分市场。日本使用热连轧带钢轧机生产的 16.0~25.4mm 厚的钢板占热连轧带钢产品的 65%。世界上热轧薄板带材产品大多数是使用热连轧带钢轧机生产的，冷连轧板带材的原料来源也是热连轧板带材。

带钢热连轧机由粗轧机组和精轧机组组成。粗轧机组前大多设置一台立辊轧机或侧压调宽压力机，其作用是调整坯料宽度和破碎氧化铁皮。热带钢连轧机可以分为全连续式、半连续式、3/4 连续式三种不同的方式。三种方式中精轧机组均为 6~7 架四辊轧机组成的连轧机组，三种方式的差别主要在粗轧机组的轧机组成和布置上。

半连续式热带钢连轧机的粗轧机组多由一架或两架轧机组成，其组成与布置如图 1-1（a）和（b）所示。在立辊轧机破鳞后，坯料在第一架二辊可逆式轧机上往复轧制多道，然后在第二架四辊可逆式轧机上进行多道轧制。和全连续式相比，半连续式的粗轧机组只有两架轧机，设备少、生产线短、占地面积小，所以投资少，粗轧机组与精轧机组能力的匹配方面也能比较灵活地控制，可充分发挥粗轧机组的能力；由于粗轧机组要进行往复轧制，产量相对要低一些，适于小批量、多品种的板带钢生产。此外这种半连续式布置方式还可以只用粗轧机组生产中板，即将粗轧机组的最后一架作为中板产品的成品轧机使用。尽管用这种轧机生产中板使精轧机组等后部设备的利用率降低，但是在精轧机组等出现需要停机、不能使用的情况下，能利用粗轧机组完成中板的订货，也恰恰是这种布置灵活的一面。

3/4 连续式带钢热连轧机的粗轧机组由 3~4 架轧机组成，其组成和布置如图 1-4（c）所示。其中既有可逆式轧机，又有不可逆式轧机。一般第一架为二辊可逆式轧机，也有的采用四辊可逆式轧机，第二架后均为四辊不可逆式轧机，也有的两架采用可逆式，第三、第四架使用不可逆式轧机，后两架形成连轧。近年来新建的热轧带钢厂多采用 3/4 的布置形式，它的生产能力一般在 300 万吨以上，介于全连续式和半连续式之间，设备重量、生产线长度、占地面积、投资等也介于二者之间。

全连续式热带钢连轧机粗轧机组的组成与布置如图 1-1（d）所示。通常由 4~5 架轧机组成，粗轧机组每架轧机只轧一道，不进行可逆轧制，但也不进行连轧，由于每架轧机只轧一道，主电机使用交流电机。全连续式热连轧机最突出的优点是生产能力大，年产量可达 600 万吨。但生产线长、占地面积大、设备多、投资大。此外粗轧机组和精轧机组的生产能力不平衡，粗轧机组的利用率低，难以充分发挥其设备能力。

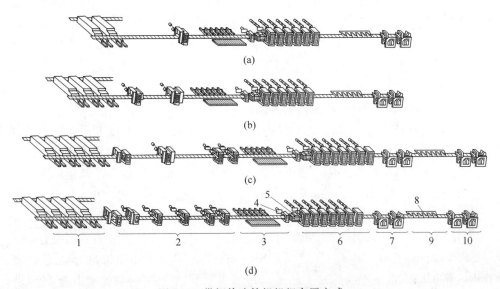

图 1-1 带钢热连轧机机组布置方式

（a）半连续式；（b）半连续式；（c）3/4 连续式；（d）全连续式

1—加热炉；2—粗轧机；3,9—输出辊道；4—剪切机；5—除鳞机；6—精轧机；

7—卷取机；8—冷却水喷管；10—卷取机

C 热轧薄板轧制压下规程设定

热轧薄板轧制压下规程设定主要包括：（1）板坯尺寸的确定；（2）粗轧机组压下量分配；（3）精轧机组压下量分配等。

D 热轧薄板轧制的速度制度设定

带钢热连轧机精轧机组末架轧机的速度曲线实例如图 1-2 所示。

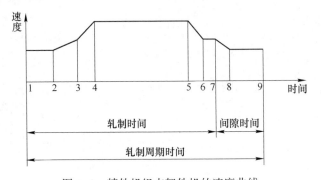

图 1-2 精轧机组末架轧机的速度曲线

图 1-2 中的 1 点为穿带开始时间，选用约 10m/s 的穿带速度；2 点表示带钢头部出末架轧机后，以 0.05～0.1m/s² 加速度开始第一级加速；3 点为带钢咬入

卷取机后以 $0.05 \sim 0.2 m/s^2$ 加速度开始第二级加速；4 点表示带钢以工艺制度设定的最高速度轧制；5 点为带钢尾部离开连轧机组中的第三架时，机组开始减速，速度降到 15m/s；6 点为以 15m/s 速度轧制等待抛出；7 点表示带钢尾部离开精轧机组开始第二级减速，降到穿带速度；8 点为开始以穿带速度等待下一支钢带；9 点表示第二支钢开始穿带。

1.2.2.2 薄板坯连铸连轧生产

薄板坯连铸连轧（Thin Slab Casting and Rolling，TSCR）技术是现代钢铁制造业的一项崭新的、短流程生产技术，其中包括冶炼、连铸、均热、连轧与冷却等主要工艺环节。其工艺特点是流程紧凑，将冶炼、精炼的钢水经薄板坯连铸机以高的连铸速度（通常 $3 \sim 6 m/min$）生产薄板坯（通常厚度 $50 \sim 90 mm$），并直接进入隧道炉短时均热（$20 \sim 25 min$），然后直接轧制成热轧板卷，全流程仅需 1.5h 左右。根据生产厂商及生产线的技术特点不同，薄板坯连铸连轧工艺主要有 CSP（Compact Strip Production）工艺、FTSR（Flexible Thin Slab Rolling）工艺以及 ISP（Inline Strip Production）工艺等。1989 年，世界上第一条薄板坯连铸连轧线——电炉 CSP 线在美国纽柯投产。

A 薄板坯连铸连轧工艺与传统工艺的比较

到 2018 年，世界上已建成 68 条薄板坯连铸连轧生产线。其中 CSP 线约占总数的三分之二。CSP 技术设备相对简单、流程通畅，生产比较稳定，其工艺设备简图见图 1-3。CSP 线的铸坯厚度一般在 $50 \sim 70 mm$（当采用动态软压下时，可将结晶器出口 90mm 左右坯厚带液芯压下成 $65 \sim 70 mm$，或将 70mm 坯厚软压下到 55mm），精轧机由 $6 \sim 7$ 机架组成。由薄板坯连铸连轧工艺流程的特殊技术组成和工艺特点，决定其在连铸和轧制等主要工艺环节与传统热连轧工艺的区别，下面简要地对二者在轧制工艺特点等方面进行比较。

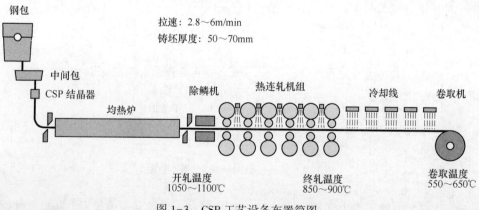

图 1-3 CSP 工艺设备布置简图

（1）轧制工艺特点及板坯热历史比较：薄板坯连铸连轧工艺过程与常规连铸连轧工艺的最大不同在于热历史（或热履历）不同。薄板坯连铸连轧工艺过程中，从钢水冶炼到板卷成品约为1.5h，而传统连铸连轧工艺所需时间要长得多。在薄板坯连铸连轧工艺中，从钢水浇铸到板卷成品，板坯经历了由高温到低温、由 $\gamma \rightarrow \alpha$ 转变的单向变化过程，而传统连铸连轧工艺中板坯的热历史为 $\gamma_{(1)} \rightarrow \alpha$、$\alpha \rightarrow \gamma_{(2)}$、$\gamma_{(2)} \rightarrow \alpha$ 过程，由于薄板坯和厚板坯连铸连轧的热历史及变形条件与过程不同，决定其再结晶、相变以及第二相粒子析出过程、状态和条件的不同，从而对板材成品的组织性能具有不同的影响。

目前，在CSP线连轧关键技术中，均热采用直通式辊底隧道炉，冷却采用层流快速冷却技术，而且CSP线轧机的布置与传统生产线不同，精轧机组与均热炉紧密衔接，大压下和高刚度轧制等，是现代薄板坯连铸连轧的工艺特点之一。直通式辊底隧道炉可以保证坯料头尾无温降差，因而不需要采用类似于带钢边部加热、提速或中间机座冷却的修正措施来均匀板坯温度；层流快速冷却可保证薄板在长度及宽度方向上温度均一，抑制微合金元素的固溶状态，实现薄板中这些元素微细弥散析出，有利于相变细化和组织强化。

（2）二相粒子的析出行为不同：在连铸连轧生产时，为了细化粗大的奥氏体晶粒，就不得不进行多次晶粒细化过程；为了细化晶粒，必须发生完全再结晶。奥氏体的再结晶行为可以通过加入微合金元素得以改善。

与传统工艺相比，薄板坯连铸连轧工艺具有独特的微合金元素行为，这是由于铸坯凝固后较高的冷却速度以及高温直装铸坯温度，使合金元素在溶解和析出过程中表现出来的行为与传统工艺不同，即可由碳、氮化合物溶解和沉淀强化的不同作用来解释。微合金元素在CSP工艺热轧开始前，在奥氏体中几乎完全溶解，不像传统生产工艺的板坯因冷却而析出，具有全部微合金优势，可用于奥氏体晶粒细化和最终组织的析出强化，所以会对最终产品的性能产生重要的影响。在传统工艺再加热前的冷却过程中，部分合金元素已经以碳化物和氮化物的形式析出，随后因有限的加热温度，仅有部分元素及化合物能够溶解，所以损失了一部分可细化奥氏体晶粒和最终沉淀强化的微量元素及二相粒子。

（3）板坯在辊道上的传输速度不同：CSP线与传统热轧工艺的板带在传输辊道上的传输速度有较大差异。例如在轧制1.0mm带材时，板带在输出辊道上的极限运行速度约为12.5m/s（传统热连轧线最高可达20m/s左右）。因为传输速度的差异，随后的冷却形式和卷取温度也因之而发生变化，从而进一步影响着板带组织的结构、状态和最终性能。

基于上述原因，薄板坯连铸连轧工艺与传统热轧工艺不同，必须对最终组织与析出物生成有直接关系的均热、压下规程和冷却等工艺参数给予高度重视。

（4）高效除鳞技术：薄板坯在整个轧制过程中始终处于很高的温度下，没有传统板坯温度下降到室温或降到 600~700℃ 的过程，并且加热时间和板坯出加热炉到进入除鳞机时间很短，薄板坯温降很小，氧化铁皮在板坯表面薄且黏，很难去除干净，因此用薄板坯生产的热带，表面质量一直是一个较难解决的问题。西马克公司开发的与薄板坯连铸连轧设备配套的高压小流量高效除鳞设备，压力达 35~45MPa。

B 薄板坯连铸连轧的轧机配置及板形板厚控制技术

在薄板坯连铸连轧的精轧机组上通常采用 CVC 轧机或 PC 轧机系统。为了批量生产良好的薄带钢，在轧机控制上除采用工作辊弯辊系统（WRB）、APC 自动端面形状控制系统、AGC 自动辊缝控制系统等技术外，还采用了在线磨辊 ORG 技术、保持良好板凸度的动态 PC 轧机、保持最佳辊面状态的 WRS 技术以及实现稳定轧制的无间隙装置等。其中包括：高刚度大压下轧制的优化负荷分配；高效轧制润滑技术；先进的板形板厚控制系统，保证高精度的板材质量；机架间水冷装置与自动活套控制系统等。通过灵活选用机架间冷却并与道次变形量配合，可精确控制机架间轧件的变形温度，从而对轧件的再结晶变形条件、细化组织、改善性能等进行控制。自动活套控制系统又进一步对轧制过程稳定性、轧件尺寸形状精度起到保证作用。

1.2.2.3 热带无头轧制、半无头轧制

热轧板带无头轧制和半无头轧制的目的在于解决间断轧制问题的同时，进一步提高板带成材率、尺寸形状精度及薄规格和超薄规格比例、降低轧辊消耗及节能降耗等。该项技术是钢铁轧制技术的一次飞跃，代表了世界热轧带钢的前沿技术。

目前，热带无头轧制技术有两种：一是在常规热连轧线上，在粗轧与精轧之间将粗轧后的高温中间带坯在数秒钟之内快速连接起来，在精轧过程中实现无头轧制；二是无头连铸连轧技术（ESP 技术）。半无头轧制是在薄板坯连铸连轧线上，采用比通常短坯轧制的连铸坯长数倍（2~7 倍）的超长薄板坯进行连续轧制的技术。

A 在常规热连轧线上的无头轧制技术

在现有常规热连轧线上，在粗轧与精轧之间将粗轧后的中间带坯在数秒钟之内快速连接起来，在精轧连轧机组实现无头轧制，经层流冷却线后的飞剪切断，由卷取机卷成热卷。其增加的设备主要有：在粗轧与精轧之间设置热卷箱、切头剪、中间板坯连接装置及卷取机前的飞剪。代表生产线及技术有：

（1）日本 JFE 公司千叶厂于 1996 年开发的采用感应加热焊接作为粗轧后的带坯连接方式，该方式要求对带坯接头区进行快速加热，形成热熔区实现对焊连接。图 1-4 为 JFE 无头轧制生产线示意图。该生产线投产后，在提高热轧板带生产效率、成材率及板形板厚精度、降低轧辊消耗、扩大薄宽规格品种等方面取得了显著的效果。

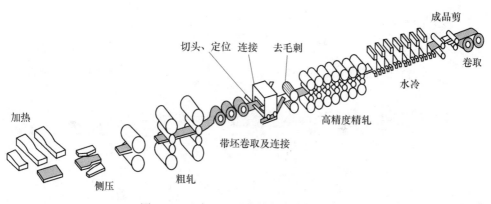

图 1-4　日本 JFE 无头轧制生产线示意图

（2）日本新日铁大分厂于 1998 年开始采用大功率激光焊接方式进行中间带坯连接。在该种方式下，为得到优质的焊接效果，要求激光焊接对带坯头部、尾部进行精确切割，以实现良好的对焊质量。

（3）韩国浦项和日本三菱公司于 2007 年联合开发成功热轧中间带坯的剪切连接技术，即利用特殊设计的剪切压合设备完成带坯瞬间固态连接，其生产线示意图如图 1-5 所示。通过无头轧制，不仅在薄宽规格产品尺寸精度方面得到显著提高，与通常短坯间歇式轧制比较，生产效率提高 25%～30%，充分发挥了精轧机组的能力。

图 1-5　韩国浦项无头轧制生产线示意图

B　无头连铸连轧技术（ESP）

无头连铸连轧技术 ESP（Endless Strip Production）由意大利阿维迪公司开发，2009 年在阿维迪公司克莱蒙纳厂建设投产了世界上第一条无头连铸连轧生产线——ESP 线。ESP 线的最大铸速 7.0m/min，带钢的极限规格（0.7～0.8）mm×1600mm、1.5mm×2100mm，非常适合薄规格板带大批量生产。超过 50% 的带钢厚度小于等于 2mm，钢水到热轧卷的收得率达到 97%～98%，能源消耗比常规热轧工艺降低 50% 以上，排放量降低 55%。图 1-6 为 ESP 线布局示意图。

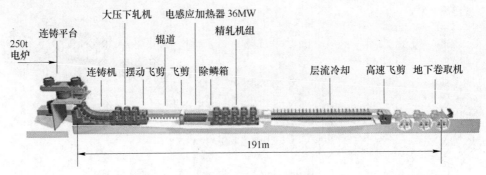

图 1-6   ESP 线布局示意图

C   无头轧制的优势及特点

在板带热连轧过程控制方面，无头轧制的优势和特点在于：

（1）节能节材显著：同常规热连轧相比，采用将多块中间带坯快速连接后进行无头轧制的成材率平均提高 1%~2%，辊耗降低约 20%，生产效率提高 5%~10%（在无头轧制过程中，轧机无间隙空转时间）；采用无头连铸连轧的 ESP 技术与传统板带轧机比较，可使成材率提高 2%~3%，能耗减少 40% 以上。

（2）提高穿带效率：单块坯薄带轧制过程中穿带时产生的弯曲和蛇形，多是由于无张力产生的头尾特有现象，当无头轧制产生张力后，几乎不发生蛇形现象并可实现稳定轧制。

（3）提高质量稳定性、尺寸形状精度及成材率：无头或半无头轧制使整个带卷保持恒定张力实现稳定轧制，并且不发生由轧辊热膨胀和磨损模型引起的预测误差及调整误差产生的板厚变化和板凸度变化，可显著提高板厚精度。超薄热带的厚度精度可达 $\pm 20 \mu m$，合格率超过 99%，1.0mm 带钢合格率甚至比 1.2mm还要高。超薄热带还显示出优良的伸长率和均匀的微观组织结构。另外，通过稳定轧制也提高了温度精度。在无头轧制中几乎不发生板带头部到达卷取机前这段约 100m 长的板形不良或非稳定轧制引起的质量不良。

（4）提高生产率：通常，在常规热连轧线生产 1.8~1.2mm 的薄规格板带时，由于板带头部在辊道上发飘，穿带速度限制在 800m/min 左右，而在无头或半无头轧制时已不受此限制。另外，单块坯轧制中的间歇时间在无头轧制中减为零，由此可显著提高薄规格轧制效率。

（5）可生产薄而宽的薄板和超薄规格板：无头或半无头轧制的主要目的之一在于稳定生产过去热轧工艺几乎不可能生产的薄宽板和超薄规格钢板。例如，在常规连铸连轧工艺中，热轧最薄轧制到 1.2mm，最宽到 1250mm。采用无头轧制时，可将非常难轧的材料夹在较容易轧制的较厚材料之间，使其头尾加上张力进行稳定轧制。因此，板厚 1.2mm 的可轧到 1600mm 宽，板宽 1250mm 以下的最薄可轧到 0.7~0.8mm。

（6）通过稳定润滑和强制冷却轧制生产新品种：热轧时采用强制润滑轧制可生产具有优良性能的钢板，但实际上，为了防止因喷润滑油产生的带坯头部咬入打滑，所以稳定的润滑区仅限于每卷的中部区域。因此产品质量难以稳定，成材率也低。在无头轧制中，当第一块板坯的头部通过精轧机组后，直到最后部分板带通过机组的较长时间内都可实现稳定润滑，因此，在能进行稳定润滑的同时又可减少材料损耗 1/10~1/6。在无头轧制时，由于可以对精轧出口处的板带施加张力，即使采用快速冷却也不存在穿带和冷却不均问题，由此可得到全长均匀的材质。

1.2.2.4　热轧板带工艺润滑

长期以来，水一直作为热轧板带钢时轧辊的润滑和冷却介质使用。随着轧机向高速化、连续化、自动化和大压下量方向发展，轧辊工作负荷明显增加，加速了轧辊的剥落和磨损，频繁的换辊又造成轧制作业率的降低。水已远远不能满足热轧时作为润滑介质的需要。因此板带钢热轧工艺润滑自 1968 年在美国 National 钢铁公司 Great Lake 钢铁厂首次应用成功以来，在世界各国发展迅速并得到越来越广泛的应用。目前主要围绕热轧工艺润滑的作用、节能减排效果、热轧润滑剂的功能、热轧润滑剂的供给方式、工艺润滑装置与控制方法等方面开展研究。

鉴于摩擦磨损对轧制过程的影响，采用热轧工艺润滑可以有效地降低和控制轧制过程中的摩擦磨损，进而起到以下作用：

（1）减小热轧过程轧辊与轧件之间的摩擦系数。不采用热轧工艺润滑时的摩擦系数一般为 0.30 左右，而采用工艺润滑时的摩擦系数可降低到 0.12。

（2）降低轧制力，提高轧机能力。摩擦系数的减小直接导致轧制力的降低，一般可减低轧制力 10%~25%，这样不仅可以降低轧制功率，节约能耗，而且更重要的是可以在原有轧机的基础上进行大压下轧制，有利于轧制薄规格的热轧产品，同时也可以有效地消除轧制过程中轧机的振动。

（3）减少轧辊消耗，提高作业率。在热轧条件下，工作辊因与冷却水长期接触发生氧化，在其表面生成黑皮，这是造成轧辊异常磨损的主要原因。润滑剂能够阻止轧辊表面黑皮的产生，进而延长轧辊使用寿命，同时减少换辊次数，提高了轧制生产作业率。

（4）减少轧制过程中二次氧化铁皮的生成，改善轧后表面质量。轧辊磨损的降低、氧化铁皮的减少直接改善了轧后板面质量。另外，工艺润滑对变形区摩擦的调控作用可以促进轧后板形的提高。轧后表面质量的改善还可以提高热轧板带的酸洗速度，降低酸液消耗，减少酸洗金属的损失。

（5）节能、降耗和减排。采用工艺润滑后，热轧吨钢平均节电 3kW·h；金属消耗降低 1.0kg；轧辊的消耗能降低 30%~50%；酸洗酸液消耗减少 0.3~1.0kg。

除此之外，采用工艺润滑还可使轧件在物理和冶金特性上发生如下变化：

（1）控制和改善晶粒组织；

（2）减低屈服点、极限拉伸强度和缺口强度；

（3）提高塑性应变比 r 值，提高伸长率；

（4）控制轧制织构形成，提高板带深冲性能。

1.2.3 中厚板生产工艺

1.2.3.1 中厚板生产工艺概述

中厚板带材是机械制造、桥梁建设、原子反应堆和石油化工的容器及管道制造等重要的原材料。由于中厚板可以根据需要剪裁，可以焊接成结构件、大型型材和大口径钢管等，与型材和管材相比运输容易，有利于现场施工，因此中厚钢板在许多工业生产部门得到广泛应用，对中厚钢板的需求量很大，在国民经济中占有重要地位。

中厚板生产中以碳素结构钢、低合金结构钢的船用钢、容器用钢等钢质的生产量最大，同时也生产一些特殊材质、特殊用途的钢板，如用于原子反应堆的压力容器和重油脱硫反应器的低合金特厚钢板，具有高强度、高韧性、好的耐腐蚀性能的石油勘探平台用钢板，用于液化天然气的低温、超低温容器钢板，用于造船、桥梁、坦克上的变厚度特殊用途钢板等。

轧制中厚板使用的原料主要有扁钢锭、初轧板坯和连铸板坯三种，目前，大多为连铸坯。原料的选择包括原料的种类、尺寸、重量的选择。选择合理与否会直接影响产品的质量、产量以及原材料的消耗等技术经济指标。另一影响原料选择的因素是供应原料的条件。

将扁钢锭经一次加热轧成中厚板是一种传统的方法，将钢锭在初轧机上轧成不同规格的初轧板坯，提供给中厚板厂作为原料。目前除生产一些特殊钢种或生产特厚钢板外已很少采用。随连铸技术的发展与广泛应用，连铸板坯省去了铸锭、初轧工序，节省了设备庞大的初轧厂的投资，大幅度提高了钢材收得率，同时给工艺过程简化提供了条件，使物料流程更合理，有利于实现热装和直接轧制，既节省能源又减少中间仓库面积。因此连铸板坯已逐渐取代初轧板坯，成为中厚板厂的主要原料。

由连铸技术特点所决定，连铸技术适用于镇静钢，而沸腾钢、半镇静钢应用连铸技术非常困难，因此开发了准沸腾钢钢种，以替代一些沸腾钢、半镇静钢钢种，以便应用连铸技术。连铸工艺在更换浇铸的钢种时存在一个"钢种混合区"的问题，因此推动了异钢种连浇技术的发展。在更换连铸板坯规格时，要调整结晶器的结构尺寸，因此发展了连铸板坯在线调宽技术。上述这些技术的发展推动了连铸板坯的应用。

　　随着钢坯热装热送和直接轧制技术的出现，又对连铸技术提出新的要求，连铸板坯缺陷的在线检测及在线清理、无缺陷连铸板坯生产、连铸操作自动控制及计算机化、连铸-连轧衔接匹配等技术又有了新的、长足的进步。

　　关于使用连铸板坯采用多大的压缩比才能保证产品的组织性能的问题提法不一。如美国提出压缩比要达到 4~5，日本提出压缩比要大于 6，而采用曼内斯曼-德马克技术的意大利阿维迪（Arvedi）开发的 ISP 技术，使用 50mm 的连铸薄板坯可生产 15mm 厚的中板，压缩比仅为 3.3，而采用板坯凝固末端大压下技术时，压缩比 2.0 也可以满足组织性能使用要求。轧材的组织和性能是从冶炼到轧制生产全过程中各工序综合影响的结果，适宜的压缩比应结合从冶炼、浇铸到轧制整个生产线的装备和技术水平的具体情况，在实践中验证。无疑较大的压缩比对提高材料的性能是有利的，一般认为连铸板坯的压缩比采用 4~6 是合理的。在实际生产中常采用 6~10 的压缩比，以期获得更可靠的性能。

1.2.3.2　中厚板的主要生产工艺

A　加热

　　中厚板厂使用的加热炉按其结构分为连续式加热炉、室状加热炉和均热炉。均热炉用于大型钢锭的加热；室状加热炉加热能力小，但生产灵活，主要用于加热特大或特小板坯、高合金钢板坯等批量小、加热周期特殊的情况。中厚板板坯加热炉的主要炉型是连续式加热炉。

　　连续式加热炉有推钢式和步进式两种形式。近年来加热技术的发展以节约燃料、提高热效率为主要目标，主要的技术进展表现在以下几个方面：一方面是加热炉炉型由推钢式发展为步进式，步进式加热炉操作上便于调整坯料的间隙和加热时间，易于调整出炉节奏，以适应冷装坯、热装坯、冷热混装坯在炉内的加热条件控制。另一方面表现为由单纯加热冷坯，发展为冷热坯混装或全部为热送热装坯。板坯装炉温度每升高 100℃，加热炉的热耗能降低 80~120kJ/kg，实现热装能有效地降低能耗。第三个方面是提高加热炉的热效率，在减少废气的热损失、减少炉体辐射热损失、回收废热等方面采取了相应的技术措施，如降低炉底强度、增加炉长，以减少废气的热损失；采用绝热炉墙以减少辐射热损失等。特别是加热炉采用计算机控制，按照装炉和轧制条件设定和控制加热炉各段温度、燃料分配和出炉温度，以期获得最佳热工制度，使用计算机测量和控制废气中的氧含量，以保证最佳的燃烧状态等。

B　轧制

　　中厚板轧制过程包括除鳞、粗轧、精轧三个阶段。随控制轧制技术的应用，为满足控制轧制时的温度条件，在粗轧过程中或粗轧后还有一个控制钢板温度的阶段。

（1）除鳞：钢板表面质量是钢板重要的质量指标之一，加热时高温下生成的氧化铁皮若在轧制前不及时清理或清理不净，在轧后的钢板表面上，因氧化铁皮被压入钢板表面，会产生"麻点"等缺陷，因此轧前除鳞是保证获得优良表面的关键工序。

除鳞的方法有多种，有的在板坯上投放食盐等，利用这些材料在高温下爆破来破除氧化铁皮，但是清除效果差，而且恶化环境。还有的是在粗轧机前设置一台立辊轧机轧制侧边，既可破碎氧化铁皮，也能起到调整坯料宽度的作用。目前广泛采用的方法是使用高压水除鳞箱和轧机前后的高压水喷头进行除鳞。生产实践表明，喷水压力对碳素钢为 12~16MPa、对合金钢为 17~20MPa 时，能有效地清除一次氧化铁皮和二次氧化铁皮，而无需设置专门的机械除鳞机。高压水除鳞箱有一个或两个上、下集水管，在板坯进入除鳞箱前由光电管检测出板坯位置和厚度，上集水管自动调整高度，并打开进水阀门，为了减少水的消耗量，除鳞时间随板坯长度自动调整。所需水压取决于氧化铁皮的状态，对碳素钢而言，一次氧化铁皮较疏松，可以采用较低的压力如 16MPa，而一些合金钢的氧化铁皮致密，必须使用高的水压如 20MPa，有的超过 30MPa。

（2）粗轧：中厚板轧制粗轧阶段的作用是将板坯或扁锭轧制到所需的宽度、厚度、控制平面形状和进行大压缩量延伸。

粗轧阶段首先调整板坯或扁锭尺寸，以保证轧制最终产品尺寸的宽度满足要求。实际生产中轧制产品的规格变化较多，而各种规格的产品很难做到使用——对应的坯料，坯料的断面尺寸变化要少得多，调整宽度是粗轧阶段的一项重要任务。根据坯料尺寸和延伸方向的不同，"调整宽度"的轧制方法可分为：全纵轧法、全横轧法、横轧-纵轧法、角轧-纵轧法。图 1-7 为纵轧、横轧、角轧轧制方法示意图。

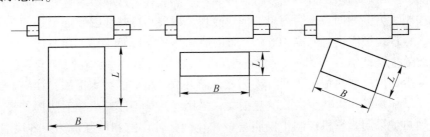

图 1-7　三种基本粗轧方式

轧制过程中金属在轧向和横向上流动是不均匀的，造成在轧制一道或数道后，钢板的平面形状不是一个精确的矩形，甚至与矩形形状偏离较大，如在轧向上形成鱼尾形或舌头形，横向上形成桶形等。进入精轧后无法修正，使轧后最终产品的平面形状复杂，必须切掉头、尾、边部才能得到所需的矩形，增加了金属消耗。自 1970 年以后，为了降低材料消耗，提高成材率，降低成本，日本的一些企业首先开发了平面形状控制技术。中厚板厂的金属收得率提高到 80%～90%，收得率的提高中 60% 是靠提高连铸比，其余 40% 是靠采用新的轧制方法，其中最有效的是平面形状控制技术。

影响金属收得率的因素中，因平面形状不良造成切头、切尾、切边的损失占总收得率损失的 49%，造成收得率的损失为 5%～6%，因此使平面形状矩形化在提高金属收得率中具有重要作用。常用的几种平面形状控制的方法有：

1）MAS 轧制法：又称水岛平面形状自动控制系统（Mizu Shima Automatic Plan View Patten Control System），1978 年开始在日本川崎制铁株式会社的水岛厂 2 号厚板轧机上采用，收得率高达 94.2%。常规轧制时切头切尾切边的收得率损失为 5.5% 左右，而采用 MAS 轧制法的切头切尾切边的收得率损失仅为 1.1%，此项技术就使收得率提高 4.4%。MAS 轧制法如图 1-8 所示。粗轧的第一阶段为了去除板坯表面清理等原因造成的凹凸不平，得到均匀的板坯厚度，提高展宽轧制时精度，首先在板坯的长度方向轧制 1～4 道，此阶段有人称为成形阶段即板坯轧制成正确厚度的阶段；第二阶段又称为展宽轧制，将板坯展宽到需要的宽度。

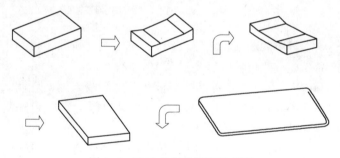

图 1-8　MAS 轧制法原理示意图

MAS 轧制法是根据最终中厚板的平面形状，预先规定轧制各阶段的板坯形状，在第一阶段成形轧制的最后一道，沿轧制方向给出既定的厚度变化，为了对成品头尾端部形状进行控制，在展宽轧制的最后一道沿轧制方向也给出既定的厚度变化，以此来实现产品平面形状的矩形化。

2）立辊法：此方法是新日铁名古屋厚板厂开发应用的。此方法的基本原理如图 1-9 所示。利用立辊对侧边进行轧制，可自由改变成品的平面形状，使产品的平面形状接近矩形。立辊轧机和水平辊轧机之间需有较大距离，轧制中的温降和能耗成为应用立辊轧制法的限制因素。

3）不等厚展宽法：此种方法的基本思路与 MAS 法相同，此种方法的轧制过程是：在展宽轧制后，使轧辊倾斜将侧边轧薄，再轧一道将另一侧边也轧薄，使

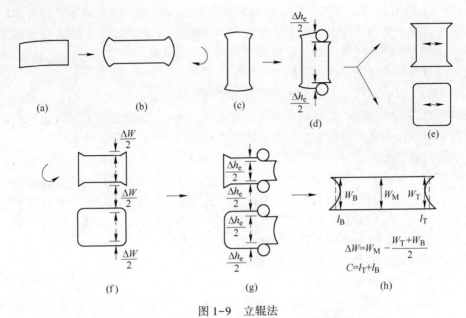

图 1-9   立辊法

（a）板坯；（b）成形轧制；（c），（f）转 90°；（d）横向轧制；

（e）宽展轧制；（g）纵向轧制；（h）伸长轧制

展宽轧制后得到不等厚的断面，然后再转 90°进入精轧阶段，得到平面形状接近矩形断面的产品。此方法可使收得率提高 1%左右。

4）咬入回轧法：此方法是将钢锭或板坯的两端咬入返回轧制几道，轧到钢锭厚度的 65%，两端在厚度方向上成凸形，然后对厚度方向未轧制部分进行轧制，结果可使端部沿厚度方向矩形化。

（3）精轧：精轧阶段的主要作用是延伸和质量控制。在精轧机上为了减少板宽方向各点纵向延伸不均，以获得良好的板形，一些中厚板轧机的精轧机上装备有工作辊或支撑辊液压弯辊系统，通过控制轧辊凸度，提高板宽方向上的均匀性。1974 年日本金属株式会社开发了 VC 轧机，支撑辊使用把辊套热装在辊芯上的组合轧辊，辊芯中可通入压力最高可达 50MPa 的油，通过油压大小来改变辊套的膨胀量，从而改变轧辊的凸度。

精轧机在厚度控制方面大多采用厚度自动控制系统（AGC）。轧辊的压下调整有电动压下和液压压下两种形式，液压压下速度可达 4mm/s，比电动压下的 1mm/s 要快得多，液压压下反应灵敏，响应速度快，设定精度可高达 0.01mm，控制系统也比较简单。目前液压压下是主要的厚度控制方式。

C   精 整 与 热 处 理

精整与热处理是中厚板厂产品质量最终处理和控制的环节。精整工序主要包括矫直、冷却、划线、剪切、检查、缺陷清理、包装入库等，根据钢材技术条件要求有的还需要热处理和酸洗。中厚板厂通常在作业线上设置热矫直机，多使用带支撑辊的四重式矫直机，为了补充热矫直机的不足，还离线设置拉力矫直机或压力矫直机等冷矫设备。板厚在25mm以下时侧边使用圆盘剪，头尾使用锄刀剪或摇摆剪。50mm以上的钢板多采用在线连续气割的方式。中厚板的热处理最常采用的是退火、正火、正火加回火、淬火加回火处理。

1.2.3.3　中厚板轧制工艺制度

中厚板轧制工艺制度主要包括：

（1）轧制压下规程设定；

（2）轧制速度制度设定；

（3）中厚板轧制温度制度设定，其中包括：加热温度的设定、开轧及终轧温度的设定；

（4）冷却控制制度；

（5）轧辊辊形设计；

1.2.3.4　轧机组成及布置形式

从轧机的结构形式划分，目前中厚板轧机主要有：二辊可逆式轧机、四辊可逆式轧机、万能式轧机三种。中厚板生产的轧机组成及布置形式主要有：单机架布置、双机架布置、多机架布置。

1.2.3.5　中厚板炉卷轧机生产

20世纪80年代中后期炉卷轧机复兴，以生产不锈钢为主的炉卷轧机因采用多项热连轧机的控制技术得到长足发展，已成为不锈钢领域的主力热轧机。以卷轧方式生产中厚板和热轧卷的中厚板炉卷轧机因采用了热连轧机和常规中厚板轧机的控制技术，得到了广泛关注与应用。进入21世纪，国内外相继投产多套1500~3500mm炉卷轧机，用于生产中厚板和宽、薄规格热轧卷。炉卷轧机的工作机座分前后两部分，设有带保温炉的卷取机，因此可以在热状态下实现成卷带钢的可逆轧制。

中厚板炉卷轧机生产方式主要有：（1）单张钢板往复轧制方式；（2）卷轧钢板方式。

1.2.4　冷轧板带生产工艺

1.2.4.1　冷轧生产工艺

A　冷轧板带生产工艺特点

冷轧是指金属在再结晶温度以下的轧制过程，通常为室温轧制。冷轧时不会发生再结晶过程，但产生加工硬化。与热轧相比，冷轧板带材具有尺寸精度高、表面质量好、组织性能好等特点，有利于生产具有良好冲压成形性能的产品，如电工钢板、汽车板、家电板等。冷轧工艺特点是：

（1）加工温度低，轧制中产生不同程度的加工硬化；

（2）冷轧过程中采用工艺润滑和冷却；

（3）张力轧制（防止跑偏，控制板形与厚度精度，降低抗力，调整电机负荷）。

（4）冷轧产品须产品退火或中间退火。

B　典型产品工艺流程

冷轧板带钢的产品品种多，生产技术复杂，生产工艺流程亦各有特点。成品供应状态有板、卷或纵剪带等形式。冷轧生产的基本工序为热轧板卷的酸洗或碱洗、冷轧、热处理、平整、剪切、检验、包装、入库等。

C　冷轧板带材生产的轧机组成及布置形式

传统的冷轧板带钢是单张轧制或成卷轧制。轧机通常为单机架轧机、双机架可逆轧机或多机架连轧机。

单机架可逆式冷轧机生产规模小，一般年产 10 万~30 万吨，调整辊形困难，但它具有设备少、占地面积小、建设费用低、生产灵活等特点，因此冷连轧机迅速发展到今天，目前世界上单机架可逆式冷轧机仍保有 260 多台。单机架可逆式冷轧机采用四辊、多辊等辊系的轧机，目前用于冷轧板带材轧制的轧机以四辊轧机和二十辊轧机为主，20 世纪 70~80 年代后期，日本日立公司开发了 HC 轧机，这种具有可轴向移动中间辊的六辊轧机有利于钢板凸度和板形控制，同时有利于带钢边部的厚度控制，提高了成材率，因此这种轧机得到较快的发展。

多机架连续式带钢冷轧机简称冷连轧机组，世界上共有 200 多套。有三机架冷连轧机、四机架冷连轧机、五机架冷连轧机、六机架冷连轧机等形式。现代冷轧生产方式为全连续式，见图 1-10。

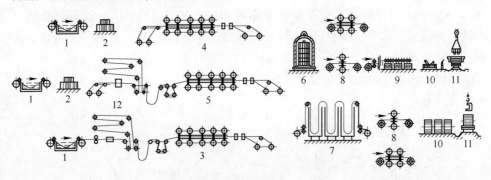

图 1-10　现代冷轧生产方法

1—酸洗；2—酸洗板卷；3—酸洗轧制联合机组；4—双卷双拆冷连轧机；5—全连续冷轧机；6—罩式退火炉；
7—连续退火炉；8—平整机；9—自动分选横切机组；10—包装；11—运输；12—焊机

全连续式冷轧机可分为以下三类：

（1）单一全连续轧机：使冷轧带钢不间断轧制。宝钢2030mm冷轧厂属该种形式。

（2）联合式全连续轧机：将单一全连轧机与其他生产工序机组联合。如与酸洗机组联合，与退火机组联合。

（3）全联合式全连续轧机：将全部工序联合起来。

1.2.4.2 冷轧板带的工艺控制

A 原料选择

使用热轧板带为原料，坯料最大厚度取决于设备条件，坯料最小厚度取决于成品厚度、钢种、成品的组织和性能要求以及供坯条件，要保证一定的总压下率。

B 压下规程

冷连轧机和单机架冷轧机压下量分配方法基本相同，主要有三种方法：第一种方法是压下率逐道次减小，这是最常用的方法；第二种方法是压下率各道次均匀分配，有的连轧机使用此方法，如某1700mm五机架冷连轧机的压下率分别为24%、24.3%、24.3%、24.1%、24.2%；第三种方法是逐道增加的方法。

C 轧制速度

最高轧制速度是冷轧机装备水平和生产技术水平的标志之一，轧制开始和轧制终了前的加速轧制和减速轧制阶段，摩擦系数要发生变化，从而产生带钢厚度的变化，会出现头尾部的厚度公差等超过标准的情况。加速阶段和减速阶段轧制的长度占总长度的比例与最高轧制速度和钢卷的重量（以带材的长度表示）有关。

卷重是限制轧制最高速度的因素，但是卷重不是越大越好，卷重要受到卷取机电机调速性能的限制，要受到供坯条件的限制。

D 轧制张力

冷轧薄板在轧制时的张力范围为 $(0.1 \sim 0.6)\sigma_s$，因轧机不同、轧制道次不同、钢种不同、规格不同等影响，张力变化范围较宽。后张力与前张力相比对减小单位轧制压力效果明显，足够大的后张力能使单位轧制压力降低35%，而前张力只能降低20%左右。可逆式冷轧机多采用后张力大于前张力方法轧制。

E 轧辊辊形

四辊冷轧机的辊形曲线取决于轧辊的变形，四辊轧机轧辊的变形由以下五个方面的变形组成：

（1）工作辊由于与轧件接触产生的弹性压扁；

（2）工作辊轴线挠曲；

（3）工作辊与支撑辊接触产生的弹性压扁；

（4）支撑辊轴线的挠曲；

（5）不均匀热膨胀的变形。

轧辊变形的计算方法有多种，可参阅有关的专著和文献。

轧辊辊形曲线的配置有两种方法。第一种方法是上下工作辊采用相等或不相等的凸度值，此方法的优点是凸度分布在上下辊，带钢板形平直；缺点是上下辊凸度顶点要对应，必须有轧辊的横向调整装置。第二种方法是凸度集中在上工作辊，下工作辊为圆柱形，其优点是轧制时辊缝平直，安装方便，但轧后板形略呈凹形，经平整可基本消除，此方法被广泛使用。

1.2.4.3　冷轧板带工艺润滑

板带钢冷轧时由于材料加工硬化，变形抗力增加，导致轧制压力升高；同时，随着轧制速度的提高，轧辊发热，必须采用兼有冷却作用的润滑剂进行工艺润滑，以减少摩擦、降低轧制压力、冷却轧辊和控制板形。在相同条件下水的冷却性能要优于油，而乳化液的冷却能力介于水和油之间，一般为水的 40% ~ 80%，而且随着乳化液浓度的增加，其冷却能力下降。

A　冷轧工艺润滑剂的基本功能

鉴于冷轧工艺润滑的重要作用，作为润滑剂除了应具备一般润滑剂的基本功能外，还应满足以下特征要求：

（1）润滑性能好，能够有效地降低或调控摩擦系数，降低轧辊磨损。

（2）冷却能力强，具有较高的导热和传热系数，满足高速轧制时的冷却性要求。

（3）性能稳定，在高温、高压环境下循环使用不变质，润滑效果不变，或者具有较长的使用周期。

（4）使用方便，作为油基润滑剂应具有较高的闪点和较低的凝固点，确保使用的安全性和低温时的流动性；作为乳化液应在乳化温度、时间、水质等方面无特殊要求，乳化液管理维护方便，破乳方法简单。

（5）清净性强，在使用过程中能随时带走轧辊和板带表面的磨屑和粉尘，轧后板面无油渍，退火时表面无油斑。

（6）防锈性好，能有效地防止与其长期接触的轧机与所轧板带材锈蚀。

（7）无毒、无味，排放或者板带材表面残留物符合环保要求。

（8）使用的经济性，由于冷轧产品品种较多，轧制工艺也存在差异，应根据具体情况如轧件材质、轧件厚度、轧机、轧制速度、表面质量要求等选择最适合的润滑剂。

B　冷轧乳化液的润滑性能

皂化值是轧制乳化液润滑性能的标志，皂化值越高，轧制润滑性能越好，但轧后退火板面清净性也随之变差。所以皂化值也是用来选择轧制不同规格板带材的轧制油标准之一。

影响乳化液的润滑性能除了皂化值外，还与乳化液浓度、稳定性、油滴的颗粒度分布有很大关系。乳化液配制方法不同，其颗粒度分布也不相同，特别是随着乳化液的使用，颗粒度的分布发生变化，导致轧制过程润滑性能变化，最终使得轧制过程中轧制力、张力等因素发生波动。

C 冷轧乳化液的应用

在单机架冷轧板带钢，特别是板厚较厚、速度较低时，可以直接使用酸洗涂油进行工艺润滑，或者酸洗涂油中掺入部分脂肪油，水则作为冷却液。若轧制成品厚度大于 0.5mm 的钢带时，可采用矿物油型乳化液，使用该乳化液冷轧轧机清净性较好，轧后钢带可不经脱脂直接进行罩式退火，退火后表面清净性好。当轧制成品厚度小于 0.3mm 的镀锡原板和镀锌原板时，通常使用脂肪型乳化液并添加油性剂和极压剂以提高其润滑性能，但是，轧后需经脱脂后才能进行退火。

1.2.5 轧材组织性能控制技术

1.2.5.1 影响材质的因素与钢板强化机制

对板带材成品的性能要求包括物理性能、化学性能、力学性能、工艺性能等，这些性能中力学性能与工艺性能受冶金因素，特别是冶炼、加工工艺因素影响最敏感。以钢为例，钢的力学性能在很大程度上取决于钢的组织状态，控制钢的组织转变的冶金因素包括钢的化学成分和冶炼、加工工艺。钢的组织状态是获得所需要的力学性能与工艺性能的关键。钢的成分、冶金工艺因素、组织、性能的关系如图 1-11 所示。

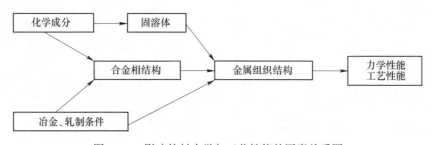

图 1-11 影响轧材力学与工艺性能的因素关系图

1.2.5.2 轧制工艺对材质的影响

轧制的目的包括产品的成形和控制产品的性能。轧制工艺对材料性能的影响主要是通过轧制过程中对金属组织转变的影响实现的。形变对金属组织转变的影响在热轧时表现为对高温组织及相变的影响、对一些合金相的存在形态的影响等。在冷轧时表现在对组织形态的影响和后续的热处理的影响等。

A 热轧过程奥氏体的回复与再结晶

对低碳钢、低合金钢等钢种而言，热轧过程中主要是在奥氏体区变形。根据形变的温度、变形程度等条件的不同，形变对奥氏体组织的影响有发生奥氏体动态回复与再结晶、静态回复与再结晶、发生回复而不发生再结晶等几种不同情况。图1-12表示的是再结晶区域图。图中给出了完全再结晶区、部分再结晶区、未再结晶区三个区域，表示在不同的轧制温度和压下率的条件下变形时奥氏体的再结晶状态。

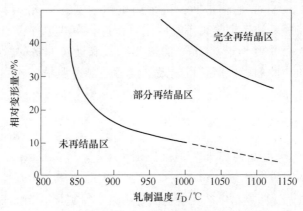

图1-12 含铌16Mn钢再结晶区域图

形变时奥氏体的回复与再结晶的状态要影响到形变后奥氏体的回复和再结晶的状态。形变时上述不同的奥氏体组织状态会发生亚动态再结晶、静态再结晶、静态回复等不同的情况。

研究形变对奥氏体状态的影响主要是相变前的奥氏体状态，不同的奥氏体状态会使相变发生不同变化。奥氏体状态的差别主要表现在奥氏体发生再结晶晶粒的数量和奥氏体晶粒的大小。热轧后相变前的奥氏体状态主要有粗大的奥氏体再结晶晶粒组织、细小奥氏体再结晶晶粒组织、奥氏体部分再结晶组织、未再结晶奥氏体组织等。

B 热轧冷却过程的相变

从再结晶奥氏体晶粒向铁素体转变时，铁素体晶粒优先在奥氏体晶界形核，一般不在奥氏体的内部形核。生成的铁素体晶粒有等轴状或多边形和针状的差别，大颗粒的奥氏体晶粒在冷却速度较慢的条件下形成大的等轴状或多边形的铁素体晶粒；碳含量0.15%~0.5%、晶粒度级别小于5级、冷却速度较快的条件下，大的奥氏体晶粒相变会形成魏氏组织。小的奥氏体晶粒相变时会形成小颗粒的铁素体晶粒，对材料的强韧性有利。

奥氏体部分再结晶组织一般是由较小的奥氏体晶粒和较大的未再结晶晶粒组

成的混晶组织，相变后生成的铁素体也是混晶状态，出现等轴状或多边形和针状的混晶、大小晶粒的混晶。

从未再结晶奥氏体组织向铁素体转变时，铁素体晶粒优先在晶界和变形带上形核，形变使奥氏体晶粒变为扁平形，等轴的铁素体晶粒的最大尺寸仅为扁平形奥氏体晶粒短轴的尺寸，同时还有变形带形核增加形核率，起到细化铁素体晶粒的作用，所以从未再结晶奥氏体晶粒转变的铁素体组织是由细小等轴状或多边形的铁素体晶粒组成的。

C 热轧过程的析出

在钢中一般均含有合金元素，这些元素在钢中的存在形态与元素的原子结构和钢的热力学条件有关，有的元素因条件不同会以固溶的形式或析出的形式存在。C 曲线给出了在平衡状态下钢从奥氏体中合金元素的析出行为，一般析出物在完全固溶温度下温度越降低析出的驱动力越大，另外，温度越低合金元素的扩散越慢。热加工会对合金元素的析出有显著的促进作用。

NbC 在热轧的温度范围有明显析出，析出的 NbC 对形变再结晶产生重要的影响，此外受到关注的析出物还有 TiC 等 Ti 的化合物、MnS 及在不锈钢等特殊钢中的 $Cr_{23}C_6$、Mo_2C、$V_4(C，N)_3$ 等。

热轧给析出物带来的影响还包括析出物的形态和分布发生改变，塑性析出物会沿轧制方向变形，脆性析出物沿轧制方向断续分布，使材料产生各向异性。

D 冷轧过程的组织与性能变化

金属的塑性变形是沿特定的滑移面、特定的滑移方向进行的，体心立方金属的滑移面为 {110}、{112}、{123} 等，滑移方向为<111>。冷轧前晶体的取向是各向随机分布的，冷轧后形成特定结晶方向发达的织构组织。冷轧钢板在冷轧后要进行软化退火，在退火过程中发生晶粒回复、再结晶与晶粒长大，见图 1-13。再结晶温度取决于冷轧时的压下量，压下量越大，再结晶温度就越低。另外，退火时形成再结晶织构。要得到发达的织构组织首先要在冷轧时得到发达的 {111} 面织构，为此冷轧的压下率要达到 80% 左右。为了退火后得到 {111} 或接近 {111} 的再结晶织构组织，冷轧前的热轧时要细化铁素体晶粒和控制析出物。

1.2.5.3 轧制工艺与材质控制

A 中厚板轧制的材质控制

一般金属在热轧各道次间发生静态再结晶，奥氏体晶粒细化，得到的晶粒度为 6~7 级。为了获得晶粒细化，中厚板热轧既可在奥氏体再结晶区控制轧制（Ⅰ型），也可以在奥氏体未再结晶区（Ⅱ型）或者奥氏体和铁素体（A+F）两相区控制轧制。具体控轧工艺取决于钢的化学成分、组织性能要求、轧机装备与工艺控制水平等。图 1-14 为各种中厚板热轧工艺示意图。

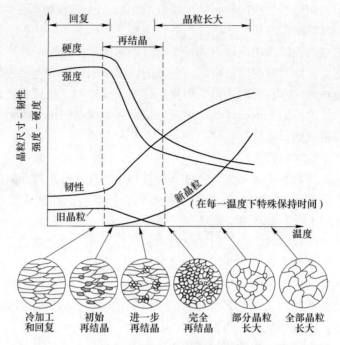

图 1-13 退火对冷加工材料显微组织和性能的影响

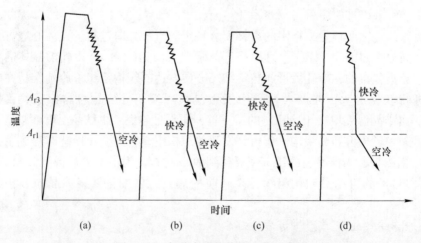

图 1-14 各种中厚板热轧工艺示意图

（a）普通热轧工艺；（b）三阶段控制轧制（Ⅰ型+Ⅱ型+（A+F）两相区）与冷却工艺；（c）两阶段
控制轧制（Ⅰ型+Ⅱ型）与冷却工艺；（d）高温再结晶（Ⅰ型）控制轧制与冷却工艺

对于含一定量 Mn 的低碳钢中加入 Nb 等微合金化元素，加热到 1250℃ 使 Nb
固溶，在 1000℃ 以上再结晶区轧制，通过再结晶使晶粒细化，然后在 950℃ 以下奥氏体未再结晶区给予累积大变形量的轧制，或在奥氏体、铁素体两相区轧制。这是中厚板生产中常采用的控制轧制技术。从轧制角度说，这样的控制轧制存在两大问题，其一是为了避开部分再结晶区必须在轧制过程中待温，会降低生产率，同时存在温度不均的问题。为解决此问题提出了中间水冷的工艺方案，并已在有的生产线上使用。其二是必须显著提高轧制压力。

控制冷却技术用于生产普通钢时，以 3~35℃/s 的冷却速度进行冷却，利用细化铁素体晶粒、铁素体自身硬化、增加珠光体等第二相数量的效果，可使钢的强度提高 10~100MPa，并且与形状控制技术相结合在实际中得到应用。这种控制冷却技术是包括成分设计、控制轧制等综合的形变热处理技术，称为 TMCP（Thermo Mechanical Control Process）技术。

B　热轧薄板的材质控制

热轧薄板生产的材质控制主要靠精轧阶段的连续式轧制实现。精轧的出口速度在数 m/s 或 20m/s 以上。由于精轧机机架的间隔为 5~6m，在精轧的前几架道次之间几乎完成再结晶，而后几架变形积累，在轧制终了的冷却中发生再结晶。由于压下率大，奥氏体晶粒比厚板的要小，铁素体晶粒通常可以细到 10~12 级。热轧薄板带轧机通常轧制条件的确定主要考虑生产能力。单方向轧制带来的问题是轧制方向和板宽方向材料性能上的差异，此问题可以靠降低钢中硫含量和加 Ca 来解决。

钢板轧后在输出辊道上冷却，目前薄板带的冷却速度可超过 100℃/s。冷却后卷取温度高的话，为保证钢带的头尾与中间性能的均匀性，冷却水量要相应调整。

用于冷轧带钢的热轧板卷希望得到细小、等轴的铁素体晶粒，应在稍高于相变点终轧和低温卷取。

C　直接轧制的材质控制

连铸连轧组织转变的特点取决于钢材加工过程的热履历，主要表现为奥氏体组织的特点和微合金化元素的固溶和析出的特点两个方面。

连铸连轧技术与传统生产工艺和连铸热送热装工艺的主要不同点是：在连铸成坯后，板坯在温度连续降低的过程中完成变形。在变形前是以粗大的奥氏体晶粒为主的混晶组织。为了消除这种混晶组织，在变形时期望粗大的奥氏体晶粒发生再结晶，以细化奥氏体晶粒。但是粗大的奥氏体晶粒由于晶界面积小，不利于再结晶的形核，动态再结晶和静态再结晶的临界变形量要大，要想实现奥氏体再结晶区轧制就应采用比较大的变形量和在更高的温度轧制，以实现再结晶区轧制，使奥氏体经再结晶而细化，为相变做好组织准备。微合金元素的作用表现在对奥氏体再结晶行为、相变行为、微合金元素的沉淀析出强化等方面。研究表明，轧前的粗大析出物不起强化作用，只有在轧前充分固溶，在轧制过程中或轧后冷却过程中析出的微细析出物才具有强化作用。而轧前的析出物具有阻碍奥氏体再结晶的作用。连铸连轧技术的微量元素固溶和析出行为与传统工艺有很大不同。应用连铸连轧技术时，在轧前微量元素几乎完全处于固溶状态，使再结晶容易进行，这些析出物在轧制过程中和轧后的冷却过程中析出，能抑制再结晶的奥氏体晶粒长大，有助于奥氏体晶粒的细化。轧制过程中和轧后冷却过程中的析出物微细、分布弥散，起析出强化的作用。在奥氏体向铁素体转变时，细小、弥散的析出物可以成为新相的核心，有利于形成细小的铁素体晶粒。

1.3 钢管生产工艺

1.3.1 钢管的特性及分类

凡是两端开口并具有中空封闭型断面，且其长度与断面周长成较大比例的钢材，都可以称为钢管，而该比值较小的钢材称为管段或管件。钢管属于经济型钢材，是钢铁工业的主要产品之一，其使用范围非常广泛，几乎涉及国民经济的各个部门。我国无缝钢管的年产量于 1994 年就成为世界第一大无缝钢管生产国，随后一直保持至今。

钢管被广泛用于工业、国防及民用等领域。钢管的特性有两个方面：具有封闭的中空几何形状，可以作为液、气体及固体的输送管道；在同样重量下，钢管相对于其他钢材具有更大的截面模数，也就是说具有更大的抗弯、抗扭能力，属于经济断面钢材、高效钢材，也是轧钢生产节能减排的一个重要领域。

钢管的种类繁多，性能也各不相同，主要的分类方式有：

（1）按生产的方式可分为三大类：

1）热轧无缝管：其生产过程是将实心管坯穿轧成具有要求的形状、尺寸和性能的钢管。目前生产的热轧无缝钢管外径 D 为 $\phi 8 \sim 1066mm$，D/S 在 $4 \sim 43$（S 为壁厚）。

2）焊接钢管：其生产过程是将管坯（钢板或钢带）用各种成形方法弯卷成要求的横断面形状，然后用不同的焊接方法将接缝焊合。焊管的产品范围是外径 D 为 $\phi 0.5 \sim 3600mm$，壁厚 S 为 $0.1 \sim 40.0mm$，D/S 在 $5 \sim 100$。

3）冷加工管：冷加工管有冷轧、冷拔和冷旋压三大类。冷加工管的产品范围是外径 D 为 $0.1 \sim 450mm$，壁厚 S 为 $0.01 \sim 60mm$，D/S 一般在 $2.1 \sim 2000$，旋压管的 D/S 可在 12000 以上。

（2）按产品的尺寸分：钢管产品尺寸主要有外径（D）、壁厚（S）、内径（d），根据 D/S 的不同可将钢管分为特厚管：$D/S \leqslant 10$；厚管：$D/S = 10 \sim 20$；薄壁管：$D/S = 20 \sim 40$ 和极薄壁管：$D/S \geqslant 40$。

此外，还有按产品的用途分为管道用管、结构管、石油管、热工用管及其他特殊用途管；按材质分为普通碳素钢管、碳素结构钢管、合金钢管、轴承钢管、不锈钢管以及双金属管、涂镀层管；按管端形状分为圆管和异型管；按纵向断面形状分为等断面钢管、变断面钢管。

1.3.2　钢管生产的基本工艺

钢管生产的形式是由产品的要求决定的，以产品确定生产工艺、选定生产设备，同时对工艺、设备不断改造更新以适应产品不断提高的要求。钢管生产的一般模式为：坯料→成形→精整→检验→一次产品→再加工→二次产品。

按照成形的不同可以分成无缝管生产和焊管生产，冷加工实质上属于管材的二次加工产品。热轧无缝管的成形模式为：实心管坯→穿孔→延伸→定减径→冷却→精整。焊管的成形模式为：板带坯料→成形为管筒状→焊接成管→精整。

钢管的热轧（或热加工）是无缝钢管生产的主要方式。从无缝管的成形模式看，钢管的热轧或热加工主要通过三个基本的变形工序完成，即穿孔、延伸和定减径。基本工序的不同组合形成了无缝管生产的各种形式，特别是延伸工序使用的设备起决定的作用。根据三个基本变形工序中不同设备的组合，热轧或热加工的主要生产方式见表1-1。焊管按直径的大小一般分为大直径焊管和中小直径焊管，不同尺寸的焊管其生产方式不同，见表1-2。

表1-1　无缝管的主要生产方式

生产方式		原料	主要变形工序及设备		
			穿孔	延伸	定减径
热轧	自动式轧管机组	圆轧坯 圆连铸坯	二辊斜轧穿孔机 菌式穿孔机	自动轧管机	定径机 微张减机
		连铸方坯	P. P. M+斜轧延伸机		
	连续式轧管机组	圆轧坯	二辊斜轧穿孔	全浮芯棒 连轧管机	张力减径机
		圆连铸坯	狄舍尔穿孔机 三辊斜轧穿孔机	限动芯棒 连轧管机	定径机
		连铸方坯	P. P. M+斜轧延伸	限动芯棒 连轧管机	微张减机
	三辊式轧管机组	圆轧坯 圆连铸坯	二辊斜轧穿孔 三辊斜轧穿孔	三辊轧管机组 （Assel轧管机）	定径机 张力减径机
	皮尔格轧管机组	圆锭	二辊斜轧穿孔机	皮尔格轧管机	定径机 张力减径机
		多角锭	压力穿孔+斜轧延伸		
		连铸方坯	P. P. M+斜轧延伸		
	狄舍尔轧管机组	圆轧坯	二辊斜轧穿孔	狄舍尔轧管	

生产方式		原料	主要变形工序及设备		
			穿孔	延伸	定减径
顶制	顶管机组	方轧坯 方铸坯	压力穿孔+斜轧延伸	顶管机组顶制	定径机 减径机
	CPE 机组	圆轧坯 圆连铸坯	狄舍尔穿孔机 三辊斜轧穿孔	顶管机组顶制	定径机 张力减径机
挤压	热挤压机组	圆锭 圆坯	压力穿孔 机械钻孔后扩孔	挤压机	定径机 减径机

表 1-2　焊管的主要生产方式

生产方式		原料	基 本 工 序	
			成 形	焊 接
炉焊	链式炉焊机组	短带钢	管坯加热后在链式炉焊机上用碗模成形和焊接	
	连续炉焊机组	带钢卷	管坯加热后在连续成形-焊接机上成形并焊接	
电焊	直缝连续电焊机组	带钢卷	连续辊式成形机成形或排辊成形	高频电阻焊、高频感应焊、氩弧焊
	UOE 直缝电焊机组	钢板	UO 压力机（直缝）成形	电弧焊、闪光焊、高频电阻焊
	螺旋电焊机组	带钢卷	螺旋成形器成形	电弧焊、高频电阻焊

　　无缝钢管生产中的热轧和冷轧一般以其所能生产的规格品种以及延伸机的类型表示机组的名称，如包钢 $\phi400mm$ 自动轧管机组表示为其产品的最大外径在 $\phi400mm$ 左右，采用自动轧管机轧管的机组；宝钢 $\phi140mm$ 连轧管机组表示为其产品的最大外径为 $\phi140mm$ 左右，采用连轧管机进行轧管的机组。冷拔则以其允许的拔制力命名机组，如 LB-100 表示拔制力的额定值为 1000kN 的冷拔管机。焊管生产则一般以其所能生产的最大产品直径表示机组名称，如首钢 $\phi114mm$ 焊管机组表示其产品最大外径为 $\phi114mm$ 左右的焊管机组，有时在机组名称之前也加上成形方式（如直缝、螺旋、UOE 等）和焊接方式（电焊、炉焊等）。

1.3.3　钢管的技术要求与钢管生产技术进步

　　产品的技术要求是组织产品生产的主要依据，产品必须按照技术条件进行生产。世界上各个国家都有自己对不同钢材产品的技术条件，如石油用钢管产品一般采用美国的 API 标准。API 标准是美国石油学会制定的石油管标准，共有 7 种，每一种标准适用于一定品种的油井管。API Spec 5CT 为套管和油管规范。对于钢管产品而言，其主要的技术条件包括规格精度、制造方法、物理性能、化学性能、专业使用的特殊要求、成品管的标记与涂层等。

　　对钢管产品的技术要求是钢管生产制定工艺的基础，也是钢管生产技术改造的依据。随着工业技术的不断发展，无缝钢管向着高精度、多品种、高性能、少工序、高质量管坯的方向发展，促进了其生产技术的不断进步。管材产品在多种腐蚀介质的高抗蚀性、对高温强度和低温韧性的越来越高的要求，使管材产品的化学成分不断变化，冶炼、加工工艺不断改进；对管材产品尺寸（特别是壁厚精度）、形状精度的要求促使在线检测、自动控制技术的不断进步；管材产品成本降低的要求使得其生产过程向短流程、近终成形方向发展。对管材产品要求总的趋势是优质、价廉、高效、低耗。

1.3.4 热轧无缝钢管生产

1.3.4.1 钢管的一般生产工艺过程

无缝钢管比较常见的工艺流程有两种，即自动轧管和连轧管。目前，三辊轧管方式的使用也呈上升趋势，在新型阿塞尔（Assel）轧机上生产高精度的小口径薄壁管材，使这种生产方式得到较快的发展。

A 无缝钢管生产的一般工艺流程

无缝钢管生产的工艺通常有：自动轧管机组、连轧管机组、三辊轧管机组。

热轧无缝钢管生产工艺可以概括为六大工艺：坯料制备、加热、穿孔、轧管、定减径、精整。坯料制备包括坯料的选择、检查、切断、表面清理、测长称重、定心等，目的是为后续生产工序提供合格管坯。加热的目的是降低金属的变形抗力，提高金属的塑性，改善组织性能及提高钢管的生产质量。穿孔工序将实心坯穿成中空的毛管，是钢管生产的最重要变形工序。轧管工序对空心毛管实施减壁延伸，使轧后荒管壁厚接近于成品尺寸。定、减径工序对轧后荒管外径进行加工，精确外径尺寸或减少外径以扩大品种范围。精整工序通过一系列工序对钢管进行检查和进一步加工，以达到合格产品的条件。

B 无缝钢管的穿孔工艺

无缝钢管的生产一般以实心坯为原料，从管坯到中空钢管的断面收缩率是非常大的，为此变形需要分阶段才能完成，一般情况下要经过穿孔、轧管、定减径三个阶段。图1-15为钢管生产的变形过程示意图。

管坯穿孔的目的是将实心的管坯穿成要求规格的空心毛管，根据穿孔中金属流动变形特点和穿孔机的结构，可将穿孔方法进行分类，如图1-16所示。穿孔后的中空管体称为毛管。

1.3.4.2 无缝钢管的质量控制

对钢管的质量要求包括：尺寸精度、内外表面质量和力学性能。

钢管的力学性能首先决定于钢种以及钢管的热处理，有些情况下轧制钢管的温度制度和变形、冷却制度对钢管工艺性能和力学性能也有影响。钢管的内外表面质量主要由原料表面质量和内部组织以及钢管的生产工艺决定。钢管外表面质

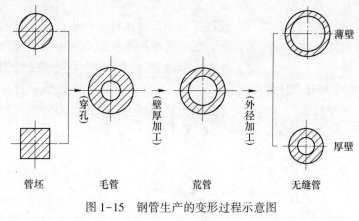

图 1-15 钢管生产的变形过程示意图

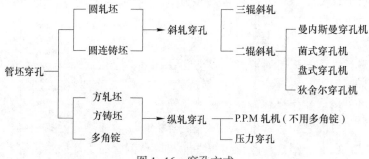

图 1-16 穿孔方式

量和管坯表面质量及修磨有密切关系。管坯表面质量差（有缺陷），最终反映在成品钢管上，使得钢管表面质量下降。钢管内表面缺陷或是由坯料带来的或是由轧管工艺（穿孔顶头及轧制芯棒）不当造成的。钢管几何尺寸精度主要由轧管工艺和设备决定。

钢管的表面质量控制：钢管外表面缺陷主要有外折叠、发裂、压痕（凹坑、结疤）、划伤、耳子、楞面和轧折等；内表面缺陷主要有内折叠、内裂和内划伤（直道和螺旋道）等。

钢管力学性能的控制：很多情况下钢管的使用条件比较恶劣，对耐高温及低温耐腐蚀等方面有较高的要求，因此，对钢管要求高强度的同时还要求有较高的韧性，并且有较好的低温冲击韧性等。为了达到这些性能，除采用合金化外，还可以采用控制轧制、轧后直接淬火（DQ 法）、余热正火等方法。

1.3.5 焊管生产

焊管生产在钢管生产中占有重要地位，国外工业国家的焊管产量一般要占钢管比重的 60%~70%，而现代焊管技术正向提高管坯质量、发展成形技术、控制焊接工艺、强化焊缝处理、完善在线检测手段方向发展。

　　焊管的定义及工艺特点：焊管就是将钢板或带钢卷成管筒状，然后将接缝焊合而成的钢管。其基本工序为坯料准备→成形→焊接→精整→检验→包装入库。焊管之所以有巨大的发展前景，主要是与其产品生产的工艺特点分不开。其主要特点有：产品精度高，尤其是壁厚精度；主体设备简单，占地小；生产上可以连续化作业，甚至"无头轧制"；生产灵活，机组的产品范围宽。

　　焊管的成形方式主要有：电阻焊（连续辊式成形）、炉焊（热状态连续辊式成形）。焊管生产可以生产外径达 4m 左右、壁厚在 40mm 上下的大口径管。与热轧无缝管相比，焊管的壁厚系数 D/S 相对较大，一般 $D/S = 5 \sim 100$。焊管生产与无缝管生产在钢管生产领域竞争一直是激烈的，竞争的焦点集中在两点上，一是产品质量；二是经济效益。焊管在大口径、薄壁、极薄壁、高精度钢管的生产上占有一定的优势，其分类见图 1-17。

　　钢管的焊接是一种压力焊接方法，它是利用通过成形后的管坯边缘 V 形缺口的电流产生的热量，将焊缝加热到焊接温度然后加压焊合。按照频率的不同电阻焊又可分为低频焊、中频焊、高频焊三种，而高频焊接又可分为高频接触焊和高频感应焊。目前使用比较多的是高频焊接。

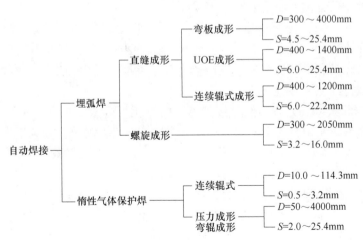

图 1-17　焊管成形的分类

1.4 型材生产工艺

1.4.1 型材生产的特点

金属经过塑性加工成形、具有一定断面形状和尺寸的实心直条称为型材。型材的品种规格繁多，用途广泛，在轧制生产中占有非常重要的地位。

型材生产具有如下特点：

（1）品种规格多。目前已达万种以上，而在生产中，除少数专用轧机生产专门产品外，绝大多数型材轧机都在进行多品种多规格生产。

（2）断面形状差异大。在型材产品中，除了方、圆、扁钢断面形状简单且差异不大外，大多数复杂断面型材（如工字钢、H 型钢、Z 字钢、槽钢、钢轨等）不仅断面形状复杂，而且互相之间差异较大，这些产品的孔型设计和轧制生产都有其特殊性；断面形状的复杂性使得在轧制过程中金属各部分的变形、断面温度分布以及轧辊磨损等都不均匀，因此轧件尺寸难以精确计算和控制，轧机调整和导卫装置的安装也较复杂；另外复杂断面型材的单个品种或规格通常批量较小。上述因素使得复杂断面型材连轧技术发展难度大。

（3）轧机结构和轧机布置形式较多。在结构形式上有二辊式轧机、三辊式轧机、四辊万能孔型轧机、多辊孔型轧机、Y 型轧机、45°轧机和悬臂式轧机等。在轧机布置形式上有横列式轧机、顺列式轧机、棋盘式轧机、半连续式轧机和连续式轧机等。

1.4.2 型材的分类和特征

型材常见的分类方法主要有以下 5 种：

（1）按生产方法分类。型材按生产方法可以分成热轧型材、冷弯型材、冷轧型材、冷拔型材、挤压型材、锻压型材、热弯型材、焊接型材和特殊轧制型材等。因为热轧具有生产规模大、生产效率高、能量消耗少和生产成本低等优点，现今生产型材的主要方法是热轧。

（2）按断面特点分类。型材按其横断面形状可分成简单断面型材和复杂断面型材。简单断面型材的横断面对称，外形比较均匀、简单，如圆钢、线材、方钢和扁钢等。复杂断面型材又叫异型断面型材，其特征是横断面具有明显的凸凹分枝，因此又可以进一步分成凸缘型材、多台阶型材、宽薄型材、局部特殊加工型材、不规则曲线型材、复合型材、周期断面型材和金属丝材等。

（3）按使用部门分类。型材按使用部门分类有铁路用型材（钢轨、鱼尾板、道岔用轨、车轮、轮箍）、汽车用型材（轮辋、轮胎挡圈和锁圈）、造船用型材（L 型钢、球扁钢、Z 字钢、船用窗框钢）、结构和建筑用型材（H 型钢、工字钢、槽钢、角钢、吊车钢轨、窗框和门框用材、钢板桩等）、矿山用钢（U 型钢、

π型钢、槽帮钢、矿用工字钢、刮板钢）、机械制造用异型材等。

（4）按断面尺寸大小分类。型材按断面尺寸可分为大型、中型和小型型材，其划分常以它们分别适合在大型、中型和小型轧机上轧制来分类。大型、中型和小型的区分实际上并不严格。另外还有用单重（kg/m）来区分的方法。一般认为，单重在5kg/m以下的为小型材，单重在5～20kg/m的为中型材，单重超过20kg/m的为大型材。

（5）按使用范围分类。有通用型材、专用型材和精密型材。

1.4.3　经济断面型材和深加工型材

经济断面型材是指断面形状类似于普通型材，但断面上各部分的金属分布更加合理，使用时的经济效益高于普通型材的型材。例如H型钢由于其腰薄、边宽、高度大、规格多、边部内外侧平行和边端平直的特点，成为一种用途广泛的经济断面型材。H型钢是断面形状类似于H的一种经济断面型材，它又被称为万能钢梁、宽边（缘）工字钢或平行边（翼缘）工字钢。H型钢的断面形状与普通工字钢的区别参见图1-18。

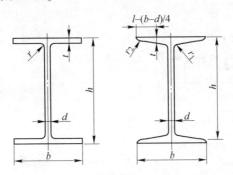

图1-18　H型钢和普通工字钢的区别

H型钢的断面通常分为腰部和边部两部分，也称为腹板和翼缘。H型钢的边部内侧与外侧平行或接近于平行，边部呈直角，平行边工字钢由此得名。与腰部同样高度的普通工字钢相比，H型钢的腰部厚度小，边部宽度大，因此又叫宽边工字钢。由形状特点所决定，H型钢的截面模数、惯性矩及相应的强度均明显优于同样单重的普通工字钢。H型钢用在不同要求的金属结构中，不论是承受弯曲力矩、压力负荷还是偏心负荷都显示出其优越性能，比普通工字钢具有更大的承载能力，并且它的边宽、腰薄、规格多、使用灵活，节约金属10%～40%。同时其边部内侧与外侧平行，边端呈直角，便于拼装组合成各种构件，从而可节约焊接和铆接工作量达25%左右，因而能大大加快工程的建设速度并缩短工期。H型钢的应用广泛，用途完全覆盖普通工字钢。它主要用于：各种工业和民用建筑结构；各种大跨度的工业厂房和现代化高层建筑，尤其是地震活动频繁地区和高温工作条件下的工业厂房；要求承载能力大、截面稳定性好、大跨度大型桥梁；重型设备；高速公路；舰船骨架；矿山支护；地基处理和堤坝工程；各种机械构件等。

　　H 型钢可用焊接或轧制方法生产。焊接 H 型钢是将厚度合适的带钢裁成合适的宽度，在连续式焊接机组上将边部和腰部焊接在一起。焊接 H 型钢存在金属消耗大、生产的经济效益低、不易保证产品性能均匀等缺点，因此，H 型钢生产多以轧制方式为主。H 型钢和普通工字钢在轧制上的主要区别是，工字钢可以在两辊孔型中轧制，而 H 型钢则需要在万能孔型中轧制。使用万能孔型轧制，H 型钢的腰部在上下水平辊之间进行轧制，边部则在水平辊侧面和立辊之间同时轧制成形。由于仅有万能孔型尚不能对边端施加压下，这样就需要在万能机架后设置轧边端机，俗称轧边机，以便加工边端并控制边宽。在实际轧制生产中，可以将万能轧机和轧边端机组成一组可逆连轧机，使轧件往复轧制若干次，如图 1-19（a）所示，或者是将几架万能轧机和 1~2 架轧边端机组成一组连轧机组，每道次施加相应的压下量，将坯料轧成所需规格形状和尺寸的产品。在轧件边部，由于水平辊侧面与轧件之间有滑动，故轧辊磨损比较大。为了保证轧辊重车后的轧辊能恢复原来的形状，除万能成品孔型外，上下水平辊的侧面及其相对应的立辊表面有 3°~10° 的倾角。成品万能孔型，又叫万能精轧孔，其水平辊侧面与水平辊轴线垂直或有很小的倾角，一般在 0°~0.3°，立辊呈圆柱状，如图 1-19（d）所示。

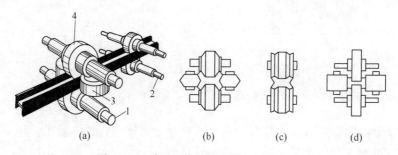

图 1-19　采用万能轧机轧制 H 型钢举例
（a）万能-轧边端可逆连轧；（b）万能粗轧孔；（c）轧边端孔；（d）万能成品孔
1—水平辊；2—轧边端辊；3—立辊；4—水平辊

　　在经济断面型材中，重点发展的品种有轻型薄壁型材和专用经济断面型材。自 20 世纪 60 年代以来，随着轧制设备和工艺技术的进步，特别是低合金高强度钢的发展与应用，为了提高金属的利用率、降低建筑结构和机器的重量与成本，轻型薄壁型材得到了迅速发展。轻型薄壁型材与普通型材相比，其厚度减小，边（腿）宽增大，既节约金属，又减少用户的加工费用，因此具有较好的经济社会效益。

专用经济断面型材是指用于专一用途的型材。开发专用经济断面型材,对于提高金属利用率和创造良好的社会经济效益具有重要意义。常见的专用经济断面型材有铁路钢轨垫板、鱼尾板、道岔用轨、车轮、轮箍、汽车轮辋、轮胎挡圈和锁圈。造船用 L 型钢、球扁钢、Z 字钢、船用窗框钢、U 型钢、π 型钢、槽帮钢、帽形钢、叶片钢等。

深加工型材是指用冷轧、冷拔、冷弯和热弯等加工方法,用板带、热轧型材或棒线材作原料而制成的各种断面形状的型材。深加工型材一般具有光滑表面($0.8\mu m$)、高尺寸精度、优良的力学性能或者具有热轧型材所不能获得的断面形状。它比热轧型材的材料利用率高,并且重量小、强度大、性能好,可以满足许多特殊需要,因此得到了广泛应用和迅速发展。深加工型材已经成为现代轻工业、建筑业、机械制造业、汽车和船舶等制造业的重要原材料,如建筑业用的冷拉预应力钢筋、轻型房屋构架用的冷弯型钢、钢丝绳、钢丝网等均属深加工型材。

1.4.4 型材轧制工艺

1.4.4.1 开坯

开坯工艺流程如图 1-20 所示。

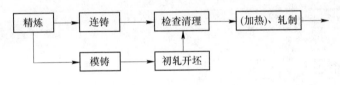

图 1-20　型钢轧制的开坯工艺

1.4.4.2 加热、轧制

通用型材的轧制工艺流程的举例如图 1-21 所示。型材轧制分为粗轧、中轧和精轧。粗轧的任务是将坯料轧成适用的雏形中间坯,在粗轧阶段轧件温度较高,应该将不均匀变形尽可能放在粗轧孔型轧制的阶段;中轧的任务是使轧件迅速延伸,接近成品尺寸;精轧是为保证产品的尺寸精度,延伸量较小,成品孔和成前孔的延伸系数一般分别为 1.1~1.2 和 1.2~1.3。现代化的型钢生产对轧制过程通常有以下要求:

(1) 一种规格的坯料在粗轧阶段轧成多种尺寸规格的中间坯。型钢的粗轧

图 1-21　通用型材加热、轧制的工艺流程举例

一般都是在两辊孔型中进行。如果型钢坯料全部使用连铸坯,从炼钢和连铸的生产组织来看,连铸坯的尺寸规格是越少越好,最好是只要求一种规格。而型钢成品的尺寸规格越多,企业开拓市场的能力就越强。这就要求粗轧具有将一种坯料开成多种规格坯料的能力。粗轧既可以对异型坯进行扩腰扩边轧制,也可以进行缩腰缩边轧制。其较典型的例子是用板坯轧制 H 型钢。

(2) 对于异型材,在中轧和精轧阶段尽量多使用万能孔型和多辊孔型。由于多辊孔型和万能孔型有利于轧制薄而高的边,并且容易单独调整轧件断面上各部分的压下量,可以有效地减少轧辊的不均匀磨损,提高尺寸精度。

(3) 型钢连轧,由于轧件的断面截面系数大,不能使用活套。机架间的张力控制一般是采用驱动主电机的电流记忆法或者是力矩记忆法进行。

(4) 对于大多数型钢,在使用上一般都要求低温韧性好和具有良好的可焊接性,为保证这些性能,在材质上就要求碳当量低。对这些钢材,实行低温加热和低温轧制可以细化晶粒,提高材料的力学性能。在精轧后进行水冷,对于提高材料性能和减少在冷床上的冷却时间也有明显的好处。

1.4.4.3 精整

型材的轧后精整有两种工艺,一种是传统的热锯切定尺、定尺矫直工艺。一种是较新式的长尺冷却、长尺矫直、冷锯切工艺。工艺流程的例子如图 1-22 所示。

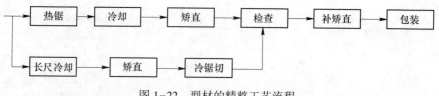

图 1-22 型材的精整工艺流程

型钢精整,较突出之处就是矫直。型材的矫直难度大于板材和管材,原因是:其一在冷却过程中,由于断面不对称和温度不均匀造成的弯曲大;其二是型材的断面系数大,需要的矫直力大。由于轧件的断面比较大,因此矫直机的辊距也必须大,矫直的盲区大,在有些条件下,对钢材的使用造成很大影响,例如:重轨的矫直盲区明显降低了重轨的全长平直度。减少矫直盲区,在设备上的措施是使用变节距矫直机,在工艺上的措施就是长尺矫直。

1.4.5 型材轧机分类

型材轧机一般用轧辊名义直径(或传动轧辊的人字齿轮节圆直径)来划分。若有若干列或若干架轧机,通常以最后一架精轧机的轧辊名义直径作为轧机的标称。型材轧机按其用途和轧辊名义直径不同可分为轨梁轧机、大型型材轧机、中型型材轧机、小型型材轧机、线材轧机或棒、线材轧机等。各类轧机的轧辊名义直径范围见表1-3。

表1-3　型材轧机按轧辊名义直径的分类

轧机类型	轨梁轧机	大型轧机	中型轧机	小型轧机	线材轧机
轧辊直径 /mm	750~950	650~750	350~650	250~350	150~350

1.5　棒、线材生产工艺

1.5.1　棒、线材产品概述

棒、线材的主要区别在于供应状态。棒材一般是简单断面形状成根供应，主要包括圆钢和螺纹钢筋。棒材的品种按断面形状分为圆形、方形、六角形以及建筑用螺纹钢筋等。小型轧机生产圆钢的范围一般为 $\phi10\sim32mm$，最小规格可至 $\phi6mm$。随着大跨度桥梁和高层建筑对大规格钢筋的需求，小型棒材轧机生产钢筋的上限扩大至 $\phi52mm$，而合金钢小型轧机产品的上限增大至 $\phi75mm$，甚至 $\phi80mm$。

线材是断面最小、长度最长且成盘卷状交货的产品。断面有圆形、六角形、方形、螺纹圆形、扁形、梯形及 Z 字形等。用于生产线材的钢种可以分为软线、硬线、焊线及合金钢线材。

（1）软线：指普通低碳钢热轧圆盘条，碳含量不大于 0.25%。现在的牌号主要是碳素结构钢标准中所规定的 Q195、Q215、Q235 和优质碳素结构钢中所规定的 10、15、20 号钢等。软线产品根据用途不同一般分为拉拔和建筑用线材两种，二者性能和组织要求均不同。拔丝用线材要经受很大的拉拔变形，要求线材强度低、塑性好，金相组织以珠光体含量越少越好，基体为含量较多的大块状铁素体。铁素体晶粒要求粗大一些，这样可得到低强度、高塑性、适于拉拔的性能。而建筑用线材则要求有较高的抗拉强度和一定的韧性，所以其组织晶粒度要求细小，尽可能多地提高珠光体含量。

（2）硬线：通常将优质碳素钢中碳含量不小于 0.45% 的中高碳钢轧制的线材称为硬线，对于变形抗力与硬线相当的低合金钢、合金钢及某些专用钢线材也可归类为硬线，如制绳钢丝用盘条、织布钢丝用盘条、轮胎钢丝、琴钢丝等专用盘条。硬线一般碳含量偏高，泛指 45 号以上的优质碳素结构钢、72A、82B、40~70Mn、T8MnA、T9A、T10 等。

（3）焊线：指焊接用盘条，包括碳素焊条钢用盘条和合金焊条钢用盘条。碳素焊接钢用盘条主要牌号有 H08A、H08E 和 H08C 三种。由于焊线钢盘条轧制后一般需要拉拔，其性能和组织要求与拉丝用的低碳钢类似。

（4）合金钢线材：指各种合金钢和合金含量高的专用钢盘条，如轴承钢盘条 GCr6、GCr9、GCr15，合金结构钢盘条 20Mn、20CrMnSi 等，不锈钢盘条 1Cr18Ni9Ti、1Cr13 等，以及合金工具钢盘条。低合金钢线材一般划归为硬线，如有特殊性能也可划入合金钢类。

用于生产线材的钢种非常广泛，有碳素结构钢、优质碳素结构钢、弹簧钢、碳素工具钢、合金结构钢、轴承钢、合金工具钢、不锈钢等，其中主要是普碳钢和低合金钢，凡是需要加工成丝的钢种大都经过热轧线材轧机生产成盘条再拉拔成丝。

棒、线材的用途广泛，可直接用作建筑材料，以及用来加工机械零件、汽车零件，或用来拉丝成为金属制品，冷镦制成螺钉、螺母等。除建筑螺纹钢筋和线材等可直接被应用的成品之外，一般棒线材都要经过深加工才能制成成品。

棒、线材深加工的方式有：锻造、拉拔、挤压、切削等。为了便于进行这些深加工，加工之前有时需要进行退火、酸洗等处理。加工后为保证使用时的力学性能，还要进行淬火、正火或渗碳等热处理。有些产品还要进行镀层、喷漆、涂层等表面处理。

（1）优质棒材：优特钢市场具有专业化强、品种多、批量小的特点，产品总体将向特、精、高的方向发展，特钢、合金钢比重上升。要重点发展高附加值产品，特别是合金钢、高合金钢棒材等高附加值产品，重点发展节能微合金非调质钢棒材、环境友好无铅易切钢、高速铁路、电站用渗碳轴承钢、高品质模具钢锻材等，适应装备制造业、汽车、造船、新能源等重点行业向高端升级发展对优质棒材的新需求。

（2）线材：加大线材高端产品开发力度，提高线材高附加值产品比重，是我国线材努力发展的方向和趋势。重点发展中高碳钢线材（硬线）、高强度钢帘线专用线材、高等级紧固件用冷镦钢线材、焊接材料生产用线材、弹簧钢系列盘条。

1.5.2 棒、线材生产线

线材的生产以连续式为主，线材车间的轧机数量一般都比较多，分为粗轧、中轧和精轧机组。线材轧机经历了从横列式、半连续式、连续式到高速轧机的发展过程，每一个新的机型、每一个新的产线布置都使线材的轧制速度、轧制质量和盘重有所提高，然而唯独高速线材轧机得到突飞猛进的发展。高速无扭转精轧机组和控制冷却设备用于线材生产，标志着新一代线材轧机的诞生。图 1-23 为国外某厂摩根型高速线材轧机平面布置图。

加热炉为辊道侧装侧出步进梁式加热炉。机组由粗轧 6 架、中轧 8 架、预精轧 4 架、精轧 8 架及减定径机 4 架共 30 架轧机组成，实现了小延伸精密轧制；粗、中、预精轧机组机架采用平-立交替布置，为双支点、长辊身、多孔型紧凑

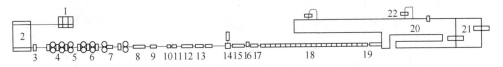

图 1-23　某高速线材厂的轧机平面布置简图

1—上料台架；2—步进梁式加热炉；3—高压水除鳞装置；4—粗轧机组；5，7，11—飞剪；
6—中轧机组；8—预精轧机组；9，13，15—水冷段；10，16—测径仪；12—精轧机组；
14—减定径机组；17—夹送辊吐丝机；18—散卷冷却运输线；19—集卷站；
20—PF 钩式运输线；21—压紧打捆机；22—卸卷站

机架，立式轧机为下传动。预精轧机组为悬臂辊环式紧凑型机架，呈平-立交替布置，碳化钨辊环，辊缝由偏心套对称调节。精轧机和减定径机均为顶交 45°超重型无扭转轧机，机架间采用微张力或活套控制。

1.5.2.1　粗轧机组和中轧机组

现代化的线材轧机大都采用平-立交替布置的全线无扭转轧制。

高速线材轧机的粗轧机类型较多，有摆锻式轧机、三辊行星轧机（简称 PSW 轧机）、三辊式 Y 型轧机、45°轧机、平-立交替布置的二辊轧机、紧凑式二辊轧机和水平二辊式粗轧机等机型。

高速线材轧机中轧机（包括预精轧机组）机型也比较多，主要有三辊式 Y 型轧机、45°无扭转轧机、水平二辊式轧机、双支点平-立交替布置的无扭转轧机、悬臂平-立辊交替布置的无扭转轧机五种。

1.5.2.2　精轧机组

现代线材生产主要采用 45°高速无扭转精轧机组和 Y 型精轧轧机。

（1）Y 型三辊连续式无扭转轧机：Y 型轧机有 3 个互成 120°的盘状轧辊。Y 型轧机的整个机组一般由 4～14 架轧机组成，相邻两架相互倒置 180°，轧件在交替轧制中无需扭转，每架轧机间保持恒微的拉钢轧制，轧制速度一般达到 60m/s 左右。

普通线材轧机轧辊是相互平行的，轧辊对轧件仅两个方向的压缩，而 Y 型轧机轧辊中心线互成 120°，这样就有条件采用三角形孔型系统。一般是三角形-弧边三角形-弧边三角形-圆形，对某些合金钢亦可采用弧边三角形-圆形孔型系统。三角形孔型系统对轧件实行 3 个方向的压缩，对提高金属塑性十分有利；同时相邻轧机的轧辊方位相互错开，在轧制过程中对轧件进行 6 个方向的压缩，变形十分均匀。

进入 Y 型轧机的坯料一般是圆形，也有六角形坯料，轧制中轧件角部位置经常变化，故各部分的温度比较均匀，易去除氧化铁皮，产品表面质量好，轧制精度高。

　　Y 型三辊轧机结构比较复杂，孔型加工困难、孔型磨损后需要整体更换组合体，需要大量备用机架，而且轧辊传动结构复杂，因此，Y 型轧机多用于轧制有色金属或特殊合金，在钢材生产上采用不多。

　　(2) 45°连续式无扭转轧机：45°无扭转精轧机组根据轧机结构与传动形式分为悬臂式与框架式两种。

　　悬臂式 45°无扭转高速机组的特点是：机架布置紧凑，轧辊以悬臂方式敞露在整体之外，轧辊轴线与地面成一定的角度，相邻机架互成 90°。各对轧辊通过内齿或外齿轮传动，同时采用小直径辊环，提高了道次伸长率和产品尺寸精度。单线轧制年产量为 30 万~35 万吨。

　　框架式 45°无扭转高速机组机架为闭口框架式，该机组由 8 个机架组成，成组传动，相邻各架轧辊互成 90°；轧辊直径一般为 260mm，辊身长 290mm。

1.5.2.3　减定径机组

　　机架减定径机是 20 世纪 90 年代开发的，通常由两台减径、两台定径机架与一套组合变速箱传动系统组成，可成组更换机架。该机架的特点是：采用小压下量轧制，能确保产品尺寸的高精度；简单地调整辊缝就能实现直径 ±0.3mm 的"自由轧制"，有利于小批量、非标准线材的生产；简化了孔型系统，一套精轧机组孔型即可生产 φ5~20mm 所有产品；可减少换辊时间；可实施低温控轧工艺。

　　减定径机的高速线材轧制工艺特点是：

　　(1) 轧制速度高：最大轧制速度为 120m/s，保证轧制速度 112m/s，有利于提高机组产量。

　　(2) 轧机采用 8+4 布置：精轧机采用 8 机架顶交 45°无扭转轧机，在精轧机后设减定径机组。在精轧机组与减定径机组之间设置控冷水箱和均温段。

　　(3) 采用控轧控冷工艺：为了控制轧件的终轧温度，在预精轧机、精轧机和减定径机后设置了水箱，在精轧机组间设有水冷导卫，采用温度闭环控制系统，以控制轧件在精轧机入口、精轧机组间、精轧机组后和减定径机组后的温度，使产品离开吐丝机的温差为 ±10℃。由于可对各钢种进行控轧控冷，产品可获得最佳的金相组织和力学性能。

　　(4) 孔型系统优化：一般轧制 φ5.5~20mm 产品，采用 10 机架精轧机出成品时，从中轧机即需要使用多个孔型系列，以满足不同规格产品的来料断面要求；而采用减定径机后所有光面盘条产品从 4 架减定径机轧出，其他轧机采用单一孔型系统。轧制不同规格产品时，依次空过精轧机、预精轧机。采用减定径机后，孔型系统共用，减少了换辊次数和轧辊、辊环储备，有利于配辊管理。

　　目前减定径机主要有：摩根型、西马克型、双模块型及三辊型。

1.5.3 高速线材生产工艺流程

高速棒、线材生产线的主要区别在于终轧后，棒材只经过一次水冷，并且由于棒材直径较大要求冷却装置具有较强的冷却能力，而线材在水冷后通过斯太尔摩风冷线进行风冷。山钢集团张店钢铁总厂的高速线材生产工艺流程如下：

连铸坯→检查、称重→步进式加热炉→粗轧机组→中轧机组→预精轧机组→精轧机组→减定径机组→穿水冷却→散卷冷却→成品线材。

（1）坯料：线材的坯料现在都以连铸坯为主。连铸时希望坯料断面大，而轧制工序为了保证终轧温度，适应小线径和大盘重的需要，在供坯允许的前提下，其断面应尽可能小，以减少轧制道次。线材坯料断面形状一般为方形，边长 120~150mm，坯料长度一般较长，最大长度为 22m。

质量要求：由于线材成卷供应，轧后难以探伤、检查和清理，故对坯料表面质量要求较严。

连铸坯最常见的表面缺陷有针孔及氧化结疤。

连铸坯的内部质量常以偏析、中心疏松和裂纹的有无和轻重为判断依据。连铸坯对中心疏松、缩孔、裂纹、皮下气泡及非金属夹杂等都有一定的要求，我国目前用的连铸小方坯对此有专门的评级方法。对一般钢材，采用目视检查即由人工检查钢坯的表面质量，这样只能检查出较明显的表面缺陷。对质量要求严格的钢材，采用电磁感应探伤和超声波探伤检查和清理。

（2）加热：一般采用步进式加热炉加热。加热的通常要求是氧化脱碳少，温度均匀，钢坯不发生扭曲，不产生过热过烧等。对易脱碳的钢，要严格控制高温段的停留时间，采取低温、快热、快轧等措施。为减少轧制温降，加热炉应尽量靠近轧机。现代化的高速线材轧机坯重大、坯料长，这就要求加热温度均匀，温度波动范围小。

对高速线材轧机，最理想的加热温度是钢坯各点到达第一架轧机时其轧制温度始终一样，要做到这一点通常将钢坯两端的温度提高一些，通常钢坯两端比中部加热温度高 30~50℃。

（3）轧制：为解决小线径、大盘重和线材质量要求之间的矛盾，必须尽量增加轧制速度。目前线材轧机成品出口速度已达 100m/s 以上，并正向着更高的速度发展。线材轧机的高速是通过小辊径、高转速得到的。目前新式线材精轧机轧辊辊径仅为 ϕ152mm，而轧制速度高达 140m/s。

线材车间产品断面比较单一，轧机专业化程度较高。由于从坯料到成品总延伸较大，每架轧机只轧一道，因此现代化线材轧机一般为 21~28 架，多数为 26 架，分为粗、中、精轧机组，精轧机组又分为预精轧和精轧。为保证产品精度线材精轧冷却后又增设了 4 机架一组的减定径机组。从某线材生产厂的高速线材轧机分布来看，其中包括 6 道次粗轧、6 道次中轧、6 道次预精轧、8 道次无扭转精轧和 4 道次减定径轧制。在 19 道次和 27 道次之前都设有水箱以控制精轧温度和终轧温度。采用 $165mm \times 165mm$ 的方坯，$\phi 8mm$ 的成品从第 24 架出，$\phi 10mm$ 的成品从第 22 架出，$\phi 12mm$ 的成品从第 20 机架出，然后进入减定径机组。

1.5.4　高速线材轧制新技术

（1）控温轧制和低温轧制。高温线材轧机，当轧制速度达到 $75m/s$ 时，为了保证终轧温度，需要在精轧前设水冷却箱，当轧制速度进一步提高时在精轧机各机架之间也增设了冷却喷嘴，这一措施能有效降低终轧温度，从而减少水冷段的事故。轧制速度提高后，强制水冷区有扩大到中轧的趋势，以实现中轧机在 950℃ 以下的控温轧制。而开轧温度过高对实现中轧机的细化晶粒的控温轧制非常不利，所以进一步发展了低温轧制。

在轧制过程中对轧件和成品进行温度控制，碳素钢、焊条钢和冷镦钢的开轧温度为 920 ~ 980℃，低合金钢为 1050℃，远低于过去传统的开轧温度（约 1150℃）。

采用控温轧制除能得到良好的金相组织和力学性能外，还可以减少加热烧损及燃料消耗，但轧机需承受更大的轧制力。

（2）继续提高轧制速度。从高速轧机的技术发展来看，都在致力于轧制速度的提高，因为提高轧制速度可以使用大断面坯料，可以提高轧机效率、降低生产成本。为了适应高速度的要求，无扭转精轧机组在降低机组重心、强化轧机、改进轧机调整性能等方面都在改进。

为适应控温轧制和进一步提高轧制速度，采用了 V 型超重负荷机架，超重负荷机架可承受轧制力为正常负荷机架的 184% ~ 190%，并将侧交 45°轧机改为顶交 V 型 45°轧机。

（3）高精度轧制设备。现代高速线材轧机的另一大进步就是不断提高产品精度，为此进行了多项改进。近些年开发的减定径机（RSM）技术，有效地解决了改进产品质量，增加生产率和缩短交货时间等问题。RSM 是由四架悬臂式轧机（两架减径机和两架定径机）所组成，作为"二精轧机"安装在"一精轧机"（传统的八机架 NTM 精轧机为一精轧机）和吐丝机之间。增加 RSM 机组后，可提高常规线材轧机的生产率，提高了公差精度，具有"自由定径"功能，即用单一的名义孔槽尺寸，通过微调来料的尺寸和对不同方坯间隙调整 RSM 的辊缝，生产出一批不同尺寸的成品棒线材的自由尺寸轧制能力；实现 800℃ 低温轧制，晶粒组织更细，通过控制晶粒尺寸和吐丝温度，促进相变或延迟相变，从而利用斯太尔摩的最佳冷却能力，可处理如轴承钢、冷镦优质钢等钢种，而不需要后续热处理，提高了产品的冶金性能；轧辊寿命也明显增加。

"复式组合机组"（TBM）新技术，使特殊钢生产能力平均提高了15%，减少人工约16%。精轧机组布置是：三机架RSB（减径、定径机组）系统以提高轧件的灵活性和产品公差；精轧机为复式组合式机组。第一列组合式轧机用10架或8架组成预精轧机组；第二列组合是位于吐丝机前的4架精轧机组，即TMB系统，由两架组合式轧机组成，每架有两对孔型。在RSB机组、预精轧机组和TMB机组间布置有水箱，可实现750℃低温轧制。

Y型三辊减径定径机组（RSB）刚度高，可承受大的轧制力和扭矩，同时完成高效率减径和精确定径是其一大特点，可获得高尺寸精度和更佳的表面质量。由于采用大延伸、低宽展的三角孔型系统，轧件三向受压，变形均匀，对难变形金属及有色金属的轧制特别有利。用RSB作为线材的预精轧、棒材的精轧机，可生产出尺寸范围宽、公差精确和表面质量好的产品。

（4）粗轧机组的改进。为了适应使用连铸坯和提高轧制精度，粗轧机在提高轧机精度、控制张力、减少扭转和减少扭转刮伤方面做了许多工作。直接使用较大断面连铸坯的轧机其辊径都相应增大。为了减少切头，前几道次的减面率都不愿偏小，因而要求使用大辊径轧机。

（5）无头轧制。传统的轧制生产线上，坯料是由加热炉一根根地出来至粗轧机咬入，然后开始轧制，坯料之间有几秒钟的间隔。无头轧制则是在出炉辊道上，在坯料进入粗轧机之前，把加热后的坯料头尾焊接在一起，形成无限长的一根坯料，然后进行轧制。

由于一根无限长的坯料通过整个轧制线，没有了坯料间隔时间，也就没有了中间及最终的切头尾损失，明显减少了堆钢事故和停机时间，能更加稳定地轧制，从而提高了产量和轧件尺寸精度。

要实现无头轧制，焊接部位具有与成品同样的品质是必要条件。

1.5.5　螺纹钢筋生产

螺纹钢是表面带肋的钢筋，亦称带肋钢筋，通常带有2道纵肋和沿长度方向均匀分布的横肋。横肋的外形为螺旋形、人字形、月牙形3种。规格用公称直径的毫米数表示。带肋钢筋的公称直径相当于横截面相等的光圆钢筋的公称直径。钢筋的公称直径为8~50mm，推荐采用的直径为8mm、12mm、16mm、20mm、25mm、32mm、40mm。带肋钢筋在混凝土中主要承受拉应力。带肋钢筋由于肋的作用，和混凝土有较大的粘结能力，因而能更好地承受外力的作用。带肋钢筋广泛用于各种建筑结构，特别是大型、重型、轻型薄壁和高层建筑结构。普通的热轧钢筋其牌号由HRB和牌号的屈服点最小值构成。H、R、B分别为热轧

（Hotrolled）、带肋（Ribbed）、钢筋（Bars）三个词的英文首位字母。热轧带肋钢筋分为 HRB335（旧牌号为 20MnSi）、HRB400（旧牌号为 20MnSiV、20MnSiNb、20MnSiTi）、HRB500 等牌号。

随着我国大力提倡节能减排，以及对钢筋质量性能要求的不断提高，热轧带肋钢筋正向高强度、高性能、节约型优质钢筋的方向发展。高强钢筋是指屈服强度达到 400MPa 级及以上的热轧带肋钢筋，它具有强度高、综合性能优的特点。据测算，在建设工程中，使用 400MPa 级替代 335MPa 级钢筋可节约钢材 12%～14%；使用 500MPa 级取代 400MPa 级钢筋可再节约钢材 5%～7%。在高层或大跨度建筑中应用高强钢筋，效果更加明显，约节省钢筋用量 30%。

我国钢筋生产装备包括棒材轧机和线材轧机两种。棒材轧机生产螺纹钢筋的主要规格为 $\phi12～50mm$；线材轧机生产螺纹钢筋的主要规格为 $\phi5.5～20mm$。据中国钢铁工业协会统计，我国热轧钢筋产量已经达到 1.66 亿吨。轧机也由过去的横列式过渡到半连轧，再发展为连轧机。总体来看，我国钢筋生产装备水平较高，处于国际先进水平的占 70% 左右。而且，几乎所有生产线都具备生产400MPa 级及以上高强钢筋的能力。

线材轧机生产小规格螺纹钢筋主要用于钢筋混凝土中的配筋、箍筋。近年来，我国线材轧机生产能力急剧增加，装备水平明显提高，线材轧机生产螺纹钢筋数量不断攀升，占螺纹钢筋总产量的比例也在逐步提升。从生产能力看，高速线材轧机均可生产 335～500MPa 强度等级的小规格钢筋，完全能满足钢筋混凝土建筑用小规格螺纹钢筋的市场需求。

1.5.6　钢筋热处理工艺

1.5.6.1　余热处理钢筋

轧后余热处理钢筋是指在生产线上利用钢筋的余热直接进行热处理的工艺，也就是将轧钢和热处理工艺结合在同一生产线上，通过冷却参数的调控，改善钢筋的性能、提高强度的工艺技术。其基本原理是钢筋从轧机的成品机架轧出后，经冷却装置进行快速表面淬火，然后利用钢筋心部热量由里向外进行自回火，并在冷床空冷至室温。该技术能有效地发挥钢材的性能潜力，通过各种工艺参数的控制，改善钢筋性能，在钢筋强度大幅度提高的同时，保持较好的塑韧性，保证钢筋的综合性能满足要求。由于大幅度降低了合金元素的用量，节约了生产成本。

轧后余热处理钢筋包括三个阶段：

（1）表面直接淬火阶段。轧后钢筋进入快速冷却装置，此时钢筋表层发生马氏体相变，表层和心部的过渡段有少量的贝氏体及铁素体珠光体组织，心部依然为奥氏体。

（2）自回火阶段。钢筋出了冷却装置后在辊道和上冷床过程中心部热量向表层扩散使表层马氏体组织发生回火转变，但是由于表层到心部的温度梯度很大，事实上表面淬火层的组织为混合组织，即为回火马氏体（回火索氏体）组织+贝氏体、索氏体、屈氏体组织，但是心部依然为奥氏体组织。

（3）心部组织转变阶段。依据冷却条件的不同和钢筋尺寸的不同，心部发生铁素体、珠光体转变并伴有少量其他低温组织。

由轧后余热处理工艺的基本原理可知，余热处理钢筋主要是通过相变强化机理来提高钢筋强度的。热轧钢筋采用余热处理工艺，可用低碳钢（Q235）或低合金钢（20MnSi）生产 400MPa、500MPa 级高强钢筋。余热处理钢筋成分设计的基本原则包括：

（1）对于 400MPa 级热轧钢筋产品，通常采用 20MnSi 低合金钢或 Q235 普碳钢的成分范围。

（2）对于 $\phi 25mm$ 以下规格 500MPa 级的热轧钢筋产品，通常采用 20MnSi 低合金钢或 Q235 普碳钢的成分范围。

（3）对于 $\phi 25mm$ 以上规格 500MPa 级的热轧钢筋产品，通常采用 20MnSi 低合金钢的成分范围。

1.5.6.2 调质处理钢筋

热轧钢筋经过淬火、回火调质处理得到的高强度钢筋称为热处理钢筋，也称调质钢筋。热处理钢筋具有强度高、韧性好等特点，是较好的预应力钢材。用这种工艺可生产强度为 830~1470MPa 级的预应力高强钢筋。

对钢筋的调质处理，可采用电感应加热+淬火+铅浴回火（也可以用电感应回火）的方法。目前国际上出现天然气炉加热的方法，大幅提高了生产效率。淬火、回火是调质钢筋热处理的关键工序，最主要的是选择合适的淬火温度范围及淬火介质。不同的钢种有不同的淬火加热温度范围，它保证钢筋既得到最高的硬度，同时又保持钢的细晶粒回火马氏体组织。

调质钢筋目前采用马氏体直接淬火法，冷却介质最常用的是水和油。用电感应加热后，可直接喷水冷却。我国调质钢筋由于其淬透性较大，为避免钢筋淬后开裂，可选用油淬，近年来我国试验过合成淬火剂，效果较为理想。

回火对钢筋性能影响很大。淬火后冷却到 50~70℃ 时应当进行回火。回火温度的波动对钢筋性能影响非常明显，应严格控制。

调质钢筋的原材料一般采用中碳低合金钢，牌号有 40Si2Mn、48Si2Mn 和 45Si2Cr 等。经调质处理后，成品钢筋性能达到 $R_{p0.2} \geq 1325MPa$，$R_m \geq 1470MPa$，$\delta_{1.0} \geq 6\%$。但是，当钢筋强度超过 1000MPa 时，对氢致缺陷十分敏感，因此需要对化学成分进行严格控制。

1.6 控制冷却工艺

1.6.1 控制冷却理论基础

1.6.1.1 控制冷却概述

控制轧制和控制冷却技术，即 TMCP，是 20 世纪钢铁工业最伟大的成就之一。正是因为有了 TMCP 技术，钢铁业才能源源不断地向社会提供越来越优良的钢铁材料，支撑人类社会的发展和进步。TMCP 是在热轧过程中，在控制加热温度、轧制温度和压下量等的控制轧制（Control Rolling，CR）的基础上，进一步实施控冷或加速冷却（Accelerated Cooling，ACC）的技术总称，也称热机轧制。

控制轧制可以归纳为在热轧过程中，通过使所有的热轧条件（加热温度、各道次轧制温度、压下量、轧制速度等）的最佳化，使热塑性变形与固态相变结合，使奥氏体状态变成细小铁素体晶粒组织或含有贝氏体、马氏体等的复相组织，使钢材具有优异的综合力学性能的轧制工艺。单纯的控制轧制对于晶粒的细化毕竟有限，为了突破控制轧制的限制，同时也是为了进一步提高钢材的性能，在控制轧制的基础上，进一步开发了控制冷却技术（Control Cooling）。控制冷却的核心思想是对形变奥氏体的相变过程进行控制，以进一步细化铁素体晶粒，以及通过相变控制得到贝氏体、马氏体等强化相，进一步改善钢材的强韧性能。

控制冷却的作用可概括如下：

（1）提高产品的性能和质量：1）力学性能：提高强度、改善韧性；2）工艺性能：改善可焊性、提高氢致裂纹抗力及成形性能；3）组织与结构：增加组织的分散度、获得复相组织、细化晶粒、增加沉淀析出；4）表面质量：减少表面划伤和裂纹、氧化铁皮、无表面脱碳等。

（2）降低生产成本：1）减少合金成分；2）节约能源；3）简化工艺流程；4）提高成材率。

（3）显著的社会效益：1）减轻构件或设备重量；2）节省自然资源；3）减少环境污染。

对钢材的控制冷却是通过热交换减少高温钢中热量的过程，根据传热学理论，热交换方式分为以下三种：

（1）热传导：物体从高温端向低温端传导热量的过程或者互相直接接触的物体间的热交换过程叫做热传导，纯粹的热传导只能在固体中出现。

（2）热对流：是在流体内部，随着冷热部分的密度不均而引起的流体各部分的相对位移而引起的热量转移，往往热对流的同时还伴随着热传导发生。

（3）热辐射：是高温物质通过电磁波等把热量传递给低温物质的过程。这种热交换现象和热传导、热对流有着本质上的区别，它不仅产生热量的转移还伴随被物体吸收变成热能。

在热轧过程中，以上三种热交换方式同时存在，其中包括轧件与辊道、轧辊接触发生的热传导，轧辊冷却水、周围空气流动产生的对流，轧件与周围环境之间的热辐射等。

根据钢材的化学成分、需要的组织性能、产品断面尺寸、冷却过程中可能产生的缺陷，以及轧机产量、场地空间和冷却设备等条件，热轧后的钢材可采用不同的冷却方法、冷却速度及冷却路径冷却到室温。

（1）空冷：是在空气中自然冷却的方法，其应用较普遍。对一些不需要特殊的组织控制的低碳钢、普通低合金高强度钢以及奥氏体类不锈钢等的型材和少量板材，仍有采用这种方式冷却的。

（2）快冷：是通过鼓风、气雾冷、水冷等的强制冷却方法，其工艺特点是使钢材在较短的时间内冷到某一温度后再自然冷却。现阶段大多数的热轧钢铁产品采用这种冷却方式，用于提高产品的性能和生产效率。

（3）缓冷：是热轧后的钢坯或钢材堆在一起使之缓慢冷却，以防止白点缺陷的产生。缓冷的具体方法根据生产条件而定，可以在专用的缓冷坑内进行，可以在特制的可以移动的缓冷箱中进行，也可以在地上堆放，上面盖上砂子、石棉渣等保温材料进行缓冷。这种冷却方式适用于马氏体、半马氏体以及莱氏体类钢，如高速工具钢、马氏体不锈钢、部分高合金工具钢以及高合金结构钢等，这些钢种对冷却时产生应力的敏感性很强。

现阶段的热轧生产线大多配备了快速冷却装置，用于提高产品的性能和生产效率。实际生产过程中，轧钢生产线及主要生产设备确定后，针对热传导、热辐射两种热交换方式不易做出较大改变，因此人们首先想到采取方便的可控性冷却的方式，现阶段主要集中于对流换热。

热轧钢材控制冷却所用的介质可以是气体、液体以及其混合物，其中液体特别是用水作为冷却介质最为常用，控制冷却的理念可以归纳为"水是最廉价的合金元素"这样一句话。现阶段热轧钢材对流换热所采用的介质主要有：单流体的水或空气、双流体的水+空气。这样一来可以通过水、空气及两者比例的合理组合，将控制冷却能力的范围扩大。具体的冷却方式因钢种、产品形状、性能要求等的不同而各异。

1.6.1.2 钢材冷却的主要方式

加速冷却过程中根据冷却水的流动状态等的不同，可以将冷却方式概括起来分为：喷射冷却、管层流冷却、水幕层流冷却、雾化冷却、喷淋冷却、水-气雾加速冷却以及直接淬火等。

现阶段在热轧过程中最为常用的几种冷却方式如下：

（1）喷水冷却。水从压力喷嘴中以一定压力喷出连续的水流，水流为连续的紊流状态。将采用这种连续喷流冷却的方法称之为喷水冷却或喷流冷却。这种冷却方法虽然有较好的穿透性，但是因为喷溅严重，利用率较低，现阶段除了一些较为落后的生产线仍在使用外，已经逐渐淘汰。

（2）喷射冷却。当从压力喷嘴中喷出的水流所给压力达到一定值时，连续的水流将变为非连续，形成液滴冲击冷却钢材表面，这种利用液滴群冷却的方法叫做喷射冷却。喷射冷却需要较高的水压才能将水流离散，同时冷却控制范围相对不大。

（3）气雾冷却。气雾冷却方式是一种双流体冷却喷嘴，用具有一定压力的空气将水雾化成雾流对热轧钢材进行在线控制冷却。其特点是：1）冷却速度可调范围广（从风冷到全水冷）；2）冷却较均匀；3）可节省冷却水；4）需要空气和水两个系统，设备费用高；5）有噪声。作为轧后控制冷却方式之一，喷雾冷却已应用于厚板和带钢生产上。此外还应用于工字钢、角钢、槽钢和 H 型钢的冷却上。为了弥补冷床面积不足和改善劳动条件，喷雾冷却还用于冷床上的钢坯和钢材。此外，带钢连续退火时也应用此种冷却方式。气雾冷却所用喷嘴属水、气混合型喷嘴，其喷淋时喷射斑的形状根据喷嘴的设计不同可以分为圆形、椭圆形、矩形等。这种方式雾化均匀，水滴较小，扩散角较大，因而，特别适用于连铸过程中的二次冷却等。

（4）层流冷却。采用层状水流对热轧钢板或带钢进行轧后在线控制冷却的工艺。将数个层流集管安装在精轧机输出辊道的上方，组成一条冷却带，板带钢热轧后通过冷却带进行加速冷却。由于喷嘴结构和层流水流的形状不同，层流冷却又分为管层流冷却和幕状层流冷却。

管层流冷却（pipe laminar flow cooling）：管层流冷却方式是最早应用于带钢加速冷却的层流冷却方式。根据管状喷嘴的外形，管层流又分为直管式和 U 形管式两种，现阶段主要是 U 形管（鹅颈管）。一个集管上可设一排、两排或多排喷嘴，随着喷嘴数量的增加冷却能力得到提高。将若干个装有 U 形管的集管安置在输出辊道的上方，组成一个几十米到上百米长的冷却线。对板带钢的上表面进行冷却，也称虹吸管层流冷却。整个冷却带分为若干个冷却段，通过控制水的流量、开启冷却段的数目和改变辊道速度来控制板带钢的冷却速度和终冷温度。在板带钢的下方装有多个喷射冷却喷嘴，对下表面进行冷却。

图 1-24 为管层流冷却装置中一个集管的示意图。在一个集管上安装若干个倒 U 形管，冷却水通过进水管进入集管内，再经 U 形管喷洒到板带的上表面。管内水压一般为 1~3kPa，U 形管的内径根据所需流量进行计算、选择，通常为 15~30mm。从 U 形管流下的柱状层流水流，必须具有一定的冲击力，以冲破钢板上的水层和钢板表面产生的蒸汽膜，才能提高冷却效率，为此管层流集管必须设在辊道上方一定的高度上，一般为 1.5~2m。这种冷却方式的特点是：1）冷却集管数目多，冷却带长，占地面积大；2）U 形管数目多，并且容易堵塞，维修费用高；3）耗水量较大。

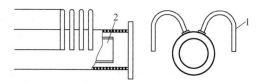

图 1-24 管层流冷却集管示意图
1—U 形管；2—集水管

水幕冷却（curtain wall cooling）：在精轧机出口输出辊道的上方设置数个水幕集管，从集管流下的幕状层流水流对钢板的上表面进行冷却，也称幕状层流冷却。在辊道的下方设置下水幕（向上喷出幕状水流的集管）或喷射喷嘴，以冷却钢板的下表面。这种冷却方式的特点是：1）冷却能力大；2）集管数目少，可减少冷却带长度；3）喷口不易堵塞，维修管理费用较低；4）耗水量较大。

（5）穿水冷却。针对棒、线、螺纹钢等简单断面型钢，成品轧件从精轧机轧出后立即穿过水冷装置进行强制冷却。穿水冷却用的水冷装置有单层套管冷却器、双层套管冷却器、喷射式冷却器、旋流式湍流管冷却器、箱式冷却器、层流冷却器及定向环形喷射式冷却器等多种。旋流式湍流管冷却器的冷却能力强，应用最广。开冷温度、终冷温度和冷却速度是穿水冷却中的几个主要工艺参数。如对棒材、钢筋进行在线轧后余热处理，自回火温度（即返温温度）是最基本的工艺参数；如对线材进行轧后穿水冷却，选择适当的冷却速度对得到希望的组织则很重要，而且要注意穿水冷却后线材表面温度不能太低以免产生马氏体。

总结各种主要的冷却方式有其各自的优点和缺点，详见表 1-4。采用哪种冷却方式应根据具体工艺环境和限定条件来确定。

表 1-4 各种主要冷却方式的对比

冷却方式	优 点	缺 点	适用范围
喷射冷却	水流为连续状，没有间断现象，呈素流状态喷射到钢板表面；可喷射到需要冷却的部位；钢板上下表面冷却差别显著	比冷却特性很低；冷却效率不高；水消耗量大，水飞溅严重，冷却不均匀；对水质要求较高，喷嘴易堵塞，水利用率较低	适用于一般冷却使用或因其穿透性好而适用于水气膜较厚的环境
层流冷却	比冷却特性较高；水流呈层流状态，可获得很强的冷却能力；钢板的上、下表面和纵向冷却均匀	冷却区距离长；集管之间有一定的距离，达不到横向冷却均匀；对水质的要求较高，喷嘴易堵塞；设备庞杂，维护量较大且难度高	适用于强冷却时，如热轧板出口处

冷却方式	优　点	缺　点	适用范围
水幕冷却	比冷却特性最高；水流呈层流状态，冷却速度快、冷却区距离短、对水质的要求不高、易维护。冷却速度通常为12~30℃/s，有时高达80℃/s	钢板上、下表面及整个冷却区冷却不均匀；可调节的冷却速度范围较小	可用于板带钢输出辊道上的冷却，也可用于连轧机机架间的冷却。正在研究应用于棒材及连铸坯的冷却
雾化冷却	用加压的空气使水流呈雾状来冷却钢板。冷却均匀、冷却速度调节范围大，可实现单独风冷、弱水冷和强水冷	需要供风和供水两套系统，设备线路复杂、噪声较大；对空气和水要求严格；车间的雾气较大，设备容易受腐蚀	适用于从弱水冷到强水冷极宽的冷却能力范围，尤其适用于连铸的二次冷却带
喷淋冷却	冷却水呈破断状，形成液滴束冲击被冷却的钢板。比高压冷却喷嘴冷却均匀，冷却能力较强	需要较高的压力、调节冷却能力范围小、对水质的要求较高	
水-气喷雾法快速冷却	能严格控制冷却速度和温降；可对钢板的较冷边部进行补偿，节省冷矫直成本	需要供风、供水系统，设备庞杂	适用于极厚板或低抗拉强度（<600MPa）、具有铁素体及珠光体/贝氏体显微组织的钢板
直接淬火	冷却速度快、冷却能力范围大；添加少量合金元素就可以达到同样的强度；降低碳当量，改善可焊性能；确保钢板低温韧性	适用钢种有限；冷却不均匀、钢板变形量大多在10mm以下，宽幅钢板在30mm以下	适用于高抗拉强度（>600MPa）、具有（贝氏体+马氏体）显微组织的钢板

1.6.1.3　水循环系统

水循环系统是整个控制冷却系统的基础，直接决定着冷却效果的好坏。为了保护我国匮乏的水资源和减少环境污染，轧钢企业在采取节约用水的同时，大多加强了浊循环水的使用。在板带的控制冷却过程中，水对轧件冷却后流入地沟，汇入回水坑，再经过旋流池、平流池和过滤器进入冷却塔进行冷却，冷却后的水经过净水池，由高压水泵打入高位水箱，冷却时低压水由高位水箱流出，经过分流集水管从层流集管中流出，冲击轧件表面进行冷却热交换，再次流入地沟，完成一个水循环。

图1-25是中厚板层流冷却的典型水循环系统。中厚板在层流冷却的过程中，高位水箱连续不断地给分流集水管供水，如果水箱补水量不足，会造成水箱水位的大幅波动。在控制冷却的过程中，如果水箱水位大幅波动则集管内水压也会跟着波动，使集管喷水流量不稳定，导致钢板沿长度和宽度方向冷却不均匀。水循

环系统中，如果各水泵的工作流量不匹配，可能导致水资源浪费或者出现水泵吸空的现象。从提高钢板冷却过程的均匀性和节约生产成本方面来说，都必须保证水循环系统稳定、正常地运行。这就要求根据生产现场的实际冷却设备和工艺条件，合理地确定各水泵的工作流量。

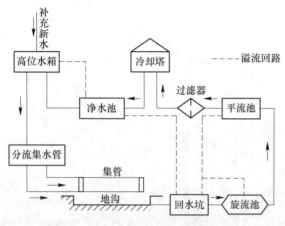

图 1-25 中厚板层流冷却水循环系统

1.6.1.4 超快速冷却工艺

超快速冷却技术是指热轧后钢板立即进行大强度冷却，生成马氏体或贝氏体等组织。20 世纪末期，新型快速冷却系统快速发展。以法国 BERTIN&CIE 的 ADCO（Adjustable Accelerated Cooling System）装置、比利时的 CRM 超快速冷却装置和日本 JFE 公司的 Super-OLAC 装置等为代表的一大批采用新型换热方式的超快速冷却装置得到开发和应用。许多超快速冷却装置既可以实现轧后快速冷却又可以实现直接淬火，已经广泛用于建筑结构板、桥梁板、超低温容器板、工程机械用钢等高强钢生产，实现了真正意义上的实用化。

Hoogovens-UGB 公司开发了世界上第一套超快速冷却实验装置并将其应用于实际工业生产中。该超快速冷却装置由两部分组成，第一部分是在 1.4m 的区域内安装了 3 组流量为 1000m³/h 集管，水流密度能够达到 $65 \sim 70 \text{L/(m}^2 \cdot \text{s)}$，冷却功率能够达到 $4.5 \sim 5.0 \text{MW/m}^2$。由于第一段冷却装置太短，温降较小，难以起到改善性能的作用，所以对冷却装置进行了进一步完善。第二部分新增 7 组集管，其输出辊道长 5m，冷却区长 3m，冷却宽度 1.6m。这套装置对 1.5mm 厚的带钢冷却速度可以达到 1000℃/s，对于厚度为 4.0mm 的带钢冷却速度也能够达到 380℃/s，并且在强冷条件下，该装置能够保证钢板在长度、宽度方向上的冷却均匀性，确保钢板具有良好板形。这套装置的使用，对 2.0mm 厚 C-Mn 钢和钒钢进行研究结果表明使抗拉强度和屈服强度均提高了 100MPa 以上。

法国 BERTIN&CIE 于 20 世纪 80 年代后期开发出 ADCO 技术，如图 1-26 所

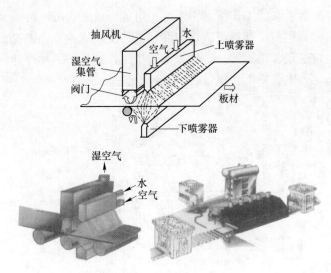

图 1-26　ADCO 冷却装置示意图

示。该装置被称为万能型冷却装置。ADCO 控制冷却系统是以组件设计为基础的，每个组件包括 4 个或 5 个空气-水喷口，用于对钢板的上下表面进行喷雾。每个喷口包括 3 条连续的直缝喷嘴，其中一条缝用于喷水，两条缝用于提供恒压空气，以使低压水变化的流量均匀分布。水缝设计为 6mm 宽，可以避免堵塞问题。组件配备有湿气收集箱、气水分离器和排气扇等装置。水箱高度 12m 用于提供恒定的喷水水压。

　　ADCO 的工作原理是向钢板喷射水和气，喷气的目的是将从缝隙式喷嘴中喷出的水吹散成液滴，液滴和高压高速气流一起从喷嘴喷出形成雾状喷向高温钢板。由于高压汽雾可以直接和高温钢板接触，因此喷雾冷却方式的冷却能力比较强。喷雾冷却装置的冷却调节能力范围较大，流量控制加上各单独喷嘴的开、关调节，使控制灵活性大大加强。冷却过程中的热通量可以控制在 1∶5 范围内。无论是单独风冷、弱水冷还是喷雾冷，都能够精确地控制上下表面的热通量。热通量的控制可避免传热系数随温度的变化，保证钢板在冷却过程中具有优越的温度均匀性。同时，由于喷雾比较均匀，结合湿气排除系统，能够达到均匀的冷却效果。钢板边部以及头、尾部加罩进一步改善了冷却均匀性。目前，ADCO 装置被应用在生产管线钢、船板、高强结构钢以及耐磨钢等高性能产品上。

　　20 世纪 90 年代，比利时 CRM 研究所开发了应用于热轧带钢输出辊道上的超快速冷却（Ultra Fast Cooling, UFC）装置，如图 1-27 所示。该装置通过减小每个喷水口的孔径，并加密喷水口，增加喷水压力，水压在 0.3~1.0MPa，水流密度能够达到 65~70L/（m² · s），从而保证小流量的水流也有足够的冲击力，能够大面积地击破气膜，促使钢板表面与更多的新鲜冷却水在短时间内接触，从而提高单位时间内单位面积上的换热效率。由于 UFC 具有较高的冷却能力，对厚度 3~6mm 带钢，冷却速度可达 250~500℃/s，是传统热轧钢板冷却速度的 5~8 倍。同时，该系统占用的空间较小，通常仅为 7~12m，安装布置较为灵活，既可以安装在精轧机与层流冷却系统之间，又可以安装在层流冷却系统与卷取机之间。

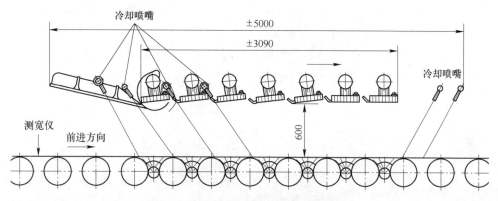

图 1-27　CRM 研发的超快速冷却装置

1998 年 NKK 公司（与川崎制铁合并后为 JFE）福山厚板厂进行了大量研究，在之前开发的 OLAC 基础上，突破传统思维的束缚，研制开发了新一代加速冷却工艺，即 Super-OLAC 技术，如图 1-28 所示。在此基础上，JFE 公司先后于

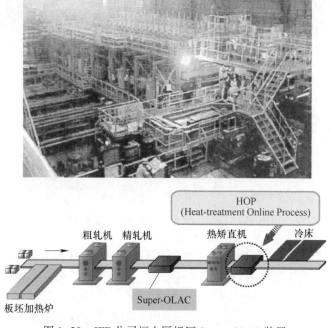

图 1-28　JFE 公司福山厚板厂 Super-OLAC 装置

2003 年和 2004 年分别对仓敷厚板厂和京滨厚板厂进行了轧后冷却系统的改造，JFE 公司的 3 家中厚板厂均配备了 Super-OLAC 装置。该装置将上侧喷嘴尽可能靠近钢板，使冷却水朝钢板移动的方向流动。钢板下侧是利用密集排列在水槽中的喷嘴进行喷淋冷却。Super-OLAC 装置成功实现了中厚板上下两侧的换热以高冷却能力的核态沸腾进行，避开过渡沸腾和薄膜沸腾混合造成的换热不均匀、冷却不稳定现象，冷却速度是传统加速冷却方式的 2~5 倍，如图 1-29 所示。图 1-30 是 Super-OLAC 与传统的控制冷却手段冷却优势方面的对比。

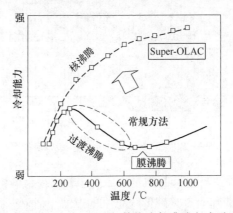

图 1-29 Super-OLAC 与传统冷却沸腾方式对比

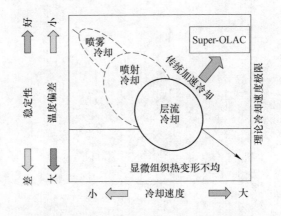

图 1-30 Super-OLAC 与传统冷却优势对比

Super-OLAC 装置以其优良的控制特性和强大的冷却能力，在 JFE 公司产品开发上发挥了重要作用。一大批具有高强度、高韧性和良好焊接能力的新品种逐步得到开发。JFE 公司产品使用碳含量较低钢坯开发的高性能船板，具有较高的耐蚀性和耐磨性，并且焊接性能良好，可以在不预热的状态下进行焊接。为满足城市高层建筑建设需要，JFE 公司致力于具有低屈服比、高韧性和良好焊接能力的建筑结构用钢的研发，生产出具有良好抗震性和焊接性能的高性能钢材。JFE公司充分利用Super-OLAC装置并通过添加合金化元素控制淬透性，开发了具有高强度、高韧性且具有良好焊接性的高性能钢材。管线钢的发展趋势是长距离输送以及适应各种恶劣的气候条件，这就要求管线钢具有高强度、良好低温韧性和焊接性能，同时也必须具备较强的抗腐蚀能力。JFE公司利用Super-OLAC技术开发出可以满足这些多种严格性能要求的管线钢，如耐酸性气体的管道管和X100管道管等。综合考虑开发的各种高性能产品，其共同之处在于在尽可能降低合金元素含量条件下，利用Super-OLAC装置的高效冷却能力，同时配合其他热处理手段获得具有较高综合力学性能的各种产品。

国内东北大学开发的带材高冷速系统也可以达到较高的冷却效果。所开发的棒材超快速冷却系统对20mm直径的棒材，可以实现400℃/s的超快速冷却。图1-31为超快速冷却装置在国内某2250mm热连轧生产线上的实施及冷却系统的配置。2250mm热连轧生产线的控制冷却系统采用了"倾斜式超快冷+ACC"的混合配置方式，相应的钢种包括普通碳锰钢、HSLA钢、高强钢、管线钢等。其前部10m左右超快冷装置，采用缝隙式幕状喷射式喷嘴和圆管喷射式喷嘴混合配置，冷却水具有一定的压力，以一定的角度沿轧件运动方向，喷射到带钢上。倾斜布置的喷嘴，可以对钢板全宽实行均匀的"吹扫式"冷却，扫除钢板表面存在的气膜，达到全板面的均匀核沸腾，不仅可以大大提高冷却效率，实现高速率的超快速冷却，而且可以突破高速冷却时冷却均匀性这一瓶颈问题，实现板带材全宽、全长上的均匀化的超快速冷却，因而可以得到平直度极佳的无残余应力的带钢产品。为了对超快冷部分进行高精度的控制，上下集管的供水系统除了使用开闭阀之外，还配置了冷却水流量控制系统，可以对上下集管的水量进行精准控制。超快冷的控制系统已经融入到轧机整个控制冷却系统之中，通过高精度数学模型的开发、前馈预控和反馈控制的结合以及控制冷却装置硬件的细分，可以对带钢的冷却进行高精度的控制，精确控制超快速冷却的终止点。

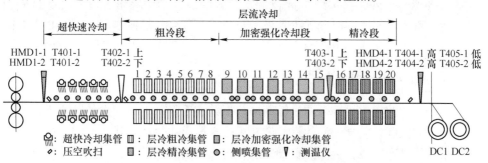

图1-31 国内某厂2250mm热连轧机轧后控制冷却系统的配置

1.6.2 冷却过程中钢的相变

在现代轧制工艺中，因为各生产线的设备能力、布局及产品等不尽相同，要经济有效地利用 TMCP 技术生产出达到目标性能的产品，各企业利用 TMCP 的具体内容和方式也就不尽相同。简单来讲，控制轧制主要是对奥氏体组织状态进行控制，通过比常规轧制温度较低的温度范围内的轧制，配合在相变温度以上点到相变温度范围（750~500℃）±10℃进行控制冷却，实现铁素体的大幅度晶粒细化，在不损坏韧性的前提下得到更优良的产品性能。

对于普通结构钢而言，通常来讲经奥氏体到铁素体的相变后，铁素体晶粒比原奥氏体更加细化。在原奥氏体晶界上铁素体首先形核，形核后向奥氏体晶粒内部生长，直至新的铁素体晶粒相互接触。TMCP 工艺首先控制奥氏体状态，通过控制轧制增加铁素体形核，通过轧后的控制冷却降低相变温度，进一步促进铁素体相变形核率的增加，最终获得更加细化的相变铁素体组织。

在再结晶区的低温轧制时，奥氏体将会发生再结晶，形成较为细小的奥氏体再结晶晶粒，细小的奥氏体组织在相变后得到的铁素体也被细化。而在再结晶温度以下轧制，形变奥氏体不会发生再结晶，这时候的奥氏体组织因变形被压扁伸长，奥氏体界面体积比增加，铁素体形核点相应增加，相变后铁素体晶粒细化。同时在未再结晶区进行轧制，奥氏体晶粒内部形成"变形带"的线状微观结构，这些变形带为铁素体形核提供了类似奥氏体晶界的作用，铁素体在这些"变形带"上形核，这样一来在未再结晶区的轧制对铁素体晶粒的细化起到的作用会更大。其效果与未再结晶区的累积变形量成正比，性能的改善与之成正比。对再结晶后的奥氏体进行控制冷却时，铁素体相变晶粒细化效果较未再结晶形变奥氏体不显著，原因主要是因为对未再结晶形变奥氏体进行控制冷却，不仅在变形后的奥氏体晶界形核，同时在形变奥氏体晶粒内部也产生铁素体形核，由此实现了铁素体的大幅度晶粒细化。同时，控制冷却温降速度还可以将空冷时生成的珠光体变为细微分散的贝氏体，在提高强度的同时改善了钢材的塑性。加快冷却速度，完成直接淬火，只需要添加少量合金元素就可以达到很高的强度，并降低碳当量，改善可焊性能，同时确保钢板低温韧性。图 1-32 是在不同的 TMCP 工艺下的微观组织转变示意图。

1.6.3 轧后控制冷却的分段

控制冷却的主要目的是通过控制冷却能够在不降低钢材韧性的前提下进一步提高钢材的强度。常规轧制的钢材，轧后处于奥氏体再结晶状态，因为轧后仍旧处于较高的温度区域，再结晶奥氏体晶粒将会在高温区长大，导致相变后铁素体组织较为粗大，同时因为温降缓慢，所得珠光体片层间距较大，最终的力学性能

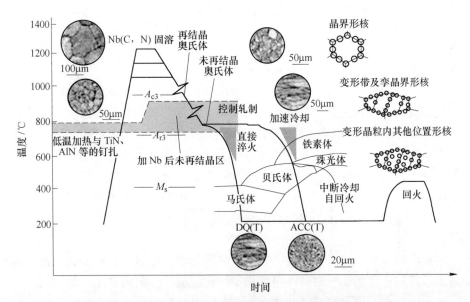

图 1-32 不同 TMCP 工艺下微观组织转变示意图

相对较低。处于未再结晶区的低温终轧温度的钢材，因为形变的影响使 A_{r3} 温度升高，相变后生产的铁素体在高温区长大，降低了低温轧制细化组织的效果。

对于微合金高强度钢用控轧控冷，可以得到铁素体+贝氏体组织或者单一的贝氏体组织，材料的强度得到提高，韧性和焊接性能良好。以铌微合金化的海洋平台用钢为例，以 15℃/s 的冷却速度从 800℃ 快速冷却到 500℃ 的情况下，较一般的控温轧制得到的产品屈服强度提高 50MPa，与正火处理的产品相比可以提高 150MPa。对于中、高碳及中、高碳合金钢轧后控制冷却的目的主要是降低甚至阻止网状碳化物的析出量和降低级别，保持碳化物固溶状态，确保固溶强化，同时减小珠光体球团尺寸，改善珠光体形貌及减小片层间距，从而保证产品性能。另外有一些材料可以通过轧后快速冷却实现在线余热淬火或表面淬火自回火，之后又发展了形变热处理等，为提高钢材的性能起到了很好的作用。

为了获得优良的组织性能，就需要将控制轧制和控制冷却结合起来考虑。通过控制轧制获得控制冷却前预期的奥氏体组织，再通过控制冷却获得预期的相变产物。在控制冷却工艺中，一般将轧后的控制冷却分为三个阶段，分别称之为：一次冷却、二次冷却、三次冷却，三个冷却阶段的控制方式和目的并不相同。

钢材轧后冷却过程中相变前的奥氏体组织状态直接影响相变组织形态、晶粒尺寸、力学性能等。一次冷却是指从终轧温度开始到奥氏体向铁素体开始转变温度 A_{r3} 或二次碳化物开始析出温度 A_{rcm} 范围内的控制冷却阶段。该阶段通过控制开冷温度、冷却速度和快冷终止温度等，控制形变奥氏体的组织状态，固定形变奥氏体内部位错，对再结晶奥氏体控制晶粒长大，对于高碳钢阻止有害碳化物的析出，加大过冷度，降低相变温度，为下一步的相变做组织上的准备。一次冷却阶段越接近终轧出口，开冷温度越接近终轧温度，越有利于形变奥氏体的组织状态控制和增大有效界面面积以及提高铁素体形核率。

二次冷却阶段指的是经过一次冷却阶段后，进入由奥氏体向铁素体或碳化物析出的相变阶段，从相变开始温度到相变结束温度范围的控制冷却。在相变过程中控制相变冷却开始温度、冷却速度（快冷、慢冷、等温相变等）和停止控冷温度。控制这些参数，就能控制相变过程，从而达到控制相变产物形态、结构的目的。其中针对 C-Mn 钢，空冷过程得到的是铁素体+珠光体组织，加快冷却速度，提高到 $5℃/s$，得到的组织是铁素体+贝氏体组织，再提高冷却速度到 $15℃/s$ 得到的组织为贝氏体为主的组织。参数的改变能得到不同的相变产物，最终组织的不同将会提供不同性能的钢铁产品。

三次冷却是指相变后至室温的温度区间冷却参数控制。针对低碳钢而言，相变结束后冷却速度的快慢对最终组织几乎没有影响，多采用空冷，使钢材冷却均匀，避免因冷却不均匀而造成弯曲变形。在较多的型钢厂，在产品矫直前的阶段为提高冷床的生产效率将会采用除了空冷之外的采用水介质的冷却方式，如喷水冷却方式等。这时需要注意的是对于不同形状的产品，因为线膨胀系数的存在会对最终的产品形状产生一定的影响。固溶在铁素体中的过饱和碳化物在慢冷中不断弥散析出，使其沉淀强化。对一些微合金化钢，在相变完成之后仍采用快冷工艺，以阻止碳化物析出，保持其碳化物固溶状态，以达到固溶强化的目的。将一次冷却及二次冷却合成为一个快速冷却过程的工艺，即由轧后快冷至低温相变，如发生马氏体相变，形成直接淬火工艺，进行自回火或回火，形成形变调质工艺。

1.6.4　中厚板控制冷却

1.6.4.1　中间坯控制冷却

TMCP 工艺是提高钢材强韧综合性能的重要手段，为实现控制轧制过程，必须对轧制过程中的道次变形量和变形温度进行严格控制，在变形奥氏体部分再结晶温度范围内须停止轧制，以避免出现混晶组织，等温度进入奥氏体未再结晶区后再进行后续轧制。在传统控制轧制工艺中，中间坯往往采用待温的方式，因空冷温降速度较慢待温时间较长，降低了轧制生产效率。处于较高温度下的中间坯在较长的待温过程中，存在奥氏体晶粒长大，对再结晶区控轧细化效果产生不良影响，奥氏体晶粒如果出现粗化将会损害钢板的性能。因此，在中厚板采用控制轧制工艺时，除了待温避开部分再结晶区，还需要控制待温过程中中间坯晶粒的长大。常规的控制轧制工艺中，通常采用微合金元素的方式来细化奥氏体晶粒，抑制奥氏体晶粒长大。同时提高中间坯冷却效率，减少待温时间和传输时间的工艺方法和设备，将是提高中厚板控制轧制生产效率、改善产品性能的手段之一。

对比中间坯控制冷却和常规空冷待温两种工艺对同为 16mm 厚度规格 Q345B 钢板力学性能的影响，如表 1-5 所示。可以看出：中间冷却可以有效改善钢板的冲击功，屈服强度提高幅度在 15~30MPa 之间，伸长率没有明显改变。

表 1-5　空冷待温与中间冷却条件下钢板力学性能对比

序号	轧钢代号	钢种	厚度/mm	R_{eL}/MPa	R_m/MPa	A/%	冷弯	冲击功/J	待温方式
1	0926086	Q345B	16	375	355	28	完好	147/128/113	IC
2	0926087	Q345B	16	385	540	29	完好	151/164/146	IC
3	0926088	Q345B	16	390	545	30	完好	159/134/173	IC
4	0926090	Q345B	16	345	535	29	完好	102/72/72	空冷
5	0926091	Q345B	16	350	525	32	完好	119/92/92	空冷

1.6.4.2　轧后控制冷却

厚板生产工艺和其他钢材生产工艺相比，其显著特点是用途广、规格多、批量小、力学性能和尺寸规格并重。厚板对原料钢水的洁净度要求仅次于冷轧薄板，而对力学性能的要求则是所有钢材中最严格的。厚板为达到强韧性能要求，主要采取控制轧制和控制冷却工艺。

厚板在线加速冷却系统（ACC）于 1979 年在日本首次投入使用，并在 20 世纪 80 年代广泛应用在日本和欧洲的中厚板轧机上。采用加速冷却的热机轧制最初主要用于船板和管线钢板生产，1985 年美国 ASTM 将 TMCP 生产的钢板列入标准。目前，ACC 技术已广泛应用于造船、管线、建筑、桥梁、压力容器等钢板的生产。部分生产厂的冷却装置还具有高速冷却能力，可以对轧后钢板进行直接淬火（DQ）。与传统的热处理后淬火相比，直接淬火不但可以节能，而且在冷却速度相同的前提下可以得到更高的硬化程度，可以降低钢中的碳含量和碳当量，从而提高钢板的焊接性能，因此大多数先进的加速冷却装置都具有直接淬火的能力。通常强度超过 580MPa 的钢板可采用直接淬火工艺生产。

厚板生产过程中轧后的控制冷却是组织性能控制的重要环节。轧后控制冷却根据设备形式和冷却方式各不相同，目前国内外在厚板生产中所采用的轧后冷却方式主要有：集管层流冷却、水幕冷却、雾化冷却、辊式淬火、风冷、空冷、缓冷等。轧后控制冷却是通过控制钢板轧后的冷却速度对钢材产品的组织性能进行控制。不同钢种的冷却方式也不尽相同，同时既可以采用单一的冷却方式也可以采用两种以上冷却方式的配合，从而控制轧件各个阶段的冷却速度。

轧后控制冷却设备的安装地点根据厚板生产线自身特点不尽相同，相应的控制冷却工艺也不同。国内外新上的轧后控制冷却设备一般都安装在精轧机之后、热矫直机之前，充分利用形变奥氏体和缩短轧件在高温区的停留时间，采用先快速冷却再进行矫直。图1-33为中宽厚板控制冷却装置布置示意图。

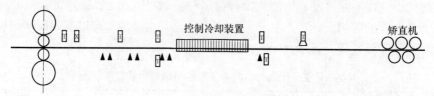

图 1-33　中宽厚板控制冷却装置布置示意图

快速冷却装置形式很多，我国近年新建的中厚板厂主要使用的冷却装置有：气雾冷却系统（ADCO）、超快速冷却（VAI&CRM 的 MULPIC 冷却系统、日本 JFE 的 Super-OLAC 系统、国内东北大学及北京科技大学开发的超快冷 UFC 系统等）、新型的 ACC 冷却系统、高密度管状层流冷却系统（国内开发）等。

（1）气雾冷却系统具备加速冷却和直接淬火功能，其水量可以在 10：1～12：1 范围内调节，在加速冷却模式下最大冷却速度可达 15℃/s（30mm 厚钢板，800～500℃），在直接淬火模式下最大冷却速度达到 27℃/s（30mm 厚钢板，800～500℃）。国内采用气雾冷却系统的有酒钢中厚板厂，国外采用的也为数不多。该系统冷却能力较大，冷却均匀；但是设备高大，噪声也大，设备检修比较困难。

（2）MULPIC 冷却系统也具备加速冷却和直接淬火功能，其水量可以在 10：1～20：1 大范围内调节，并且采用 0.5MPa 的高压水，冷却能力比气雾冷却系统大。在加速冷却模式下最大冷却速度可达 20℃/s（30mm 厚钢板，800～500℃），在直接淬火模式下最大冷却速度达到 25℃/s（30mm 厚钢板，800～100℃）。国内采用 MULPIC 冷却系统的有沙钢 5000mm 厚板厂、莱钢 4300mm 厚板厂和舞钢 4100mm 厚板轧机三套，迪林根厚板厂、韩国浦项 No.2 和 No.3 厚板轧机后来改造的水冷装置也采用了此系统。该系统冷却能力强大，但由于喷嘴数量多、水系统净化要求高，维护检修相对比较麻烦。

（3）新型的 ACC 冷却系统和传统热连轧使用的层流冷却系统有所不同，由高压喷射段（0.5MPa）和 U 型管的层流冷却系统组成。使用的喷水量在 3：1～4：1 范围内调节，在加速冷却模式下最大冷却速度可达 15℃/s（30mm 厚钢板，800～500℃），在直接淬火模式下最大冷却速度达到 25℃/s（30mm 厚钢板，800～500℃）。国内主要有宝钢和鞍钢 5000mm 宽厚板轧机、宝钢罗泾厚板厂和首钢 4300mm 厚板轧机等采用。该系统分区组成建设灵活，投资可分期投入，并且设备检修简单、易于维护。

（4）高密度管状层流冷却系统是我国最近几年自行开发的冷却系统，在传统的层流冷却系统的基础上，加大 U 形管的密度以提高水量而开发。其水量的调节范围比传统的层流冷却要大，目前主要被我国已有的一些中厚板轧机上采用，新建的宽厚板轧机采用较少。

1.6.5　热连轧带钢控制冷却

1.6.5.1　机架间带钢的控制冷却

热轧带钢生产中终轧温度受许多因素的影响，为了充分发挥轧机的生产能力，在机架间设置喷水设备，对精轧过程中的带钢喷水冷却，保证高加速度轧制时带钢全长终轧温度的均匀。机架间冷却控制的目的，一方面是通过调节机架间冷却水流量和水压，使不同工况（温度、厚度、速度）的终轧温度落在所要求的温度范围内，减小带钢头尾温差并获得良好的组织和力学性能；另一方面是为了充分利用设备的生产能力，提高生产效率。

机架间冷却，就是在精轧机组内全部或部分机架间布置一个或一些喷水装置，在带钢轧制过程中，将冷却水喷射到前进中的带钢表面的过程。通过此方法，对带钢进行控制冷却，以达到准确控制带钢头部终轧温度、保证带钢全长终轧温度均一性的目的。机架间冷却属于压力喷射冷却方式，在供水管上错列位置开若干排小孔，将水加压从各孔口喷射到运行的带钢上，水从喷嘴中以超出连续喷流的流速喷出，水流发生破断，形成水滴群，喷射到带钢表面进行冷却。热轧带钢机架间冷却布置如图 1-34 所示。

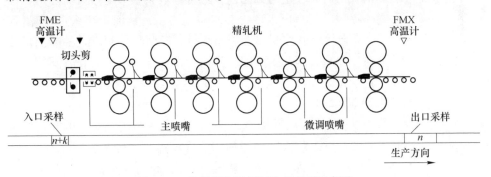

图 1-34　热轧带钢机架间冷却布置示意图

1.6.5.2　热连轧带钢轧后冷却控制

热轧带钢的卷取温度是影响热轧带钢性能的关键因素之一。而热轧带钢的实际卷取温度是否能控制在要求的范围内，则主要取决于对精轧机后带钢冷却系统的控制。20 世纪 60 年代以来，所建的热轧带钢生产线绝大部分已采用层流冷却方式冷却带钢。层流冷却装置主要由上集管、下集管、侧喷、控制阀、供水系统及检测仪表和控制系统等组成。层流冷却的水流为层流，其具有水压稳定，上、下表面冷却均匀，可控性好，故障率低，设备易于维护等优点，非常适合热轧带钢生产的要求。理论和实践都证明对于热轧带钢而言，层流冷却的综合效果相对最佳。

层流冷却装置是热轧带钢生产的关键设备，其作用是为了获得合适的带钢卷取温度和控制带钢最终的力学性能。层流冷却的能力、冷却强度、冷却速度、终冷温度的控制精度都直接影响到最终产品的质量和性能。层流冷却装置位于精轧出口和卷取入口之间的输出辊道上，如图 1-35 所示。

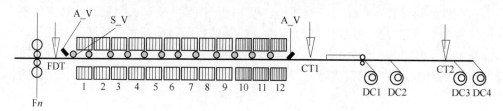

图 1-35　热连轧层流冷却设备布置简图

层流冷却的基本工作原理是以大量虹吸管从水箱中吸出冷却水，在无压力情况下流向带钢，使带钢表面上覆盖一层最佳厚度的水量，利用热交换原理使带钢冷却到卷取温度。所采用的具体方式是：使低压力、大水量的冷却水平稳地流向带钢表面，冲破热带钢表面的蒸汽膜，随后紧紧地贴附在带钢表面而不飞溅。这些柱状水流接触带钢表面后有一定的方向性，当冷却水吸收一定热量而随带钢前进一段距离后，侧喷嘴喷出的高压水使冷却水不断更新，从而带走大量的热量。上集管控制方式有：U 形管有阀控制和直管无阀控制。两种控制方式都能满足控制要求，主要区别在于冷却水的开闭速度、结构和投资不同。U 形管有阀控制冷却水的开闭速度比直管无阀控制冷却水的开闭速度慢，但其结构简单、投资少，所以 U 形管有阀控制应用较广。

层流冷却用水特点是水压低、流量大、水压稳定、水流为层流。因此，供水系统应根据层流冷却的特点来配置。常用的层流冷却供水系统配置方式有：泵+机旁水箱、泵+高位水箱+机旁水箱、泵+减压阀。泵+机旁水箱的供水系统，通过水箱稳定水压和调节水量，系统配置简单，节能效果明显。泵+高位水箱+机旁水箱的供水系统，通过高位水箱调节水量，机旁水箱稳压，水量不能调节，系统配置简单，但不节能。

层流冷却系统依据带钢钢种、规格、温度、速度等工艺参数的变化，对冷却的物理模型进行预设定，并对适应模型更新，从而控制冷却集管的开闭，调节冷却水量，实现带钢冷却温度的精确控制。通常层流冷却装置分为主冷区和精冷区。典型的冷却方式有：前段冷却、后段冷却、均匀冷却和两段冷却。其中，前段冷却主要对应于显微组织以铁素体和珠光体为主的普碳钢和优质合金钢；后段冷却主要对应于显微组织以铁素体和贝氏体为主的双相钢；当产品在不同的冷却温度段需要不同的冷却强度和产品需要较为均匀的冷却强度时，采用均匀冷却和两段冷却方式。层流冷却的冷却方式和冷却曲线如图 1-36 所示。

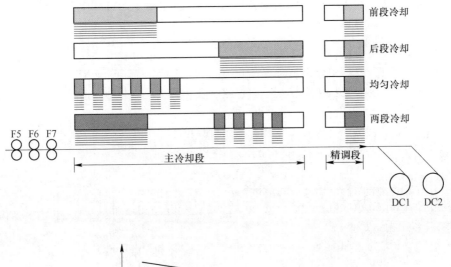

图 1-36　热连轧层流冷却典型方式及冷却曲线示意图

20 世纪 70 年代末，武钢 1700mm 热连轧机组引进了层流冷却技术，之后我国建设的常规热连轧和薄板坯连铸连轧生产线大多采用了层流冷却装置作为带钢的轧后冷却控制手段。常规层流冷却装置由粗调和精调冷却段构成，每组冷却段的水量相等；每组精调段上集管的数量是粗调段的 2 倍，而每根集管水量是粗调段的 1/2，以此提高精调段的冷却精度，如图 1-37 所示。常规层流冷却装置可满足大部分钢种的生产需求，但相对较小的冷却速度和较少的冷却策略，给开发厚规格管线钢（如 X80 等）和部分高强钢种带来了较大难度。

图 1-37　典型的常规层流冷却装置（粗调段+精调段）

2005 年以后，我国新建的部分热轧带钢生产线采用了加强型层流冷却 ILC（Intensive Laminar Cooling）工艺或超快冷 UFC（Ultra Fast Cooling）工艺，配合 LC 构成新型的带钢冷却装置，如宝钢 1880mm 生产线采用了 LC+ILC 的模式（见图 1-38），马钢 CSP 线采用了 UFC+LC 的模式，本钢 2300mm 生产线采用了 LC+UFC 的模式（见图 1-39）。

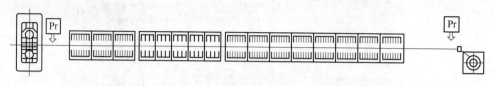

图 1-38　LC+ILC 的模式（加强段+粗调段+加强段+精调段）

图 1-39　LC+UFC 的模式（粗调段+加强段+UFC）

1.6.6　型钢轧制过程中的控制冷却

1.6.6.1　H 型钢轧制的控制冷却

A　H 型钢轧制控制冷却技术发展

H 型钢是一种经济断面型材，具有力学性能好、外形尺寸变化范围大、使用方便、相对其他型材节省材料的特点，在冶金、建筑、机械等行业广泛应用。在不同要求的金属结构中，在承受弯曲力矩、压力荷重、偏心荷重方面都显示出其独具的优点，所以 H 型钢越来越被人们所重视。国内热轧 H 型钢的产能从 1999 年的 100 余万吨（实际产量仅 11.31 万吨），逐年增长的幅度很大，以目前已投产和即将建成投产的生产线来看，我国热轧 H 型钢总产能将达到 2000 万吨以上。国内能够生产的产品规格覆盖大、中、小等不同规格，设计最大规格腹板高度可达 1000mm。

卢森堡的阿尔贝德钢铁公司针对 H 型钢首先应用了淬火与自回火技术。其主要技术要点是：在终轧出口利用高压水对 H 型钢整个表面进行冷却，当温度降到 600℃或略高于 600℃以后，停止冷却，轧件进入自回火状态，见图 1-40。这种技术要求 H 型钢轧件在进入淬火区域的时候，断面温度保持均匀，才能使轧件各个部位的冷却效果尽量相同。而传统工艺的 H 型钢终轧断面温差很大，如果直接进入淬火区域会导致整个 H 型钢断面的温度分布仍不均匀，效果将不理想。

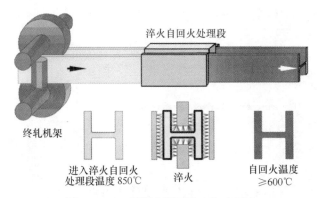

淬火自回火处理段

终轧机架

进入淬火自回火　　　淬火　　　自回火温度
处理段温度 850℃　　　　　　　　　≥600℃

图 1-40　H 型钢全断面淬火与自回火

通常，淬火与自回火工艺的先决条件是整个 H 型钢的断面上温度要均匀，这样，在轧制过程中，需对 H 型钢上温度最高的腿腰连接部位进行选择性冷却。图 1-41 是该工艺的示意图，采用该技术可减小 H 型钢断面上的温度差异。

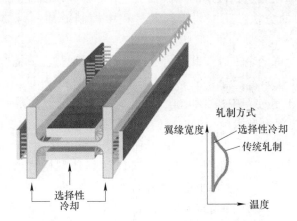

轧制方式

翼缘宽度

选择性冷却

传统轧制

选择性冷却

温度

图 1-41　H 型钢轧后局部快速冷却

原日本钢管公司（NKK）开发的线加速冷却 OLAC（Online Accelerated Cooling）于 1980 年在福山中厚板厂投入使用，在此基础上，经过冷却过程的研究开发，形成了新一代的加速冷却装置 Super-OLAC，并于 1998 年用于福山厂。之后不断尝试将 Super-OLAC 应用于大型 H 型钢，在 2000 年福山型钢厂得以实现，形成针对型钢的 Super-OLAC S 冷却系统。

国内在大型 H 型钢生产线上采用的超快冷装置生产线主要是马钢和津西的大型 H 型钢生产线。

B　H 型钢轧制过程温度控制及轧后控制冷却

实际上，热轧大型 H 型钢终轧断面温差高达 150℃以上，腹板温度最低可低于780℃，而腿腰连接部位的温度有时高达950℃以上，如图1-42所示。

图1-42 大型H型钢终轧断面温度分布（℃）

结合H型钢轧制工艺，分析可知：降低翼缘温度可以减少轧后温差导致的残余应力，均匀轧制过程中H型钢的断面温度分布，从而使轧制变形相对均匀，减少变形过程的附加应力，从而提高产品的组织性能。因此，针对大型H型钢轧后的全断面冷却很难达到预期的降低残余应力和提高产品性能的要求。在此可采用两阶段冷却的方法：第一段：轧制过程中控制冷却；第二段：轧后控制冷却。

在设备能力允许的范围内，针对可逆连轧机组，通过在万能轧制机组前后推床上以及利用UR-E-UF三机架间剩余空间，增设控制冷却设备，进行轧制过程中的冷却。由于轧制过程中机架间轧件受轧辊及船形导卫的限制，运行相对平稳，同时TM机组前后推床抗冲击碰撞的能力较强，且靠近UR、UF轧机轧件侧弯相对较小，从而降低了轧制过程中H型钢与冷却设备之间出现碰撞的可能性，同时对H型钢原有生产节奏影响较小，可实现降低H型钢翼缘终轧温度、减小终轧断面温差、提高H型钢断面组织性能分布的均匀性、降低H型钢轧后残余应力、大幅度提高H型钢的成材率的目的。针对中、小型H型钢的连轧机组，可以在机架间进行翼缘外侧的局部冷却。

轧辊冷却水的存在使H型钢腹板上表面在轧制过程中大量积水，无法通过机架间冷却实现槽内R角部位的冷却，机架间冷却装置仅能冷却翼缘外表面。

轧后冷却主要是针对H型钢终轧道次出轧机后的控制冷却。虽然通过轧制过程中的冷却，断面温度均衡不少，但是温度仍旧较高，通过轧后阶段的冷却，很好地控制相变中的冷却温度和速度，控制组织及性能。同时，可以进一步降低断面温差，降低残余应力及轧件上冷床温度，避免及减少H型钢冷却波浪及腹板切割开裂，并突破冷床冷却能力的限制。

C H型钢控制冷却对残余应力的影响

在H型钢轧制过程中，由于断面形状的复杂性，轧制过程中断面各部位散热不同，导致大型H型钢终轧腹板与翼缘温差过大。由于断面温差的存在及金属流动的不均匀性，H 型钢产品存在较高的残余应力。特别是 600mm 以上规格 H 型钢，在冷却过程中由于残余应力的影响往往会出现腹板冷却波浪，如图 1-43（a）所示；另外在搭接过程中切割翼缘时腿腰连接部位开裂现象时有发生，严重时出现腹板爆裂，如图 1-43（b）所示。

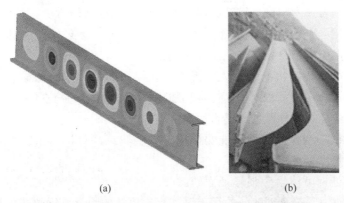

(a)   (b)

图 1-43　腹板冷却波浪及切割过程开裂现象
(a) 冷却波浪；(b) 腹板爆裂

　　针对热轧型钢因为断面的复杂性，残余应力的分布将会比板带更加复杂。热轧 H 型钢的残余应力的存在，对其性能和使用过程都存在不良影响，特别是对于性能优越的大尺寸、小腰腿厚度比的大型 H 型钢，存在较大的残余应力。因为残余应力的存在将会严重影响产品的形状尺寸精度，为了降低残余应力可以通过轧后快速冷却的方法将轧后残余应力分布状态重新分配，从而降低残余应力的峰值，减小因残余应力造成的质量废品。图 1-44 是国内某大型 H 型钢厂，对 HN700mm×300mm 规格 Q235B 大型 H 型钢采用钻孔法测量的翼缘外侧气雾冷却前后的残余应力结果，可以看出对大型 H 型钢轧后翼缘外侧的控制冷却明显降低了 H 型钢的残余应力，从而避免腹板波浪等现象的发生。

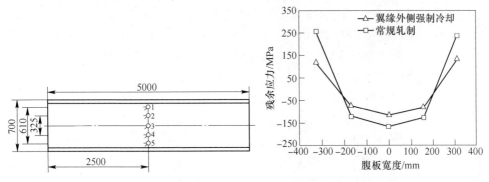

图 1-44　钻孔法测量大型 H 型钢（HN700mm×300mm）
翼缘外侧采用气雾冷却前后的残余应力

1.6.6.2 钢轨轧制的控制冷却

A 钢轨轧制在线余热淬火工艺

随着我国铁路事业的发展，牵引重量、行车速度、运输密度和年通过总重都有很大提高，这些因素大大增加了铁路钢轨的负荷，加大了钢轨的损伤，所以迫切需要提高钢轨强度，增加钢轨的耐磨性，延长其使用寿命。

钢轨强化可采用热处理和合金化两种方法。近十年来的研究和使用结果表明，热处理强化优于合金化强化。其原因是：

（1）热处理使钢轨的组织大大细化，在提高强度的同时还显著改善了钢轨的韧塑性，并节省合金费用，而合金化强化，无论是固溶强化还是析出强化，都必须加入一定量的合金元素，还将使韧塑性降低。

（2）热处理钢轨的焊接性能明显优于合金轨，这对目前铁路大力发展无缝铁路尤其重要。

（3）热处理可使轨头强化，而轨腰、轨底保持较好的韧塑性能，作为耐磨轨在曲线上使用，符合钢轨的使用工况，性价比高。因此，钢轨热处理技术受到世界各国钢轨生产厂家的普遍重视，并被铁路广泛使用。

钢轨热处理工艺经历了由淬火回火工艺（Quench-Temper，Q-T）到欠速淬火工艺（Slacking-Quench，S-Q）的过程。淬火-回火工艺容易造成热处理钢轨的接触疲劳性能差，在使用过程中钢轨表面易出现硬度"塌陷"，从而出现局部剥落，而欠速淬火工艺的综合性能，尤其是耐磨性能和抗疲劳性能更好。目前，淬火-回火工艺已经逐渐被淘汰，而欠速淬火工艺又分为三种基本类型，即整体加热淬火、离线轨头淬火和在线余热淬火。

（1）整体加热淬火：钢轨在加热炉内被整体重新加热到820~835℃，然后空冷40~45s，轨头表面温度达到790~820℃后，在浸入油槽内快冷；钢轨淬火后再在加热炉内于450℃回火2h。采用整体加热淬火的钢轨，具有片状珠光体组织。这种工艺适合大规模生产，工艺控制比较简单，质量稳定，但淬火后变形加大，残余应力也较大，用油淬火易造成环境污染。

（2）离线轨头淬火：离线轨头淬火就是将钢轨轨头重新加热到奥氏体化温度，采用压缩空气或水雾冷却淬火。这种工艺因将钢轨重新加热到奥氏体化温度，从而使奥氏体晶粒细化，韧性好；钢轨踏面硬度高，耐磨性好；轨头残余应力为压应力，有利于提高其疲劳寿命。其缺点是需要重新加热，能耗高；生产率低（2~5t/h）；轨头淬硬层深度较浅（一般小于20mm）。

（3）在线轨头余热淬火：在线轨头余热淬火就是利用钢轨轧制后的余热进行轨头淬火。近十多年来，随着炼钢技术的进步，钢轨钢更加纯净均匀，并可以取消钢轨缓冷，为在线余热淬火工艺的开发应用创造了条件。20世纪80年代中期逐渐成熟，且由于在生产效率、生产成本和产品性能方面的明显优势，很快在一些先进国家推广采用,逐渐取代了离线淬火工艺。

在线轨头余热淬火的特点是:

1) 生产效率高。可与钢轨轧机生产节奏同步。25m 长的钢轨在 1~5min 内通过淬火设备,而离线淬火需要 15~30min。

2) 生产成本低。尽管在线淬火设备投资比离线淬火高,但其生产成本却少得多。一般在线轨头余热淬火生产成本仅为 10~15 美元/t,而离线淬火则高达 50~100 美元/t。

3) 钢轨综合质量好。轨头硬度分布均匀,淬硬层深度可达 35mm 以上,不仅轨头强化,轨腰、轨底也得到适当强化,因此钢轨整体强度高。由于可以通过对轨头、轨底部位的控制冷却,有效减小钢轨的变形,所以钢轨离开淬火设备时平直度较好。

钢轨的在线余热淬火工艺为:将热轧后保持在奥氏体区域的高温状态的钢轨(钢轨头部的表面温度范围为 680~850℃)送入设置有冷却装置的热处理机组中,通过设置在钢轨周围的喷嘴以一定的压力和流量向钢轨喷吹压缩空气,使钢轨得到均匀的加速冷却,其冷却速度为 2.0~5.0℃/s。当钢轨头部的表面温度为 500~600℃时离开热处理机组,在线冷却终止,继续空冷至室温,其冷却速度约为 0.1℃/s。其冷却示意图如图 1-45 所示。而热轧态钢轨直接空冷至室温,其 600~800℃的冷却速度约为 0.5℃/s,600℃之后冷却速度约为 0.1℃/s。

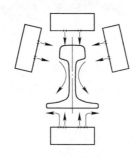

图 1-45　在线余热淬火工艺示意图

B　余热淬火工艺对钢轨组织性能的影响

从在线余热淬火后钢轨切取横断面试样可以看出,在线余热欠速淬火后的钢轨断面并没有典型的淬火层形貌,这和离线轨头淬火钢轨有很大的不同。离线轨头淬火钢轨轨头奥氏体化加热层形状为对称的帽形,而轨头心部经常未完成奥氏体化,所以离线轨头淬火钢轨横断面经侵蚀后会出现典型的帽形淬火层形貌。而经过在线余热淬火的钢轨,由于轨头全断面处于奥氏体状态,因此在线喷风冷却后,并不会出现帽形淬火层。

1.6.7 棒线材轧制的控制冷却

1.6.7.1 棒线材控制冷却原理

棒线材生产过程中，轧制出的产品必须从轧后的高温红热状态冷却到常温状态。棒线材轧后冷却的温度和冷却速度决定了其内在组织、力学性能及表面氧化铁皮的数量，因而对产品质量有着极其重要的影响，所以棒线材轧后如何冷却，是整个棒线材生产过程中产品质量控制的关键环节之一。

一般棒线材轧后控制冷却过程可分为三个阶段：

（1）一次冷却：从终轧温度开始到变形奥氏体向铁素体开始转变温度 A_{r3}，或二次碳化物开始析出温度 A_{rcm} 温度范围内的冷却控制，即控制冷却的开始温度、冷却速度及终止温度。这一阶段是控制变形奥氏体的组织状态，阻止奥氏体晶粒长大，阻止碳化物析出，固定因变形引起的位错，降低相变温度，为相变做组织准备。

（2）二次冷却：从相变开始到相变结束温度范围内的冷却速度控制。主要是控制钢材相变时的冷却速度和停止控冷的温度及通过控制相变过程，保证钢材冷却得到所要求的金相组织和力学性能。

对低碳钢、低合金钢、微合金化低合金钢，轧后一次冷却和二次冷却可连续进行，终了温度可达珠光体相变结束，然后空冷，所得金相组织为细铁素体和细化珠光体及弥散的碳化物。

（3）三次冷却：三次冷却是相变后冷却至室温范围的冷却。对于低碳钢，相变后冷却速度对组织无影响；对合金钢空冷时发生碳化物的析出，对生产的贝氏体产生轻微回火效果。

对低碳钢、低合金钢、微合金化低合金钢，轧后一次冷却和二次冷却可连续进行，终了温度可达珠光体相变结束，然后空冷，所得金相组织为细铁素体和细珠光体及弥散的碳化物。

对于高碳钢和高碳合金钢轧后控制冷却的第一阶段也是为了细化变形奥氏体，降低二次碳化物的温度，甚至阻止碳化由奥氏体中析出，二次冷却的目的是为了改善珠光体的形貌和片层间距。

1.6.7.2 棒线材控制冷却工艺要求

棒线材轧后冷却的目的主要是得到产品所要求的组织和性能，使其性能均匀和减少二次氧化铁皮的生产量，因此对棒线材冷却的要求是：

（1）二次铁皮要少，以减少金属消耗和二次加工前的酸耗和酸洗时间；

（2）冷却速度要适当，要根据不同品种，控制冷却工艺参数，得到所需要的组织；

（3）要求整根轧件性能均匀。

按照控制冷却的原理与工艺要求棒线材控制冷却的基本方法是：首先让轧制后的棒线材在导管（或水箱）内用高压水快速冷却，再由吐丝机把线材吐丝成环状，以散卷形式分布到运输辊道（链）上，使其按要求的冷却速度均匀风冷，最后以较快的冷却速度冷却到可集卷的温度进行集卷、运输和打捆等。因此工艺上对棒线材控制冷却的基本要求是能够严格控制轧件冷却过程中各阶段的冷却速度和相变温度，使得既能保证产品性能要求又能尽量减少氧化损耗。

各钢种的成分不同，它们的转变温度、转变时间和组织特征各不相同，即使同一钢种，只要最终用途不同，所要求的组织和性能也不尽相同。因此，对它们的工艺要求取决于钢种、成分和最终用途。

1.6.7.3 棒线材控制冷却工艺

国内外提出的各种控制冷却法，其工艺参数的选取主要是基于得到二次加工所需的良好的组织性能。

自20世纪60年代世界第一条棒线材控制冷却线问世以来，各种新的线材控制冷却方法和工艺不断出现。目前，世界上已经投入使用的各种线材控制冷却工艺装置，从工艺布置和设备特点来看，不外乎有两种类型：一类是采用水冷加运输机散卷风冷（或空冷），这种类型中较典型的工艺有美国的斯太尔摩工艺、英国的阿希洛工艺、德国的施洛曼冷却工艺及意大利的达涅利冷却工艺等；另一类是水冷后不散卷风（空）冷，而是采用其他介质冷却或采用其他布圈方式冷却，如ED法、EDC法沸水冷却、流态床冷却法、DP法竖井冷却及间歇多段穿水冷却等。

A 斯太尔摩控冷工艺

斯太尔摩控制冷却工艺是由加拿大斯太尔柯钢铁公司和美国摩根于1964年联合提出的。目前已成为应用最普遍、发展最成熟、使用最为稳妥可靠的一种控制冷却工艺。该工艺是将热轧后的棒线材经两种不同冷却介质进行不同冷却速度的两次冷却，即一次水冷，一次风冷。

斯太尔摩控制冷却工艺为了适用不同钢种的需要，具有三种冷却形式。这三种类型的水冷段相同，依据运输机的结构和状态不同而分标准型冷却、缓慢型冷却和延迟型冷却。

标准型斯太尔摩冷却工艺布置如图1-46所示。其运输速度为$0.25 \sim 1.4 \mathrm{m/s}$，冷却速度为$4 \sim 10 ℃/s$，它适用于高碳钢线材的冷却。

终轧温度为$1040 \sim 1080 ℃$的线材从精轧机组出来后，立即进入由多段水箱组成的水冷段进行强制水冷至$750 \sim 850 ℃$，水冷时间控制在$0.6 \mathrm{s}$，水冷后温度较高，目的是防止棒线材表面出现淬火组织。在水冷区控制冷却的目的在于延迟晶粒长大，限制氧化铁皮形成，并冷却到接近但又明显高于相变温度的温度。

棒线材水冷后经夹送辊夹送进入吐丝机成圈，并呈散卷状布放在连续运行的

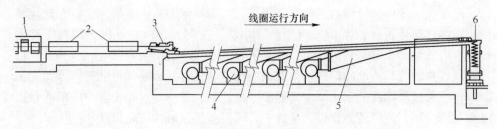

图 1-46   标准斯太尔摩运输机示意图

1—精轧机组；2—冷却水箱；3—吐丝机；4—风机；5—送风机；6—集卷筒

斯太尔摩运输机上，运输机下方设有风机可进行鼓风冷却。经风冷后线材温度为 350~400℃，然后进入集卷筒集卷收集。

缓慢型冷却是为了满足标准型冷却无法满足的低碳钢和合金钢之类的低冷却速度要求而设计的。它与标准型冷却的不同之处是在运输机前部加了可移动的带有加热烧嘴的保温炉罩。由于采用了烧嘴加热和慢速输送，缓慢冷却斯太尔摩运输机可使散卷线材以很缓慢的冷却速度冷却。它的运输速度为 0.05~1.4m/s，冷却速度为 0.25~10℃/s，它适用于处理低碳钢、低合金钢和合金钢之类的线材。

延迟型冷却是在标准型冷却的基础上，结合缓慢型冷却的工艺特点加以改进而成。它在运输机的两侧装上隔热的保温层侧墙，并在两侧保温墙上方装有可灵活开闭的保温罩盖。当保温罩盖打开时，可进行标准型冷却；若关闭保温罩盖，降低运输机速度，又能达到缓慢型冷却效果。其运输速度为 0.05~1.4m/s，冷却速度为 1~10℃/s，它适用于碳钢、低合金钢和某些合金钢线材。

B   施洛曼控制冷却工艺

施洛曼控制冷却工艺与斯太尔摩控制冷却工艺相比，强化了水冷能力，使轧件一次水冷就尽量接近理想的转变温度，但由于二次冷却是自然冷却，冷却能力弱，对线材相变过程中的冷却速度没有控制能力，所以线材质量不如斯太尔摩法冷却的线材。

施洛曼法是轧件离开精轧机后，直接进入水冷装置。水冷区的长度一方面要保证水冷至相变温度时所需时间，同时又要防止马氏体的生成。当轧件离开水冷区时，其表面温度应不低于 500℃。冷却温度的调节是通过改变通水的水量、水压以及改变投入的冷却水管数量来实现。

经水冷导管冷却的线材，经吐丝机成圈散铺在运输机上进行相变冷却。其冷却速度是通过改变线圈的重叠密度和放置方法来实现。重叠密度可用改变运输链的速度进行调节。线圈的放置方法有两种，平放线圈，调节线圈间距时，冷却速度为 2~4℃/s；如直立线圈，当线圈间距为 30mm 时冷却速度为 5~6℃/s，当线圈间距为 60mm 时冷却速度为 8~9℃/s。施洛曼控冷工艺风冷段有五种形式，如图 1-47 所示。

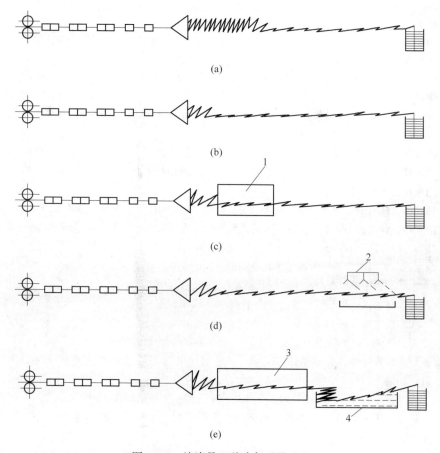

图 1-47 施洛曼五种冷却工艺流程

(a) 自然冷却；(b) 低速空气冷却；(c) 缓慢冷却；(d) 喷水冷却；(e) 水池急冷
1—保温罩；2—冷却罩；3—连续式退火炉；4—水冷池

第一种形式是经过水冷后的垂直线圈和水平线圈进行空气自然冷却。它适合各种碳素钢，用调节水冷及改变线圈放置方法和圈距来控制冷却速度。

第二种形式是低速空气冷却，线圈仅呈水平状放置。

第三种形式为适合某些特殊需要缓冷的钢种，吐丝后面加保温罩，罩内可装烧嘴进行加热保温。

第四种形式用于要求低温收集的钢种，在运输机的后部加了冷却罩，可根据冷却需要采用喷水、空气、蒸汽或喷空气蒸汽混合气的方法进行冷却。

第五种形式主要用于处理奥氏体和铁素体不锈钢。奥氏体钢（不经水冷）、铁素体钢（经水冷）经过一段空气冷却后，在一个辊道式连续退火炉内加热并保温，然后在第二运输带进入水池急冷。

参 考 文 献

[1] 靳伟, 刘振江, 顾建国, 等. 2017 中国钢铁工业年鉴 [R]. 北京：《中国钢铁工业年鉴》编辑委员会, 2017.

[2] 康永林, 孙建林. 轧制工程学 [M]. 2 版. 北京：冶金工业出版社, 2014.

[3] 金兹伯格 V B. 板带轧制工艺学 [M]. 马东清, 等译. 北京：冶金工业出版社, 1998.

[4] 金兹伯格 V B. 高精度板带材轧制理论与实践 [M]. 姜明东, 王国栋, 等译. 北京：冶金工业出版社, 1999.

[5] 田乃媛. 薄板坯连铸连轧 [M]. 2 版. 北京：冶金工业出版社, 2007.

[6] 康永林, 傅杰, 柳得橹, 等. 薄板坯连铸连轧钢的组织性能控制 [M]. 北京：冶金工业出版社, 2006.

[7] 孙建林. 轧制工艺润滑原理、技术与实践 [M]. 2 版. 北京：冶金工业出版社, 2010.

[8] 康永林, 傅杰, 毛新平. 薄板坯连铸连轧钢的组织性能综合控制理论及应用 [J]. 钢铁, 2005, 40 (7): 41-45.

[9] 康永林. 朱国明. 热轧板带无头轧制技术 [J]. 钢铁, 2012, 47 (2): 1-6.

[10] 康永林. 我国中厚板产品生产现状及发展趋势 [J]. 中国冶金, 2012, 22 (9): 1-4.

[11] 马博, 赵华国, 孙韶辉, 等. 炉卷轧机生产线布置型式及工艺特点分析 [J]. 一重技术, 2013 (5): 6-11.

[12] 李群, 高秀华. 钢管生产 [M]. 北京：冶金工业出版社, 2008.

[13] 王廷溥, 齐克敏. 金属塑性加工学——轧制理论与工艺 [M]. 北京：冶金工业出版社, 2012.

[14] 王先进, 徐树成. 钢管连轧理论 [M]. 北京：冶金工业出版社, 2005.

[15] 吕庆功. 无缝钢管壁厚不均的机理和壁厚精度的控制模式 [D]. 北京：北京科技大学, 1998.

[16] 王丽敏, 孙维, 冯超, 等. 高强钢筋生产技术指南 [M]. 北京：冶金工业出版社, 2013.

[17] 杨才福, 张永权, 王全礼, 等. VN 微合金化高强度钢筋的研究、生产与应用 [C] // 2003 年中国钢铁年会论文集, 2003.

[18] 惠卫军, 翁宇庆, 董瀚. 高强紧固件用钢 [M]. 北京：冶金工业出版社, 2009.

[19] 张国庆, 王福明, 庞瑞朋, 等. SWRCH35K 冷镦钢球化退火工艺 [J]. 金属热处理, 2013, 38 (5): 83-87.

[20] Zhuang L, Di W, Wei L. Effects of rolling and cooling conditions on microstructure and mechanical properties of low carbon cold heading steel [J]. Journal of Iron and Steel Research, International, 2012, 19 (11): 64-70.

[21] 甘晓龙. Ti 微合金化 Ⅳ 级螺纹钢的开发和研究 [D]. 武汉：武汉科技大学, 2010.

[22] 王国栋. 新一代控制轧制和控制冷却技术与创新的热轧过程 [J]. 东北大学学报（自然科学版）, 2009, 30 (7): 913-922.

[23] 小指军夫. 控制轧制控制冷却——改善钢材材质的轧制技术发展 [M]. 李伏桃, 陈岿, 译. 北京：冶金工业出版社, 2002.

［24］ 王丙兴．中厚板轧后多阶段冷却控制策略研究与应用［D］．沈阳：东北大学，2009．

［25］ 蔡晓辉，时旭，王国栋，等．控制冷却方式和设备的发展［J］．钢铁研究学报，2001，13（6）：56-60．

［26］ 中田直樹，黑木高志，藤林晃夫．高温鋼材の高水量密度での水冷における冷却特性［J］．鉄と鋼，2013，99（11）：635-641．

［27］ Gradeck M, Kouachi A, Borean J L, et al. Heat transfer from a hot moving cylinder impinged by a planar subcooled water jet［J］. International Journal of Heat and Mass Transfer, 2011, 54: 5527-5539.

［28］ Herveline Robidou, Hein Auracher, Pascal Gardin, et al. Controlled cooling of a hot plate with a water jet［J］. Experimental Thermal and Fluid Science, 2002, 26: 123-129.

［29］ Peter Lloyd Woodfield, Aloke Kumar Mozumder, Masanori Monde. On the size of the boiling region in jet impingement quenching［J］. International Journal of Heat and Mass Transfer, 2009, 52: 460-465.

［30］ Nitin Karwa, Lukas Schmidt, Peter Stephan. Hydrodynamics of quenching with impinging free-surface jet［J］. International Journal of Heat and Mass Transfer, 2012, 55: 3677-3685.

［31］ Aloke Kumar Mozumder, Masanori Monde, Peter Lloyd Woodfield, et al. Maximum heat flux in relation to quenching of a high temperaturesurface with liquid jet impingement［J］. International Journal of Heat and Mass Transfer, 2006, 49: 2877-2888.

［32］ 津山青史．厚板技術の100年——世界をリードする加工熱処理技術［J］．鉄と鋼，2014，100（1）：71-81．

［33］ Zhengdong Liu. Experiments and Mathematical Modelling of Controlled Runout Table Cooling in a Hot Rolling Mill［D］. The University of British Columbia, 2001.

［34］ 汪贺模．不同冷却条件下热轧钢板表面换热系数及应用研究［D］．北京：北京科技大学，2012．

［35］ Jin-Mo Koo, Syong-Ryong Ryoo, Chang-Sun Lee. Prediction of residual stresses in a plate subject to accelerated cooling——A 3D finite element model and an approximate model［J］. ISIJ International, 2007, 47（8）：1149-1158.

［36］ 林方婷，石旺舟，马学鸣．冷却速率对低碳钢线材表面氧化皮微观结构的影响［J］．华东师范大学学报（自然科学版），2006，4：23-28．

［37］ 余伟，何天仁，张立杰，等．中厚板控制轧制用中间坯冷却工艺及装置的开发与应用［C］//第九届中国钢铁年会论文集，2013．

［38］ 彭良贵，刘相华，王国栋．热轧带钢控制冷却技术的发展［J］．钢铁研究，2007，35（2）：59-62．

［39］ 余伟，张志敏，刘涛，等．中厚板中间坯冷却过程中晶粒长大及控制方法［J］．北京科技大学学报，2012，34（9）：1006-1010．

［40］ 王笑波．宝钢5m厚板加速冷却全自动过程控制系统［J］．自动化博览，2010，S1：69-73．

［41］ 张殿华，刘文红，刘相华，等．热连轧层流冷却系统的控制模型及控制策略［J］．钢铁，2004，39（2）：43-46．

[42] 朱国明. 大型 H 型钢轧制过程数值模拟及组织性能研究 [D]. 北京：北京科技大学，2009.

[43] 周清跃，张银花，杨来顺，等. 钢轨的材质性能及相关工艺 [M]. 北京：中国铁道出版社，2005.

[44] 滕培玉，任吉堂，殷向光. 一种角钢的强力穿水冷却装置 [J]. 河北理工大学学报（自然科学版），2011，33（3）：59-65.

2 轧钢技术发展趋势与节能减排

轧制是金属塑性加工成形的主要方法。金属在轧机上通过旋转的轧辊之间产生连续塑性变形，在改变尺寸形状的同时，使组织性能得到控制和改善。轧制的方式和种类很多，有热轧、冷轧和温轧、板带轧制、管材轧制、型线材轧制、周期断面轧制以及特种轧制等。轧制学科主要涉及金属塑性加工力学、金属材料科学与工艺、轧件与轧辊的接触摩擦学、轧制设备、计算机与数值模拟、自动化、智能化与信息技术等相关理论与技术。

经过 500 多年的发展，轧制技术已发展成为集自动化、高效化、尺寸形状与组织性能高精度控制的现代化钢铁与金属材料加工生产方式，其产品遍及经济建设、国防和国民生活的各个领域。目前，轧制技术正在向着绿色化、数字化、智能化方向发展。

轧制的生产效率极高，是应用最广泛的金属塑性加工方法，钢铁、有色金属以及复合金属材料等均可以采用轧制进行加工，轧制产品占所有金属塑性加工产品的 95% 以上。例如，2015 年我国粗钢产量 8.038 亿吨，实际钢材产量为 7.795 亿吨，约为粗钢产量的 96.98%。

据由国家统计局发布的钢材产量统计数据显示：2015 年我国各类轧制钢材产量 11.23496 亿吨，不计因重复加工而重复统计的产量数据，钢材实际产量总计约 7.795 亿吨。

2.1 轧钢技术国内外发展现状

2.1.1 轧钢技术国内进展

轧钢技术的基础及应用研究主要涉及板带材、管材、型材及棒线材轧制过程中的金属塑性变形与流动规律、尺寸形状精度控制的理论与方法，轧制与冷却过程中的形变、相变及析出过程与规律，以及组织性能控制理论与方法，热轧与冷轧过程中的接触摩擦及其规律，新一代高强、超高强钢及极限尺寸（超薄、超厚）轧材的尺寸形状与组织性能控制技术等。

国内轧制技术近年随着一大批现代化轧制生产线的建设以及高强韧、高性能钢铁新产品，以及先进的轧制及冷却控制装备的开发，在塑性变形理论、细晶钢轧制、形变、相变与组织性能控制相结合，多场耦合变形条件下的三维金属流动数值模拟与组织性能预报等方面发展迅速，呈现现代塑性理论、新材料理论、大规模、系统化、多尺度、多场耦合数值模拟分析技术、凝固控制与直轧技术、数字化与智能化控制等多学科相互融合交叉的新特征。

2.1.1.1 理论方面

A 轧制塑性变形理论与数值模拟分析

金属轧制过程是一个非常复杂的弹塑性大变形过程，其中既有材料非线性，又有几何非线性，再加上复杂的边界接触条件，使变形机理非常复杂，难以用准确的数学关系式来进行描述。随着轧制技术的日益发展，人们对其在成形过程中的变形规律、变形力学的分析越来越重视。

近年发展和应用于轧制过程塑性变形及三维热力耦合数值模拟分析主要有：

（1）全轧程三维热力耦合数值模拟分析优化，多场、多尺度模拟计算分析。随着近年计算机和信息技术的快速发展，以三维有限元法为代表的轧制过程大型数值模拟分析方法得到了迅速发展，有限元法作为一种有效的数值计算方法已经被广泛应用于轧制过程的数值模拟分析。在轧制过程三维变形分析和组织性能分析理论方面，包括板带轧制、型钢轧制、钢管穿孔及轧制变形分析，基本形成了以三维刚塑性有限元、三维弹塑性有限元分析为主的状态，以对全轧程进行三维热力耦合数值模拟分析优化和多场、多尺度模拟计算分析。

（2）高强钢轧材中的残余应力预测分析。在全轧程热力耦合计算结果的基础上，对大型 H 型钢冷却后的残余应力场进行仿真分析，可以得到轧后 H 型钢内部残余应力分布，为将来的 H 型钢控制轧制与控制冷却提供仿真基础；利用三维热力耦合有限元方法模拟钢轨冷却的全过程，得到不同冷却时间的温度和残余应力分布，预测钢轨的弯曲变形，为钢轨的预弯提供了可靠的依据；建立了中厚板在矫直过程中横向残余应力计算的解析模型并进行了数值求解。

（3）热轧、冷轧板形分析模型。国内学者独立建立的解析板形理论，可以实现计算机动态设定轧制规程，可使无 CVC、PC 的轧制板形控制技术的指标达到目前国际先进水平；建立了轧件和轧辊一体化仿真模型，通过现场实际，验证了模型的准确性，为在线计算出口辊缝提供了思路和依据；在退火平整板形分析上，建立 VC 辊系静力学仿真模型，研究了弯辊力、VC 辊油压、轧辊辊径和辊套厚度对连续退火平整机板形控制能力的影响；以四辊 DC 轧机为研究对象，基于影响函数法，建立 DC 轧机辊系变形数学模型；在差厚板轧制研究方面，提出 VGR-F 和 VGR-S 方程，为变厚度轧制的力学和运动学研究奠定了新的基础。

（4）基于全流程监测与控制技术的板形控制理论。板形是影响板带产品质量的主要因素，目前采用智能控制方法与现代控制的互相结合，如自适应的模糊神经网络控制、专家系统的最优控制等都能取得良好的控制效果；针对中厚板生产过程，开发了轧件侧弯检测与侧弯控制系统，研究了温度在线预测与修正方法、变形抗力自学习方法、侧弯预测与控制模型以及自适应宽度变化的影响函数方法，并基于机器视觉技术实现了对生产过程中轧件侧弯曲率的测量，结合过程控制支撑平台的开发，实现了对中厚板轧件的侧弯检测与在线控制；研究开发了新型的冷连轧机板形控制系统，将金属三维变形模型、辊系弹性变形模型以及轧辊热变形与磨损模型等进行耦合集成，建立了基于轧制机理的板形数学模型，将影响冷轧板形的轧制工艺、轧机设备和轧件材料等三方面的因素有机联系起来，可以准确地进行冷连轧机板形预报与板形在线预设定。

（5）无缝钢管穿孔、轧制过程金属流动、变形分析。应用大型有限元分析软件、结合具体的合金钢无缝钢管轧制成形工艺，可以建立钢管的三维有限元模型，模拟钢管的穿孔过程，考虑在金属成形过程中出现的热力学现象，得出穿孔过程中工件内部等效应变、等效应变率和温度分布，也可以得到摩擦系数和壁厚对金属流动状态的影响规律。

B　新一代控轧控冷理论与技术

新一代控轧控冷技术是通过采用适当控轧+超快速冷却+后续冷却路径控制来实现资源节约、节能减排的钢铁产品制造过程。在热连轧过程中，通过冷却路径控制可以生产双相钢或复相钢等。在实施新一代控轧控冷技术过程中，如果能够对冷却路径进行适当控制，则可以在更大的范围内按照需要对材料的组织性能进行更有效的控制，并开发出高性能产品。在各区段冷却速率和冷却起始点温度得到精确控制后，即可实现钢铁材料的精细冷却路径控制。

国内大学联合国内多家钢铁企业近年在新一代控轧控冷技术的工艺原理、装备与控制方面作了大量工作，通过工艺理论创新带动装备创新，实现了热轧钢铁材料的产品工艺技术创新。在系统研究并阐明超快冷条件下热轧钢铁材料组织演变规律及强韧化机理的基础上，提出了以超快冷为核心的新一代热轧钢铁材料控轧控冷工艺原理及技术路线；开发出具有自主知识产权的热轧中厚板、带钢的超快冷成套技术装备和具有多重阻尼的整体狭缝式高性能射流喷嘴、高密快冷喷嘴及喷嘴配置技术；在此基础上，开发出具有自主知识产权的热轧板带钢材具备超快速冷却能力的可实现无级调速的多功能冷却装置（ADCOS-HM，PM）及自动控制系统，冷却精度和冷却均匀性优于传统层流冷却装置，冷却速度提高 2 倍以上；基于所配置的超快速冷却系统，开发出 UFC-F、UFC-B、UFC-M 等灵活的冷却路径控制工艺，实现了节约型高钢级管线钢、低合金普碳钢、高强工程机械用钢、热轧双相钢及减酸洗钢等热轧产品的批量化生产，产品主要合金元素降低 20%~30%，生产成本大幅度降低。该技术已推广应用于我国大中型钢铁企业 30 余条中厚板、热连轧及型钢生产线，在低成本高性能热轧钢铁材料开发方面取得显著成效。

C　高性能细晶钢工艺控制机理及技术

通过多家产学研合作，在国内棒线材生产线上成功开发出具有低成本、低能耗、高强度优点的晶粒钢筋新产品。以细晶粒钢筋生产临界奥氏体控轧工艺理论为基础，突破了生产工艺控制机理、配套装备技术、表征评价及应用技术体系等四大技术瓶颈，实现了高性能细晶粒钢筋的规模化生产和应用。

其主要工作包括：针对细晶粒钢筋生产工艺控制机理，揭示了低碳钢筋连轧过程不同阶段微观组织形变细化机理，提出了工艺边界控制机制和细晶粒钢筋微观组织连轧形变控制的临界奥氏体控轧工艺理论；针对细晶粒钢筋生产配套装备技术，建立了细晶粒钢筋生产线全流程控温控轧技术系统及其工艺流程，合金成分与生产工艺耦合控制技术体系，实现了细晶粒钢筋低成本、高性能的规模化生产；针对细晶粒钢筋表征评价，建立了细晶粒钢筋性能及其专用连接技术的综合评价与标准规范体系，解决了针对细晶粒钢筋的 CO_2 气体保护焊、埋弧螺柱焊等焊接工艺和等强等韧焊接技术难题。应用该项技术，新建、改造细晶粒钢筋生产线 20 余条，形成 2000 万吨的细晶粒钢筋年产能；成果已应用于深圳平安大厦、上海中心、世博中国馆、昆明新机场、沈丹高速铁路、南京地铁、连云港田湾核电站等重大工程中。

D　大型复杂断面型钢轧制数字化理论与技术

大型异形型钢轧制孔型系统设计、优化、配辊加工及轧制过程产品尺寸形状高精度控制是一个复杂的工艺系统，采用传统的以经验试错方法为主的工艺技术难以满足高质量、高精度大型复杂断面型材设计开发及稳定生产的要求。近年来，采用先进的大型数值模拟仿真技术进行大型复杂断面异形型钢轧制过程的全轧程热力耦合模拟分析及 CAE/CAM 技术、全过程数字化技术已得到迅速发展，日本及德国在该项技术上开发应用较早。国内大学联合钢铁企业开发了高质量钢轨及复杂断面型钢轧制数字化技术，成功开发出复杂断面型钢制造 CAD-CAE-CAM 数字化集成系统。利用该项技术大幅度提升了钢轨及复杂断面型钢设计制造的科技水平、效率与尺寸形状精度，该技术在企业成功推广应用于 60kg/m 百米重轨高精度控制，出口 UIC60kg/m、75kg/m 重轨，美国一级铁路 115RE 钢轨等的全长尺寸均匀性与精度控制，并开发出 J 形等多种复杂断面型钢，新产品成功应用于大型机械装备制造等领域，使我国在轧制数字化技术的开发与应用进入国际前列。

E　薄板坯连铸连轧钢中纳米粒子析出与控制理论

近年来，我国已建成的薄板坯连铸连轧生产线围绕着全流程的生产工艺和产品质量稳定、新产品开发、提高薄和超薄规格板带产品比例、高强及超高强带钢生产等方面展开。系统开展了薄板坯连铸连轧流程的微合金化技术研究开发，微合金化钢的组织演变规律和强化机理、薄板坯连铸连轧流程微合金化钢的生产技术，以及产品应用，取得了一批研究成果。例如：钢中纳米粒子析出理论、钛微合金化钢中纳米 TiC 析出与控制；薄板坯连铸连轧 Ti 微合金钢纳米粒子析出控制技术等。

（1）钢中纳米粒子析出理论、钛微合金化钢中纳米 TiC 析出与控制。近年的研究表明，通过合理的微合金化设计和热轧工艺控制，在热轧带钢的晶内、晶界和相界等位置都可以形成大量的纳米尺寸析出粒子，其尺寸多在数纳米到几十纳米，粒度小于 18nm 粒子的累积频度可以达到 40%~60%，在钢中起沉淀强化作用的析出相主要应为纳米尺寸 TiC、NbC 粒子和铁碳化物粒子。根据分析，由纳米粒子析出强化产生的屈服强度提高可达 200~300MPa 以上，并且钢板具有良好的综合力学性能和成形性能。

（2）薄板坯连铸连轧 Ti 微合金钢纳米粒子析出控制技术。薄板坯连铸连轧 Ti 微合金钢中含 Ti 析出物的控制技术是生产该类钢种的核心技术。薄板坯连铸连轧工艺条件下，铸坯头部进入轧机，后部仍在均热炉中，避免了温差对 Ti（C、N）析出行为的影响，保证了带钢通板组织均匀、性能稳定。通过合理的成分设计和严格的工艺控制，能够有效控制 TiC 的析出过程。近年来，通过产学研合作进行了系统的工作。如在 CSP 线开发生产了钛微合金化薄规格高强度热轧带钢用作集装箱板等；采用 Ti-Nb 微合金化技术开发出屈服强度 600~700MPa 级低碳高强结构用钢及 700MPa 级低碳贝氏体高强工程机械用钢，钢板不仅具有高的强韧性，而且成形焊接性能良好；开发并实现屈服强度 700MPa 级厚度 1.2~1.4mm 高强超薄规格板带批量生产及应用，产品用于汽车及物流等行业，在"以热代冷"、节能减排方面效果显著。

F 钢的组织性能预测、监测与控制理论

轧制过程组织性能预测需要建立准确的再结晶模型、相变模型、析出模型、组织性能关系模型等，需要进一步搞清金属的强化机制。目前可通过高速计算机对热轧过程中显微组织的变化和奥氏体-铁素体的相变行为进行全程模拟，建立钢的性能和参数关系，使轧后钢材组织性能的预报和控制成为可能。主要理论技术包括：

（1）形变与相变及组织调控理论。在钢的物理和冶金学基础上，分析变形条件和温度条件对钢在热轧过程中内部微观组织演变和析出规律的影响，并采用数学模型的方法进行描述，开发出了轧制过程的物理冶金模型，其中包括奥氏体静态再结晶模型、动态再结晶模型、晶粒长大模型以及轧后冷却过程中的相变模型等。

（2）组织性能预测模型、监测与控制技术。在组织演变模拟中，按研究的尺度不同，通常可分为宏观、介观和微观尺度，后者包括原子尺度和电子尺度。宏观尺度模拟通常研究材料加工过程显微组织演变的宏观特征（晶粒尺寸演变，相转变体积分数、析出粒子尺寸及体积分数等），一般采用有限元法、FDM 等方法；微观尺度模拟通常研究材料的晶体结构、电子结构、热力学性质等，其典型的建模方法包括第一性原理、分子动力学方法等；介观尺度模拟则介于宏观尺度模拟和微观尺度模拟之间，常用的方法包括元胞自动机、相场法、蒙特卡洛法等。计算机技术的发展，为从宏观、介观、微观以及纳观尺度上认识材料在制备与成形过程中微观组织的演化过程提供了有效的手段。跨（多）尺度计算机模拟（multi-scale simulation）可以直观清晰地反映出材料的制备和制造工艺、合金成分、显微组织及结构、性能等参数之间的关系，是实现合金成分与工艺优化的有效方法。

2.1.1.2　轧制领域代表性新产品及制造技术

A　冷轧硅钢边部减薄控制技术

边部减薄控制技术是冷轧硅钢生产的关键技术之一，国内大型钢企创新开发了国内第一套短行程工作辊窜辊式六辊冷轧机和具有自主知识产权的高精度冷轧硅钢边部减薄控制系统。其主要技术包括：

（1）设计了独特的工作辊辊形，开发了工作辊插入量、窜辊速度、弯辊力等工艺参数和数学模型，形成带钢边部减薄高效控制工艺技术；

（2）研发出冷轧硅钢边部减薄所需的短行程工作辊窜辊机电设备系统，提高了轧机轴承使用寿命，并实现带钢跑偏精确控制；

（3）研发出冷轧硅钢边部减薄在线控制所需的预设定和反馈控制数学模型，项目成果已成功应用于冷轧硅钢厂 1500mm 冷连轧机，使冷轧硅钢边部减薄控制精度由原来的 $12\mu m$ 提高到 $5\mu m$，减少了切边量，大幅度提高了成材率，同时还大大节约了设备投资成本。

B　先进高强度冷轧薄带钢制造技术

先进高强度冷轧薄带钢品种繁多，市场需求呈现多品种、小批量特点。在国外均采用单一功能的连续退火线或热镀锌线生产冷轧或热镀锌高强钢产品，品种单一，无法满足市场多样性需求。生产冷轧先进高强钢的核心是快速冷却技术，在无先例可借鉴的情况下，国内钢企研发人员利用自主研发的三种快冷核心技术（高氢高速喷气冷却技术、新型水淬技术、超细气雾冷却技术），自主集成一条柔性化的高强度薄带钢专用产线。同时开发成功 9 大类 27 种先进高强钢新产品及生产工艺技术，其中 24 种先进高强钢已批量稳定生产。

研发的先进高强度薄带钢制造技术在连续热处理快冷、柔性高强钢产线的工艺和设备集成、第一代超高强钢和第三代先进高强钢（Q&P 钢）产品制造、先进高强钢使用等方面有显著创新性和广泛的应用性。独创的柔性产线已稳定生产先进高强钢多年，比国外单一工艺产线有更高的产品质量、更广的适用性和更低的生产成本，开发的先进高强钢产品、柔性制造工艺、核心装备与产线和用户使用技术填补了多项国内空白。研发的先进高强钢产品在国内车企得到广泛应用并出口欧美，提高了我国钢企的国际地位。

C 高质量特厚钢板制造技术

我国特厚钢板整体生产技术水平比较低，产品总量和规格不能满足市场需求，其中厚度 150mm 以上钢板仍需大量进口。国内某钢企充分利用技术装备优势，通过深入理论研究及生产实践，掌握了大单重、特厚钢板成套生产工艺技术，开发生产出厚度>150mm、最厚至 700mm 高质量特厚钢板，大量替代进口，满足了国家重点工程和重大技术装备项目之急需。

其主要技术包括：（1）洁净钢冶炼技术，在电炉冶炼前提下，能够批量生产 $w(P) \leqslant 0.007\%$、$w(S) \leqslant 0.003\%$ 的高纯净度钢水，电炉炼钢的 P、S 含量控制达到国际先进水平；（2）利用大钢锭凝固控制技术，生产最大单重 50t 的大型扁锭、80t 圆锭（16 棱钢锭），生产的 150mm 以上大厚度钢板内部质量能达到国标 I 级甚至锻件的探伤标准要求；（3）利用国内唯一大板坯电渣重熔技术，生产 50t 钢质纯净、组织均匀致密的电渣锭；（4）均热化加热技术，针对大单重钢锭超厚的特点，采用多段式加热技术，保证了大厚度钢锭透烧均匀、表面良好；（5）特厚钢板锻造-轧制技术，较好地保证了钢板板形及内部质量，轧制钢板厚度最大至 700mm、最大单重达 60t 级；（6）特厚钢板热处理技术，掌握独特的淬火热处理技术，舞钢自主研发设计国内唯一特厚板淬火装置，能够满足 200mm以上钢板淬火需求，可以生产适应各种特殊环境下使用的特厚高性能钢板，特厚钢板 Z 向性能保证能力及探伤保证能力均达到国际先进水平，保证了特厚钢板的内部质量。

D 大跨度铁路桥梁钢制造技术

为了满足国家重大工程的发展需求，突破 Q370qE 钢最大应用板厚仅为 50mm 的瓶颈，在中厚板生产线上开发出更高强度、具有优异低温韧性、焊接性和耐候性的大跨度铁路桥梁钢。

其特点包括：（1）采用超低碳多元微合金化的成分设计，以针状铁素体为主控组织，按 TMCP 工艺生产，获得高强度、高韧性、优异的焊接性能与耐候性能的新型桥梁用钢；（2）系统研究了超低碳多元微合金化冶炼技术、厚钢板控制轧制与控制冷却技术、厚钢板板形控制技术；（3）采用连铸机二冷段电磁搅拌，降低中心偏析；加大奥氏体再结晶区压下率，充分细化奥氏体晶粒；较大地扩展了 14MnNbq 钢厚度规格范围，突破了最大应用板厚仅为 50mm 的限制，其实际供货最厚达 64mm；（4）配套开发了超低碳针状铁素体桥梁钢的高强度高韧性焊接材料，研究了大跨度桥梁结构的系列焊接工艺，为大跨度桥梁建设提供了技术支撑。新产品和相关技术已成功应用于京沪高速铁路南京大胜关长江大桥、济南黄河大桥、武汉天兴洲长江大桥等国家重点工程。

E 高牌号无取向硅钢、低温高磁感取向硅钢制造技术

高牌号无取向硅钢是指硅含量 2.6% 以上（铁损 $P_{1.5/50} \leqslant 4.00W/kg$）的无取

向硅钢，这类硅钢主要用于大、中型电机和发电机的制造。从世界范围来看，具备高牌号无取向硅钢生产能力的钢铁企业屈指可数，主要采用常化酸洗-单机架可逆轧制，以及常化酸洗-冷连轧两种工艺路径。第一种工艺技术相对成熟，工艺稳定，但生产效率低、成本高。第二种工艺全球范围内仅 JFE 水岛厂采用，它的生产效率和成本具有一定优势，但冷连轧生产难度高，且单一的冷连轧机已不再是冷轧技术的发展方向。

基于目前迫切的市场需求和装备能力，国内大型钢企以高牌号无取向硅钢酸连轧技术为突破方向，围绕高牌号无取向硅钢酸连轧工艺、生产装备及质量管控等重大课题进行系统创新。形成了高牌号无取向硅钢酸连轧通板技术、稳定轧制工艺、生产辅助技术、自动化控制及装备技术、特有缺陷防治技术等所专有的技术集群，使 1550mm 酸轧机组成为国内首条具备 3.1% 硅含量以上硅钢批量生产能力的酸连轧机组，也是世界上唯一一条同时具备高等级汽车板和高牌号硅钢生产功能的两用机组，产品覆盖 35A270 以下所有硅钢钢种及高等级汽车板，将高牌号无取向硅钢生产成本降低 70% 以上，生产效率提升 6 倍以上，极大提升了企业硅钢产品的市场竞争力。

F 超超临界火电机组钢管制造技术

经过多年努力研发，我国逐步实现了超超临界火电机组关键锅炉管从无到有、从有到全、从全到先进的历史性跨越，形成了 600℃ 超超临界火电机组全套关键钢管最佳化学成分内控范围、热加工工艺和热处理工艺等关键技术，实现了 600℃ 超超临界机组全套钢管的大批量供货，使我国电站用钢技术跃居国际先进水平，保障了国家能源安全。2010 年我国 600℃ 超超临界机组关键高压锅炉管自给率达到 100%，国产高压锅炉管已占 84% 国内市场份额，并实现大批量出口。

G 高性能厚规格海底管线钢及 LNG 储罐用超低温 06Ni9 钢制造技术

南海荔湾工程是我国第一个世界级大型深水天然气项目，其深海管道将在 1500m 的水深进行铺设。目前，国际上仅有极少数钢企有过深海管线钢的供货记录。为满足南海项目用钢需求，国内钢铁企业开展了一系列科技攻关。研发的厚规格海底管线钢产品包括：28~30.2mm 厚 X65 和 31.8mm 厚 X70 海底管线钢，已批量应用南海荔湾海底管道工程。

国内某钢企通过铁水预处理—转炉—LF—RH—连铸—中板轧制—热处理—预制加工技术路线，成功解决了 06Ni9 钢超纯净冶金、匀质化高质量连铸、优良综合性能匹配、预制成形等几十项技术难题，形成一整套生产工艺与应用技术。关键技术指标-196℃ A_{KV}、预制件尺寸精度、焊接性能等优于国外同类材料，完全满足大型 LNG 储罐建造要求。批量生产出高质量的 06Ni9 钢板，应用于我国多个大型 LNG 储罐的建造，低温内罐材料实现了 100% 国产化。

2.1.1.3 代表性先进轧制技术

A 切分轧制技术

近年来我国切分轧制技术发展较快，四线切分、五线切分和六线切分轧制技术在多家棒线材生产线上成功生产，使我国切分轧制技术位于国际领先水平。切分轧制技术具有解决轧机与连铸机衔接、匹配问题，显著提高生产率和产品尺寸精度，降低能耗和成本，减少机架，节省投资等优点。但多线切分轧制工艺与传统单线轧制相比，在轧件控制、导卫调整、速度控制、轧机准备等几个方面都有更大的难度。通过生产性研发，在四线切分轧制和五线切分轧制技术上已经成功克服这些困难，并且用于生产实践，并已成功开发出螺纹钢六线切分轧制技术。

B 轧制复合技术

轧制复合技术可以生产特殊性能复合板，如高耐蚀性（碳钢–不锈钢、碳钢–镍基合金、碳钢–钛合金等）、高耐磨性（碳钢–耐磨钢、碳钢–马氏体不锈钢等）以及其他不同金属之间的复合材料。与堆焊复合、爆炸复合等方式相比，轧制复合方式可以以较低的成本生产质量更高、尺寸更广、品种更多、批量更大、性能更加稳定均匀的复合板。

目前，我国已有多家企业可以生产轧制复合钢板。利用开发的轧制复合技术平台优势，开发了耐蚀系列复合板（如奥氏体不锈钢与碳钢单面及双面、核电用 SA533+304L 系列厚板（厚度 62mm+7mm）、容器用 304L+Q345R（厚度 2~6mm+6~80mm）、超级奥氏体不锈钢+碳钢单面、钛合金+碳钢单面）、耐磨系列复合板（如双相不锈钢+碳钢单面、中高级耐磨钢+碳钢等）、冷轧极薄、高表面、高耐蚀、超高强易成形冷轧复合板卷等。在生产线上开发出真空轧制复合（VRC）装备，实现最大厚度 400mm 特厚钢板批量化生产，同时开发出幅宽 2m 的高品质 825 镍基合金/X65 管线钢复合板以及幅宽 1.8m 的钛/钢复合板，满足了国家重大装备和重点工程的需求。

C 连铸坯热送热装及直接轧制技术

连铸坯热送热装及直接轧制技术是节能减排、降低成本、提高成材率、缩短生产周期的极为有效的工艺技术，涉及连铸与轧制界面高效衔接匹配、科学的工艺与质量管理的冶金与轧制工艺控制技术。近年来，我国各大钢铁企业都十分重视热送热装及无加热直接轧制技术的开发及应用，一些大型钢企已将连铸坯热送热装工艺纳入了正常生产。

热送热装的关键技术指标是热装温度和热装率。例如，与冷装坯相比，当热装入炉温度在 600℃时，可节能 23%，而免加热直轧工艺避免了铸坯在加热炉内长时间停留，烧损减少，可提高成材率 0.5%~1.5%。按照温度的高低，连铸坯热送热装分为三种情况：（1）热装轧制 HCR（Hot Charging Rolling），装炉温度 400~700℃；（2）直接热装轧制 DHCR（Direct Hot Charging Rolling），装炉温度

700~1000℃；（3）直接轧制 DR（Direct Rolling），铸坯不经加热炉，在 950~1100℃条件下直接轧制。热送热装的关键技术包括：无缺陷连铸坯生产技术、高温铸坯生产及温度均匀性控制技术、铸轧生产管理一体化技术、热装铸坯加热工艺制度优化等。有的企业连铸坯热装温度在 600~900℃达到 90%以上。

直接轧制的关键技术包括：连铸高拉速技术、漏钢预报技术、钢坯表面质量控制技术；钢坯快速输送、保温技术、均温技术；轧制工艺节能优化技术、高刚度轧制技术（包括孔型技术）、钢材尺寸精度控制技术等。国内有的企业棒线材生产线无加热直轧率达到 93.2%，生产线实施无加热直轧工艺后，开轧温度可在920~980℃之间，在此温度范围内开轧还有利于提高产品的强度。据统计实施无加热工艺后产品屈服强度可提高 10~15MPa，同时有利于避免出现魏氏组织，提高了产品的内在质量。

D　热带无头轧制/半无头轧制技术

热带无头轧制、半无头轧制是连续、稳定、大批量生产高质量薄和超薄规格宽带钢的热轧板带前沿技术。无头轧制分为在常规热连轧生产线的粗轧与精轧之间将中间坯快速连接起来、在精轧实现无头轧制，以及无头连铸连轧（如 ESP等）两种方式，半无头轧制是在薄板坯连铸连轧线上，采用比通常短坯轧制的连铸坯长数倍的超长薄板坯进行连续轧制的技术。近年来，在国内 CSP 线上对半无头轧制从超长薄板坯均热温度均匀性控制、流程生产组织模式、工艺、设备及自动化控制等方面进行了系统的研究开发，解决了关键技术，并进行了系统技术集成，实现了半无头轧制高质量薄规格宽带钢的大批量生产与应用，产品在汽车制造、工程机械、电力工程及物流仓储等行业中得到大批量应用，在实现"以热代冷"、板带高精度轧制和高的组织性能稳定性控制、降低辊耗、提高成材率和产品竞争力等方面收效显著。

目前，国内实现半无头轧制的生产线有 3 条，无头连铸连轧生产线（ESP线）已有 6 条线投产，还有多条线在计划建设中。

E　薄带铸轧技术

宝钢经过十余年的持续研究开发，自主集成建设了国内第一条薄带连铸连轧示范线，自主开发了无引带自动开浇、凝固终点控制、表面微裂纹及夹杂物控制、在线变钢级及变规格等系列薄带铸轧工艺技术；直径 800mm 结晶辊系统、侧封及布流系统、双辊铸机 AGC/AFC 控制模式、全线跑偏及张力控制等薄带铸轧装备技术；同时开发出超薄规格低碳钢、耐大气腐蚀钢、微合金钢等系列薄带铸轧产品；实现了装备模块化、高效化、高精度控制。浇铸厚度为 1.6~2.6mm，单机架最大压下率 45%，轧后产品的厚度规格为 0.9~2.0mm，表面和铸轧带边部质量良好。另外，江苏沙钢引进并集成的薄带铸轧线也已投产，并在品种及工艺控制技术上取得进展。

F　板形检测与控制技术

过去，板形控制的研究多面向单个工序的独立对象，如热轧机、冷轧机、平整机等，针对某一工序段采取局部的解决措施。越来越多的研究和生产实践表明，板形控制需站在全流程的高度，建立各工序的板形分析模型，采取与工序特点相应的板形监测及控制方法，可取得好的综合效果。目前，采用全套的热轧板形综合控制技术，凸度精度控制在 $18\mu m$ 内可达 96% 以上，平坦度精度控制在 30IU 内可达 98% 以上；冷轧板形（平坦度）可控制在 10IU 内。

2.1.2　国外轧制技术的发展及比较

2.1.2.1　高性能、高强度钢材轧制技术基础问题研究

随着现代冶金材料科学技术的不断发展，高成形加工性能、高耐低温耐高温性能、高耐腐蚀性能、超高强韧性能等高性能、高强度钢得到不断开发和应用。随着航空航天、海洋工程、能源工程、现代交通工程以及进一步节约资源能源的发展需求，更高性能、更高强度、更均匀化稳定化的高性能、高强度钢的研究开发将持续不断地进行。多年来，国内许多冶金科技工作者一直在致力于高性能、高强度钢生产技术相关的应用科学基础研究开发和探索工作，在理论基础及应用技术方面取得显著进展，总体达到国际先进水平。

日本、韩国、欧洲以及北美和我国的一些大型钢铁企业、研究院所和高校在高性能、高强度钢的应用基础方面取得了大量的成果，有力地推动了先进高强度钢的开发、生产和应用。但由于实际大生产中的连续、大规模、高速的冶金加工工艺过程是一个十分复杂、系统的冶金工程科学问题，其中的许多基础科学问题与规律尚未得到完整系统的、定量化的分析、描述模型、表征与控制，仍需要紧密结合实际工艺过程进行不断深入、系统地开展研究，为新的高性能、高强度钢产品开发及其稳定性生产工艺控制提供依据和基础。

2.1.2.2　热带无头轧制/半无头轧制技术

国内在 CSP 线上对半无头轧制从超长薄板坯均热温度均匀性控制、流程生产组织模式、工艺、设备及自动化控制等方面进行了系统的研究开发，突破了相关关键技术，进行了系统技术集成，实现了半无头轧制高质量薄规格宽带钢的大批量生产与应用，成效显著，总体技术达到国际先进，部分指标国际领先。我国目前还没有在常规热连轧线上通过中间坯快速连接、在精轧机组无头轧制薄宽带钢的成套技术和生产实例，而我国常规热连轧生产线已有 70 余条，十分需要相关关键技术及设备研发。

从国际来看，近 20 年来，日本 JFE 和 NSC、韩国 POSCO 和欧洲 ARVEDI、DANIELI 等都高度重视热轧薄板全连续无头轧制成套装备技术研究与工业实践。

我国山东日照已有 4 条 ESP 线投产，产能 880 万吨，产品以 0.8~2.0mm 超薄规格为主，钢种除低碳、超低碳普板外，正在进行微合金、低合金钢品种开发及组织性能均匀性、稳定性控制研究，目前正在进行技术消化吸收及超薄带钢品种开发工作。另外，还有 2 条线已投产（首钢京唐及河北全丰），尚有 3~5 条无头连铸连轧线正在筹备建设中。目前，世界上实现热带半无头轧制的有德国、荷兰两个 CSP 厂以及国内的三家钢厂的短流程线，在半无头轧制工艺控制理论与技术集成创新、扩大薄规格产品范围、节能降耗等方面取得显著成效，证明该先进技术值得工程化推广应用。

2.1.2.3 高精度轧制与在线检测技术

主要技术包括：铸坯加热及均热温度均匀化控制技术；中厚板轧制尺寸形状精确控制技术；热连轧板厚、板形高精度控制技术；型材及棒线材尺寸形状精确控制技术；轧辊磨损在线检测及预测技术；热轧、冷轧板形板厚在线高精度检测技术；热轧材轧制过程中的温度高精度检测与控制技术；型材尺寸形状在线高精度检测技术；连轧过程中的智能化控制技术。

这些技术在德国、瑞典、日本等国的先进钢铁企业已有大量成功的应用。国内已有一些企业开发并应用了相关技术，例如中厚板尺寸形状高精度轧制与高精度在线检测，热轧及冷轧薄板板厚及板形高精度轧制与高精度在线检测，型钢及棒线材高精度轧制及高精度在线检测等取得了良好的应用效果，不仅显著提高了轧材质量，在提高成材率、降低材料消耗和成本方面效果显著。

2.1.2.4 高性能取向/无取向电工钢制造技术

在国际电工钢生产技术方面，日本钢铁企业一直走在前面。JFE 钢铁公司为满足用户的多样性需求，生产供应 JG、JGH®、JGS®、JGSD®、JGSE® 等 5 个系列的取向电工钢板。JGH® 系列中厚度为 0.20~0.35mm 的钢板是高级取向电工钢板，相当于 HGO，铁损小于 JG 系列。JGS® 系列中厚度为 0.23~0.35mm 的钢板是更高级取向电工钢板，相当于 HGO，具有高磁感应强度和低铁损。此外，由于晶粒具有高取向度，有利于变压器的低噪声化。JGSD® 系列是钢板表面加工成沟槽的耐热型磁畴细化低铁损取向电工钢板，可用于进行消除应变退火的卷铁芯变压器。JGSE® 系列是钢板表面导入局部应变的非耐热型磁畴细化低铁损取向电工钢板，可用于叠铁芯变压器。

JFE 公司已经开发出耐热型、非耐热型磁畴细化取向电工钢板等世界最高水平的取向电工钢板。目前，JFE 钢铁公司正在进行新一代取向电工钢板的研究开发。开发材的铁损比基材 23JGSD080 的铁损 $P_{17/50} = 0.75$W/kg 降低了 16%。与传统变压器铁损相比，用开发材制作的卷铁芯变压器在额定电压下（$B_m = 1.7$T），铁损降低 11%~12%，在 110% 额定电压下（$B_m = 1.91$T），铁损降低 21%~23%。

在无取向电工钢研发方面，JFE 公司积极推进适应家电高效率电机和混合动力汽车电机要求的电工钢板的开发。已经开发出高效率电机用磁感应强度铁损综合特性优良的 JNE® 系列产品、高频电机用高频铁损低的薄电工钢板 JNEH® 系列产品、高扭矩电机用高磁感应强度电工钢板 JNP® 系列产品、高速电机转子用高强度电工钢板 JNT® 系列产品。

在高频磁性材料用高硅电工钢研发方面，JFE 公司利用化学气相沉积法（CVD）生产高 6.5%Si 钢板（JNEX），并在世界率先开始高 Si 钢板工业化生产。同时利用 CVD 法工业化生产 Si 梯度钢板 JNHF，通过对 JNHF 钢板厚度方向上的 Si 浓度控制，使钢板表层具有高磁导率，同时降低了钢板的涡流损耗。

从以上国际高性能电工钢制造技术方面来看，我国已在部分钢种的制造技术上达到国际先进或领先水平，但总体综合技术及技术创新能力方面仍有一定差距。

2.1.2.5　薄带铸轧技术

进入 21 世纪以来，世界上装备进行半工业化试验和生产的薄带铸轧机组的工厂有德国蒂森克虏伯公司克莱菲尔德厂、美国钮柯克莱福兹维尔 Castrip 厂、中国宝武特钢集团、沙钢集团薄带铸轧厂等，规模分别为 30 万吨/年、50 万～100 万吨/年和 50 万吨/年，钢种包括低碳钢、不锈钢、碳工钢和电工钢等，但在作业率、成本和钢带质量上还存在一些问题。目前，已经建成一条 50 万吨/年的新线。国内以宝钢为代表的薄带铸轧技术开发已形成一套自有知识产权的工艺技术，总体技术已进入国际先进行列，但在技术设备推广、产品品种拓展及进一步提高产品竞争力等方面仍有许多工作要做。

2.1.2.6　超超临界火电机组钢管制造技术

在国际上，日本燃煤火力发电从过去的超临界锅炉蒸汽温度 538℃ 或 566℃，发展到目前超超临界（USC）锅炉，发电效率为世界最高，达到 43%。USC 锅炉是由于优良的耐热管材的开发成功才能够实现的，日本制造的锅炉钢管已广泛应用于全世界。其开发的超超临界燃煤火力发电锅炉钢管包括：（1）开发钢 TP347HFG 的细晶化工艺，在高于固溶处理温度下进行冷拔前的软化处理，用这种方法预先使 Nb 的碳氮化物充分固溶，然后进行高强度的冷拔加工，使钢中产生大量位错；（2）喷丸处理提高抗水蒸气氧化性；（3）提高高温强度的含 Cu 锅炉钢管：对于 347H 等奥氏体不锈钢，当钢中含有百分之几的 Cu 时，在 600℃ 的工作温度下，经过长时间，微细的 Cu 相弥散析出，其粗大化进展缓慢，提高了钢的高温蠕变强度；（4）高强度大口径厚壁高 Cr 钢管：火力发电锅炉主蒸汽管和高温再热蒸汽管为外径 350～1000mm、壁厚超过 120mm 的大口径厚壁钢管。另外开发出 Gr.92（9Cr-1.6W-Mo-V-Nb）钢管，利用 V、Nb 的复合碳氮化物的析出强化作用和高温下含 W 碳化物、Laves 相的析出强化作用，提高钢的高温强度。

目前，日本、美国、欧洲和中国正在进行新一代 USC（A-USC）锅炉项目的研究开发。A-USC 锅炉蒸汽温度将达到 700℃，发电效率提高到 46% 以上。A-USC 锅炉最高温度部位的锅炉管和配管需使用具有很高高温强度的新型 Ni 基合金，日本目前正在以官民一体化项目的形式进行研究。

火力发电设备为了提高热效率，需要高温高压，因此对高 Cr 耐热钢的需求激增。日本研究人员和 EPRI（美国电力研究所）共同研究后，提出低 Ni、Al、P 系锅炉用改良 ASME P92 钢，生产 650℃（高压）、650℃（中压）、35MPa、800~1000MW 级的 USC 火力发电设备，可生产出利于环保，且在经济性、应用性方面都具有优势的产品。为使高温强度由 593~600℃ 提高至 650℃，需要（1）将 Ni 的添加量由 0.2% 左右减少至 0.01% 左右；（2）Al 含量由 0.01% 左右降低至 0.001% 左右；（3）P 含量由 0.010% 降低至 0.001%~0.002%。

对比来看，我国在超超临界火电机组钢管制造技术方面已进入国际先进行列，并在部分领域达到领先水平。

2.1.2.7 钢中夹杂物及析出物控制技术

钢中夹杂物及析出物是影响钢材表面及内部质量性能，尤其是钢的强韧性的关键因素之一，一直是国内外钢铁冶金技术关注的重点。近年来，国内外在钢中夹杂物及析出物研究与控制技术方面不断出现新理论、新技术与相应的新产品。例如，氧化物冶金、夹杂物微细化控制、形变与相变过程中的纳米粒子析出控制技术等。在精细组织控制、提高钢材性能（包括成形加工性能、焊接性能及使用性能等）、节约合金元素、降低钢材成本，以及日本开发生产纳米析出强化钢（NANO-HITEN 钢）等效果显著。国内在 CSP 线上开展了系列工作，通过微合金化和控轧控冷技术的有机结合，对纳米 Ti（C，N）析出相在屈服强度 700MPa 级高强超细晶粒铁素体-珠光体带钢进行了系统研究，纳米沉淀粒子显著提高了钢的强度并节约了大量合金。

2.1.2.8 组织性能精确预测及柔性轧制技术

柔性轧制技术是现代化钢材产品减量化、稳定化、高效化、智能化及低成本制造技术的重要组成部分。欧洲、北美和日本等国家和地区的钢铁企业十分重视该项技术的研发与应用，国内钢企近年也投入大量人力财力进行研究，并已取得了良好的效果。此项技术目前还仅限于少数企业和少数钢种，所建立的材料数据库、模型库及软件还远不能满足大规模应用的要求。此项技术需要持续、系统地研发、应用和推广。

2.1.2.9 高性能厚规格海底管线钢及 LNG 储罐用超低温 06Ni9 钢轧制技术

在国外焊接 HAZ 韧性优良的海洋工程用 TMCP 厚钢板研发方面，新日铁住金在保证焊接接头 CTOD 特性钢的开发方面，已经开发出 Ti-N 钢、Ti-O 钢、Mg-O钢和 Cu 沉淀硬化钢。利用这些技术开发出屈服强度 355MPa 级以上的高强度钢，并达到实用化。新日铁住金将利用这些微细粒子的 HAZ 高韧性技术总称为HTUFF® (High HAZ Toughness Technology with Fine Microstructure Imparted by Fine Particles)。新日铁住金将保证焊接接头-20℃CTOD 值为目标，以 Ti-O 钢为基钢利用 EMU 技术制造出 YP420MPa 级、100mm 厚钢板 (New HTUFF 钢)，不仅焊接熔合线附近组织的有效晶粒直径小于传统钢，而且，由于低 Si 化和无 Al 化，减少了岛状马氏体组织 (M/A 岛)，以及 Ti-N 配比最佳化，避免了 TiC 脆化。该钢板具有良好的母材和焊接接头力学性能，并已经投入生产。

在国外，新型 LNG 储罐用钢板研发方面，为了降低 LNG 储罐建造费，新日铁住金开发了新型 LNG 储罐用钢 (Ni 含量为 6.0%~7.5%)。该钢种的性能与作为 LNG 储罐用钢应用了数十年的 9%Ni 钢相当。降低了 Ni 用量，增加了 Mn 用量，同时添加了 Cr 和 Mo，采用 TMCP-L-T (直接淬火-中间热处理-回火) 工艺。新钢种可以降低成本、减少 Ni 添加量。新型 LNG 储罐用钢在抑制脆性破坏发生和中止裂纹传播方面具有优良的特性，现已被收录于 JIS (JIS G 3127)、ASTM (ASTM 841 Grade G)、ASME (Code Case 2736，2737) 中。新型 LNG 储罐用钢具有与 9%Ni 钢相同的性能，并已经投入实际应用。该钢种还可作为资源节约型新型储罐内壁材料使用，进一步扩大了应用范围。另外，为了节省镍合金并提高 LNG 储罐的强度，韩国浦项开发出具有较低成本高性能的 LNG 储罐用高锰钢，其锰含量为 15%~35%，其材料及加工的总费用约为 9%Ni 钢的四分之一，极大地提升了产品竞争力。

从国外该方面的技术进展情况来看，我国在产品及技术开发应用的总体技术已达到国际先进水平及部分领先。

2.1.2.10　离线及在线热处理强化技术

高强韧钢材的离线及在线热处理强化技术近年在国内外均十分受重视，日本钢铁企业的在线热处理提出和发展最早，包括热轧板带材及棒线材，超快速冷却技术也在多家企业得到应用。因此，通过开发建设先进的离线或在线热处理装备与技术，对生产高强及超高强韧钢材意义重大。

例如，通过科学的合金成分设计及先进的热处理工艺，获得多相组织转变，得到多相组织及钢中析出大量的纳米碳化物，显著提高钢的强韧性。先进的离线热处理装备在美国及欧洲的一些钢铁企业配备完整，一些高性能超高强钢材不仅批量生产且有大量出口。我国近年一些钢铁企业尤其是中厚板企业在离线热处理线的建设上投入很大，也取得了很好的效果。攀钢重轨在线热处理技术已形成自主知识产权，所生产的高强韧重轨有大量出口，该项技术已达到国际领先水平。

2.2 汽车及铁路用钢发展趋势与节能减排

2.2.1 交通用钢材料概述

交通运输用钢主要是指汽车（包括轿车、客车、卡车、军用车辆及大型工程车辆等）以及铁路（包括普通铁路、重载铁路、高速铁路、磁悬浮列车等客车、货车及轨道等）制造、建设用先进钢铁材料。随着我国经济建设和现代交通运输行业的快速发展，安全、环保、高效、高速、轻量化、节能减排以及资源可循环的要求日显突出，汽车及铁路制造建设用钢铁材料性能向着高强韧、高性能、长寿命、绿色化方向发展。

2.2.1.1 汽车用钢

汽车用钢主要包括汽车车身结构用板材（外板、内板），汽车大梁及车轮用钢，汽车悬架、传动用弹簧钢、齿轮钢、轴承钢、钢帘线等。轿车、乘用车车身结构板主要为冷轧板及其镀锌板，卡车、载重车车身板及大梁、车轮结构板主要为热轧板，汽车悬架、传动机构用钢主要为热轧棒线材。

汽车用钢按钢种分类主要有：低碳钢、超低碳钢、IF 钢、微合金化钢、低合金高强钢、特殊钢（弹簧钢、轴承钢、齿轮钢、车轴钢、车轮钢）等。按钢的强度等级分类主要有：软钢、高强钢、超高强钢等（见图 2-1）。

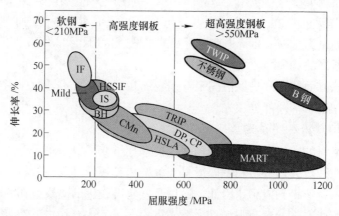

图 2-1   按钢种及强度划分钢板的屈服强度与伸长率关系示意图

汽车用钢按用途分主要有：冲压用钢（冲压级别从低到高分别为：CQ、DQ、DDQ、EDDQ、S-EDDQ），外板、内板、结构件用钢（车体结构、悬架结构、防撞结构、传动结构等）。按钢材生产加工方式分主要有：热轧板、冷轧板、镀层板、热轧棒材、热轧线材、冷拔丝线（钢帘线）等。

按材料生产类型、材料性能、强度及应用分类的汽车用钢种类说明见表 2-1。

表 2-1　按材料生产类型、材料性能、强度及应用分类的汽车用钢种类说明

材料生产类型	材料性能类型	强度级别 R_m/MPa	主要应用部件
热轧板	一般成形用高屈强比型（HSLA）	440～1180	结构件、增强部件
	深冲用	310～440	结构件、增强部件
	烘烤硬化型	310～590	结构件、增强部件
	高翻边成形	370～980	结构件、增强部件
	低屈强比型（DP）	540～1180	结构件、增强部件
	高塑性型（TRIP）	590～1180	结构件、增强部件
	高耐候型	440～980	结构件、悬挂件
冷轧板	一般成形用	340～1470	结构件、增强部件、内板部件
	冲压用	340～440	外板件、内板件、结构件
	烘烤硬化冲压用	340～440	外板件、内板件
	深冲、超深冲用	340～440	外板件、内板件、结构件
	高翻边成形	440～1180	结构件、增强部件
	低屈强比型（DP）	440～1270	结构件、增强部件
	高塑性型（TRIP）	590～1180	结构件、增强部件
	冲压用超高强钢（QP、CP、MART、TWIP）	900～1300	结构件、增强部件
	热成形用（HPF/B 钢）	1500～1800	结构件、增强部件
热轧棒线冷拔丝材	弹性、耐疲劳、耐磨	高强、高韧、耐磨	弹簧、轴、轴承、齿轮
	超高强韧、耐磨、抗疲劳	1500～4000	轮胎钢帘线

汽车用钢材料根据其在汽车结构中的位置不同，对材料的性能要求也不同。汽车结构主要分为车体结构部分（车架、外板、内板）、悬挂部分、传动部分等。总体来说，对钢材性能的要求包括：成形性能、强韧性能、耐疲劳性能、焊接性能、耐腐蚀性能等。车体结构用钢主要要求成形性能（深冲、超深冲、弯曲成形、翻边扩孔等）、强韧性能（高强、超高强、碰撞能量吸收等，冷成形用钢强度达到 1200MPa，热成形钢强度超过 1500MPa，强塑积超过 20GPa）、耐疲劳性能（承受振动、弯曲、交变应力等）、焊接性能（易于焊接连接、焊缝耐久性等）、耐腐蚀性能（耐大气、雨雪、盐雾腐蚀等）等。悬挂、传动机构用钢主要要求强度、耐疲劳性能、耐磨、耐腐蚀性能、加工性能等。

汽车用钢的服役要求主要有四个方面：安全、轻量化（节能减排）、舒适与寿命。其中安全与寿命是最基本的服役要求。一般造成汽车损坏的因素有三个，即腐蚀、磨损、意外事故。汽车的腐蚀不仅造成巨大的经济损失，造成材料、能源浪费，而且还带来环境污染、交通意外事故。汽车长期处于大气、雨雪、盐雾

等环境腐蚀条件下工作，车体及部件腐蚀是影响其使用寿命的重要因素之一。例如：主要西方国家已建立了较为完善的汽车腐蚀评价标准，美国有关标准规定，汽车涂装防腐蚀期为 3 年，支撑部件腐蚀穿孔期为 6 年，日本则分别为 6 年和 10 年。欧洲汽车车体腐蚀试验评价标准分 10 个等级，分外部、发动机舱和底部。功能锈蚀判断标准为经过 10 个腐蚀年后汽车各系统、零部件不能出现功能失效和穿孔。目前，国内汽车企业对标主要参考国外车企标准，还没有结合中国汽车市场和产业链建立一套完善的汽车腐蚀评价标准体系。

碰撞安全性是对车体用钢要求的最重要特性，即在各种行驶、运输过程中，发生碰撞事故时，能够最大程度保障驾乘人员及运输物资的安全。例如：对于车体碰撞安全性评价，北美、欧洲、日本等，将汽车正碰、侧碰、后碰、顶部加压以及内部乘员保护分为五个星级进行评价，全部达到测试标准要求的，称为达到五星级安全标准。目前，我国已参照国际汽车碰撞安全评价标准对汽车服役安全性进行测试评价。

疲劳是汽车用钢发生破坏的另一重要失效形式。汽车车架、轴及轴承、弹性部件等，在服役过程中主要承受间歇式应力或交变应力负荷，极易发生疲劳损伤或时效，由此引起人员或运输安全事故，对汽车相关部件用钢的疲劳性能提出了特殊要求和评价标准。汽车用钢材料的应用领域包括各类乘用车、卡车、矿用车等特种运输车，以及国防军用车辆制造、应用领域。

2.2.1.2 铁路用钢

铁路用钢主要包括铁路车厢用钢板、钢轨、车轮、车轴、轴承用钢铁材料等。按钢种分类的铁路用钢有优质碳素钢、高碳钢、微合金钢、低合金钢、高合金钢、不锈钢等。按钢的组织结构分类的铁路用钢有铁素体+珠光体钢、贝氏体钢等。按钢的用途分类的铁路用钢有客车车厢板、货车车厢板、车体结构用钢板及型材、车轮钢、钢轨、车轴用钢、轴承钢、转向架用钢等。按钢材生产加工方式分类的铁路用钢有：热轧板、热轧棒材、热轧型材、冷拔丝线材、成形用锻钢、成形用铸钢等。铁路用钢的性能根据其用途不同，性能要求也不同。

客车及货车车体结构用钢性能要求主要有屈服强度、抗拉强度、塑性及韧性、抗疲劳性、焊接性能、耐蚀性等。采用高强钢铁结构材料并同铝合金、复合材料配合，以实现更高的车辆轻量化目标。与普通钢相比，采用不锈钢可减重40%。列车转向架用钢性能要求主要有高强韧性、耐疲劳性、耐腐蚀性、抗低温性能等。列车轮对用钢包括车轮钢、车轴钢、轴承钢，其性能要求主要有强度、韧性、硬度、疲劳性能、耐磨性能、抗热裂纹性能等。对车轮用钢来说，既要求高强度、高硬度和耐磨性，又要求高的韧性和耐热性等多种性能的组合。轨道用钢的性能要求主要有强度、韧性、塑性、焊接性能、耐磨性能、抗疲劳性能等。

　　铁路用钢的服役特点是列车处于重载、高速条件下，车轮、转向架、轮对、轨道等部分承受周期性高负荷冲击、磨损，环境温度变化大（夏季高温区环境可达60℃，冬季寒冷区可达-50℃以下），车体及轨道长期处于大气环境腐蚀、货车可能承受化学介质腐蚀。因此，对铁路用钢服役的要求在钢的强韧性（例如，一系悬挂装置材料保证时速400km/h以上的临界速度冲击及压力，高速动车组转向架的失稳临界速度可以达到500km/h以上）、抗疲劳损伤性能（能经受1200万次疲劳强度实验）、硬度及耐磨损性、耐腐蚀性（耐大气、环境腐蚀）、焊接性能、耐低温性能（-60℃）等均有重要的要求。

2.2.2　交通用钢产业发展现状

2.2.2.1　汽车用钢产业发展现状

　　汽车用钢通常分为板材及棒线材，板材主要用于车身、车架结构，棒线材用于悬挂结构及传动构件。随着汽车发展对环境、能源、资源的影响日益突出，汽车轻量化、节能减排及行驶安全性的要求不断提高，标准更加严苛。因此，汽车用钢技术的发展在加速向高强韧、轻量化、长寿化、全生命周期低排放、节约资源及可循环利用的绿色化方向发展。

　　A　汽车用高强钢板材

　　从20世纪70年代开始的第一代先进高强度钢（代表钢种：BH钢、马氏体钢、双相钢、复相钢，是目前汽车用先进高强度钢的主流产品），始于1990年后的第二代先进高强钢（代表钢种：孪晶诱发塑性钢-TWIP钢，由于在商业化生产和应用方面仍有一些问题未解决，故并未得到大量应用），到始于2000年后的第三代先进高强钢（代表钢种：淬火配分钢-QP钢、热成形钢、中锰钢，1200MPa级QP钢已由宝武全球首发并商业化生产，热成形钢已在国内外多种车型上批量应用）。目前，汽车用冷轧高强及超高强钢裸板及热镀锌GI、合金化镀锌GA钢板的强度已达到1200MPa级并批量生产应用，钢种包括双相钢（DP）、形变诱导塑性钢（TRIP）、淬火配分钢（QP）、复相钢（CP）等。随着我国汽车产业近年来的快速发展，汽车用钢板产业总体发展较快，能够批量生产汽车板的大型钢铁企业超过10家，生产线超过30条。汽车用冷轧及镀锌板产能超过2500万吨。代表性钢企有宝武集团、鞍钢、首钢、华菱安赛乐-米塔尔等企业，可生产供应最高1000~1200MPa级冷冲压用钢。表2-2为宝钢与国内最具竞争力企业超高强汽车板生产情况比较。1500MPa级热成形钢在宝钢、鞍钢及华菱安赛乐-米塔尔已开发成功并在汽车上批量应用，1800MPa级热成形钢正在研究开发中。汽车（尤其是卡车、重型卡车）用热轧微合金化（低合金）高强钢板，细晶高强韧钢板都已在卡车纵、横梁及车厢制造上得到批量应用，屈服强度已超过700MPa级。

表 2-2　宝钢与国内主要企业超高强汽车板生产情况比较

汽车板生产企业	品种	最高强度/MPa	最大规格能力	产能/万吨·年$^{-1}$
宝钢 C122/C008/C512	CR/GI	CR：1700 GI：1200	2.1mm×1250mm	25
宝钢 C108	GI	980	3.0mm×1400mm	设计 12
宝钢 CA08	GA	980/1180	2.3mm×1300mm×C	设计 6.72
华菱安米（长沙）	CR/GI	CR：1200 GI：980	CR：2.5mm GI：2.2mm	2016 年量产
鞍钢神户（鞍山）	CR	1500	2.5mm	2016 年量产
鞍钢蒂森（重庆）	GI	980/1180	3.0mm	2016 年量产
首钢（顺义/京唐）	CR/GI/GA	GI/GA：980 CR：1180	2.5mm×1500mm	30

　　伴随高强、超高强钢板在汽车上应用量的不断增加，在汽车的安全性能显著提高的同时，汽车轻量化效果更加明显，车体减重达到 20%～35%，节能减排效果十分显著。另外，随着汽车用高强、超高强钢板的成功开发、生产和应用，常规的冲压、弯曲等成形工艺及设备已不能适应高强钢新材料的加工要求。对此，汽车用钢生产企业相继开发出一系列新的成形技术和解决方案并得到应用，其中包括：辊压成形（可加工成形钢板强度达到 1000～1500MPa），热成形、温成形技术（钢板强度达到 1500～1800MPa），液压成形技术（钢板强度达到 600～800MPa），激光拼焊成形技术（将不同厚度、不同强度钢板拼焊并成形，钢板强度可达 1500MPa），差厚度钢板（TRB）轧制及成形技术。这些新的解决方案为高强、超高强钢板在汽车制造中的应用和轻量化，提供了关键的应用技术支撑。

　　B　汽车零部件用钢

　　汽车用高品质棒线材主要用于汽车零部件制造，汽车零部件用钢主要应用在汽车四大系统：

　　（1）发动机系统用钢：典型零件有曲轴、连杆、凸轮等以非调质钢为主，燃油喷射系统以油泵油嘴用钢为主；阀门用钢以气阀钢为主。

　　（2）变速及传动系统用钢：包括齿轮圈、齿毂、齿轮、齿轮轴以齿轮钢为主，传动系统包括传动轴，半轴、前轴等以传动轴用钢为主。

　　（3）悬挂及转向系统用钢：包括悬架簧、稳定杆、扭力杆、减震器等，以弹簧钢为主，转向系统包括万向节、球头、转向机、轮毂、轴承等，其中轮毂、轴承以轴承钢为主。万向节、球头、转向机等以齿轮钢为主。

　　（4）标准件系统用钢：以紧固件用冷镦钢为主。

　　汽车零部件用钢以高品质齿轮钢、弹簧钢、非调质钢、轴承钢、气阀钢、冷镦钢、油泵油嘴用钢、传动轴用钢等为代表的特殊钢系列，其产品技术质量发展方向是钢材的高强韧性、高洁净度、高均匀性、超细晶粒度、高表面质量、长疲劳寿命。

我国生产汽车零部件用钢产业很发达，分布很广，生产企业超过 30 家，多数企业经历了并购重组，基本可以全面满足汽车零部件用各类高品质特殊钢的材料需求。代表性企业包括：宝武集团特钢公司、中信泰富特钢集团（包括兴澄特钢公司等）、太原钢铁集团公司、首钢特钢公司、东北特钢集团、河钢集团石钢公司、山东钢铁集团莱钢公司、青岛特钢集团公司等。

C　汽车用钢在汽车发展中的核心优势

汽车用钢铁材料在汽车发展中的核心优势主要体现在：

（1）汽车用钢材料是一种绿色材料：从生产、应用到报废回收循环再利用的全生命周期来看，同有色金属材料及复合材料相比，其碳排放是最低的，随着钢的强度不断提高（普通高强钢 HSS、先进高强钢 AHSS、超高强钢 UHSS）、合金减量化设计、生产制造工艺优化，其全生命周期的碳排放将进一步降低。

（2）汽车用钢材料是提高汽车安全性、实现轻量化、节能减排的理想材料之一：目前，汽车用钢材料的强度已经达到 1500~1800MPa，采用先进高强钢及超高强钢设计制造的汽车车体，是目前唯一可以使汽车达到五星级碰撞标准的材料，随着钢铁材料技术的不断进步，其强度还有很大的发展空间。

（3）汽车用钢材料是一种低成本的汽车制造材料：从汽车用钢产业发展状况来看，我国汽车用钢（无论是板材还是长材）的冶金工艺装备整体上具有国际先进或国际一流水平，加上生产工艺技术的成熟，可以大批量、低成本生产。同时，汽车车体及零部件制造企业很多已实现由机器人参与的自动化、高速化、高效化甚至智能化生产，采用先进钢铁材料制造汽车的成本也在不断降低。

D　面临形势及产业布局

从汽车用钢铁材料生产面临形势及产业布局情况来看，主要有以下几方面：

（1）汽车用钢材料生产面临国内外激烈竞争的形式不断发展：针对不断发展的汽车制造业对材料需求的不断增加，不仅国内大小几十家钢铁企业竞争汽车用钢市场，安赛乐-米塔尔、日本新日铁住金、JFE、神户、韩国 POSCO、德国蒂森、瑞典 SSAB 等国际著名钢铁企业的汽车用钢材料产品不断进入中国汽车用材市场或直接与国内钢企合资建厂生产汽车用钢材料。

（2）汽车用钢材料因生产企业的技术水平、装备及研发能力参差不齐，材料的性能及质量水平差别较大：如宝武钢铁集团、鞍钢集团、首钢集团、兴澄特钢等企业汽车用钢材料的质量水平较高，性能也较稳定，例如，宝钢 2016 年的汽车用钢销售量在世界钢铁企业中排第三位，但也有部分企业的产品质量性能不够稳定。

（3）汽车用钢材料的用户技术服务水平及质量要求不断提高：如宝钢、鞍钢、首钢等企业已建立了非常完善的用户技术服务体系或 EVI 体系等，对科学合理的汽车车体设计、选材、用材、更高更好用钢材料开发等材料整体技术解决方案，但有很多企业还没有真正建立起完全满足用户的技术服务体系。

（4）汽车用钢材料的产业布局还比较分散：虽然我国汽车用钢的产量已稳居世界第一位，一些产品的质量和性能已达到国际先进或领先水平，但汽车用钢材料的产业布局较分散。目前，国内汽车钢板生产厂家有 20 余家，而汽车板年产量超过 200 万吨的钢企仅有宝武集团、鞍钢、首钢、河北钢铁，这几家的汽车板总产量占国内市场份额的 70% 左右，其余十余家钢企仅占 15% 左右，另 15% 左右为国外进口板。而汽车零部件制造用特殊钢的产业分布则更加分散，生产厂家超过 30 家。

E 汽车用钢生产的重点集聚区

我国汽车用钢生产的重点集聚区位于长三角地区、东北地区及京津冀地区。

（1）长三角地区：重点企业有宝武集团、中信泰富特钢集团，重点产品包括汽车用热轧钢板、冷轧钢板、镀锌板，汽车零部件制造用特殊钢长材，轴承钢、齿轮钢、弹簧钢棒线材等。

（2）东北地区：重点企业有鞍钢集团、本钢集团、东北特钢，重点产品包括汽车用热轧钢板、冷轧钢板、镀锌板，汽车零部件制造用特殊钢长材，轴承钢、齿轮钢、弹簧钢棒线材、丝线材等。

（3）京津冀地区：重点企业有首钢集团、河钢集团，重点产品包括汽车用热轧钢板、冷轧钢板、镀锌板，汽车零部件制造用特殊钢长材，轴承钢、齿轮钢、弹簧钢棒线材等。

汽车用钢平台建设方面，近年来，由国家科技部、发改委组织建设的汽车用钢研究相关的国家重点实验室、国家工程研究中心有 5 家，另外宝钢、鞍钢、首钢等各汽车用钢生产企业也相继建设了与汽车用钢研究开发及应用技术为重点的技术中心。这些技术平台为汽车用钢研究开发及应用技术推广发挥了关键作用。表 2-3 列出了代表性的汽车用钢研究相关的国家重点实验室、国家工程研究中心、企业技术中心名称及依托单位。

表 2-3   汽车用钢研究开发代表性平台建设情况

序号	平 台 名 称	平台依托单位
1	汽车用钢开发与应用技术国家重点实验室	宝武集团
2	新金属材料国家重点实验室	北京科技大学
3	轧制技术及连轧自动化国家重点实验室	东北大学
4	国家板带生产先进装备工程技术中心	北京科技大学、燕山大学
5	高效轧制国家工程研究中心	北京科技大学

序号	平 台 名 称	平台依托单位
6	先进钢铁材料技术国家工程技术研究中心	中国钢研科技集团
7	国家钢铁材料测试中心	中国钢研科技集团
8	鞍钢集团公司技术中心	鞍钢集团公司
9	宝钢集团公司技术中心	宝武集团公司
10	首钢集团公司技术中心	首钢集团公司
11	江阴兴澄特钢公司技术中心	中信泰富集团兴澄特钢公司
12	东北特钢公司技术中心	东北特钢集团

2.2.2.2　铁路用钢产业发展现状

铁路用钢材料主要包括客车及货车车体结构用钢、列车转向架用钢、列车轮对用钢及轨道用钢等。近年来，随着我国铁路建设，尤其是高铁技术的飞速发展，铁路用钢材料技术及相关产业的发展也十分迅速。

（1）铁路货车车体结构用钢：过去，我国不锈钢车厢板材料全部依赖进口。太原钢铁公司以我国高速列车、城市地铁发展为契机，在不锈钢材料制造领域实现突破，采用"产学研用"模式自主开发出一整套高速列车用不锈钢车厢板的生产制造和应用技术，保证了我国高速列车用不锈钢车厢板的顺利制造，产品各项指标达到国际先进水平。由于不锈钢较其他材料在轻量化、安全性、周期寿命成本、耐蚀性等方面更具优势，已被广泛用于高速铁路动车、轻轨地铁车体制造。

（2）列车车轮用钢：马钢是我国车轮用钢研发生产的重要基地，近年完成了高品质铁路机车用整体车轮关键制造技术研究与产品开发，开发出高强韧抗损伤车轮材料合金设计、高洁净度-致密度冶炼连铸工艺、计算机仿真大尺寸车轮压轧工艺、高强韧匹配热处理工艺、高精度机加工与检测技术控制等关键制造技术，整体机车车轮生产制造技术填补了国内空白，技术达到国际先进水平，产品列入国家和省级重点新产品目录，研究成果成功替代了进口产品，还按国际先进标准出口到北美等国家和地区。

（3）轨道用钢：攀钢在国内独家成功开发出以60D40、60TY和60AT为代表规格的高品质高速重载道岔钢轨，以U71Mn、U75V等为代表品种的热轧和热处理系列高品质道岔钢轨，形成了我国高速重载道岔钢轨的行业标准TB/T 3109，有效满足了我国高速重载铁路发展的需求，为我国高速重载铁路的发展作出了重要贡献。高品质道岔钢轨，已在宝桥、山桥、中铁建重工等主要单位得到成功应用，制造的道岔已全面应用于我国高速重载铁路中，如京沪、郑西、武广、温福等时速250km/h及时速350km/h高速铁路，以及大秦铁路、陇海等干线铁路。攀钢还同北京科技大学合作开发出高质量钢轨轧制数字化关键技术，大幅度提升了钢轨设计制造的科技水平、效率与精度，综合效率提高 10 倍以上，钢轨尺寸精度提高 1 倍以上，成功应用于百米轨、出口道岔轨、75kg/m 重轨、美国一级铁路 115RE 钢轨等的质量精度控制，产品批量应用于高铁等领域，显著提高了钢轨的焊接质量、列车运行平稳性及工程机械结构合理性和效率。

（4）车轴及轴承用钢：我国在高速铁路用车轴及轴承用钢方面是一个弱项，近年来，在材料设计、工艺控制技术及质量性能研发方面虽然取得了一些进展，但总体水平与日本、欧洲等国为代表的世界先进水平相比仍有差距，主要依靠进口的局面还未能完全扭转，这也是今后铁路用钢的研发重点。

我国铁路用钢产业整体发展良好，在车体制造用高强韧、耐腐蚀钢板研发生产方面有以太钢、宝钢、东北特钢为代表的先进铁路车体制造用钢研发生产企业；以马钢为代表的现代车轮用钢研发生产企业，以中国钢研集团钢研海德为代表的新一代高端车轮钢研发-产业一体化团队；以攀钢、鞍钢、包钢及武钢为代表的轨道用钢研发生产企业；以兴澄钢铁、东北特钢为代表的铁路用车轴钢、轴承钢研发生产企业。这些企业均具有国际先进的铁路用钢工艺生产装备和实力很强的专业研发队伍及平台。

铁路用钢在铁路运输发展中的核心优势主要体现在：

（1）铁路用钢是铁路建设的关键基础材料：为满足铁路运输的重载、高速、安全等要求的特点，从列车车体制造、列车转向架、列车轮对及轨道的加工制造所用金属材料来看，大部分或几乎全部由钢铁材料制造，这是由于钢铁材料在材料强度、韧性、抗冲击、硬度、耐磨性及耐疲劳等性能方面，很多是目前其他材料无法替代的。

（2）铁路用钢是铁路建设及维护中应用量最大、效率最高、成本最低的高效材料：中国铁路建设、尤其是高速铁路建设已进入"黄金期"。我国铁路建设、备品备件、设备及铁路维护等每年需要各类钢材约 1000 万吨，由于铁路用材标准规范、工艺成熟、材料、工艺及装备先进，无论是铁路运输使用效率，还是建设维护效率都非常高，相比其他材料而言，先进钢铁材料的制备及使用成本也是最低的。

（3）铁路用钢材料是一种可循环利用的绿色材料：同其他金属材料及复合材料比较，先进铁路用钢材料同先进汽车用钢材料一样，在制备、加工成形、应用及回收再利用的全生命周期方面，碳排放是最低的，是一种可循环利用的绿色材料。

从铁路用钢材料面临形势及产业布局情况来看，主要有以下几方面：

（1）随着高速、重载铁路建设的不断发展，对铁路用钢材料的性能及加工制造水平要求不断提高：目前，我国高铁里程已超过 3.7 万千米，时速 350km/h 的复兴号铁路已通车。今后，我国高铁里程建设速度将不断加快，时速 400km/h

甚至500km/h及更高速铁路建设将逐渐成为可能。另外，我国高铁成套技术及装备已走出国门，已在世界上多个国家现代化铁路建设中得到应用，由此，对铁路用钢材料的更高性能要求将不断出现，新一代铁路用钢材料的需求量也将不断增加，这对新一代超高强韧性能的铁路用钢材料研发及应用提出了新的挑战。

（2）铁路用钢材料生产将进一步面临国内外激烈竞争：针对不断发展的铁路建设对材料需求的不断增加，不仅国内几十家钢铁企业竞争铁路用钢市场，日本、欧洲、北美等国家和地区的国际著名钢铁企业的铁路用钢产品也将不断进入中国市场，激烈竞争的局面不可避免。

（3）部分高性能铁路用钢材料尚不能完全满足高铁快速发展的需求：尤其是在高速重载铁路轮轴用高强韧、抗疲劳钢，轮对用轴承钢，轮轨用高强韧贝氏体钢的研发、生产及应用方面还不能完全满足高铁快速发展的需求。

（4）同汽车用钢材料相比，铁路用钢材料产业布局相对较集中：轨道用钢生产主要集中在攀钢、鞍钢、武钢及包钢四家，车轮用钢的生产加工主要集中在马钢、太原重工等企业，铁路机车车厢用钢代表性企业为太原钢铁集团公司和宝钢。轴承钢生产则主要在兴澄特钢及东北特钢。

我国铁路用钢材料生产重点集聚区在东北、西南地区及长三角地区。轨道用钢生产主要为攀钢、鞍钢、武钢及包钢，车轮用钢的生产加工主要集中在马钢、太原重工等企业，先后引进日本川崎、法国阿尔斯通、加拿大庞巴迪等先进技术，通过引进—消化吸收—再创新过程，在短短几年里取得令世人瞩目的成就。铁路机车车厢用钢的代表性企业为太原钢铁集团公司和宝钢。轴承钢生产则主要在兴澄特钢及东北特钢。

铁路用钢平台建设，由国家科技部、发改委组织建设的铁路用钢研究相关的国家重点实验室、国家工程研究中心有4个，另外攀钢、鞍钢、武钢、包钢、马钢、太钢、中国钢研集团等各铁路用钢研发生产企业也相继建设了与铁路用钢研究开发及应用技术为重点的技术中心。这些技术平台为铁路用钢研究开发及应用技术推广发挥了关键作用。表2-4列出了代表性的铁路用钢研究相关的国家重点实验室、国家工程研究中心及企业技术中心名称和依托单位。

表2-4 铁路用钢研究开发代表性平台建设情况

序号	平 台 名 称	平台依托单位
1	高速铁路轨道技术国家重点实验室（工程材料实验系统）	中国铁道科学研究院
2	钢铁冶金新技术国家重点实验室	北京科技大学
3	先进钢铁材料技术国家工程技术研究中心	中国钢研科技集团
4	国家钢铁材料测试中心	中国钢研科技集团
5	攀钢集团公司技术中心	鞍钢集团攀钢公司

序号	平 台 名 称	平台依托单位
6	鞍钢集团公司技术中心	鞍钢集团
7	包钢集团公司技术中心	包钢集团
8	武钢集团公司技术中心	宝武集团武钢公司
9	马钢集团公司技术中心	马钢集团
10	太钢集团公司技术中心	太钢集团公司
11	江阴兴澄特钢公司技术中心	中信泰富集团兴澄特钢公司
12	东北特钢公司技术中心	东北特钢集团

2.2.3 交通用钢市场需求及下游应用情况

2.2.3.1 汽车用钢市场需求及下游应用情况

据中国汽车工业协会统计，2016年全年我国累计生产汽车2811.88万辆，同比增长14.46%，销售汽车2802.82万辆，同比增长13.65%。其中，乘用车产销分别为2442.07万辆和2437.69万辆，同比分别增长15.50%和14.93%；商用车产销369.81万辆和365.13万辆，同比分别增长8.01%和5.80%。新能源汽车发展迅猛，2016年我国新能源汽车生产51.7万辆，销售50.7万辆，比上年同期分别增长51.7%和53%。

2017年中国汽车产销量分别为2902万辆和2888万辆，同比增长3.19%和3.04%，其中，乘用车约2500万辆，卡车等商用车约400万辆，新能源乘用车产量54.8万辆，较2016年增长71%。

2018年，我国汽车产业面临较大的压力，产销增速低于年初预计，行业主要经济效益指标增速趋缓，增幅回落。目前，我国汽车产业仍处于普及期，有较大的增长空间。汽车产业已经迈入品牌向上、高质量发展的增长阶段。2018年，汽车产销分别完成2780.9万辆和2808.1万辆，产销量比上年同期分别下降4.2%和2.8%。

考虑到钢材的利用率，机加工材料利用率60%、板材材料利用率55%、管材材料利用率95%、型材材料利用率90%，得到的各车型用钢情况见表2-5。

表2-5 考虑材料利用率后的乘用车单车制造用钢量 （kg）

车型	轿车	SUV	MPV
板材	1031.9	1047.8	1064.9
管材	166.8	169.4	172.2
棒材	74.3	75.4	76.6
型材	66.8	67.8	69.0
合计	1339.8	1360.4	1382.7

由此预测汽车总体用钢量（包括汽车制造用钢+维修配件用钢）约 7080 万吨，其中汽车用板带钢约 4960 万吨（包括冷轧裸板+镀锌板、热轧板），汽车零部件制造用特殊钢（轴承钢、齿轮钢、弹簧钢棒线材等）约 2120 万吨。

在市场需求的汽车用钢质量性能方面，为满足不断增加的安全、节能减排及环保要求，适应汽车轻量化的高强韧钢板的比例将进一步增加，尤其是强度 780MPa 及以上比例需求增加量进一步提高，其中 780～1200MPa 级冷成形用钢（含裸板及热镀锌、合金化镀锌板），1500MPa 及以上热成形用钢需求量增加明显。因此，对具有高强及超高强韧性、耐疲劳耐腐蚀性、良好成形及焊接性能的新一代汽车用钢材料新产品的需求将进一步增加。另外，随着我国城镇化进程的加快、乘用车的普及、需求量的增加，对汽车的性价比要求提高、非钢材料的竞争以及汽车销售市场的激烈竞争，汽车用钢材料成本进一步降低，以及性能稳定性控制也将成为材料研发的重点。此外，随着汽车用钢强度不断提高，其成形、连接及汽车用材整体部件和结构优化设计、汽车用钢材料的更高、更完善的 EVI 技术服务、全生命周期科学合理评价等的需求必将成为汽车用钢研发、生产、市场需求和下游应用部门一体化解决的趋势。

2.2.3.2 铁路用钢市场需求及下游应用情况

到 2019 年年底，全国铁路营业里程达 13.9 万千米，其中高速铁路超过 3.7 万千米。根据 2017 年 11 月 22 日由国家发改委印发的《铁路"十三五"发展规划》目标，到 2020 年全国铁路运营里程达到 15 万千米，其中高速铁路 3 万千米，基本形成布局合理、覆盖广泛、层次分明、安全高效的铁路网络。

铁路成为我国对外交流合作新名片和共建"一带一路"倡议的重要领域。铁路建设、装备、运输等企业积极开拓国际市场，承建的土耳其安伊高速铁路建成通车，肯尼亚蒙内铁路于 2017 年 5 月 31 日建成通车，雅万高铁和中老、匈塞等铁路合作积极推进，机车车辆等装备实现较大规模整装出口。

铁路"十三五"发展规划还提出，要大力推进机车车辆装备升级，提高旅客运输能力、发展铁路现代物流、拓展铁路货运市场、推动铁路绿色发展、加大节能减排力度、强化科技创新，以及发展重载、快捷等高效专业化运输，提高电气化铁路承担运输量比重，广泛应用节能型的新技术、新装备、新材料。

以上这些均表明，今后相当长的一段时期内，铁路建设将是重点发展领域，国内外对铁路，尤其是高速铁路的市场需求很大，与此相应地对铁路建设用钢的需求必然很大。粗略估计，每年铁路车辆制造用钢、轨道建设用钢以及铁路车辆维修配件用钢量将超过 1000 万吨。

下游用户对铁路用钢材料的应用要求，除了强韧性、耐磨性、抗疲劳性能、裂纹敏感性等性能外，对铁路用钢材料的尺寸形状精度、焊接性能、性能稳定性、耐低温、耐腐蚀以及加工性能等也提出了更高的新要求。同时，高性能、长寿命、高安全性和性能均一性、具有良好焊接性能并体现绿色环保的新一代高速铁路用钢材料将是研发和市场需求的重点。

2.2.4　交通用钢发展趋势

2.2.4.1　汽车用钢材料的发展趋势

据公安部交管局统计，截至 2017 年 3 月底，全国机动车保有量首次突破 3 亿辆（见图 2-2），其中汽车达 2 亿辆，占机动车总量的 66.67%，49 个城市的汽车超过百万辆，19 个城市超过 200 万辆，其中北京、成都、重庆、上海、苏州、深圳 6 个城市的汽车超过 300 万辆（见图 2-3）。

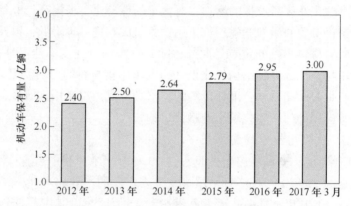

图 2-2　我国近 5 年机动车保有量变化情况（截至 2017 年 3 月）

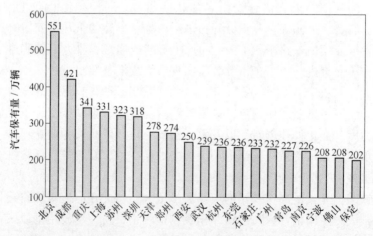

图 2-3　截至 2017 年 3 月我国汽车保有量超过 200 万辆的城市

在未来十几年，中国将加快城镇化建设，预计到 2030 年，中国的城镇化率将达到 70% 左右，将新增 3 亿城镇居民，中国城镇人口将超过 10 亿，对汽车和交通将形成巨大的需求和压力。在汽车工业中，钢铁材料所占比重最大，约占65%。

从现代汽车的设计、制造、使用和市场要求来看，动力性能、安全、节能环保仍然是首要问题。为了减轻车重、降低油耗、减少排放和提高安全性，汽车轻量化、用材向高强度化发展成为必然趋势。因此，汽车及汽车材料的发展，必须与节能减排、安全、环境、能源、资源及成本密切联系起来。

目前，汽车用钢材料的最高强度已经达到1500~1800MPa，采用先进高强钢及超高强钢设计制造的汽车车体，是目前唯一可以使汽车达到五星级碰撞标准的材料。另外，随着汽车用高强、超高强钢的成功开发、生产和应用，常规的冲压、弯曲等成形工艺及设备已不能适应高强新材料的加工要求。对此，汽车用钢生产企业相继开发出一系列新的成形技术和解决方案并进行应用，其中包括：辊压成形、热成形、温成形、液压成形、激光拼焊成形、差厚度钢板（TRB）轧制及成形技术等。这些新的解决方案为高强、超高强钢板在汽车制造中的应用和轻量化，提供了关键的应用技术支撑。汽车零部件用钢产品技术质量发展方向是钢材高的强韧性、高洁净度、高均一性、细晶或超细晶粒、高表面质量、长疲劳寿命以及耐腐蚀。

因此，汽车用钢材料的发展重点是进一步提高钢铁材料强韧性的同时，提高钢材性能稳定性、降低材料成本、为用户提供科学设计与选材、合理用材等一整套技术解决方案，以及建立材料全生命周期的科学评价准则与方法。

2.2.4.2　铁路用钢材料的发展趋势

到2019年年底，全国铁路营业里程达13.9万千米，其中高速铁路超过3.7万千米，中国高铁运营里程占世界高铁运营总里程66.3%，位居全球第一。2017年7月9日，宝兰高铁开通运营，标志着我国《中长期铁路网规划》中"四纵四横"铁路网最后一个关键"短横"顺利开通。根据国家《铁路"十三五"发展规划》目标，到2020年全国铁路运营里程将达到15万千米，其中高速铁路4万千米。

国家发改委等部门出台的规划明确，到2025年，中国高速铁路通车里程将超过4万千米，比现在差不多要翻一倍，并形成"八纵八横"的高铁网。

目前，中国高铁"走出去"遍及亚洲、欧洲、美洲和非洲，跨界版图不断延伸——印尼雅加达至万隆高铁、俄罗斯莫斯科至喀山高铁、马来西亚吉隆坡至新加坡高铁等境外项目合作都已取得突破性进展。而着眼于高铁"走出去"战略，中国还计划研制时速400km的跨国联运高速客运装备。2016年11月，国家重点研发计划"先进轨道交通重点专项"——时速400km及以上高速客运装备关键技术项目正式启动，该项目将以服务"一带一路"为目标。从中国高铁"走出去"，也必将带动高铁用高性能先进钢铁材料等新一代结构材料随高铁装备一同走出去。

中国高铁的快速发展，对铁路用高性能钢铁材料不断提出新需求，总的趋势是：性能上更强韧、更安全、更可靠，使用寿命上更长久，全生命周期更绿色。发展重点是，时速 300km 以上高铁用钢的创新的冶金材料设计与控制理论，冶金洁净度及夹杂物高精度控制技术，热加工及热处理的尺寸形状及组织性能精准稳定控制技术、先进快捷的材料与结构疲劳、腐蚀失效数值模拟预测技术等。

2.2.5　存在的问题

从汽车及铁路交通运输用钢材料发展现状来看，存在的问题主要有以下几个方面：

（1）在交通运输用钢材料设计等基础研究方面，目前主要还是沿用传统的材料设计计算理论+经验，并进行多轮炒菜式的方法，缺乏从材料服役条件与环境下所需要的性能进行基础的、系统的材料合金成分设计-组织结构设计-制备加工工艺设计-材料服役状态科学评价、寿命预测-材料回收循环再利用等一整套科学系统的理论、模型与方法，致使新材料研究周期过长，成本过高。

（2）交通运输用钢材料数据库、模型库比较零散，尚缺乏完整性、可靠性。目前还没有建立起一整套完整可靠的已有交通用钢材料从基本物性到系列温度下的热物性、热塑性、力学性能、加工性能、服役性能（如疲劳蠕变性能、耐腐蚀性能、耐低温或高温性能、耐磨性等）数据库，如果建立起相对完整的交通用钢材料数据库、模型库，以此为基础，将会大大加快交通运输用钢新材料的研发速度。

（3）新型交通运输用钢材料研发需要在已有的较理想的材料成分结构、洁净度及均匀连续介质条件下的材料设计研发理论基础上，向同时考虑材料从原子尺度与结构（原子、空位及位错）-纳米尺度（纳米析出物、夹杂物）-微米尺度（微米尺寸晶粒、夹杂物、晶界、微裂纹、微缺陷）到宏观尺度（宏观缺陷、尺寸形状、裂纹、偏析等）的实际结构、连续非稳态的制备加工工艺过程、实际服役环境条件下的材料变化的全过程、系统的材料研发理念与方法发展。由此可见，研发过程中面临的理论与实际难度是十分巨大的。

（4）虽然我国交通运输用钢材料研发水平、产业化、市场占有率、推广应用方面已取得巨大成效，一些成果已达到国际先进或国际领先水平，但还存在部分钢种的产业集中度不高、材料性能不稳定、个别高品质特殊钢尚依赖国外进口的状况。

2.3　轧制技术未来发展方向

综上所述，近年来，国内外在轧制理论与技术、工艺与装备以及高性能新产品研发等方面均有显著的进展。展望轧制学科技术的发展，值得关注的趋势有如下方面。

2.3.1 绿色化、数字化、智能化轧制技术成为必然趋势

钢材的轧制过程是集材料、工艺、设备、高精度检测及控制于一体的庞大复杂过程，将这一复杂的多因素交织的过程形成系统的数学模型并进行数字化描述与快速数据传递，是进一步实现智能化的基础。在不同的扁平材及长材轧制过程中，需要根据不同的钢种、轧制工艺、轧制设备，以及不同的轧制阶段建立相应的材料模型、几何模型、物理模型、轧制设备及辅助工具模型等，对温度场、力场、金属流动速度场、组织场等进行三维数字化描述与分析，为工艺优化及进一步形成智能化轧制控制技术提供基础。

另外，钢材产品的全生命周期智能化设计、高效、减量化生产、生产过程中的低排放、低消耗、由高强韧化带来的结构轻量化与低排放、可循环利用等，成为钢材轧制生产绿色化的必然选择和发展趋势。

2.3.2 基于大数据的钢材生产全流程工艺及产品高质量管控技术

保证钢材质量性能一致性的前提是钢材从冶炼到轧制生产全流程的工艺控制的稳定性。在生产全流程过程中将形成海量数据，利用好这些大数据对实现工艺与产品质量的稳定性、均一性控制至关重要。因此，需要建立基于钢材生产全流程的工艺质量大数据平台，形成从冶金成分、铸坯质量到轧制全流程工艺质量数据集成技术，结合钢材表面质量缺陷与内部晶粒组织性能在线检测技术，对各轧制工艺参数、轧件质量进行在线监控、追溯分析与评价、质量在线评级，同时进行工艺参数波动因素分析、为工艺稳定性控制和优化控制提供依据。

2.3.3 钢结构用超高强韧钢的发展

随着新型建筑结构的发展，对高层、超高层建筑用高强韧钢、耐候耐火抗震钢、大型桥梁结构及缆索、强力螺栓用钢等的需求将不断增长，钢结构用超强韧、耐腐蚀、厚规格、大断面等钢坯的组织性能一致性问题越来越受到关注，并出现连铸凝固控制与轧制相结合的凝固末端大压下等新技术。日本三大钢企正在加速钢结构用厚板的高端化进程，新日铁住金应用 TMCP 技术开发生产的桥梁用高屈服点钢板 SBHS（Steels for Bridge High Performance Structure）比普通桥梁用焊接结构钢具有更高强度、更高韧性、焊接性和冷加工性；JFE 开发生产的建筑结构用低屈强比 780MPa 级超高强厚钢板 HBL630-L 具有确保抗震安全性所需的 85% 以下的低屈强比和高焊接性、高韧性；神户制钢开发生产的桥梁用长寿命化涂装用钢板 "ECO View" 是一种提高钢桥寿命的耐候钢板，可大幅度降低生命

周期成本。浦项应用 TMCP 技术开发的 HSB800 系列桥梁专用高性能钢的抗拉强度≥800MPa，伸长率≥22%，HSB800W 具有很强的耐候性。目前，桥梁钢的强度已超过 800MPa，建筑结构用钢板的强度已达到 1000MPa，钢缆线强度超过 2000MPa，钢丝的强度达到 4000MPa，抗震钢的屈强比上限在 0.8，今后这些指标将进一步提高。

支撑这些高强度、高性能钢材的生产技术主要包括：钢质的高洁净化、微观组织的精细控制，以及通过 TMCP 技术的组织细化与复相化。在轧制-控冷工艺过程中，通过改变碳及合金含量和冷却速度与路径，可获得各种不同的相变组织，从而赋予钢材多样的材料特性，据预测，钢材的理想强度可能达到 10000MPa 以上，甚至可以说钢材是还处于发展阶段，其中还隐藏着巨大潜力的"新材料"。

2.3.4　第三代汽车用钢

第三代汽车用钢的主要特点是其合金含量明显低于第二代汽车用钢，同时具有高强韧性和高的强塑积，是汽车节能减排的车身结构材料重点发展方向。近年来，国内外一些大型钢铁企业及研究院校不断致力于第三代汽车用钢的研究开发及应用。在国外，如德国蒂森、日本新日铁住金、JFE、神户制钢、美国 AK 钢铁公司、韩国浦项，国内宝武、鞍钢等多家大型钢铁企业已经开发或正在开发 1000MPa 级、1200MPa 级、1300MPa 级和 1500MPa 级中锰钢、QP 钢、纳米强化钢等第三代汽车用钢，正在进行一定批量的应用，但目前应用量还只限于较小的范围，主要问题在于批量生产产品性能的稳定性、一致性、成本控制，以及成形应用控制技术上还需要进一步的研究开发。

2.3.5　超高强度钢的未来发展

今后，为了进一步适应环境与绿色化发展的要求、节能减排、实现结构轻量化、节约资源与能源，钢质结构件的强度和性能将进一步提高。据新日铁住金的研究开发计划，钢的理想抗拉强度为 10400MPa，但目前最高仅实现 40%，汽车用钢才达到 15%，抗拉强度还有很大的提升空间。为此，其计划为到 2025 年，汽车防撞钢梁抗拉强度将由 2015 年的 1760MPa 提升到 2450MPa，发动机舱盖抗拉强度将从 1180MPa 提升到 1960MPa，中柱抗拉强度将从 1470MPa 提升到 1960MPa，车门外板强度将从 440MPa 提升到 590MPa，同时，作为加工性指标，延展性能将和抗拉强度同时得到提高。作为最具代表性汽车结构用钢，热冲压成形用钢将向更高强度的超高强韧性方向发展。目前，1500MPa 级热成形钢在汽车上已有较多的应用，而 1800MPa 级和 2000MPa 以上级别超高强度热成形薄钢板的研究开发和应用正在进行中。为提高强韧性，重点开发热冲压后原始奥氏体晶粒微细化、提高淬透性的 1800MPa 级热冲压钢板，其伸长率、淬透性、点焊性、氢脆性等特性与现行热冲压成形钢无明显区别。但其韧性以及成形件的低温弯曲特性等方面还有待于提高，这可能与热轧、冷轧以及热处理工艺控制有关。此外，造船用以及重工业用厚板要求抗拉强度、低温韧性、焊接性能良好，冷轧汽车高强钢力争抗拉强度实现 1400~1800MPa，同时延展性达到 20%~40%，同时进行 1470MPa 钢的高延展性开发及降低全生命周期成本的材料研究。在微观层面进行特性改进，在宏观层面推进工艺优化，进一步开发出优良性能的超高强钢铁材料。

2.3.6 优质钢材品牌化发展战略

目前全球钢铁需求量约 15 亿吨，其中，高品质钢材约占 20%，但其附加值却占全部钢材的 40% 以上，这除了高品质钢材本身具有的附加值外，其品牌优势及其价值是另一重要因素。近年来，国际上许多大型先进钢铁企业十分重视其钢材产品的品牌化发展战略，在提升产品品质品牌、企业品牌的同时，覆盖其更多的产品品种，由此带动和提升企业的所有品种、产生更大的经济效益。如蒂森克虏伯、新日铁住金、神户制钢、JFE、安赛乐-米塔尔、瑞典 SSAB、浦项，以及我国的宝钢、鞍钢、太钢的高品质钢材品牌等，在国内外钢材市场竞争并取得较高效益中发挥了十分重要的作用。

蒂森克虏伯不仅在德国内陆杜伊斯堡拥有包括高炉冶炼和热轧、冷轧、热处理及表面处理在内的国际一流的全流程钢铁企业，还在多特蒙德有下游加工厂，并在中国钢企合资建立了热镀锌钢板产线，同时，在海外形成了汽车板完整的销售体系，其产品所占最高比例是汽车板，占年销售额的 25%。蒂森克虏伯于 2008 年启动了名为 "InCar® Plus" 的汽车用钢战略，为汽车车身、底盘和动力总成提供解决方案，由此发展成为包括提高产品附加值的轻量化和电气化等在内的汽车用钢战略项目，其产品能打入日本汽车企业的优势在于可实现全球化供货及品质、冷成形与热成形两方面的新技术和第三代汽车用钢开发等。

瑞典钢铁公司（SSAB）年粗钢产量为 800 万吨左右，但在高品质钢材市场却占有举足轻重的地位。例如，其开发的系列耐磨钢板 Hardox，从 0.7~2.1mm 的冷轧薄板到 40~160mm 中厚板享誉世界。Hardox 产品的优势是耐磨、使用寿命长、硬度稳定、加工性高，在具有高硬度的同时，还具有较高的韧性，产品不但成分、性能非常稳定，公司还自主开发了相应的焊接工艺，为用户提供包括钢材使用方法在内的一揽子解决方案和附加价值。

2.3.7 多学科交叉融合的轧制创新体系将不断形成和发展

多学科交叉融合的轧制创新体系包括：

（1）轧制塑性变形理论技术与冶金过程控制、连铸凝固理论技术的融合及全流程一体化的组织性能控制（例如，连铸坯凝固末端大压下理论与技术）；

（2）轧制理论技术与现代材料科学、纳米技术、复合材料技术、表面技术、材料基因及材料多尺度设计、预测与控制等技术的融合；

（3）具有轻质、高强韧、特殊优异性能等新钢种（例如，中锰钢、高锰钢、高铝钢、高硅钢等）研发相关的形变相变控制理论与技术；

（4）轧制理论技术与大数据、计算机技术、数值模拟、现代塑性力学、高精度检测与智能控制等技术的融合；

（5）超厚、超薄、超宽、复杂断面、特殊应用环境（超高温、超低温、耐腐蚀等）高性能、高精度轧材成套系统制造技术；

（6）材料设计制造与成形应用、综合考虑环境资源及可循环、全生命周期一体化的材料设计理论与制造技术。

2.4　轧钢技术与相关行业节能减排的协同发展

轧制钢材是国民经济建设和国防建设的基础材料，与经济发展密切相关，尤其是随着我国机械制造、汽车、交通、建筑、物流、能源、家电等行业的高速发展，对高质量、高性能、高强度、高精度钢材的需求不断增加，大大促进了轧制理论、工艺、技术及装备的进步。同时，轧制技术进步为相关行业的发展提供了高性能材料支撑和保证。因此，轧制技术的发展与机械制造等相关行业的发展密不可分，并应先行一步，为相关行业的发展提供更好的材料和更多的发展可能。

（1）机械制造：我国已成为世界机械制造大国，在大型工程机械、矿山机械、建筑工程机械、农业机械等制造行业正在进入或已经进入国际先进行列，中国制造2025规划重点实施的领域包括高端装备制造产业、新能源产业等。机械制造行业的发展在结构轻量化、设备长寿命化等方面，需要大量的高性能、高强韧性、高耐磨性钢材，轧制技术及高质量钢材的生产必须满足机械行业的发展，与其规划相衔接。

（2）汽车制造：2016年我国汽车产量已达到2811.9万辆，预计到2025年将可能达到3000万辆左右，新能源汽车也将快速发展。汽车轻量化、安全与节能减排是汽车制造用材的关键，钢铁材料在汽车制造中仍将占有较大的比例，汽车用高强、超高强钢的研究开发及应用技术研究发展必须满足汽车行业发展需求。

（3）交通运输（轨道交通、桥梁、造船、物流等）：至2019年年底，中国铁路总运营里程已达到13.9万公里，其中，高铁营业里程超过3.7万公里，居世界第一，超过世界总里程的66%，我国高铁技术已走向世界。随着我国轨道交通技术及建设的发展，大量需要高性能、高质量铁路机车车辆制造用钢（造车材，车轮、车轴、轴承、钢板、型钢等），铁路建设及维护用钢（钢轨、道岔轨、钢筋、钢丝、钢绞线、弹簧钢等），以及桥梁建设、造船、物流行业用钢等。轧制技术及高质量钢材的生产必须满足轨道交通、造船、物流行业的发展，与其规划相衔接。

（4）建筑：近年来，随着我国经济的高速发展，城镇化建设、大型工业及基础设施建设、高层及超高层建筑、大型体育场馆、交通及水力电力工程建设发展迅速，建筑业用钢一直是各行业用钢中的大户，占全国总用钢量的50%左右。目前，国家正在编制新的《全国城镇体系规划》，提出要构建"十百千万"的城镇体系，因此今后建筑行业也必将继续保持用钢大户的地位。建筑用钢包括钢筋、板带材、型材和管材等，对钢材质量性能的要求也在不断发展，在具有高强韧性、低屈强比、良好成形性和焊接性、抗震、耐候、耐火、长寿命、绿色化等特点的同时，大型钢结构、标准化钢结构、可拆卸和重复利用钢结构也是新趋势。因此，建筑用钢的发展必须与建筑行业的发展和规划紧密衔接，应用新一代控轧控冷技术，不断开发出各类高性能、高质量钢材，适应并引领建筑用材的发展。

（5）能源：在我国经济发展中，能源开发与设施建设一直处于重要的战略地位。油气资源开采、油气管线建设、现代煤矿开采、火电、水电、核电、风电、太阳能发电以及电力输送设施等建设需要大量的高强韧性、良好耐候性及可焊性的高质量、高性能钢材，轧制钢材品种的发展也必须与能源行业的发展和规划紧密衔接。

（6）海洋工程：我国是一个具有广阔海域的海洋大国，在渤海湾、东海、南海等海域，海底油气田开采、矿产资源开发利用及输送工程上，在制造建设海上固定平台、海底管线、浮式生产储油轮（FPSO），钻井平台、大型起重船、半潜式自航工程船、深水多功能工程船等工程上，需要大量的高强韧、耐腐蚀、厚规格管线钢、大口径无缝管及焊管、海上平台用大规格高强韧、耐腐蚀型钢及高性能厚板和特厚板等。未来轧制技术的发展，必须有针对性地研究开发满足这些特殊性能需求的高性能钢材生产工艺控制技术，与我国海洋工程行业发展和规划用材需求相衔接。

参 考 文 献

[1] 朱泉，左铁镛．中国冶金百科全书．金属塑性加工卷［M］．北京：冶金工业出版社，1998：884.

[2] 五弓勇雄，金属塑性加工の进步［M］东京：コロナ社，1978：203-204.

[3] 国家统计局．中华人民共和国2015年国民经济和社会发展统计公报：2015年我国钢材实

际产量 7. 795 亿吨 . 2016 年 03 月 03 日 10：30 新浪财经，生意社讯 .

[4] 殷瑞钰 . 钢铁工业强国战略研究 [M]. 北京：电子工业出版社，2015：416.

[5] 王国栋 . 中国钢铁轧制技术的进步与发展趋势 [J]. 钢铁，2014，49（7）：23-29.

[6] 王国栋 . 钢铁行业技术创新和发展方向 [J]. 钢铁，2015，50（9）：1-10.

[7] 毛新平，高吉祥，柴毅忠 . 中国薄板坯连铸连轧技术的发展 [J]. 钢铁，2014，49（7）：49-60.

[8] 康永林，朱国明 . 中国汽车发展趋势及汽车用钢面临的机遇与挑战 [J]. 钢铁，2014，49（12）：1-7.

[9] 国家新材料产业发展专家咨询委员会 . 中国新材料产业发展年度报告（2017）[M]. 北京：冶金工业出版社，2018：7-19.

[10] 古原 忠，宫本 吾郎，纸川 尚也 . ナノ析出组织による铁钢材料の高强度化 [J]. 塑性と加工，2013，54（633）：873-876.

[11] Shengci Li, Yonglin Kang, Guoming Zhu, Shuang Kuang. Microstructure and fatigue crack growth behavior in tungsten inert gaswelded DP780 dual-phase steel [J]. Materials and Design, 2015（85）：180-189.

[12] 孟群 . 日本钢结构与钢材的开发进展 [J]. 世界金属导报，2016，54（2275）：8-9.

[13] 康永林，朱国明，陶功明，等 . 高精度复杂断面型钢轧制数字化技术及应用，"化工、冶金、材料" 前沿与创新 [C]//中国工程院化工、冶金与材料工程第十一届学术会议文集，北京：化学工业出版社，2016：553-561.

[14] 罗光政，刘相华 . 棒线材节能减排低成本轧制技术的发展 [J]. 中国冶金，2015，25（12）：12-17.

[15] 杉本 公一，小林 纯也 . 冷间プレス成形性に优れた先进超高强度低合金 TRIP 钢板 [J]. 塑性と加工，2013，54（634）：949-953.

[16] 伍策，王鹏 . 截至 2016 年底全国铁路营业里程达 12.4 万公里，中国网，2017-01-05.

3 热轧板带钢新一代
控轧控冷技术与节能减排

3.1 概述

进入 21 世纪以来，国内外轧钢工作者针对传统控轧控冷技术存在的问题，提出了以超快速冷却（Ultra Fast Cooling，UFC）为核心的新一代 TMCP 技术。新一代 TMCP 技术是优化生产过程的强力手段，节能减排、降低成本的空间极为广阔，是目前钢铁工业科学发展、转变生产发展方式的重要领域，是实现我国热轧低成本、高品质钢材生产的关键技术[1~5]。基于新一代 TMCP 技术，开发出组织细化和晶粒形态可控的一体化控制工艺，相变进程、相变产物和相稳定性、形态、尺寸和分布可控的一体化控制工艺，析出粒子尺寸、形态、分布和相界面结构可控的一体化控制工艺，实现了利用不同物理冶金学原理"量身打造"钢铁材料使用性能的目标，满足我国经济建设、国防建设和工程设施等领域对关键原材料的重大需求，同时有效降低了贵金属元素的使用量。采用新一代 TMCP 工艺开发低成本厚规格高强度 Q370q 级别桥梁用钢板，与传统同级别桥梁用钢相比，取消了 Nb 和 Ti 微合金元素的添加，节约 0.03% 的 Nb 和 0.015% 的 Ti，强度、塑性、韧性和焊接性能均能完全满足用户的要求。采用新一代 TMCP 工艺成功开发了低成本高等级的 X65、X70、X80 级别管线钢，21.0mm 以下规格 X70 取消 Mo、Cu、Cr 等合金元素的使用，21.0mmX80 级别无 Mo 低 Ni 化生产，取得了巨大的经济社会效益和节能减排效果。

3.2 新一代 TMCP 技术

3.2.1 新一代 TMCP 技术特点

新一代 TMCP 技术的核心思想是：（1）在奥氏体区相对于"低温大压下"较高的温度进行连续大变形，得到硬化的奥氏体；（2）轧后进行超快速冷却，迅速穿过奥氏体相区，保留奥氏体的硬化状态；（3）冷却到动态相变点停止冷却；（4）后续控制冷却路径，得到不同的组织[5]。新一代 TMCP 技术特征如图 3-1 所示。

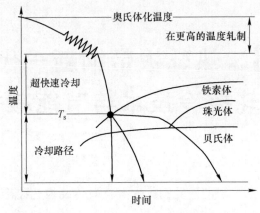

图 3-1　新一代 TMCP 技术特征

T_s—相变开始温度

3.2.2　新一代 TMCP 技术优势

相对较高的轧制温度，一方面，降低轧机负荷，大幅度降低投资成本，同时有利于实现板形的控制；另一方面，应变诱导析出不发生或少发生，大大提高基体中微合金元素的固溶量。

轧后超快速冷却具有 3 种有效作用。其一，在奥氏体区进行超快速冷却，可抑制动态再结晶/亚动态再结晶晶粒的长大或抑制奥氏体的静态再结晶软化，进而在相变前获得细小的奥氏体晶粒，提高相变形核位置，同时可以有效地降低相变温度，增加相变驱动力，提高形核率，有利于获得细小的铁素体晶粒。虽然新一代 TMCP 在较高温度条件下进行轧制，但在变形后极短的时间内，动态再结晶/亚动态再结晶晶粒来不及长大或静态再结晶来不及发生，仍然保持着较高的"缺陷"，如果对其实施超快速冷却，便可将这种高能状态的奥氏体保留至相变点，仍然可以达到细晶强化效果。其二，新一代 TMCP 条件下，轧后采用超快速冷却可抑制奥氏体中形成析出相，如图 3-2 所示，从而使析出发生在相变过程中或相变后，而微合金碳氮化物在铁素体中的平衡固溶度积小于其在奥氏体中的平衡固溶度积，再加上温度较低，大大提高了析出的驱动力，使得形核率大幅提高，获得大量纳米级析出粒子，大大提高沉淀强化效果。其三，轧后超快速冷却可抑制高温铁素体相变，促进中温或低温相变，实现钢材的相变强化。传统 TMCP 由于受到冷却速度的限制，为了得到中温或低温相变产物，往往添加 Mo、Ni、Cr 和 Mn 等提高淬透性的元素以降低临界冷却速度，使得 CCT（Continuous Cooling Transformation）曲线向右移，进而在较低的冷却速度下获得贝氏体或马氏体组织，但添加微合金元素会提高成本，消耗资源。而采用超快速冷却可柔性地将奥氏体过冷至贝氏体相变区或马氏体相变区，获得贝氏体组织或马氏体组织，实现相变强化。

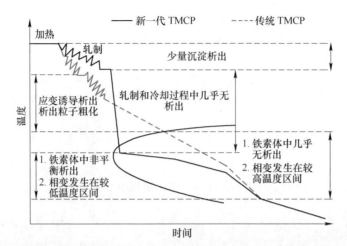

图 3-2　新一代 TMCP 与传统 TMCP 析出的对比

3.2.3　超快速冷却技术概述

轧后冷却可显著调控钢铁材料的组织性能，尤其是在 900~600℃ 温度范围内，通过控制冷却可显著改变钢铁材料的力学性能[6]。而超快速冷却技术可降低合金元素用量，细化钢铁材料组织，实现了节约型高品质钢铁材料的生产[7~10]，许多文章报道了超快速冷却技术的开发和应用[11~26]。

日本 JFE 公司先于其他钢铁公司开发加速冷却工艺，并于 1980 年将世界上第一条 OLAC（On-Line Accelerated Cooling）系统成功地用于厚板生产。随着对冷却速度要求越来越高，JFE 公司开了 Super-OLAC 冷却工艺，并于 1998 年应用于日本福山中厚板厂。以 Super-OLAC 为代表的超快速冷却技术具有大的冷却速度及良好的冷却稳定性和冷后温度均匀性，如图 3-3 所示[24]。新日铁于 1983 年率先采用冷却前钢材矫直和约束冷却方式的冷却系统，称之为 CLC（Continuous on Line Control Process）。在 CLC 应用的基础上，新日铁又开发了新一代控制冷却系统 CLC-μ，应用于君津厂的厚板车间，并于 2005 年 7 月正式投产[27]。俄罗斯的谢韦尔公司为满足大口径钢管生产的需要，在 5m 轧机上安装了一套新的控制冷却装置，用于钢板的轧后快速冷却和淬火，对厚度 30mm 的厚板可实现 20~40℃/s 的快速冷却。韩国浦项也采用快速冷却（冷却速度为 20~50℃/s）技术生产了一种高强度管线钢[18]。

东北大学轧制技术及连轧自动化国家重点实验室（RAL）开发了 ADCOS（Advanced Cooling System）系统。针对中厚板、热连轧、棒材和 H 型钢生产线，

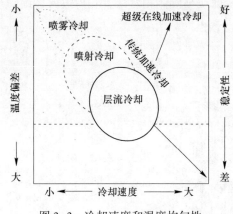

图 3-3 冷却速度和温度均匀性

RAL 分别开发了 ADCOS-PM（Plate Mill）、ADCOS-HSM（Hot Strip Mill）、ADCOS-BM（Bar Mill）和 ADCOS-HBM（H-Beam Mill）超快速冷却系统[27]。近几年，由 RAL 自主研制开发的超快速冷却系统广泛地应用于国内热连轧和中厚板生产线，为实施新一代 TMCP 提供了设备条件。在涟钢 2250mm 和迁钢 2160mm 热连轧生产线安装了超快速冷却装置，另外，2007 年与河北石家庄敬业钢铁公司合作，在 3000mm 中厚板生产线上安装了 UFC+ACC 新式冷却系统，在鞍钢 4300mm 中厚板生产线上也安装了新式的 UFC+ACC 系统，在首秦 4300mm 中厚板生产线上的预留 DQ 装置位置安装了 RAL 自主开发的超快速冷却系统，同时与原 ACC 系统配合[18]。

对热轧钢板采用水冷时，热交换和沸腾现象大体上分为两种，即核沸腾和膜沸腾，如图 3-4 所示。在核沸腾条件下，冷却水直接和钢板接触，热量通过不断

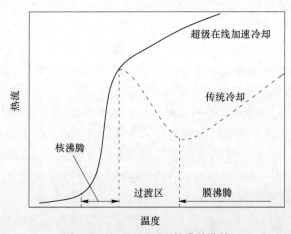

图 3-4 Super-OLAC 的沸腾曲线

产生的气泡带走；相反，在膜沸腾条件下，在冷却水和钢板之间会形成蒸汽膜，热量通过蒸汽膜带走，因此核沸腾具有更大的冷却能力。Super-OLAC 冷却技术能够在整个板带冷却过程中实现核沸腾换热冷却，冷却水从距离轧线很低的集管顺着轧制方向流出，在钢板上表面形成"水廊冷却"，而在钢板下表面通过密布的集管喷射冷却。

3.3 基于新一代 TMCP 技术的高温奥氏体组织细化

3.3.1 热变形过程中的再结晶行为

在钢铁材料的热变形过程中，奥氏体的再结晶在奥氏体组织和织构调控中起着重要的作用。奥氏体的再结晶是一个新的无畸变奥氏体晶粒在硬化组织中形核和长大的过程，不涉及晶体结构和化学成分的变化，这个过程可以发生在热变形过程中，也可以发生在道次间隔内，通常将奥氏体的再结晶分为动态再结晶（Dynamic Recrystallization，DRX）、静态再结晶（Static Recrystallization，SRX）和亚动态再结晶（Metadynamic Recrystallization，MDRX）[28,29]，如图 3-5 所示。

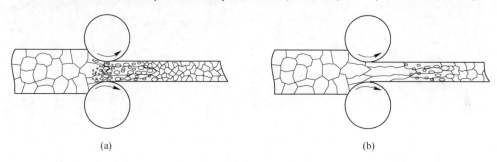

图 3-5 再结晶示意图

(a) 动态再结晶和亚动态再结晶；(b) 静态再结晶

动态再结晶是发生在热变形过程中的，新形成的再结晶晶粒会立即发生加工硬化，进而降低晶界迁移驱动力，抑制再结晶晶粒的长大，使得动态再结晶具有很强的细化效果。所以，增大 Zener-Hollomon 参数，即增加应变速率和降低变形温度，位错密度大幅增加，提高新的再结晶晶粒的加工硬化程度，降低晶粒长大驱动力，获得小的动态再结晶晶粒；相反，降低 Zener-Hollomon 参数，大大减弱新的再结晶晶粒的加工硬化程度，使得再结晶晶粒的长大动力学大大提高。

亚动态再结晶不需要重新形核，只是道次间隔内动态再结晶晶核进一步长大的过程，因此，亚动态再结晶的发生不需要孕育期，所以在变形停止后亚动态再结晶动力学非常快，通常比传统的静态再结晶动力学大一个数量级。一般认为，只要变形过程中发生动态再结晶，即应变大于发生动态再结晶的临界应变，变形后就会发生亚动态再结晶，但关于变形后的软化控制机制一直存在分歧。一些研究者认为，只要应变大于发生动态再结晶的临界应变，变形后的软化主要受亚动态再结晶控制。但是变形参数对静态再结晶和亚动态再结晶的影响是不同的，静态再结晶动力学和晶粒尺寸受应变和原奥氏体晶粒尺寸的影响，而亚动态再结晶动力学和晶粒尺寸主要取决于 Zener-Hollomon 参数，且亚动态再结晶晶粒尺寸远小于静态再结晶晶粒尺寸。Bai 等[30]发现只有当应变大于 ε_T 时，变形后的软化才完全由亚动态再结晶控制，ε_T 小于稳态应变 ε_{ss}，但远大于峰值应变 ε_p，Fernández 等[31]也观察到了类似的现象，给出 $\varepsilon_T = K\varepsilon_p$ 的关系式（$K = 1.5$、1.7），Fernández 等还给出了 Zener-Hollomon 参数和应变对变形后软化机制的影响，如图 3-6 所示，当 $\varepsilon<\varepsilon_c$ 时，变形后的软化完全由静态再结晶控制，当 $\varepsilon_c<\varepsilon<\varepsilon_T$ 时，变形后的软化由亚动态再结晶和静态再结晶共同控制，当 $\varepsilon>\varepsilon_T$ 时，变形后的软化完全由亚动态再结晶控制。

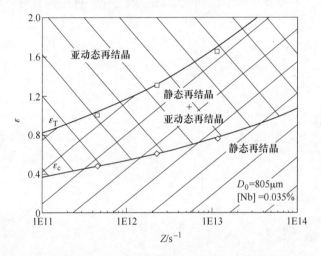

图 3-6　Zener-Hollomon 参数和应变对变形后软化机制的影响

　　静态再结晶也是一个形核和长大的过程，但形核和长大过程发生在热变形后，如图 3-5（b）所示，通常静态再结晶动力学较慢，通过后续的冷却可有效实现静态再结晶行为的控制。对于热变形过程中静态再结晶行为的研究，多采用间断热压缩或扭转的实验方法，采用 Avrami 方程来描述静态再结晶动力学。

3.3.2　超快速冷却对奥氏体组织演变的影响

　　虽然变形参数对奥氏体组织有显著影响，但在亚动态再结晶、静态再结晶和晶粒长大过程中，通过控制冷却可对奥氏体组织进行合理调控，细化奥氏体组织或保留高温轧制的硬化状态。

　　在应变和应变速率为 0.5 和 $5s^{-1}$ 条件下，试样在 1150℃下压缩变形后以 10℃/s 和 UFC 冷却速度冷却，其奥氏体组织状态如图 3-7 所示。图 3-7（a）中的奥氏体晶粒尺寸约为 30μm，图 3-7（b）中的奥氏体晶粒尺寸约为 22μm，说明在此条件下，采用单道次变形，通过动态再结晶和亚动态再结晶可将奥氏体晶粒由约 30μm 细化至约 22μm，细化效果较好。但要实现这样的细化效果，必须在变形后尽快以大冷却速度进行冷却。在应变和应变速率为 0.5 和 5s^{-1} 条件下，试样在 1000℃下压缩变形后以 10℃/s 和 UFC 冷却，其奥氏体组织状态如图 3-8 所示。图 3-8（a）中的晶粒大部分为细小的再结晶晶粒，局部存在少量硬化组织，图 3-8（b）显示，在此条件下，采用单道次变形后，采用 UFC 冷却，可保留高温条件下得到的硬化组织。

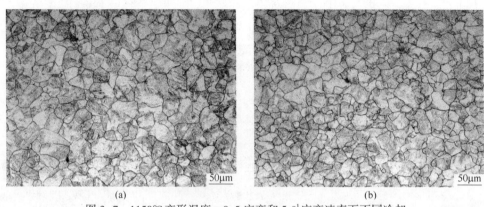

(a)　　　　　　　　　　　　(b)

图 3-7　1150℃变形温度、0.5 应变和 5s^{-1} 应变速率下不同冷却
速度条件下实验钢的奥氏体组织

(a) 10℃/s；(b) UFC

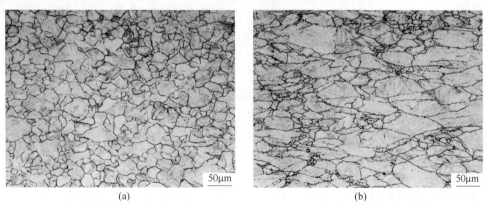

(a)　　　　　　　　　　　　(b)

图 3-8　1000℃变形温度、0.5 应变和 5s^{-1} 应变速率下不同冷却
速度条件下实验钢的奥氏体组织

(a) 10℃/s；(b) UFC

当变形温度为 1150℃、应变为 0.5 和应变速率为 5s^{-1} 时，在考虑 DQ 极限冷却条件下，冷却速度对奥氏体晶粒尺寸的影响规律如图 3-9 所示。图 3-9 显示，

在一个很宽的冷却速度范围内，随着冷却速度的增加，奥氏体晶粒尺寸先急剧减小，然后基本保持不变，最后又急剧减小。在此条件下，如果只能适当增加冷却速度，仅能将奥氏体晶粒尺寸由 0.5℃/s 下的约 33μm 细化至 2℃/s 下的约 30μm；但是如果冷却速度足够大，可将奥氏体晶粒尺寸由 0.5℃/s 下的约 33μm 细化至极限冷却下的约 22μm，细化效果显著，说明采用超快速冷却在细化奥氏体组织方面作用显著。

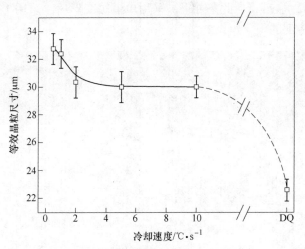

图 3-9　冷却速度对奥氏体晶粒尺寸的影响

3.3.3　轧制水冷耦合细化钢板表层奥氏体组织

轧制前对钢坯表层快速冷却，使表层的奥氏体处于过冷状态，随后立刻轧制，在过冷奥氏体中导入大的畸变能，则在轧后的返温过程中变形的过冷奥氏体有可能发生再结晶。由于变形温度低，导入的畸变能大，则奥氏体再结晶时的形核率高，奥氏体再结晶细化的效果会很强。

针对一种 0.13C-0.39Si-1.50Mn-0.034Nb-0.031V（质量分数/%）低碳微合金钢，采用热模拟实验机，将试样加热至1200℃奥氏体化后快速冷却至不同的温度，随后进行40%的变形，之后立刻升温至900℃，最后水淬至室温，以保留高温奥氏体晶界。实验发现，当变形温度降至600℃时，返温至奥氏体可发生静态再结晶；当温度降至 550℃ 时，返温后奥氏体再结晶分数提高，可达到20.8%，再结晶奥氏体晶粒均在5μm 以下，如图 3-10（b）所示。

随后的研究中为提高奥氏体再结晶分数，采用了两次变形、两次返温的工艺，如图 3-11（a）所示。此时，奥氏体再结晶分数大幅度提高，达到94.0%，奥氏体晶粒得到了显著的细化，细化至 3.3μm，对应的原奥氏体晶界形貌如图3-11（b）所示。

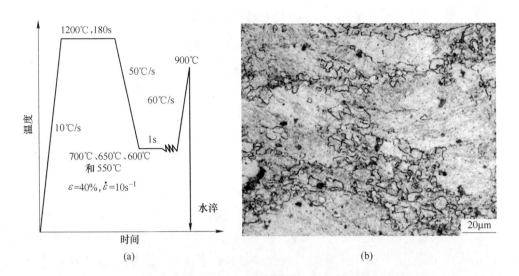

图 3-10 过冷奥氏体变形返温再结晶区工艺

（a）热模拟实验方案；（b）550℃变形返温至900℃时的原奥氏体晶界

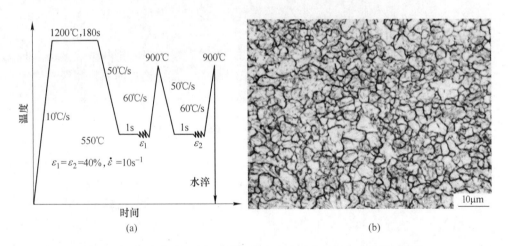

图 3-11 两次变形两次返温的工艺方案和对应的原奥氏体晶界形貌

（a）工艺方案；（b）原奥氏体晶界形貌

变形的奥氏体返温至奥氏体未再结晶区的过程中发生了再结晶。其机制是大的畸变能同时促进再结晶动力学和微合金元素的析出动力学，但比较而言是对再结晶动力学的促进效果更显著。从以上实验结果可知，通过这种工艺，即可实现钢板表层奥氏体晶粒的大幅度细化，通过后续的控冷，即可实现表层组织的超细化，开发出理论上具有准各向同性的高止裂性能表层超细晶钢。

3.4 基于新一代 TMCP 技术的相变组织细化

晶粒细化是同时提高钢材强度与韧性的唯一手段。晶界是具有不同取向的相邻晶粒间的界面。当位错滑移至晶界处时，受到晶界的阻碍而产生位错塞积，并在相邻晶粒一侧产生应力集中，最终激发一个新位错源的开动。由此，屈服现象可以理解为位错源在不同晶粒间传播的一个过程。

影响钢材屈服强度最重要的一个因素是晶粒尺寸。以拉伸过程为例，在相同应变的条件下，对于具有小晶粒尺寸的试样，每个晶粒内部均匀分配的应变越小，则位错密度越小。因而，具有较小晶粒尺寸的试样达到屈服需要施加更大的应变，即屈服强度更大。晶粒尺寸与屈服强度的关系可以通过 Hall-Petch 公式定量表述，即 $\sigma_s = \sigma_0 + k_y d^{-1/2}$，式中 σ_s 表示屈服强度，σ_0 表示位错在晶粒内运动为克服内摩擦力所需的应力，k_y 表示与材料有关的常数，室温下的取值范围是 $14.0 \sim 23.4 N/mm^{3/2}$，$d$ 表示有效晶粒尺寸。对铁素体-珠光体钢，d 为铁素体晶粒尺寸；对贝氏体和板条马氏体组织，系指板条束的尺寸。

晶粒细化在提高钢强度的同时还能提高韧性。当微裂纹由一个晶粒穿过晶界进入另一个晶粒时，由于晶粒取向的变化，位错的滑移方向和裂纹扩展方向均需要改变。因此，晶粒越细小，裂纹扩展路径中需要改变方向的次数越多，能量消耗越大，即材料的韧性越高。

轧后超快速冷却具有极强的冷却能力，在生产热轧 C-Mn 钢和微合金钢方面均可发挥细晶强化效果，特别是在细化奥氏体晶粒、细化铁素体晶粒和珠光体片层等方面可表现出较大的优势，是通过细晶强化进而提高钢材强韧性的一种新的技术手段。

3.4.1 铁素体组织细化

晶粒的大小主要取决于形核速率和长大速率。形核速率是指单位时间内在单位体积中产生的晶核数；长大速率是指单位时间内晶核长大的线速度。随着过冷度的增加，形核速率和长大速率均增加，但增加速度有所不同。当过冷度较小时，形核速率增加速度小于长大速率；过冷度较大时，形核速率增加速度大于长大速率。凡是能促进形核速率，抑制长大速率的因素，都能细化晶粒。因此，在奥氏体向铁素体相变过程中，增大过冷度可以细化 F/P 晶粒。连续冷却相变时，冷却速率的高低影响相变时过冷度的大小，冷却速率越大，过冷度越大，因此增加相变过程中的冷却速率，充分发挥超快冷在相变区域的作用有利于细化晶粒，进而提高钢材的强韧性。表 3-1 给出了实验钢（化学成分为 C 0.04%、Mn 0.33%）超快冷条件下，不同超快冷终冷温度对铁素体晶粒尺寸及力学性能的影响，实验钢的终轧温度为 860℃，卷取温度为 600℃。随着超快冷终冷温度的降低，实验钢的晶粒尺寸逐渐减小，实验钢强度也逐渐提高，这主要是超快冷细晶强化作用的结果。

表 3-1 实验钢的工艺和性能

工艺编号	超快冷终冷温度/℃	晶粒尺寸/μm	屈服强度/MPa	抗拉强度/MPa	伸长率/%
1	775	10.5	275	365	38
2	750	8.2	290	377	39
3	733	6.7	300	385	34
4	710	6.5	305	390	36

3.4.2 珠光体片层间距细化

超快速冷却技术不仅可以细化铁素体晶粒，而且可以细化珠光体片层。对于中碳钢，由于组织以珠光体为主，因此采用超快冷是提高该组织类型钢材强度的一种有效方法。珠光体是奥氏体从高温缓慢冷却时发生共析转变所形成的，其立体形态为铁素体薄层和碳化物（包括渗碳体）薄层交替重叠的层状复相物。相变前奥氏体晶粒大小决定珠光体团的大小，但对片层间距无影响。影响珠光体片层间距的最主要因素是过冷度，片层间距的倒数与过冷度呈线性正相关关系。采用超快冷可获得较大的过冷度，降低珠光体相变温度，因此可显著细化珠光体片层间距，进而提高珠光体钢的强度。

表 3-2 为 0.5%C 实验钢（C 0.5%、Mn 0.6%）热轧后不同冷却过程中的实测工艺参数。6 组工艺都采用统一的终轧温度 880℃，为了工艺对比，工艺 1 通过 ACC 层流冷却直接冷却到卷取温度，工艺 2~6 则采用了超快冷和 ACC 层冷两阶段的冷却方式，考虑不同的超快速冷却终冷温度的影响情况，在热轧变形后对板坯进入超快速冷却的时间进行控制，使得超快速冷却的终冷温度从 750℃ 到 610℃ 逐渐降低，随后进行 ACC 层流冷却，层流后卷取温度相当，只有工艺 6 卷取温度较低。在室温条件下，根据 GB/T 228—2002 标准进行拉伸实验，获得 0.5%C 实验钢的强度随超快速冷却终冷温度的变化规律，如表 3-2 所示。随着超快速冷却终冷温度的降低，0.5%C 钢的屈服强度和抗拉强度都呈增大的趋势，而且变化趋势相当。当超快速冷却终冷温度高于 700℃ 时，材料的强度呈线性增加，但增幅不大，超快速冷却工艺提高强度不明显。当超快速冷却温度低于 700℃ 时，强度迅速升高，屈服强度超过 600MPa，抗拉强度超过 850MPa。当超快速冷却终冷温度从 890℃ 下降到 600℃，0.5%C 钢的屈服强度由 508MPa 提高到 636MPa，屈服强度提高约 130MPa，抗拉强度由 753MPa 提高到 861MPa，抗拉强度提高约 110MPa。通过超快速冷却技术提高实验钢强度的效果非常明显。

表 3-2　0.5%C 钢的热轧实验工艺参数

工艺编号	终轧温度/℃	UFC 后温度/℃	UFC 段冷速/℃·s⁻¹	ACC 后温度/℃	ACC 段冷速/℃·s⁻¹
1	880	—	—	525	15~30
2	880	750	100~120	510	15~30
3	880	715	100~120	510	15~30
4	880	680	100~120	500	15~30
5	880	660	100~120	490	15~30
6	880	610	100~120	470	15~30

图 3-12 为不同超快速冷却终冷温度条件下，0.5%C 钢组织中珠光体的平均片层间距与材料屈服强度之间的关系图。可以看出，二者的线性匹配关系与 Hall-Petch 公式的细晶强化形式是一致的，因此超快速冷却工艺通过细化珠光体片层间距实现了对 0.5%C 实验钢的细晶强化。这些细小的珠光体片层趋向各异，排列紧密，也可以明显地提高材料的冲击韧性，因为裂纹的成长必须穿过这些细小的片层结构。随着超快速冷却终冷温度的逐渐降低，导致片层更加细小，组织更加致密，因此显微硬度逐渐提高。与此同时细小的片层也阻碍了位错运动，而滑移面上的位错运动是材料塑性变形的主要方式，这使得材料延伸性能略有下降。

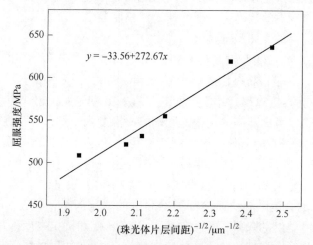

图 3-12　0.5%C 钢中珠光体的平均片层间距与屈服强度的关系

3.4.3　贝氏体组织细化

超快速冷却对 M/A 岛尺寸的影响如图 3-13 所示。在空冷条件下，实验钢的组织主要为粒状贝氏体组织，且 M/A 岛粗大；而在超快速冷却条件下，实验钢的组织由板条贝氏体和粒状贝氏体组成，且 M/A 岛得到充分细化。可见，贝氏体相变过程中超快速冷却的应用，一方面可以大大细化 M/A 岛，降低 M/A 岛体积分数；另一方面可以促进板条贝氏体的形成。

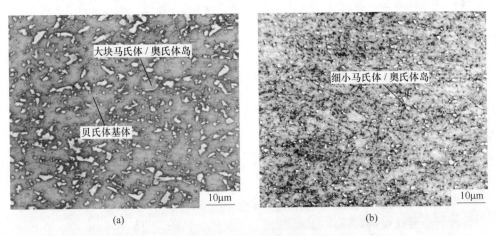

图 3-13　贝氏体相变过程中冷却对 M/A 尺寸的影响
(a) 传统冷却；(b) 超快速冷却

不同冷却条件下实验钢的二次电子形貌像和与之对应的碳分布图如图 3-14 所示。采用电子探针测得图 3-14（b）中 M/A 岛的碳含量（质量分数）约为 0.22%，远高于基体平均碳含量 0.06%。但是图 3-14（d）显示，碳分布相对均匀，且未观察到大块碳富集区。粒状贝氏体相变特征同马氏体切变相变一样，但相变过程不会在瞬间完成，而是发生在整个连续冷却过程中；另外，贝氏体相变温度较高，碳可以充分地配分到未转变奥氏体中而形成富碳奥氏体，这些富碳奥氏体在 M_s 点以下转变为马氏体或稳定至室温而形成富碳 M/A 岛。

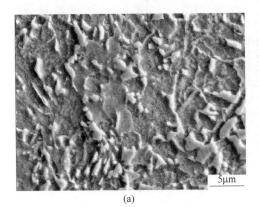
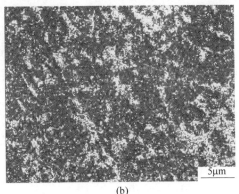

(a)　　　　　　　　　　　　　　　(b)

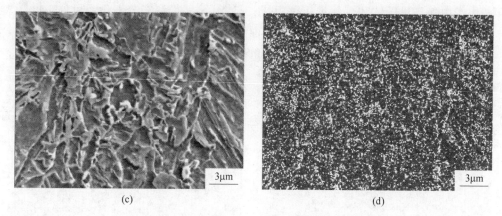

(c)   (d)

图 3-14   不同冷却条件下热轧板的二次电子形貌及与之对应的碳分布图
（a），（b）传统冷却；（c），（d）超快速冷却

　　不同冷却条件下薄膜试样的 TEM 形貌如图 3-15 所示。图 3-15 显示，在空冷条件下，可观察到贝氏体板条和块状 M/A 岛，且图 3-15（c）中箭头 A 所指区域的选区衍射（晶带轴 B = [113]，孪晶面（pqr）= (21$\bar{1}$)）结果显示 M/A 岛

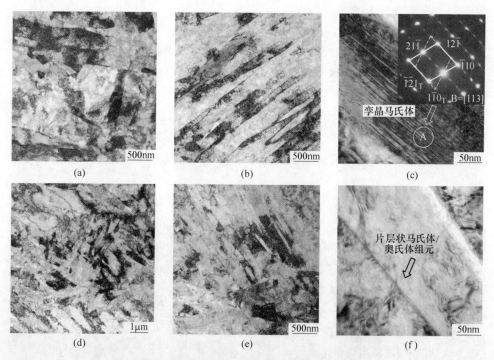

图 3-15   不同冷却条件下薄膜试样的 TEM 显微照片
（a），（b），（c）传统冷却；（d），（e），（f）超快速冷却

主要为孪晶马氏体岛。EPMA分析结果显示M/A岛的碳含量（质量分数）高达0.22%，远高于基体平均碳含量0.06%，但图3-15（c）显示M/A岛主要为孪晶马氏体岛，说明碳含量高达0.22%的残余奥氏体不能稳定至室温，而在M_s点以下转变为高碳孪晶马氏体。但在超快速冷却条件下，贝氏体也呈板条状，且在板条间观察到薄膜状M/A岛组织。所以贝氏体相变过程中，超快速冷却的应用可以细化贝氏体板条，抑制大块状孪晶马氏体岛的形成。

实验钢的大、小角晶界分布如图3-16所示（图中灰色线为小角晶界，取向差为2°~15°；黑色线为大角晶界，取向差大于15°），不同取向差晶界的相对频数列于图3-17。图3-17显示，同空冷条件下的实验钢相比，超快速冷却条件下的实验钢的小角晶界较少，大角晶界较多。另外，图3-16（a）中存在一些贝氏体板条（见箭头A），但板条间为小角晶界，结合TEM分析结果，可知冷却路径（1）条件下的粒状贝氏体基体为取向差较小的板条。但是图3-16（b）中的贝氏体板条间取向差较大（见箭头B和C），且根据图3-14的结果，可知贝氏体板条界主要是大于50°大角晶界。因此可以推断出，贝氏体相变中超快速冷却的应用可以大大提高贝氏体板条间的取向差，使得低温韧性大大提高。

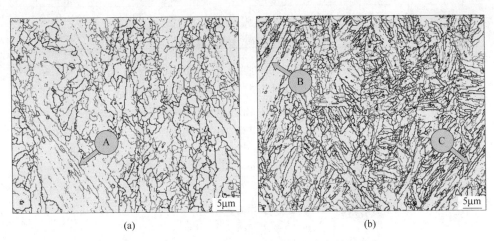

图3-16　不同冷却条件下热轧板的大小角晶界分布

(a) 传统冷却；(b) 超快速冷却

实验钢的屈服强度（R_{eL}）、抗拉强度（R_m）、断后伸长率（A）和屈强比（R_{eL}/R_m）列于表3-3，且表3-3的数据为3个平行样的平均值。可见贝氏体相变过程中超快速冷却的应用可以保证实验钢具有较高的强度、韧性、塑性，同时具有相对较低的屈强比。

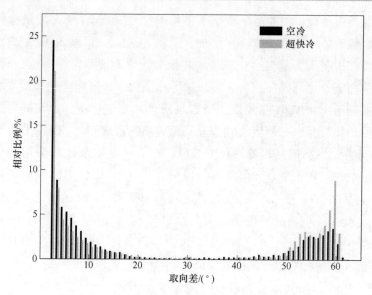

图 3-17   不同冷却条件下晶界取向差的相对频率

表 3-3   不同冷却条件下热轧板的力学性能

工艺	t/mm	R_{eL}/MPa	R_m/MPa	A/%	R_{eL}/R_m
空冷	12	605	811	17.6	0.74
超快冷	12	876	1010	16.0	0.87

不同冷却路径下热轧板的 CVN 系列冲击吸收功如图 3-18 所示。采用系列冲击功曲线上、下平台间的中间点所对应的温度为韧脆转变温度，进而确定了空冷和超快速冷却条件下的 DBTT（Ductile Brittle Transition Temperature）约为 -23℃（见图 3-18 中箭头 A）和低于 -60℃（见图 3-18 中箭头 B）。

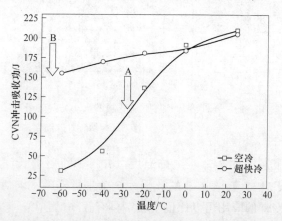

图 3-18   不同冷却条件下热轧板在不同测试温度下的 CVN 冲击功

　　空冷条件下，尽管其屈强比低至 0.74，但由于大块 M/A 岛严重恶化低温韧性，使得实验钢的 DBTT 较高；但是在超快速冷却条件下，由于大取向差、细化板条贝氏体的形成和 M/A 岛的细化，大大改善了实验钢的低温韧性。说明贝氏体相变过程中超快速冷却的应用不仅仅可以大幅提高实验钢的强度，还可以大大改善实验钢的低温韧性。一方面，尽管 M/A 岛严重恶化钢铁材料的低温韧性，但是对于细化的 M/A 岛，微裂纹很难形核于 M/A 岛上或 M/A 岛－基体界面处，即裂纹形核功较高；另一方面，高比例大角度晶界可以大大改善钢铁材料的低温韧性，通常大角度晶界可以有效地阻碍裂纹的扩展，因此裂纹穿过大角度晶界时会发生转向，且在转向处会发生较大的塑性变形，所以在冲击断裂过程中将吸收大量能量，呈现出较高的冲击吸收功，使得超快速冷却条件下的 DBTT 较低。

　　为了研究裂纹的形核和扩展情况，对 CVN 冲击试样（测试温度-60℃）断口表面下方的裂纹进行了观察，如图 3-19 所示。空冷条件下，TEM 分析结果显示 M/A 岛主要为脆而硬的孪晶马氏体，由于孪晶马氏体和基体屈服强度的差异，

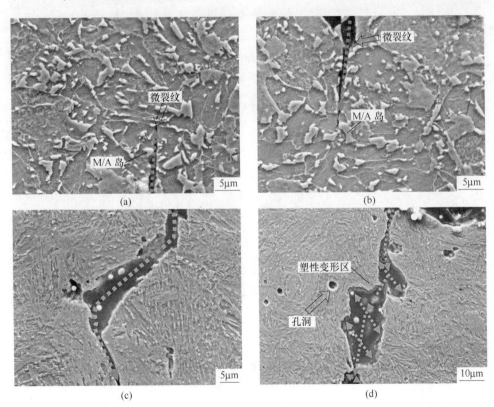

图 3-19　不同冷却条件下 CVN 冲击试样（测试温度-60℃）断口表面下方的微裂纹

(a)，(b) 传统冷却；(c)，(d) 超快速冷却

在孪晶马氏体和基体界面处很容易产生应力集中，因此，当应力集中大于界面结合力或脆性马氏体自身的结合力时，微裂纹就会形核于孪晶马氏体和基体界面处或孪晶马氏体上（见图3-19（a）和（b）箭头所指）。超快速冷却条件下，当应力集中大于界面结合力或粒子断裂强度时，这些微孔洞便形核于细小的 M/A 岛或碳化物等第二相粒子上，可见硬质颗粒在裂纹形核中起着重要的作用。空冷条件下得到的贝氏体铁素体基体上分布着大块 M/A 岛的粒状贝氏体组织，由于 M/A 岛尺寸较大，使得裂纹形核功大大降低；但是在超快速冷却条件下，由于 M/A 岛得到充分细化，使得裂纹形核功大大提高。

图3-19（b）和图3-20（a）显示，裂纹主要沿着 M/A 岛和基体界面或穿过 M/A 岛扩展，且扩展路径基本呈直线型，表明小取向差贝氏体板条不能阻碍裂纹的扩展。图3-20（a）显示，即使大角度晶界也未能阻碍裂纹扩展，这可能与大角度晶界处分布的大块 M/A 岛有关，致使局部应力集中而诱发微裂纹，两裂纹相互连接而形成大的解理裂纹，呈现大角度晶界不能有效阻碍裂纹扩展现象。图3-21（a）也显示，由于大块 M/A 岛可能分布于原奥氏体晶界处，使得微裂纹 A 和微裂纹 B 分别形核并扩展，这样微裂纹 A 和微裂纹 B 仅需要扩展很短的距离便可以相互连接而形成大的裂纹，导致试样迅速断裂。所以在空冷条件下，一方面大量大块 M/A 岛的存在使微裂纹在 M/A 岛处相互连接而迅速扩展；另一方面小取向差贝氏体板条不能有效阻碍裂纹扩展，使得裂纹扩展功大大降低。

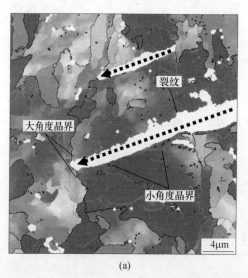
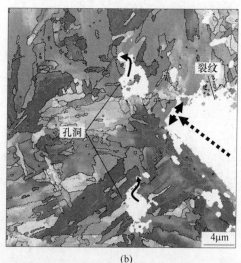

(a)　　　　　　　　　　　　　　(b)

图3-20　不同冷却条件下 CVN 冲击试样（测试温度-60℃）断口表面下方的取向图
(a) 传统冷却；(b) 超快速冷却

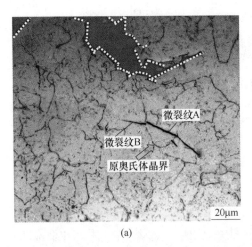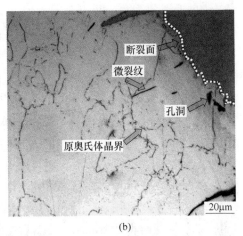

（a）　　　　　　　　　　　　　　　（b）

图 3-21　不同冷却条件下 CVN 冲击试样（测试温度-60℃）断口表面下方的微裂纹

（a）传统冷却；（b）超快速冷却

但是，对于超快速冷却条件下的实验钢来说，在冲击过程中发生韧窝型断裂，这种断裂分为三个阶段，即微孔的形核、第二阶段和第三阶段微孔的长大。图 3-20（b）显示，微孔周围存在大量的彼此间取向差较大的铁素体板条，微孔长大过程中并未沿着板条界而是穿过板条界长大，且通常发生转向，所以在微孔长大过程中伴随周围基体的塑性变形。在微孔长大的最后阶段，通过不同尺寸的微孔相互连接而形成裂纹，见图 3-19（d），且在微孔相互连接处存在明显的塑性变形，最终导致断裂。图 3-21（b）显示，基体上存在一些平直裂纹，但这些平直裂纹在遇到其他取向的板条或贝氏体铁素体基体上分布着细化 M/A 岛的粒状贝氏体时会发生转向，见图 3-19（c），且裂纹通常穿过铁素体板条扩展，同时在转向处发生明显的塑性变形。所以，在超快速冷却条件下，由于超快速冷却促进大取向差板条贝氏体的形成和细化 M/A 岛，使得裂纹扩展功大大提高。

3.4.4　表层组织超细化

新一代 TMCP 技术相比传统 TMCP 技术，其改进之处主要在于轧后的冷却过程。超快冷装备的开发，增大冷却速度，提高冷却精度，实现冷却路径的精细化调控，综合利用细晶强化、析出强化和相变强化等多种强化机制，挖掘钢铁材料的潜能，减少资源和能源的消耗。在轧制过程中，新一代 TMCP 技术适当提高终轧温度。在轧机旁增设超快冷设备，调控钢坯的温度，实现热轧过程中轧制与水冷的耦合控制，则可进一步完善新一代 TMCP 技术。此种技术的特点是轧制中的冷却主要降低钢坯表层的温度，冷却后钢板表层存在返温现象。利用这种冷却-返温的现象，可开发具有高止裂性能的表层超细晶钢。

轧制过程中可以通过水冷控制钢坯表层的温度，在整个轧制过程中钢坯的温度降至 A_{r3} 温度以下，使奥氏体处于过冷状态。之后不断累积变形，则有可能促钢坯表层发生形变诱导铁素体相变，从而在钢板表层形成一层超细晶层，开发出具有高止裂性能的表层超细晶。实验钢的化学成分列于表 3-4。实验坯料的尺寸为厚 85mm、宽 80mm、长 100mm。坯料在 RAL 的 $\phi 450mm$ 热轧实验机组的电阻式加热炉中加热至 1200℃ 并保温 2h 左右，进行奥氏体化和微合金元素固溶，然后进行轧制。在轧制前，分别在试样厚度方向中间位置和近表面位置埋入热电偶，进行测温。为了实现轧制前坯料表层快速冷却至较低的温度，用水管在轧机的一侧进行水冷。冷却时，坯料表面变黑时停止水冷（此时低于 600℃），然后立刻轧制。图 3-22 给出了用热电偶测出的每道次轧制结束后两个位置的温度分别随轧制道次的变化规律。轧制完成后，实验钢板立刻进入超快冷。钢板出超快冷并返红后，热电偶所测得的温度分别为：近表层 707℃，心部 741℃。钢板经历 6 道次变形，最终厚度为 20mm。

表 3-4 实验钢化学成分（质量分数） （%）

C	Si	Mn	P	S	Nb	V	Ti	Als	N	O
0.13	0.39	1.50	0.014	0.002	0.034	0.031	0.016	0.039	0.0032	0.0048

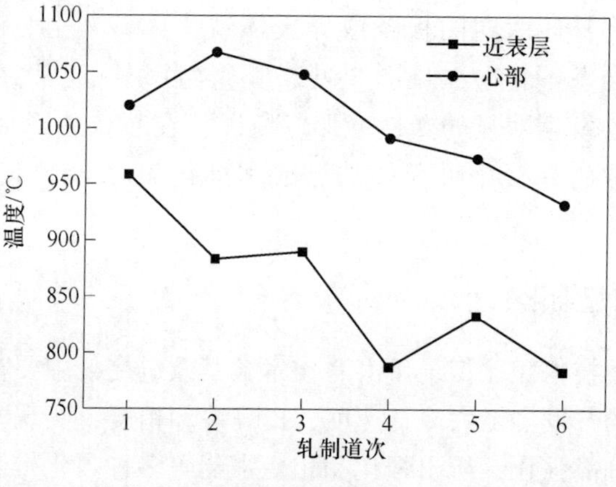

图 3-22 热轧过程中两热电偶测得的每道次轧后的温度

轧后钢板厚度方向的组织如图 3-23 所示。可知，超细晶层的厚度为 2.7mm。在距表层 0.3mm 厚度位置，组织主要呈超细化的板条状，亦含有少量的等轴超细晶晶粒。距表层 0.6mm 位置，等轴超细晶晶粒的数量开始显著增多。在距表层 2.0mm 位置，超细晶晶粒不断粗化，组织中出现珠光体（Pearlite，P）。在距表层 2.7mm 位置，铁素体晶粒突然出现显著的粗化现象，分界线在图 3-23（f）中用白线示出。在钢板心部位置，是典型的促进组织。铁素体晶粒尺寸沿钢板厚度方向的分布如图 3-23（h）所示。2.7mm 超细晶层内，铁素体晶粒尺寸均小于 3μm，心部的晶粒尺寸为 7.8μm。单层超细晶层的厚度占钢板总厚度的比例为 13.5%。如钢板另一层同样具有如此厚度的超细晶，则超细晶层的厚度比例可达到 27%。

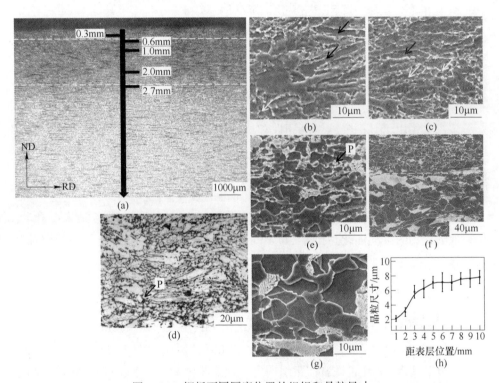

图 3-23　钢板不同厚度位置的组织和晶粒尺寸

（a）表层小倍数组织形貌；（b）0.3mm 位置；（c）0.6mm 位置；（d）1.0mm 位置；
（e）2.0mm 位置；（f）2.7mm 位置；（g）心部；（h）晶粒尺寸厚度方向分布图

所开发钢板超细晶层和心部位置的冲击韧性检测结果如图 3-24 所示。超细晶层在 -40 ~ -80℃ 的温度范围内，发生韧性断裂，韧脆转变温度为 -118℃。钢板心部位置，-40℃ 时，发生一定的脆性断裂，韧脆转变温度为 -58℃。由韧性检测结果可知，钢板表层组织的超细化，显著提高表层位置的韧性，从而提高钢板整体的韧性和止裂性能。

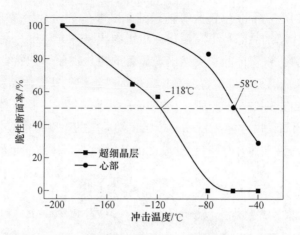

图 3-24　开发钢板超细晶层和心部位置的冲击韧性

3.5　基于新一代 TMCP 技术的沉淀粒子细化

微合金钢由于其高强度、高韧性和优异的焊接性能而成为一种多用途钢种，这类钢采用低碳成分设计，同时添加铌、钒、钛、钼和硼等一种或多种微合金元素，其强度已不再依赖于碳的间隙固溶强化，而主要通过细晶强化、固溶强化、相变强化、沉淀强化、位错强化等手段获得高的强度。2004 年，日本报道了 Nanohiten 钢，Nanohiten 钢全为铁素体组织，在铁素体基体上分布着纳米碳化物，且纳米碳化物的沉淀强化达到了 300MPa，自此纳米碳化物的析出行为及沉淀强化引起了越来越多研究者的关注。

3.5.1　Nb-Ti 微合金钢中的析出行为

ACC、UFC-ACC 和 UFC 工艺对一种 0.075 C、0.28 Si、1.78 Mn、0.079Mo、0.060 Ti、0.055 Nb（质量分数/%）钢显微组织的影响如图 3-25 所示，组织均为准多边形铁素体+针状铁素体组织。力学性能测试结果表明，经过 ACC 冷却至600℃后，微合金钢满足 600MPa 级高强钢的要求，采用 UFC+ACC 冷却模式后，强度达到 650MPa 高强钢要求，完全采用 UFC 冷却模式后，强度达到 700MPa 高强钢要求，并且伸长率和冲击性能基本没有降低，即通过改变冷却模式由 ACC 到 UFC，实验钢的性能等级由 600MPa 升级到 700MPa。

三种冷却工艺对沉淀粒子尺寸的影响如图 3-26 所示。UFC 冷却试样中 5nm 左右的纳米级析出物数量高于 UFC+ACC 和 ACC 冷却试样，但是 10nm 左右的纳米级析出物却低于 UFC+ACC 冷却试样。原因主要是由于高冷却速度降低了奥氏体向铁素体的相变温度，即铁素体中的析出物在更低的温度形核，一方面微合金

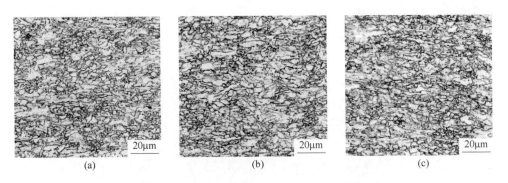

图 3-25　不同冷却路径下实验钢的显微组织

元素过大的饱和度，提高了析出驱动力，同时高冷却速度增加铁素体中的位错密度，进而增加了纳米级析出物的形核率，另一方面，低温条件下界面迁移动力学较低，因此 UFC 冷却试样中小尺寸的析出物明显高于 UFC+ACC 和 ACC 冷却试样；对于 UFC+ACC 冷却试样来说，前期的高冷却速度抑制了析出物在高温的形核，但是后期冷却速度的降低，略微弱化了析出物的长大，因此在 10nm 左右的析出物比较多。

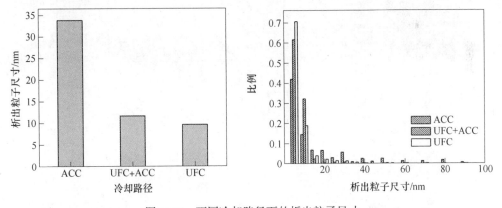

图 3-26　不同冷却路径下的析出粒子尺寸

对比 ACC 和 UFC 冷却条件下的各项强化机制可得，采用 ACC、UFC+ACC 和 UFC 三种冷却模式下的细晶强化增量与位错强化增量和析出强化增量之比分别为 3.044/1.176/1、2.814/1.341/1 和 2.159/1.041/1。超快冷后的 NG-TMCP 与常规 TMCP 相比，晶粒细化提高 36MPa，位错强化提高 34MPa，析出强化提高 54MPa，屈服强度共提高 124MPa，由此可见，析出强化增量是强度增量中最重要的部分。采用超快冷技术后，虽然细晶强化仍然是强化措施中最重要的部分，但是析出强化将起到越来越重要的作用。

3.5.2 V-Ti 微合金钢中的析出行为

UFC 终冷温度对（V，Ti）C 沉淀粒子分布的影响如图 3-27 所示。对于相间析出的 TEM 观察来说，只有析出粒子所在的晶体学面与电子束方向平行时，才可以观察到碳化物成排分布的形貌特征。所以，我们在 α 方向和 β 方向倾转薄膜试样，使析出粒子所在晶体学面的晶带轴平行于电子束方向，以观察不同等温条件下的相间析出特征。图 3-27 显示，不同等温温度条件下均可观察到相间析出，且均存在层间距几乎规则的平面相间析出，但析出粒子的尺寸和层间距具有一定的差异性，说明 γ→α 等温相变温度显著影响相间析出行为。

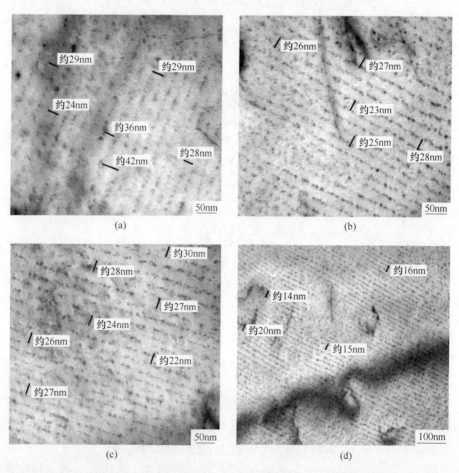

图 3-27　不同等温温度下实验钢的典型 TEM 显微照片
（a）750℃；（b）720℃；（c）700℃；（d）680℃

通过对 10 张 TEM 显微照片的统计分析，得到了不同等温温度下的相间析出层间距和析出粒子尺寸，如图 3-28 所示。图 3-28 显示，随着等温温度的降低，相间析出层间距由约 32.5nm 减小至约 18.9nm，析出粒子尺寸由约 6.7nm 减小至 5.0nm。对于部分共格界面，最小台阶高度 $h_{min} = \sigma / \Delta G_v$（$\sigma$ 为部分共格界面界面能；ΔG_v 为相变驱动力），可见降低相变温度可增加相变驱动力，降低台阶高度，使相间析出层间距随等温温度的降低而减小；而且奥氏体的变形也可增加相变驱动力，进一步降低台阶高度，可进一步细化相间析出层间距。另外，降低相变温度，可大大提高（V，Ti）C 析出的驱动力，提高析出的形核率，同时，析出粒子具有相对较小的长大速率，使得析出粒子尺寸随等温温度的降低而减小。

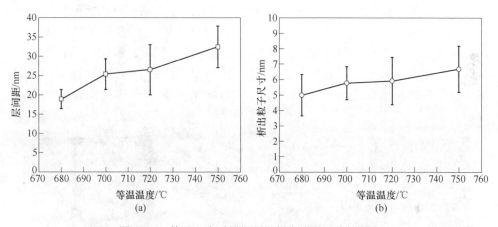

图 3-28　等温温度对层间距及析出粒子尺寸的影响

（a）相间析出层间距；（b）析出粒子尺寸

3.5.3　碳素钢中渗碳体析出行为

近年来，奥氏体相变过程中发生的渗碳体析出现象引起了广泛的关注。渗碳体是钢中最常见且最经济的第二相，也是碳素钢中最为主要的强化相，它的形状与分布对钢的性能有着重要的影响。在碳素钢中，渗碳体的体积分数可以达到 10% 而无需增大生产成本，根据第二相强化理论，若能通过有效的方法使渗碳体细化到数十纳米的尺寸，将可以产生非常强烈的第二相强化效果，起到微合金碳氮化物一样的强化作用，在极大地降低生产成本和节约合金资源的同时，实现钢材的高性能。如何通过控制热轧工艺来实现碳素钢中渗碳体的纳米级析出将是未来碳素钢强化的主要发展方向之一。

但是，在传统热轧工艺的冷却过程中，碳素钢中渗碳体往往以珠光体片层的形式析出，而并非以纳米颗粒形式析出。此外，渗碳体沉淀析出后，会立即发生聚集长大过程，即 Ostwald 熟化过程，渗碳体的熟化速率一般比微合金碳氮化物要大 2.5~4 个数量级，即使在很低的温度下，渗碳体也会发生明显的粗化。因此, 如何通过控制轧制和冷却工艺来实现碳素钢中纳米渗碳体的析出一直是该研究方向的首要难题。

超快速冷却的终冷温度也是影响渗碳体析出的重要参数, 在超快速冷却的情况下, 随着终冷温度的下降, 渗碳体颗粒析出更加弥散细小, 并且在退化珠光体的组织中, 位错密度明显升高。这是因为高温热轧结束后立即进入超快速冷却, 原始奥氏体没有足够的时间进行再结晶和晶粒生长, 晶粒内由于高温变形产生的大量位错被保留下来, 而这些位错对渗碳体的析出有着非常显著的影响。这是因为位错是碳原子扩散的便捷通道和渗碳体有利的形核位置。此外, 当渗碳体颗粒在位错的周围析出时, 原有的位错缺陷会消失, 导致系统自由能降低, 这也是渗碳体析出的一种驱动力。因此, 纳米级渗碳体颗粒更可能在位错周围析出。当退化珠光体在内部具有大量位错的晶粒内部生长时, 渗碳体颗粒将不再单调的呈点列状分布, 而是沿位错分布。图 3-29 为 0.17%C 实验钢中的渗碳体在位错区域析出的图像, 可以看出, 大量的纳米级渗碳体在位错线的周围分布。

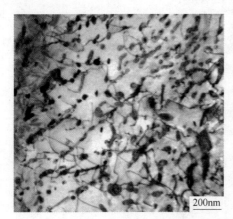 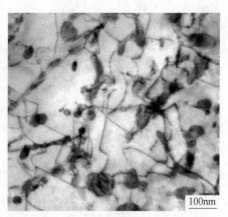

图 3-29　0.17%C 钢中的渗碳体在位错区域析出的 TEM 像

应用轧后超快速冷却技术, 成功地将实验钢传统组织中渗碳体的片层结构细化成为了纳米尺度颗粒, 达到了析出强化的作用, 使得实验钢的屈服强度提高100MPa 以上, 强化效果明显。因此, 通过超快速冷却工艺可以在不增加合金成分的条件下明显提高钢材强度, 实现钢材的产品升级, 例如 Q235 和 Q345 的升级轧制。

3.6　新一代 TMCP 技术的工业化应用与节能减排

前述基本理论研究结果表明, 冷却速度的提高使控轧控冷中热轧钢材的物理冶金规律发生明显的变化, 在掌握这些基本的物理冶金规律基础上, 将实验室研

究成果用于工业实践，取得了较好的工业化应用效果和节能减排效果。根据现场
实际情况，对热轧过程和水冷过程进行精确控制，实现了低成本高性能钢材的工
业化生产，并实现批量供货。

3.6.1 低成本 Q460 工业生产

依据新一代 TMCP 的技术特点，进行减量化成分设计，采用 C-Mn-Nb-Ti 系
实现了 20mm 厚 Q460 的工业化生产，采用 C-Mn-Nb-V-Ti 系实现了 38mm 厚
Q460 的工业化生产。20mm 厚钢板的光学显微组织如图 3-30 所示。图 3-30 显
示，钢板心部的组织主要为细小的准多边形铁素体、针状铁素体和珠光体。钢板
的典型力学性能如表 3-5 所示。表 3-5 显示，在减量化成分设计的基础上，采用
新一代 TMCP 实现了 20mm 厚 Q460 级别钢材的工业化生产。

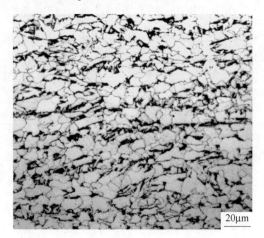

图 3-30　20mm 厚钢板厚向 1/4 位置的光学显微组织

表 3-5　20mm 厚钢板的力学性能

项目	屈服强度/MPa	抗拉强度/MPa	屈强比	伸长率/%	$A_{KV}(-40℃)/J$
试制钢板	492	594	0.83	21.8	273
Q460	[450, 590]	[550, 720]	≤0.85	≥17	—

38mm 厚钢板的光学显微组织如图 3-31 所示。图 3-31 显示，钢板心部的组
织主要为细小的准多边形铁素体、针状铁素体和珠光体。钢板的典型力学性能如
表 3-6 所示。表 3-6 显示，在减量化成分设计的基础上，采用新一代 TMCP 实现
了 38mm 厚 Q460 级别钢材的工业化生产。

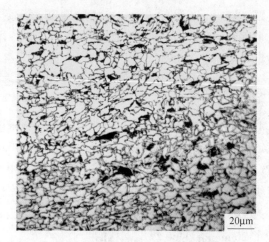

图 3-31　38mm 厚钢板厚向 1/4 位置的光学显微组织

表 3-6　38mm 厚钢板的力学性能

项目	屈服强度/MPa	抗拉强度/MPa	屈强比	伸长率/%	$A_{KV}(-40℃)/J$
试制钢板	487	579	0.84	20.8	273
Q460	[450, 590]	[550, 720]	≤0.85	≥17	

3.6.2　低成本 Q345 工业生产

基于超快速冷却技术实现了低成本 Q345 的工业化生产，厚度≤40mm 的 Q345，Mn 含量（质量分数）降低至 0.80%~1.20%，取消微合金元素 Nb 的添加；厚度>40mm 的 Q345，均不添加任何微合金元素。国内外厚度≤40mm 的 Q345 的 Mn 含量均为 1.30%~1.60%；厚度>40mm 的 Q345 均添加 0.02% 的 Nb。钢板厚向 1/4 位置的光学显微组织如图 3-32 所示。图 3-32 显示，组织由细小的

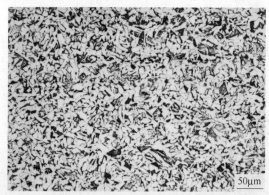

图 3-32　Q345 钢板厚向 1/4 位置的光学显微组织

铁素体和珠光体组成。钢板的力学性能如表 3-7 所示。表 3-7 显示，钢板的力学性能满足 Q345 的要求，且钢板性能的波动性比较小。

表 3-7　钢板的力学性能

编号	屈服强度/MPa	抗拉强度/MPa	伸长率/%	屈强比
9208	392	539	29.8	0.73
9209	401	542	29.3	0.74
9210	383	532	32.1	0.72
9211	421	561	31.0	0.75
9212	409	553	30.3	0.74
Q345	≥325	470~630	≥20	

3.6.3　AH32 升级 AH36

采用 UFC+ACC 的冷却路径控制策略来进行船板 AH32 升级 AH36 的调试实验。工艺要点：（1）精确控制出 UFC 温度和返红温度；（2）终轧温度不低于 900℃以保证表面质量。AH32 升级轧制工艺进行了多次现场调试和生产，表 3-8 和表 3-9 分别给出了工业调试的化学成分和实验结果，板坯厚度规格为 20~30mm。

表 3-8　实验钢化学成分（质量分数）　　　　（%）

熔炼号	C	Si	Mn	Nb	Ti
116D2193	0.1~0.3	0.1~0.2	≤1.25	≤0.037	≤0.012

表 3-9　实验钢力学性能

批号	拉伸			A_{KV2}/J			
	R_{eH}/MPa	R_m/MPa	A/%	1	2	3	平均
7480	391	506	29.5	251	257	262	257
7482	425	538	21.5	226	251	236	238
7483	382	503	23	269	264	258	264
7484	412	517	24	239	224	197	220
7485	409	523	26.5	273	289	287	283
7486	405	522	23	137	113	126	125
7488	404	514	25.5	260	290	187	246

图 3-33 给出了批号 7480 所对应的表面金相组织，可以看出，表面出现了部分准多边形铁素体，该组织使得强度和塑性得到显著提高。所获得的力学性能完全能够满足 AH36 的要求，且工艺稳定性较高。

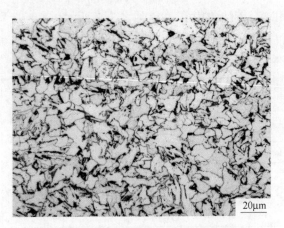

图 3-33　批号 7480 所对应的表面显微组织

3.6.4　低成本 AH32

对 AH32 实验钢成分进行了减量化设计，将 Nb 的含量从 0.04% 左右降低至 0.01% 左右，甚至取消了钢中的 Nb。在 4300mm 宽厚板轧机上采用该成分生产 AH32 船板钢进行了超快冷试制和生产。表 3-10 给出了实验钢的化学成分。表 3-11给出了相应坯料的控制工艺结果和力学性能。

表 3-10　实验钢化学成分（质量分数）　（%）

C	Si	Mn	Nb	Ti
0.1~0.3	0.1~0.2	≤1.25	≤0.012	≤0.01

表 3-11　实验钢工艺及性能

批号	厚度/mm	开/终轧温度/℃	R_{eH}/MPa	R_m/MPa	A/%	$A_{KV2}(0℃)$/J
3214084800	24.5	950/920	330	470	32	221
3214085000	23	910/880	365	490	29.5	221
3214084930	23	870/820	390	500	30.5	332

图 3-34 为不同终轧温度条件下的表面组织。结合表 3-11 可以看出，高温终轧的表面组织晶粒较大，随着终轧温度的降低，晶粒组织逐渐减小，强度升高。三种工艺条件下，低 Nb 成分的实验钢力学性能均满足船板 AH32 的标准要求，且稳定性高。

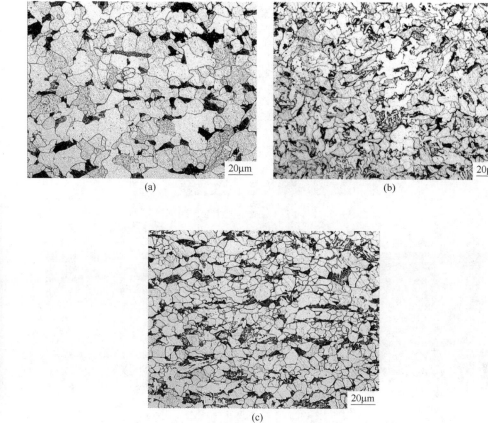

图 3-34 不同终轧温度下实验钢的组织
(a) 920℃；(b) 880℃；(c) 820℃

3.6.5 工程机械用钢生产

基于超快冷工艺的相变强化及析出强化机理，在中厚板生产线进行了批量工业生产，其热轧产品厚度规格为≤50mm，且成分中未添加合金元素钼，大大降低了实验钢的合金成本。钢板厚向 1/4 位置的光学显微组织如图 3-35 所示。图 3-35 显示，组织由细小的针状铁素体及贝氏体组织组成。透射电镜下观察到的贝氏体板条束及组织中的纳米析出物如图 3-36 所示。钢板的力学性能如表 3-12 与表 3-13 所示。钢板的力学性能满足 Q550 和 Q690 的要求，且低温冲击功较高。

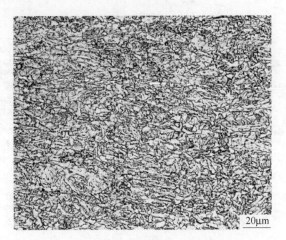

图 3-35　厚向 1/4 位置的光学显微组织

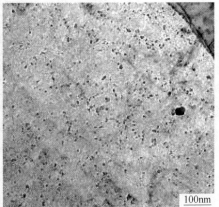

图 3-36　透射电镜下的组织与析出物形貌

表 3-12　钢板的力学性能

厚度/mm	屈服强度/MPa	抗拉强度/MPa	伸长率/%	冲击功（-20℃）/J
25	650	755	21.0	229
30	611	726	18.0	220
40	650	755	21.0	224
50	640	765	21.0	221
Q550	≥550	670~830	≥16	≥47

表 3-13　钢板的力学性能

厚度/mm	屈服强度/MPa	抗拉强度/MPa	伸长率/%	冲击功（-20℃）/J
25	850	890	22.0	150
40	850	870	21.0	160
Q690	≥690	770~940	≥16	≥47

3.6.6　高性能 Q690qENH 桥梁钢生产

根据超快速冷却对奥氏体组织及相变行为的影响规律，对原高性能 Q690qENH 桥梁钢进行了减量化成分设计，Mo 含量（质量分数）降低了 0.22%，同时实现了厚规格高性能 Q690qENH 桥梁钢的 TMCP 态工业化生产，大大缩短了工艺流程，降低了生产成本，与国内外同类产品相比，吨钢成本降低约 350 元。

钢板厚向不同位置的光学显微组织如图 3-37 所示。图 3-37（a）显示，试制钢板表面的组织主要为贝氏体组织（粒状贝氏体，GB；上贝氏体，UB；板条

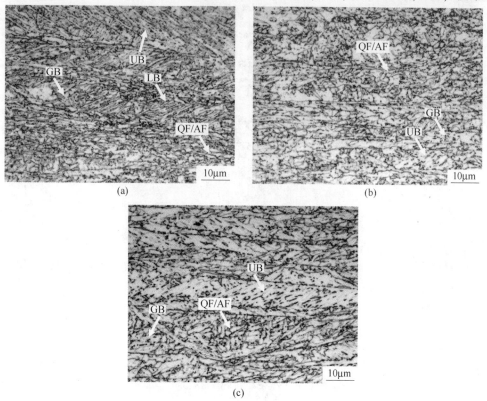

(a)

(b)

(c)

图 3-37　热轧钢板厚度方向不同位置的光学显微组织

（a）表面；（b）1/4 位置；（c）中心位置

贝氏体，LB）和少量铁素体组织（准多边形铁素体，QF；针状铁素体，AF），且板条贝氏体含量较高。图 3-37（b）显示，试制钢板厚向 1/4 位置处的组织主要为粒状贝氏体和上贝氏体，存在一定量的准多边形铁素体和针状铁素体。图3-37（c）显示，试制钢板厚向中心位置处的组织类型与 1/4 位置处组织类型基本一样，但形貌特征具有一定的差异性。

试制钢板的屈服强度（R_{eL}）、抗拉强度（R_m）、断后伸长率（A）、-40℃ 的 CVN 冲击吸收功（A_{KV2}）和屈强比（R_{eL}/R_m）列于表 3-14，表 3-14 中的数据为 3 个平行试样的平均值。可见，根据实验室基础研究所制定的控轧控冷工艺实现了 30mm 厚热轧高性能桥梁钢 Q690qE 的工业化生产，各项力学性能满足 GB/T 714—2008 国标要求。尤其是 -40℃ 下的 CVN 冲击吸收功达到了 170J，远大于 GB/T 714—2008 国标规定的 47J。轧后采用超快速冷却，一方面大大细化 M/A 岛组织，使得裂纹形核功大大提高；另一方面细小的基体组织可有效阻碍裂纹的扩展，进而使试制钢板保持了较高的低温冲击韧度。另外，我们还注意到，试制钢板具有较低的屈强比，屈强比低于 0.85。主要是由于试制钢板的组织由多类型组织构成，软相主要为 QF、AF 和 GF，硬相主要为 LB 和 M/A 组织，很好地实现了软硬相的匹配，进而获得了较低的屈强比。

表 3-14　试制钢板的力学性能

钢种	R_{eL}/MPa	R_m/MPa	A/%	$A_{KV2}(-40℃)$/J	R_{eL}/R_m
Q690qE	733	901	16.3	170.0	0.81
GB/T 714—2008	690	770	14	≥47	—

参 考 文 献

[1] 王国栋. 新一代 TMCP 技术的发展 [J]. 中国冶金, 2012, 22 (12): 1-5.

[2] 刘振宇, 唐帅, 周晓光, 等. 新一代 TMCP 工艺下热轧钢材显微组织的基本原理 [J]. 中国冶金, 2013, 23 (4): 10-16.

[3] 王国栋. 新一代 TMCP 技术的发展 [J]. 轧钢, 2012, 29 (1): 1-8.

[4] 王国栋. 新一代控制轧制和控制冷却技术与创新的热轧过程 [J]. 东北大学学报（自然科学版）, 2009, 30 (7): 913-922.

[5] 王国栋. 以超快速冷却为核心的新一代 TMCP 技术 [J]. 上海金属, 2008, 30 (2): 1-5.

[6] Cox S D, Hardy S J, Parker D J. Influence of runout table operation setup on hot strip quality, subject to initial strip condition: heat transfer issues [J]. Ironmaking and Steelmaking, 2001, 28 (5): 363-372.

[7] Bhattacharya P, Samanta A N, Chakraborty S. Spray evaporative cooling to achieve ultra fast

cooling in runout table [J]. International Journal of Thermal Sciences, 2009, 48 (9): 1741-1747.

[8] Buzzichelli G, Anelli E. Present status and perspectives of European research in the field of advanced structural steels [J]. ISIJ International, 2002, 42 (12): 1354-1363.

[9] 刘相华, 余广夫, 焦景民, 等. 超快速冷却装置及其在新品种开发中的应用 [J]. 钢铁, 2004, 39 (8): 71-74.

[10] 田勇, 王丙兴, 袁国, 等. 基于超快冷技术的新一代中厚板轧后冷却工艺 [J]. 中国冶金, 2013, 23 (4): 17-20, 34.

[11] Sun Y K, Wu D. Effect of ultra-fast cooling on microstructure of large section bars of bearing steel [J]. Journal of Iron and Steel Research, International, 2009, 16 (5): 61-65, 80.

[12] Tian Y, Tang S, Wang B X, et al. Development and industrial application of ultra-fast cooling technology [J]. Science China Technological Sciences, 2012, 55 (6): 1566-1571.

[13] Ghosh A, Das S, Chatterjee S, et al. Effect of cooling rate on structure and properties of an ultra-low carbon HSLA-100 grade steel [J]. Materials Characterization, 2006, 56 (1): 59-65.

[14] Lucas A, Simon P, Bourdon G, et al. Metallurgical aspects of ultra fast cooling in front of the down-coiler [J]. Steel Research, 2004, 75 (2): 139-146.

[15] Herman J C. Impact of new rolling and cooling technologies on thermomechanically processed steels [J]. Ironmaking and Steelmaking, 2001, 28 (2): 159-163.

[16] 彭良贵, 刘相华, 王国栋. 超快冷却技术的发展 [J]. 轧钢, 2004, 21 (1): 1-3.

[17] 付天亮, 王昭东, 袁国, 等. 中厚板轧后超快冷综合换热系数模型的建立及应用 [J]. 轧钢, 2010, 27 (1): 11-15.

[18] 王国栋, 姚圣杰. 超快速冷却工艺及其工业化实践 [J]. 鞍钢技术, 2009, 6: 1-5.

[19] 王昭东, 袁国, 王国栋, 等. 热带钢超快速冷却条件下的对流换热系数研究 [J]. 钢铁, 2006, 41 (7): 54-56, 64.

[20] 袁国, 李海军, 王昭东, 等. 热轧带钢新一代TMCP技术的开发与应用 [J]. 中国冶金, 2013, 23 (4): 21-26.

[21] Leeuwen Y V, Onink M, Sietsma J, et al. The γ-α transformation kinetics of low carbon steels under ultra fast cooling conditions [J]. ISIJ International, 2001, 41 (9): 1037-1046.

[22] 小俣一夫, 吉村洋, 山本定弘. 高度な製造技術で応える高品質高性能厚鋼板 [J]. NKK技報, 2002, 179: 57-62.

[23] Nishimura K, Matsui K, Tsumura N. High performance steel plates for bridge construction-high strength steel plates with excellent weldability realizing advanced design for rationalized fabrication of bridges [J]. JFE Technical Report, 2005, 5: 30-36.

[24] Fujibayashi A, Omata K. JFE steel's advanced manufacturing technologies for high performance steel plates [J]. JFE Technical Report, 2005, 5: 10-15.

[25] Nishida S I, Matsuoka T, Wada T. Technology and products of JFE steel's three plate mills [J]. JFE Technical Report, 2005, 5: 1-9.

[26] Deshimaru S, Takahashi K, Endo S, et al. Steels for production, transportation, and storage

of energy [J]. JFE Technical Report, 2004, 2: 55-67.

[27] 王国栋. TMCP 技术的新进展-柔性化在线热处理技术与装备 [J]. 轧钢, 2010, 27 (2): 1-6.

[28] Beladi H, P. Cizek, P. D. Hodgson. The mechanism of metadynamic softening in austenite after complete dynamic recrystallization [J]. Scripta Materialia, 2010, 62 (4): 191-194.

[29] Beladi H, Cizek P, Hodgson P D. New insight into the mechanism of metadynamic softening in austenite [J]. Acta Materialia, 2011, 59 (4): 1482-1492.

[30] Bai D Q, Yue S, Jonas J J. in: Yue S, Es-sadiqi E, (Eds), Proceeding of the Jonas J J symposium on thermomechanical processing of steel [C]//Ottawa, Canada, Metals Society, Montreal, 2000: 669.

[31] Uranga P, Fernández A I, López B, et al. Transition between static and metadynamic recrystallization kinetics in coarse Nb microalloyed austenite [J]. Materials Science and Engineering A, 2003, 345 (1-2): 319-327.

4 热宽带钢无头轧制/半无头轧制技术与节能减排

4.1 概述

据不完全统计，截至 2019 年，中国已投产热宽带钢生产线超过 100 条，其中常规热连轧线 71 条，炉卷轧机产线 7 条，CSP/FTSR/ASP/ESP 短流程线 18 条，总设计产能超过 3 亿吨，其中近几年投产的 ESP 无头轧制生产线 6 条[1,2]。从热宽带钢产品特点及发展来看，高强及超高强钢、薄及超薄规格宽带钢比例明显增加，竞争更加激烈。缩短工艺流程、部分"以热代冷"、低成本、高性能、节能减排、绿色化制造仍然是热宽带钢的主要发展方向。开发和发展无头轧制技术，提高超薄规格带钢产品比例、成材率、尺寸形状精度和组织性能均一性，降低能耗、辊耗，在节能减排方面取得了显著成效。

目前，实现热带钢无头轧制的技术有两种：一是在常规热连轧线上，在粗轧与精轧之间将粗轧后的高温中间坯在数秒钟之内快速连接起来，在精轧过程实现无头轧制，1996 年日本川崎制铁第三热轧厂首次实现常规热连轧线改造后的无头轧制[3]；二是无头连铸连轧，意大利阿维迪公司于 2009 年建设投产了世界上第一条 ESP 线，大批量生产出超薄热宽带钢[4]。同常规热连轧相比，采用将多块中间坯快速连接后进行无头轧制的成材率平均提高 1% ~ 2%，辊耗降低约 20%[5]；采用无头连铸连轧的 ESP 技术不仅可使成材率进一步提高，而且单位能耗比常规热连轧降低约 45%[6]。因此，在新的市场技术环境下，常规热连轧线、薄板坯连铸连轧线以及无头连铸连轧线形成了新的竞争，如何发挥各流程的特点实现创新发展，在生产薄和超薄规格板带、节能减排、低成本、大批量生产高性能板带材上形成新的优势，是一个值得深入研究思考的课题。

4.2 热宽带钢无头轧制技术现状及发展趋势

4.2.1 热宽带钢无头轧制技术发展现状

热带无头轧制技术最初的提出在于解决间断轧制问题的同时超越其限制，主要有：通过无头尾连续轧制解决穿带问题；通过连续稳定轧制提高板带组织性能稳定性、均一性、尺寸形状精度和成材率；通过提高连接部位穿带速度并使间隙时间为零提高生产效率；生产超越过去极限轧制尺寸的超薄带钢或宽幅薄板，以及通过稳定的润滑工艺和强制冷却轧制生产高性能新品种（超薄超深冲钢，高强/超高强钢）等[1]。后来发展到薄板坯连铸连轧半无头轧制、全无头连铸连轧（ESP），进一步节约能源提高效率，近20年来，无头轧制技术在常规连铸连轧、薄板坯连铸连轧基础上都得到了全新的发展。

图4-1所示为热宽带钢无头轧制技术的发展历程。到目前，在常规热连轧线实现无头轧制的有日本的JFE、新日铁以及韩国浦项，已建成投产的ESP/CEM线6条（意大利阿维迪1条ESP线，韩国浦项1条CEM线[7,8]，中国日钢4条ESP线），2019年建成投产无头连铸连轧线2条（首钢1条MCCR线，唐山全丰1条节能型ESP线），日钢以及国内其他地方企业还有可能上3~5条无头轧制线。到2020年前后，中国无头连铸连轧生产线将可能达到11~13条。

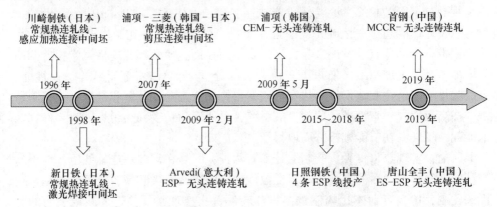

图4-1 热宽带钢无头轧制技术的发展历程

4.2.2 不同工艺流程生产热宽带钢的冶金工艺特征比较

图4-2所示为常规热连轧、薄板坯连铸连轧半无头轧制、ESP无头连铸连轧工艺产线示意图。图4-3所示为常规热连轧、薄板坯连铸连轧半无头轧制、ESP无头连铸连轧工艺流程生产热宽带钢的物理冶金过程热历史比较[9,10]。其中：
(1) 从连铸钢水凝固到轧制成板带材产品，常规热连轧铸坯冷装（Conventional Strip Rolling-Cold Charging，CSR-CC）→加热→轧制全部时间需3~5天，铸坯加热时间约为180min，中间产生$\gamma_{(1)} \rightarrow \alpha \rightarrow \gamma_{(2)} \rightarrow \alpha$多次相变；常规热连轧铸坯热送热装（CSR-HC，Conventional Strip Rolling-Hot Charging）→加热→轧制约需180min，铸坯加热约为130min，中间同样产生$\gamma_{(1)} \rightarrow \alpha \rightarrow \gamma_{(2)} \rightarrow \alpha$多次相变，但$\gamma_{(1)} \rightarrow \alpha$相变后停留的时间很短，高温热送热装还可能不产生中间的$\gamma_{(1)} \rightarrow \alpha \rightarrow \gamma_{(2)}$相变；(2) 薄板坯连铸连轧（Thin Slab Casting and Rolling，TSCR）约需30min，铸坯加热约为25min，铸坯在$\gamma_{(1)}$状态下经过均热-直接轧制后冷却到α相区；(3) 无头连铸连轧（Endless Strip Production，ESP）仅需约7min，中间坯

感应加热仅需 10 ~ 20s，铸坯在 $\gamma_{(1)}$ 状态下经过粗轧→中间坯经感应加热到约 1150℃→经过精轧后冷却到 α 相区。

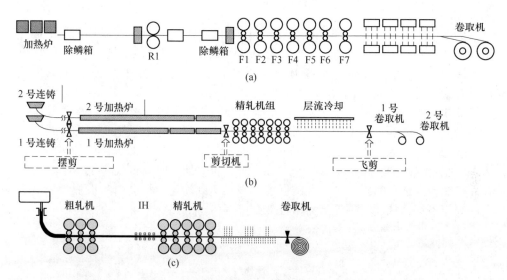

(a)

(b)

(c)

图 4-2 三种热宽带钢轧制工艺产线示意图

（a）常规热连轧；（b）薄板坯连铸连轧半无头轧制；（c）ESP 无头连铸连轧

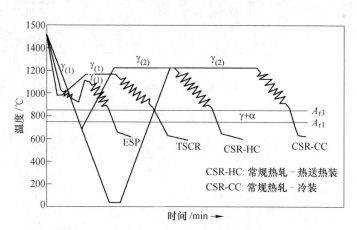

图 4-3 不同工艺流程生产热宽带钢的物理冶金过程热历史比较

由此可见，不同工艺流程生产热宽带钢的物理冶金热历史具有明显的差别，即使对于同一冶金成分钢种生产的板带产品，这一工艺过程差别也必将影响板带的组织转变、晶粒尺寸、析出粒子的尺寸、形态及其分布，从而影响板带的最终性能。因此，在采用不同的热轧工艺生产板带产品时，需要结合工艺流程特征进行合理的工艺控制规程设计，才能得到所需要的产品组织和性能。

4.3   无头轧制超薄低碳/微碳钢工艺与组织性能

4.3.1   无头轧制超薄低碳/微碳钢工艺

为了研究 ESP 工艺下不同碳含量的低碳/微碳钢板的组织性能特征，下面把碳含量介于 0.026%～0.060%（平均为 0.044%）的一般用热轧钢带称为低碳钢（Low-carbon，LC），碳含量介于 0.008%～0.025%（平均为 0.015%）的一般用热轧钢带称为微碳钢（Extra Low-carbon，ELC）。

图 4-4 所示为 ESP 线生产低碳/微碳钢的工艺示意图，板带产品厚度为 0.8～2.0mm。图 4-5 所示为不同拉速及中间坯厚度 h_i 条件下的感应加热时间 T_R。由图 4-5 可见，如果拉速为 5.5m/min、中间坯厚度 h_i = 10mm 时，感应加热时间仅为 10.9s；当中间坯厚度 h_i 增加到 18mm 时，感应加热时间也仅有 19.6s。因此，在此极短的加热时间内，中间坯的温度场很难达到均匀，将会引起沿板带厚度方向的组织不均，从而影响板带力学性能。

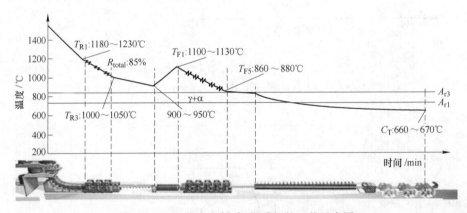

图 4-4   ESP 线生产低碳/微碳钢的工艺示意图

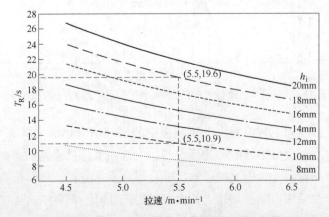

图 4-5   不同拉速及中间坯厚度 h_i 条件下的感应加热时间 T_R

图 4-6 所示为板厚 1.5mm 低碳钢板厚度方向的组织分布与中间坯温度场分布的比较。由图 4-6 可见，温度场分布的不均匀性与板带厚度方向组织不均匀性具有对应关系。对此，在设计新的板带无头连铸连轧生产线时，有的对感应加热器的加热方式进行了改进，努力提高中间坯加热温度的均匀性，还有的设计考虑了连铸板坯及中间坯温度均匀性的加热/均热方法和设备以及能耗问题，在粗轧前（或前后）设置了隧道炉，或不采用中间坯感应加热的方法。

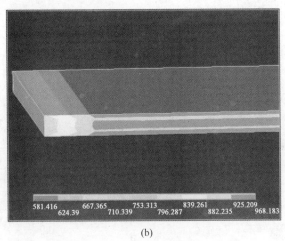

（a）　　　　　　　　　　　　　　　（b）

图 4-6　1.5mm 低碳钢板厚度方向的组织分布与中间坯温度场分布比较
（a）厚度方向的组织分布；（b）中间坯温度场分布

4.3.2 无头轧制超薄低碳/微碳钢板的组织性能

图 4-7 为 ESP 轧制板厚 1.5mm 的低碳钢板的晶粒组织。在铁素体晶界处存在明显的珠光体，其体积分数约占 3%，同时还有条棒状三次渗碳体，而同厚度的微碳钢仅在铁素体晶界处存在少量条棒状三次渗碳体，部分呈球粒状；此外，低碳/微碳钢的显微组织均呈现出沿厚度方向的"三明治"式层状组织分布，其中低碳钢板粗晶区厚度约 95μm，平均晶粒尺寸约 13μm，次表层细晶区厚度约 122μm，平均晶粒尺寸 6μm，心部平均晶粒尺寸约 8μm；同厚度的微碳钢板表层粗晶区厚度约 125μm，平均晶粒尺寸约 14μm，次表层细晶区厚度约 80μm，平均晶粒尺寸约 7μm，心部平均晶粒尺寸约 9μm。

将感应加热产生的热态涡流透入深度按成品厚度折算约为 132μm，其值与表层粗晶区相近；通过温度场模拟研究发现[8]，感应加热过程中在中间坯次表层存在一个温度偏低的窄小区域，其激活能高，利于铁素体形核，在随后的精轧过程逐步演变为热轧成品次表层的细晶区。结合常规热轧和 CSP 工艺下 SPHC 的显微组织研究可以认为，ESP 线产品的表层粗晶区和次表面细晶区与其独特的感应加

图 4-7　低碳/微碳钢的横截面显微组织（板厚 1.5mm）

（a）低碳钢；（b）低碳钢上表面；（c）低碳钢中心层；

（d）微碳钢；（e）微碳钢上表面；（f）微碳钢中心层

热工艺有关。

　　因 ESP 线生产工艺的差异造成低碳/微碳钢板宏观力学性能表现出与其他热轧工艺不同的特征，特别是析出物的类型、尺寸和形貌等[9]，故对超薄热轧带钢的板面通过透射电镜来观察分析其铁素体晶粒内部的细小沉淀相。从图 4-8 可见，板厚 1.0mm 微碳钢中存在较多纳米尺寸的碳化物（以渗碳体为主）和少量的氧化铝或氮化铝，其中 25nm 以下的析出粒子占比为 77%，而在低碳钢中碳化物粒子析出较少。

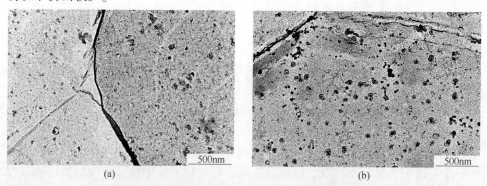

图 4-8　热轧低碳/微碳钢析出形貌（板厚 1.0mm）

（a）低碳钢；（b）微碳钢

从图4-9可见，ESP工艺下低碳/微碳钢板横纵向力学性能相近。

（1）板厚≤2.0mm：低碳钢横向平均屈服强度343MPa，比微碳钢高6MPa，横向平均抗拉强度388MPa，比微碳钢高6MPa，横向平均伸长率37.4%，比微碳钢高4.5%；低碳钢纵向平均屈服强度338MPa，比微碳钢高8MPa，纵向平均抗拉强度383MPa，比微碳钢高6MPa，纵向伸长率38.6%，比微碳钢高3.0%。

（2）板厚>2.0mm：低碳钢的横向平均屈服强度266MPa，比纵向高12MPa，横向平均抗拉强度352MPa，比纵向高4MPa，横向平均伸长率高38.1%，比纵向低1.5%。

（3）板厚≤2.0mm与板厚>2.0mm的低碳钢：随着板厚的减薄，纵向屈服强度提高73MPa，抗拉强度高35MPa，伸长率降低0.9%；横向屈服强度提高66MPa；抗拉强度提高36MPa，伸长率降低0.6%。可见，厚度规格对低碳钢的力学性能影响较大。

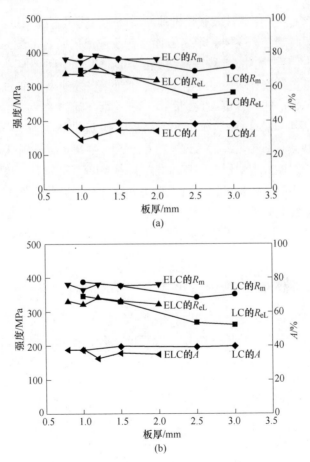

图4-9 热轧低碳/微碳钢板的力学性能对比

（a）横向力学性能；（b）纵向力学性能

通过生产实践还发现，通常情况下，与常规流程相比，ESP工艺生产的低碳/微碳薄板的强度及屈强比偏高、塑性偏低、时效性明显等。实测结果表明，超薄规格板带（板厚不大于1.5mm）的晶粒尺寸多在5~10μm，同时存在大量的20nm以下的碳化物析出粒子，并且钢中的固溶碳质量分数也明显偏高（轧后一个月内，低碳钢中的固溶碳质量分数为0.0006%~0.0009%，微碳钢中的固溶碳质量分数为0.0015%~0.0020%）[9]。分析认为，产生这一组织性能的原因与ESP的工艺特征密切相关，高拉速下的连铸坯中心刚刚凝固后，在高温下（中心温度超过1300℃）即进入三机架大压下粗轧，道次变形量在55%左右，板坯产生高温奥氏体再结晶细化，经粗轧后在很短时间内感应加热到1130℃左右再经五机架较大道次变形量连轧，随后快速冷却到650℃左右卷取，这一轧制-冷却过程极易产生细晶/超细晶组织、大量的纳米碳化物以及来不及聚集的固溶碳。

在基本搞清工艺及组织性能影响机理的基础上，为了解决ESP工艺生产低碳/微碳钢板强度偏高问题，主要采取3方面工艺改进优化探索工作，取得初步结果如下：（1）轧制工艺优化。通过优化粗轧变形制度、中间坯厚度、精轧变形制度、层流冷却工艺及路径以及卷取温度等，使低碳/微碳钢板带的屈服强度降低15~30MPa。（2）在钢中添加微量钛、硼元素。通过在钢中添加0.010%~0.015%的钛或添加0.0010%~0.0020%的硼，使板带钢的屈服强度降低10~20MPa。（3）铁素体轧制。对于低碳（LC）钢，尤其是微碳钢或超低碳钢，通过铁素体轧制，使板带钢的屈服强度降低30~60MPa。实际上，与常规连铸连轧及薄板坯连铸连轧单坯轧制相比，由于无头连铸连轧工艺的刚性大，实际操作上可调整的工艺参数很多受限，对于以上3种改善低碳/微碳钢强度及塑性的工艺控制难度要大得多，因此，需要紧密结合无头轧制产线控制系统进行工艺探索与优化调整。

4.4　无头轧制超薄规格板带的尺寸形状精度及均一性

ESP无头轧制生产线超薄宽带钢高精度控制技术的实现，硬件上得益于先进的产线设计和工艺装备，软件上得益于合理的工艺技术和先进的自动控制技术。无头轧制的生产模式，消除了穿带和甩尾阶段产生的工艺波动，为保证带卷100%长度方向上厚度稳定提供了坚实的基础，其次温度、负荷的稳定，也为平直度和凸度的稳定奠定了基础。同时，无头模式也对轧制稳定性、板形质量控制带来了挑战，如全程带大张力无法有效识别板形状态、轧辊热膨胀持续增大轧制稳定性低等问题。无头轧制超薄宽带钢高精度控制的实现，需要在合理利用无头模式优势的基础上，克服其带来的困难和挑战，从而达到稳定高精度控制的目的。

无头轧制工艺条件保证主要包括：钢水成分保证、连铸拉速和连浇炉数保证、合理的轧制计划安排、中间坯特性保证等。在高精度控制工艺技术方面的保证主要包括：辊形设计优化与板形控制、轧辊材质选择、温度履历设定、负荷优化分配、轧辊氧化膜控制技术、轧辊冷却技术及策略、轧制润滑技术等。

（1）大批量生产热轧超薄规格板带：图 4-10 为 ESP 线在 1 年中生产薄规格比例分布的实例[6]。图 4-11 为日钢 ESP 线生产的 0.8mm 及 1.2mm 热轧卷现场照片。

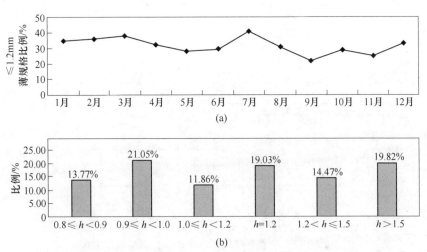

图 4-10 ESP 产品薄规格比例分布实例

（a）ESP 线 1~12 月份≤1.2mm 薄规格比例；（b）典型浇次规格分布

（≤1.2mm 占比 65.7%，≤1.5mm 占比 80.2%）

图 4-11 日钢 ESP 线生产的 0.8mm 及 1.2mm 热轧卷

（2）高精度板厚、板形：图4-12 为 ESP 与常规热轧产线（HSM）厚度精度对比[6]。图4-13 为 ESP 产品规格及公差对比[4]。图4-14 为 ESP 线连续轧制 3.5h 1.0mm 成品板的终轧温度、卷取温度及厚度分布实测值（轧制长度约 100km）[4]。

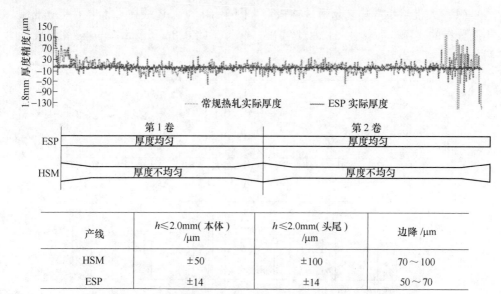

产线	$h \leqslant 2.0mm$（本体）/μm	$h \leqslant 2.0mm$（头尾）/μm	边降 /μm
HSM	±50	±100	70～100
ESP	±14	±14	50～70

图 4-12　ESP 与常规热轧产线（HSM）厚度精度对比

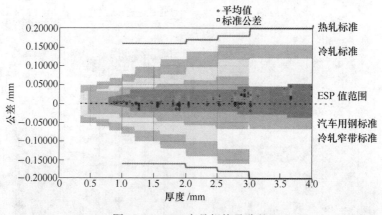

图 4-13　ESP 产品规格及公差

（3）单卷及批量组织性能一致性：图 4-15 为 ESP 生产的 2.5mm 规格 RE700MC 钢卷长度方向性能[6]。图 4-16 为 ESP 生产 2.5mmRE700MC 钢卷板宽方向性能、组织检测结果[6]。

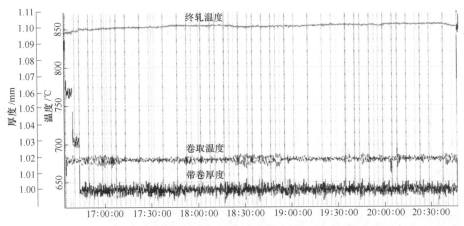

图 4-14　ESP 线连续轧制 3.5h 1.0mm 成品板的终轧温度、
卷取温度及厚度分布实测值

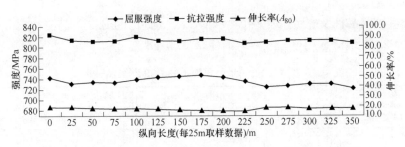

图 4-15　ESP 生产的 2.5mm 规格 RE700MC 钢卷长度方向性能

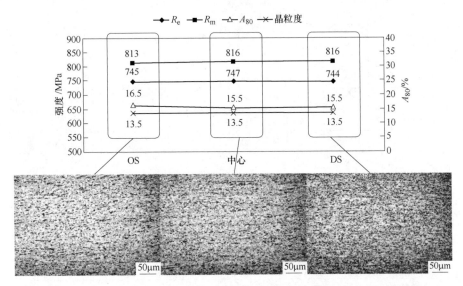

图 4-16　ESP 生产 2.5mm RE700MC 钢卷板宽方向性能、组织检测结果

（4）产品合格率、成材率及工序能耗：ESP 无头轧制的生产实践表明，ESP 产品合格率均在 98% 以上，且由最低的 98.38% 提升至 99.73%（见图 4-17），其成材率均在 96% 以上，工序能耗为 26～28kgce/t，与常规产线相比，能耗节省 40%～50%[6,11]。

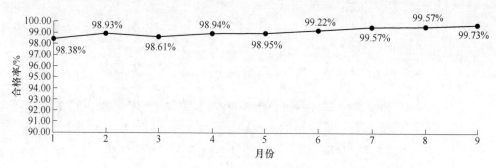

图 4-17　ESP 无头轧制生产的产品合格率（9 个月的统计结果）

（5）产品品种及应用：表 4-1 为 Arvedi 公司列出的 ESP 产品品种[4]。表 4-2 为日钢 ESP 产线已证明可以生产的钢种以及牌号[6]。

表 4-1　Arvedi 公司列出的 ESP 产品品种

钢级	可生产的厚度范围/mm	产品厚度范围/mm
DD12	0.80～10.00	0.80～10.00
S235 JR	0.85～12.00	1.00～12.00
S355 JR	1.80～12.00	1.80～12.00
S315 MC	1.00～12.00	1.00～12.00
S355 MC	1.20～12.00	1.20～12.00
S420 MC	1.20～10.00	1.50～10.00
S500 MC	1.80～10.00	1.80～10.00
S700 MC	1.80～8.00	正在开发
DP 600	1.20～5.00	正在开发
DP 1000	1.50～5.00	正在开发

表 4-2　日钢 ESP 产线已证明可以生产的钢种以及牌号

品种	牌　号
SAPH 系列	SAPH370、SAPH400、SAPH440
QStE 系列	QStE340/380/420/460/500/550/600/650/700TM
REXT 系列	RE500/550/600/650/700/800XT
SMC 系列	S355/420/460/500/550/600/650/700MC

续表4-2

品种	牌　号
大梁钢系列	RE510L/610L/700L/800L
双相钢系列	DP540/DP590/DP780/FB450/FB540/FB590
高碳钢系列	40Mn/40#/45Mn/45#/50Mn/50#/55Mn/65Mn/75Cr1
中碳钢系列	Q235B/Q345B/Q390/Q420
镀锌产品	DX51D+Z，SGCC，CSB，S220/280/320/350DG+Z，SGH340/400/440/490，SGHC
耐候钢系列	SPA-H、S355J0W、S355J2W、S355K2W、NH550、NH700MC
电工钢	RW1300/800

ESP 线产品广泛应用于制作汽车座椅、加强件等车身零部件，产品成形性能、尺寸公差和表面质量均能满足用户需求。高碳钢产品在厚度精度、性能稳定、通卷性能各向同性、产品表面极薄脱碳层等方面具备优势，尤其凭借热轧薄规格不大于 1.5mm 的独有能力，实现以薄代厚、"以热代冷"，扩大市场占有率，使用的规格多为 1.2~3.5mm。ESP 部分镀锌产品广泛应用于电气柜、电缆桥架、通风管道等，结构钢产品几乎涵盖了 ESP 产品 0.8~4.0mm 的所有规格。SPHC-CY 和 RECD 等牌号产品的使用涵盖了 1.0~4.0mm 等主要规格，其中以不大于2.0mm 厚度规格产品为主。门业中应用的产品中，市场应用的主要规格为 1.2~2.0mm，产品因具有较高的强度并兼具较好的伸长率，通过表面优化后，得到客户较大程度的认可[6,10]。

4.5 无头轧制薄宽带钢产品应用及节能减排

（1）ESP 无头轧制短流程生产过程节能减排实效：根据文献［12］，将板带钢传统流程连铸坯冷装轧制、热装轧制、ESP 无头轧制、薄板坯连铸直轧，以及薄板坯连铸热装-连轧工艺的能耗比较，结果如图 4-18 所示。可见，无头连铸连轧的能耗是最低的，与常规连铸连轧热送热装轧制工艺相比，无头连铸连轧节约能耗超过 60%。

（2）ESP 生产系列超薄宽带钢 "以热代冷" 节能减排实效：采用比传统热轧更薄的 ESP 钢带减少冷轧道次和退火道次，冷轧吨钢平均能耗约为 7.9kgce/t。如果 "以热代冷" 并扣除 "酸洗+平整" 平均能耗约 2.3kgce/t，则 "以热代冷"吨钢节能约为 5.6kgce/t。

（3）ESP 无头轧制提高成材率及材料利用率节能减排实效：常规热轧钢水到钢卷成材率 94.34%~96.15%，按最高计算，以板带规格 1.5mm×1250mm 的卷重25t 为例，常规热轧头尾各存在约 120m 的无张力部分，其板形和尺寸精度低，占整卷的 14.1%，需降级，且一般内外各三圈无法使用，而 ESP 无头连轧生产无此问题，估算可避免约 3% 的头尾损失，即因头尾精度高使下游用户材料利用

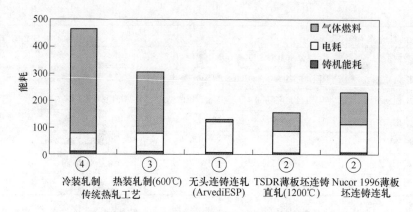

图 4-18   不同连铸连轧流程能耗比较[12]

率平均提高约 3%，如果只考虑热轧过程能耗，则吨钢节能约 1.5kgce/t。

4.6 热宽带钢半无头轧制工艺及薄规格产品开发应用

4.6.1 半无头轧制工艺

随着薄板坯连铸连轧工艺技术多年的生产实践和不断完善，一方面，所生产的钢种、强度级别和性能有了极大的扩展，另一方面，可生产超薄规格产品，实现"以热代冷"成为薄板坯连铸连轧工艺的一个重要发展趋势[13,14]。半无头轧制技术作为一项先进的热轧薄板轧制技术，可以扩展生产线的品种规格，提高生产效率，改善板带全长组织性能稳定性以及尺寸形状的精度和均匀性[15]。采用超长尺寸铸坯的半无头轧制工艺能大大减少通常短坯轧制超薄规格产品时连轧机组穿带咬入的不足，既能提高成材率，又能改善带钢质量，尤其是大幅度提高带钢通卷性能的稳定性，优势明显。为生产薄规格热轧带钢产品，国内外许多钢铁企业都在不断研究、实践和探索，国内有的薄板坯连铸连轧线采用通常的短坯单卷轧制工艺已取得很好的成果[16]。湖南华菱涟钢同北京科技大学合作，针对半无头轧制的关键设备及关键工艺技术进行了大量的研究开发和生产性试验工作，从 2008 年开始运用半无头轧制技术进行薄规格、超薄规格板带产品的大批量稳定化生产，在板带组织均匀性及板厚板形精度控制、扩大薄规格产品的规格范围以及工业应用等方面取得了良好的效果[17]。

半无头轧制的关键设备是在薄板坯连铸连轧生产线精轧机组后面的输出辊道上设置高速飞剪，高速飞剪布置在层流冷却设备之后、双地下卷取机之前，对轧后板带进行定尺分卷剪切。其中的关键技术是半无头轧制的生产组织模式、超长连铸坯温度均匀性的均热制度控制、半无头轧制过程中的张力、动态变规格、润滑控制、板厚板形控制以及飞剪控制。涟钢 CSP 生产线配备有半无头轧制的装备条件，其工艺布置简图如图 4-19 所示。

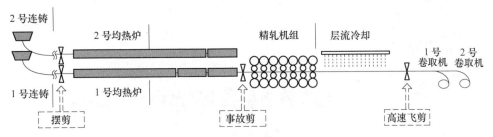

图 4-19　涟钢半无头轧制工艺布置示意图

采用半无头轧制工艺时，铸坯长度为 60~200m，是普通短坯轧制时铸坯长度的 2~7 倍，整个轧制周期增加了数倍，即带钢在高温下与轧辊接触的时间也增加了数倍，因此，轧辊的热凸度变化与通常短坯轧制有明显不同。由于带钢与轧辊长时间在高温下接触，会加剧轧辊的磨损并影响轧辊的热凸度，因此，半无头轧制时需要针对这些特殊性采用辊缝润滑技术，将半无头轧制与辊缝润滑联合应用。

涟钢半无头轧制与辊缝润滑技术的联合使用经历过一些探索，尤其是花大力气将油水管道、油水比例等进行改进和优化，润滑方式采用工作辊润滑，带钢头尾不润滑，当带钢头部到达下一机架时开启前一机架的油水。采用辊缝润滑后的 F2 和 F3 机架轧制力降幅分别约为 15% 和 11%。

针对半无头轧制其他关键工艺控制技术同样做了大量的探索试验工作并取得了很好的效果，如 FGC 工艺控制优化、半无头轧制速度和张力控制优化、卷取控制策略等[17]。

4.6.2　半无头轧制薄宽带钢产品开发

采用半无头轧制技术可以大大减少带钢穿带和甩尾的次数，在一个较长的轧制周期内，只有头一卷经历一次穿带以及末卷经历一次甩尾，而其他的切分卷头尾则相当于普通短坯轧制的中间部分，因此在整个超长轧制周期内只有第一卷的头部和最后一卷的尾部的工艺控制出现波动外，其他部位的相关工艺参数一般都能够非常稳定地控制，避免了普通短坯轧制带卷头尾工艺控制波动的情况，故不同切分卷头尾组织性能有所差别。如图 4-20 为半无头轧制 Q235B 带钢的典型卷取温度曲线。

4.6.2.1　未采用辊缝润滑

以半无头轧制一切三轧制成品厚度 1.5mm 的 Q235B 带卷为例，未采用辊缝润滑，分别在第一卷尾部、第二卷尾部、第三卷尾部以及距离第三卷尾部 10m 左右取样，进行力学性能的测试和显微组织的观察，分别如图 4-21 和图 4-22 所示。

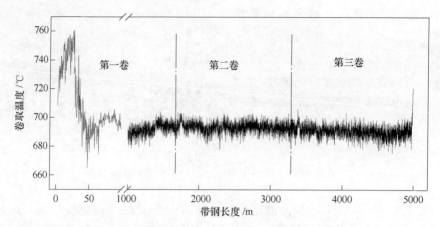

图 4-20   半无头轧制 Q235B 带钢卷取温度波动曲线

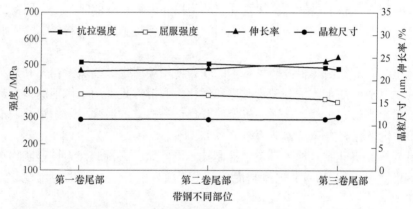

图 4-21   一切三轧制带钢不同部位的力学性能（Q235B，$h=1.5mm$，未润滑）

从图 4-21 中可以看出，采用半无头一切三轧制时，第一卷尾部和第二卷尾部性能基本相同，第三卷尾部及距离第三卷尾部约 10m 处的强度略有降低，而伸长率则有所提高。这主要是由于带钢尾部的卷取温度相对于带钢中间部分有所波动引起的，一般来说，带钢尾部的卷取温度由于控制的原因相对于中间部分来说都有一种上扬的趋势。从图 4-22 中的显微组织中也可以看出，第一卷尾部和第二卷尾部的显微组织比较类似，均是由铁素体和珠光体组成，而第三卷尾部和距离第三卷尾部约 10m 处的显微组织则与第一卷和第二卷尾部有所差别，虽然也是由铁素体和珠光体组成，但珠光体的形貌和体积分数有所差别，晶粒尺寸基本无差别。从图 4-22 （c）、（d）中可以看出，珠光体已不是典型的片层状结构且体积分数要较图 4-22 （a）、（b）中少，这主要是由于第三卷尾部附近卷取温度要稍高造成了珠光体的发育不完全的缘故。

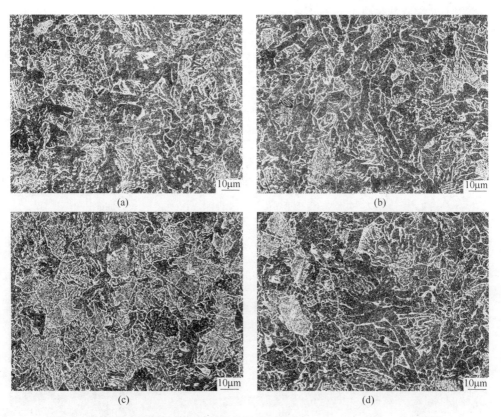

图 4-22 一切三轧制带钢不同部位的显微组织（Q235B，$h=1.5mm$，未润滑）

（a）第一卷尾部；（b）第二卷尾部；（c）距第三卷尾部约 10m 处；（d）第三卷尾部

4.6.2.2 采用辊缝润滑

以半无头轧制生产 2.0mm 厚 Q235B 为例，采用一切二轧制并配合辊缝润滑技术，第一卷尾部和第二卷尾部的力学性能和显微组织分别如图 4-23 和图 4-24 所示。从图 4-23 中可以看出，两卷尾部性能相差不大，和第一卷相比，第二卷尾部强度略有下降，而伸长率略有升高。从图 4-24 可看出，和第一卷相比，第二卷尾部显微组织中珠光体的含量有所下降。这主要是由于第二卷尾部卷取温度相比第一卷尾部要高引起的。

4.6.2.3 半无头轧制产品的尺寸精度和板形

在通常的短坯轧制中，带钢头部和尾部由于没有张力作用以及穿带和甩尾的影响造成带钢头尾的尺寸精度、板形都无法与带钢的中部媲美，甚至难以满足用户要求。而半无头轧制由于采用超长坯轧制，大大减少了穿带和甩尾的次数，在一个超长轧制周期内只经历一次穿带和甩尾，除第一卷头部和最后一卷的尾部以外，超长带钢的其余部分尺寸精度、板形以及表面质量等都能够得到很好的

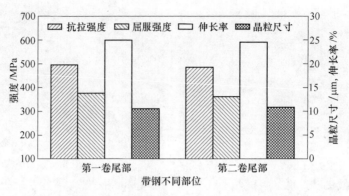

图 4-23　一切二轧制带钢不同部位的力学性能（Q235B，$h=2.0mm$，润滑）

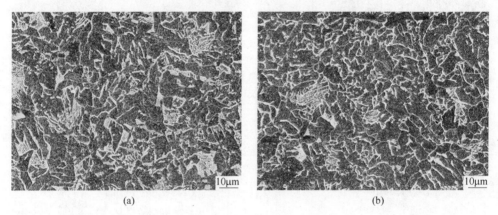

(a)　　　　　　　　　　　　　　　　(b)

图 4-24　一切二轧制带钢不同部位的显微组织（Q235B，$h=2.0mm$，润滑）

(a) 第一卷尾部；(b) 第二卷尾部

保证。

　　半无头轧制和常规短坯轧制 1.4mm 厚 Q235B 带钢的横向厚度偏差分别见图 4-25 和图 4-26。从整个超长带钢来看（相当于若干个短坯轧制钢卷），短坯轧制带钢的尺寸精度显然无法与半无头轧制相媲美。

　　半无头一切三轧制时第一卷和第二卷的尾部相当于常规短坯轧制时的带钢中间部分，因此其横向和纵向的目标厚度偏差均比较小，横向偏差都控制在 ±40μm 以内，而第三卷尾部相当于常规短坯轧制时的带钢的尾部，由于没有张力的作用，与目标厚度的偏差通常较大且通常表现为正公差状态，从图 4-25 中可以看出，1.4mm 厚钢卷第三卷尾部的横向厚度偏差在 160μm 以上，即使在距离第三卷尾部 10.5m 处横向厚度偏差也在 40～70μm。从图 4-26 中可以看出，1.4mm 厚钢卷第一卷头部和第三卷尾部纵向出口厚度偏差达到 100μm 以上，而其他部位厚度纵向偏差控制在 ±30μm 以内。

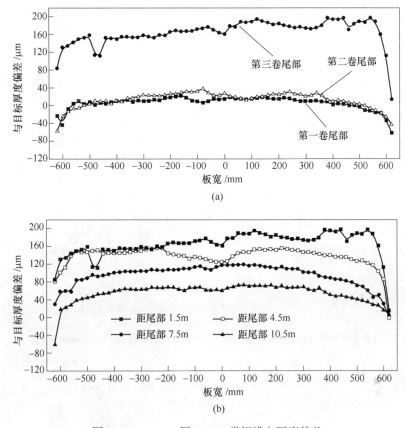

图 4-25　1.4mm 厚 Q235B 带钢横向厚度偏差

（a）半无头轧制一切三，目标厚度 1.4mm；（b）短坯轧制，目标厚度 1.4mm

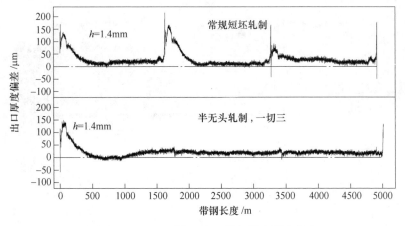

图 4-26　1.4mm 厚 Q235B 带钢纵向厚度偏差

半无头轧制和短坯轧制 1.4mm 厚 Q235B 钢卷的凸度曲线和楔形曲线分别如图 4-27 和图 4-28 所示。在整个超长带钢来看（相当于若干个短坯轧制钢卷），短坯轧制产品的板形质量与半无头轧制相比，显然要差很多。从图 4-27 中可以看出，半无头轧制第一卷带钢头部 100m 以内的凸度为 50~75μm，第三卷尾部约 10m 左右的距离凸度值在 45~60μm，而约 5000m 的超长带钢其他部位的凸度值基本上都控制在 35~45μm。从图 4-28 中同样可以看出，半无头轧制第一卷头部和第三卷尾部楔形值为 20~60μm，明显要比带钢其他部位高很多，半无头轧制超长带钢中间部位的楔形值仅为 ±10μm 左右。

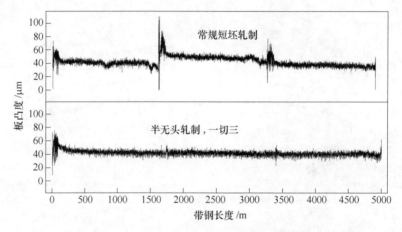

图 4-27   1.4mm 厚 Q235B 的板凸度曲线

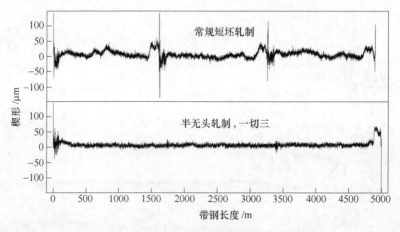

图 4-28   1.4mm 厚 Q235B 带钢的楔形曲线

从图 4-25~图 4-28 中可以看出，在保证超长带钢整卷尺寸精度和板形质量方面看，采用半无头轧制比常规短坯轧制具有明显的优势。

采用辊缝润滑以后，板形质量得到明显改善，图 4-29 为半无头轧制（一切二）时采用辊缝润滑和未采用辊缝润滑生产 2.0mm 厚 Q235B 钢卷的凸度曲线。从图中可以看出，未采用润滑超长带钢中间部位的凸度值一般在 35~45μm，而采用辊缝润滑后超长带钢中间部位的凸度值都控制在 20μm 以下。

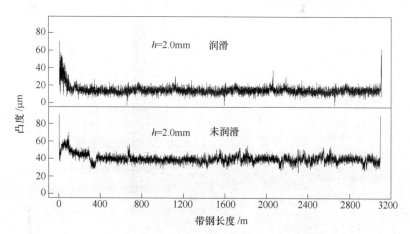

图 4-29 半无头轧制 2.0mm 厚 Q235B 的板凸度曲线

在用低于 1% 稀硫酸溶液去除带钢表面的氧化铁皮后，用 TR200 便携式表面粗糙度仪测得 1.4mm 厚 Q235B 带钢表面的平均粗糙度为 1.30μm，该值足以与中等粗糙度的冷轧产品相媲美并且绝对可以对传统热轧产品构成竞争。

4.6.3 半无头轧制薄宽带钢产品应用及节能减排

涟钢在利用半无头轧制生产薄规格产品以来，不但成品厚度规格可以进一步减薄，在同一厚度规格下产品宽度也能得到扩大，如图 4-30 所示，采用半无头轧制大大扩展了产品范围。半无头轧制薄规格及超薄规格产品在"以热代冷"方面应用广泛，主要应用领域如汽车摩托车、电气（电器、电气柜、电缆桥架）、物流仓储（货架、货柜、大型储物架）、制管、集装箱、机械制造、五金零配加工、保险柜、管道等行业和建筑业中的结构、深冲和热镀锌等成形件制造上。

采用半无头轧制生产薄和超薄规格热宽带钢在大批量生产薄宽带钢、"以热代冷"、提高成材率等节能减排方面产生了明显的效果。近年来，涟钢、唐钢、武钢、本钢等薄板坯连铸连轧生产线生产薄和超薄规格热宽带钢超过 1000 万吨，其节能减排效果十分显著。

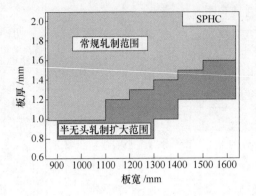

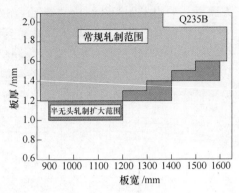

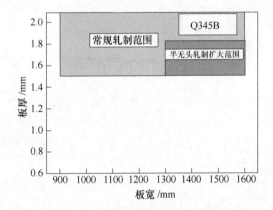

图 4-30   常规短坯轧制和半无头长坯轧制系列产品规格范围示意图

参 考 文 献

[1] 康永林, 朱国明. 热轧板带无头轧制技术 [J]. 钢铁, 2012, 47 (2): 1.

[2] Mao Xinping, Wang Shuize. Exploration and innovation: 30 years' development of thin slab casting and direct rolling technology [C]//Proceedings of 2018 International Symposium on Thin Slab Casting and Direct Rolling. Wuhan: The Chinese Society for Metals and BAOWU Steel Group, 2018: 25.

[3] 二阶堂英幸. 熱間圧延においておいているジェーン圧延技術の開発 [C] //日本西山技術講座. 東京: 日本鉄鋼協会, 1998: 79.

[4] Aldo Mantova, Alessandro Rizzi. Arvedi ESP®-experience with endless rolling for ultrathin strip production [C]//Proc. of Rolling 2013. Vinice: Associazione Italiana Di Metallurgia, 2013: 26.

[5] 康永林, 周成. 板带热轧无头轧制技术分析及其应用进展 [J]. 山东冶金, 2004, 26 (5): 1.

［6］ Qin Zhe, Yu Yao, Zhao Wen, et al. Development and application of ESP products in Rizhao Steel ［C］//Proceedings of 2018 International Symposium on Thin Slab Casting and Direct Rolling. Wuhan：The Chinese Society for Metals and BAOWU Steel Group, 2018：49.

［7］ Lee Jong－Sub, Kang Youn－Hee, Won Chun－Soo, et al. Development of a new solid－state joining process for endless hot rolling ［J］. Iron and Steel Technology, 2009, 6 (8)：48.

［8］ Lee Sang Hyeon. CEM® process：POSCO's innovative endless rolling process of TSCR ［C］// Proceedings of 2018 International Symposium on Thin Slab Casting and Direct Rolling. Wuhan： The Chinese Society for Metals and BAOWU Steel Group, 2018：12.

［9］ Kang Yonglin, Tian Peng, Chen Liang, et al. Characteristics analysis of process, micro－ structure and properties of hot rolled low－carbon/extra low－carbon steels by ESP ［C］//Proceedings of 2018 International Symposium on Thin Slab Casting and Direct Rolling. Wuhan：The Chinese Society for Metals and BAOWU Steel Group, 2018：33.

［10］ 康永林, 田鹏, 朱国明, 热宽带钢无头轧制技术进展及趋势 ［J］, 钢铁, 2019, 54 (3)：1.

［11］ 喻尧, 郑旭涛. 日照钢铁 ESP 无头带钢生产技术 ［J］. 连铸, 2016, 41 (5)：1.

［12］ Sergey Bragin, Axel Rimnec, Andrea Bianchi, et al, Arvedi ESP process－an ultimate technology connecting casting and rolling in endless mode ［C］//Proc. of Rolling 2013. Vinice：Associazione Italiana Di Metallurgia, 2013：91.

［13］ 殷瑞钰. 新形势下薄板坯连铸连轧技术的进步与发展方向 ［C］//薄板坯连铸连轧技术交流与开发协会第六次技术交流会论文集. 广州, 2010：1.

［14］ 康永林, 傅杰, 柳得橹, 等. 薄板坯连铸连轧钢的组织性能控制 ［M］. 北京：冶金工业出版社, 2006.

［15］ 康永林, 焦国华, 成小军, 等. CSP 半无头轧制工艺优化及板带性能与板形分析 ［C］// 薄板坯连铸连轧技术交流与开发协会第六次技术交流会论文集. 广州, 2010：315.

［16］ 康永林, 周明伟, 焦国华, 等. 半无头轧制高质量薄规格宽带钢技术开发与应用 ［C］// 第八届 (2011) 中国钢铁年会论文集. 北京：中国金属学会, 2011：202.

［17］ 康永林, 周明伟, 刘旭辉, 等. 半无头轧制薄规格带钢的组织性能与板形 ［J］. 钢铁, 2012, 47 (1)：44.

5 热轧板带材表面氧化铁皮控制技术与节能减排

　　我国钢铁工业历经多年的发展与技术积累，针对产品尺寸与力学性能等方面的研究取得了重要进展，已达到可与国外先进企业同台竞争的水平。然而，由于对钢材表面状态缺乏系统研究，导致热轧材中普遍存在表面色差、氧化铁皮压入及脱落起粉等缺陷问题，成为阻碍我国热轧钢材档次提升的关键所在。统计显示，钢铁企业因热轧材表面问题而导致的产品缺陷发生率超过90%，成为影响产品销售的首要问题。与此同时，用户对钢材表面缺陷"零容忍"的态度，正倒逼钢铁企业尽快突破热轧钢材表面控制的技术瓶颈。

　　基于此，热轧板带材表面氧化铁皮控制技术应运而生，其开发与应用全面提升了我国热轧钢材产品的表面质量，扭转了我国钢铁产品"粗犷"的形象[1~3]。目前，所生产的系列高表面质量产品已批量应用于汽车、家电、工程机械等重点制造企业，以汽车用高强钢、工程机械用高强钢等为代表的高附加值产品达到了日本、德国及美国等国外企业对钢材表面质量的苛刻要求，成功助力了我国钢铁行业产品结构的转型升级。运用本技术开发出的"免酸洗"钢和"减酸洗"钢，吨钢酸用量减少 20~40kg，加热温度降低近 50℃、加热时间缩短约 30min，使氧化烧损减少近 0.01%。由此使得吨钢生产过程粉尘排放减少约 0.6kg、SO_2 排放减少约 0.6kg。系列高表面产品在为下游用户实现清洁生产提供原材料保障的同时，也为促进绿色制造向下游用户的延伸作出了重要贡献。

5.1 钢材的高温氧化行为及氧化产物特性

5.1.1 合金元素选择性氧化

　　在高强钢中往往通过添加合金元素以获得所需的力学性能。同时，为确保钢材具有细化的显微组织，需要采用严格的控轧控冷工艺。在这种条件下，钢中合金元素在钢基体表面发生选择性氧化，从而对表面氧化铁皮的可去除性及界面平直度产生破坏性影响。为此，本节重点阐述钢中 Si、Ni、Mn、Cr 等元素对高温氧化行为的影响。

5.1.1.1 Si 元素选择性氧化行为研究

　　钢材冶炼时通常将 Si 作为脱氧剂使用，同时 Si 也可起到固溶强化、改善钢材的综合力学性能的作用。钢板在加热炉中加热时，Si 会在钢基体表面生成 SiO_2

和 FeO 组成的硅尖晶石固溶体,如图 5-1 所示。这种尖晶石结构黏附性较强,除鳞时难以除掉,残留的硅尖晶石和氧化铁皮在后续轧制过程中容易被压入钢基体,使得氧化铁皮与钢基体间界面平直度变差。

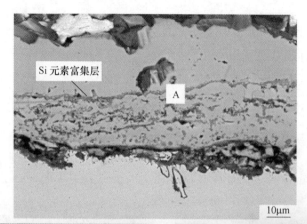

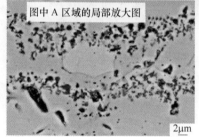 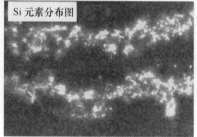

图 5-1 氧化铁皮中出现的富 Si 带形貌

采用差示扫描量热法(DSC)对 Fe_2SiO_4 粉末混合物的熔点进行测定,如图 5-2所示,加热过程中出现吸热峰表征 Fe_2SiO_4 混合物粉末开始熔化,该温度约为 1140℃;冷却过程中出现放热峰表示熔化的 Fe_2SiO_4 混合物粉发生凝固,其开始温度也约为 1140℃,因此结合熔化过程的开始温度和凝固过程的开始温度得到 Fe_2SiO_4 混合物粉末的熔点约为 1140℃。图 5-3 示出了 Si 元素选择性氧化的机制。首先在氧化初期,由于气氛中氧分压均大于 SiO_2 和 Fe 氧化物的平衡氧分压,因此两种氧化物在试样表面同时形核。但是由于基体中的 Fe 含量远远大于 Si 含量,造成 Fe 氧化物快速生长,逐渐成膜并且将 SiO_2 包覆在其中,导致 SiO_2 颗粒难以继续长大而保持颗粒状,留在试样的原始界面上。此时,氧化铁皮与基体的界面处为贫氧环境,使得该位置的氧化铁皮难以稳定存在,分解出 O 离子作为间隙原子溶于基体表层,在随后的高温氧化过程中向基体内侧扩散,与钢基体内部的 Si 元素发生反应生成 SiO_2,此时内氧化层开始形成[5]。

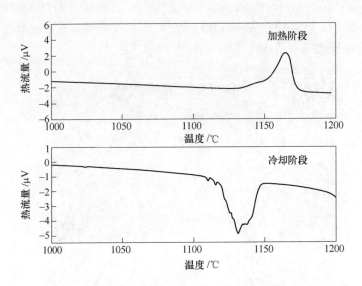

图 5-2   利用 DSC 测定 Fe_2SiO_4 粉末混合物的熔点[4]

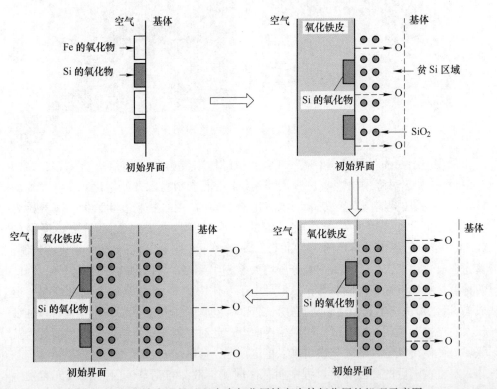

图 5-3   氧化铁皮生长过程中内氧化层转变为外氧化层的机理示意图

图 5-4 示出的是氧化铁皮厚度、结构和温度的关系。随着温度的升高，氧化铁皮厚度增大。特别是在 1200℃时，氧化铁皮厚度急剧增加。Wagner 高温氧化理论和 Fick 定律指出，氧化速率受到形成氧化膜所需离子的扩散控制，离子的扩散通量与扩散系数成正比。因此，随着温度的升高，氧化速率的加快导致了氧化铁皮厚度的增加。在 1200℃时，液态 FeO/Fe_2SiO_4 为离子提供了快速扩散通道，是氧化铁皮厚度急剧增加的重要因素[6]。在 700~900℃的温度范围内，氧化层结构为外侧 Fe 氧化物层、内侧 FeO/Fe_2SiO_4 层及基体外侧的 Si 氧化物富集。1000℃的氧化铁皮结构转变为内氧化层的 FeO/Fe_2SiO_4。1100℃氧化铁皮结构与在 700~900℃温度范围内的结构基本相同。1200℃时，除界面处 FeO/Fe_2SiO_4 外，FeO/Fe_2SiO_4 还渗透到氧化铁外层，结构不变。1000℃氧化铁皮结构的变化与内 FeO/Fe_2SiO_4 层的比例有关。在 1000℃时，这一比例约为 50%，远高于其他温度。较高的比例意味着 Fe/Fe_2SiO_4 层的形成速度较快，进而导致最外层 Si 含量降低。在一定温度下，氧元素富集在氧化铁皮与基体界面处。当 Si 含量较低时，在 1000℃时内氧化物析出不明显，而当加热温度大于 Fe_2SiO_4 的熔点（1140℃）时，熔融状态的 Fe_2SiO_4 会起到加速钢材氧化速率的作用，并且进入到氧化铁皮内部，将氧化铁皮紧密黏附在钢基体表面[7]。

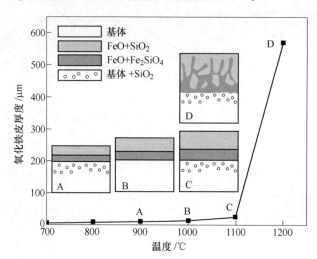

图 5-4　温度对氧化铁皮厚度和氧化铁皮/基体界面的影响[8]

5.1.1.2　Ni 元素选择性氧化行为研究

在氧化初期，由于 Fe 与 O 的亲和力大于 Ni 与 O 的亲和力，Fe 离子优先与 O 发生反应生成 Fe 的氧化物，此时由于氧化时间较短，Fe 的氧化物没有充足时间形成完整的氧化层。与此同时，O 继续向内扩散，Fe 离子和 Ni 离子沿着晶界向外扩散。随着氧化进程的持续进行，Fe 的氧化物逐渐增多、尺寸变大，覆盖在钢基体表面，同时有少量 NiO 生成，此时向内扩散的 O 与向外扩散的金属阳离子之间的"气-固"反应占据主导作用。

随着反应的进行，在含量较高、氧亲和力较强的 Fe 元素主导下形成完整的氧化层，将少量 NiO 包裹在内侧，生成尖晶石结构的 $NiFe_2O_4$，含 Ni 钢在不同温度下的氧化铁皮结构组成和 Ni 元素在界面处的富集情况如图 5-5 和图 5-6 所示。向外扩散至氧化铁皮的 Ni 富集层以金属网丝状存在，将 Ni 富集层与氧化铁皮紧密连在一起，起到增强氧化铁皮黏附性的作用。此外，对不同 Ni 含量钢板的氧化铁皮厚度进行统计后发现，相同氧化温度下，随着 Ni 含量增多，Ni 富集层增厚，Fe 离子和 O 离子扩散距离延长，导致外侧氧化铁皮的厚度减薄。

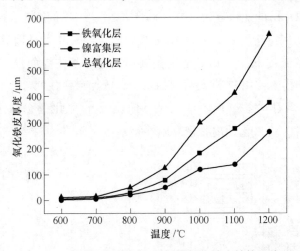

图 5-5　不同温度下的含 Ni 钢的氧化铁皮结构组成

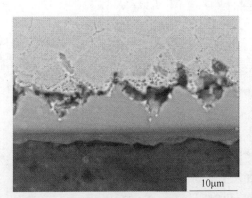
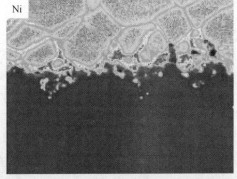

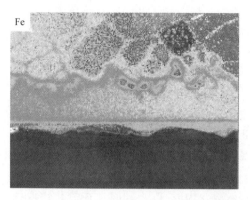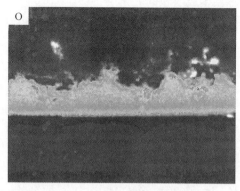

图 5-6 Fe-Ni 合金氧化层中的 Ni 氧化产物形貌

Ni 元素对氧化铁皮形成及影响机理如图 5-7 所示,高温氧化初期阶段,氧气直接与钢基体接触,Fe 离子与 O_2 的直接接触反应生成铁氧化物。此时由于氧化时间极短,铁氧化物没有充足时间形成氧化层,只是在试样表面局部形成铁氧化物。与此同时,O_2 继续向内扩散,Fe 离子和 Ni 离子沿着晶界向外扩散。随着氧化时间增加,铁氧化物逐渐增多、尺寸变大,覆盖在钢基体表面,同时有少量 NiO 生成,向内扩散的 O 离子与向外扩散的阳离子之间的直接接触化学反应依旧占据着主导作用。随着反应的进行,含量较高、氧亲和力较强的 Fe 元素反应较

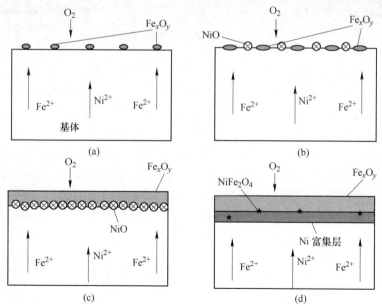

图 5-7 Ni 元素的选择性氧化机理图

(a) Fe_xO_y 的形成;(b) NiO 的形成;(c) NiO 被 Fe_xO_y 包覆;(d) Ni 富积层的形成

多，生成层状的氧化层，将生成的少量 NiO 包裹在内侧。此时，直接接触的化学反应不再占据主导作用，元素通过氧化膜扩散而反应成为了主要渠道，氧化速率逐渐降低[9]。

5.1.1.3　Mn 元素选择性氧化行为研究

钢材中 Mn 元素是一种常用的奥氏体稳定剂，用于扩大 γ-Fe 相区，改善力学性能，使之具有高强度和良好的成形性能。钢中 Mn 元素的选择性氧化如图5-8所示，在再结晶退火后，钢板表面上形成了厚度约为 400nm 的 MnO 层，奥氏体稳定元素 Mn 的消耗量增加，并且基体表层脱碳导致奥氏体在亚表面转变为铁素体。氧化后钢材的氧化铁皮主要由 FeO、Fe_2O_3 和 $MnFe_2O_4$ 组成，基体表面的Mn 元素被消耗形成 $MnFe_2O_4$，原来的 γ-Fe 转变为 α-Fe，同时也在氧化铁皮内部形成了大量富 Mn 的氧化物，造成基体氧化速率提高且氧化铁皮黏附性变差。

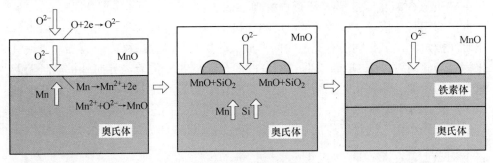

图 5-8　Mn 元素的选择性氧化示意图[10]

此外，Mn 元素的选择性氧化行为也体现在 Mn 与 Si 的协同作用方面。图5-9示出了 Mn 元素在 FeO/基体界面偏聚明显情况，与 FeO 结合形成连续的固溶体，恶化氧化铁皮与基体界面的平直度，增加氧化铁皮的黏附性，降低可除鳞性。因此，优化钢中 Mn 含量有助于降低 Fe_2SiO_4 对氧化界面的破坏作用。在干燥空气和相对湿度为 90% 的潮湿空气中所形成的氧化铁皮与基体结合处元素分布结果表明，不同相对湿度环境条件下由于合金元素的存在，外侧氧化层与基体之间形成内氧化层的厚度明显不同，内氧化层随着相对湿度的增大而增加。钢中 Mn、Si等合金元素均在基体结合处出现富集现象。在 1000℃ 条件下，干燥空气环境中，合金元素的富集层呈连续层状，而当相对湿度达到 90% 后，Mn、Si 元素的富集区域明显增大。元素分布情况说明水蒸气促进离子的扩散，在干燥的空气中引入相对湿度 90% 水蒸气加快了氧化反应。如前所述高温条件下 Si 会形成橄榄石相氧化物 Fe_2SiO_4，由于其熔点温度高于氧化温度，铁硅橄榄石相呈现固态状态，虽然 Mn 原子可以取代铁原子在方铁矿和磁铁矿晶格中的点阵位置，Mn 与 Fe 的氧化特性相似，多种 Mn 的氧化物可以与 Fe 的氧化物互溶，但氧化温度均低于 Si的氧化物熔点，使铁硅橄榄石相氧化物不仅阻碍 Fe 离子的扩散，而且阻碍了 Mn

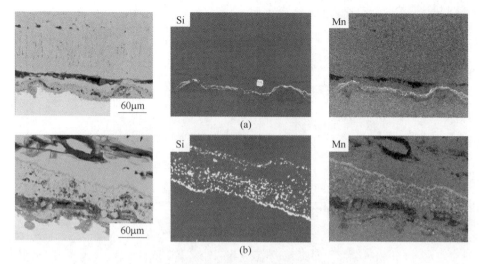

图 5-9　Mn 钢氧化铁皮与基体界面元素分布

（a）干燥空气；（b）相对湿度 90%的潮湿空气

离子扩散，因此出现了 Mn 元素在钢中氧化时能够随 Si 元素一样富集在内氧化层。

5.1.1.4　Cr 元素选择性氧化行为研究

钢中 Cr 元素的添加具有提高过冷奥氏体稳定性、改善钢材力学性能的作用。在高温过程中，Cr 和 O 的亲和力高于 Fe 与 O 的亲和力，会发生选择性氧化，率先在钢板表面形成致密的 Cr_2O_3 层和 Fe-Cr 尖晶石层。图 5-10 示出了热力学软件 Thermo-Calc 中 Fe-Cr-O 三元平衡相图，确定出了该体系中氧化物种类，氧化物的高温稳定性随着平衡氧分压值降低而升高，在高温氧化时 Fe-Cr-O 三元体系中氧化物的稳定性由高到低依次为：Cr_2O_3、$FeCr_2O_4$、FeO、Fe_3O_4、Fe_2O_3。高温氧化后氧化层与基体界面处 Cr 的富集情况和 Cr 对氧化铁皮厚度的影响如图 5-11 和图 5-12 所示，在相同的氧化温度下，氧化铁皮的厚度随着钢中 Cr 含量增加而减薄，由于 Cr 元素的选择性氧化在基体表面形成了一层 $FeCr_2O_4$ 和 Cr_2O_3 组成的富 Cr 层，并且随着 Cr 含量的升高，分布形态由颗粒状转变为致密层状，阻碍 Fe^{2+} 和 O^{2-} 交互扩散的作用明显增强，延迟了它们之间物质的传输，离子扩散所需的激活能增大，使其对基体表面具有保护性，提高了钢基体抗氧化能力。

热轧结构钢中 Cr 元素的添加量普遍偏低，高温氧化时主要形成了 Fe 的氧化物，而钢中 Cr 置换氧化物中的 Fe 后，生成了 $(Fe,Cr)_2O_3$ 和 $(Fe,Cr)_2O_4$。由于 Fe 在氧化膜固溶体中的扩散速度比 Cr 快，Fe 在氧化膜外层富集，同时靠近界面的 Fe 发生贫化。经历了氧化初期的转变过程之后，氧化铁皮中建立起稳态的

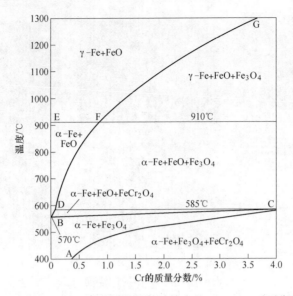

图 5-10　Thermo-Calc 热力学软件计算出的 Fe-Cr-O 系平衡相图

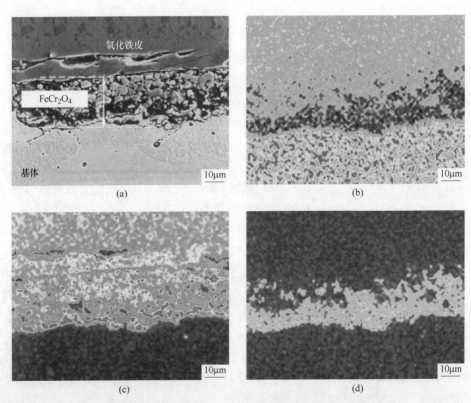

图 5-11　含 Cr 钢氧化铁皮和基体的界面元素分析[11]

(a) 界面形貌；(b) Fe；(c) O；(d) Cr

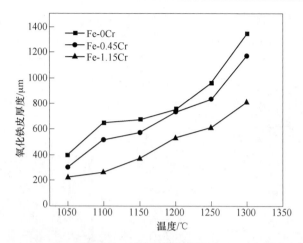

图 5-12 钢材中 Cr 含量对氧化铁皮厚度的影响

浓度梯度。由于两种阳离子在氧化铁皮中的扩散速度不同,会在氧化铁皮中产生不同的浓度梯度。在 1050~1300℃ 中氧化时,Fe 和 Cr 初始同时氧化形成 Fe_2O_3 和 Cr_2O_3,但是由于 Cr 含量低,主要形成 Fe 的氧化层,而 Cr 发生内氧化。随着氧化进行,Fe 的氧化层厚度增加,氧化层和基体的界面向内部移动。Fe 的氧化物和 Cr_2O_3 发生固相反应,形成了被 FeO 包裹的岛状 $FeCr_2O_4$ 尖晶石。因此,长时间氧化后,氧化铁皮由外侧的 Fe_2O_3 层、中部的 Fe_3O_4 层、内部的 FeO 层以及氧化铁皮与基体界面处的 $FeCr_2O_4$ 层共同组成,各层的具体分布情况如图 5-13 所示。氧化物的生长由阳离子向外扩散控制,在氧化初期,表面上同时生成 Fe_2O_3、FeO 和 Cr_2O_3,由于 Fe 的氧化物生长速度较快,Cr_2O_3 被 Fe 的氧化物完全覆盖。在后续的氧化过程中,Cr_2O_3 则通过置换反应生长,Cr_2O_3 粒子被覆盖在 Fe 的氧化物下方,富集于氧化层和基体的界面附近,减少 Fe^{2+} 向外扩散的有效面积,从而起到降低氧化速度、提高抗氧化性能的作用。

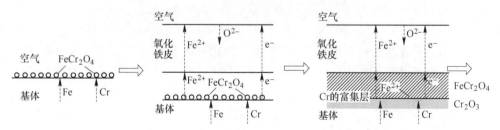

图 5-13 含 Cr 钢的氧化铁皮组成示意图

5.1.2 氧化产物的相变行为

FeO 的相变过程主要是 Fe_3O_4 在 FeO 中的析出转变,由此在氧化铁皮中出现的相变应力,成为影响氧化铁皮力学性能和黏附性的重要因素。由于氧化铁皮黏附性控制直接决定热轧钢板表面状态,因此了解和掌握氧化铁皮的相变过程具有重要意义。氧化铁皮中的 FeO 在 570℃ 以下是热力学不稳定相,将会发生分解反应。图 5-14 示出了 Fe-O 二元平衡相图,随着温度的降低,Fe 的低价氧化物 FeO 在其共析温度分解生成 α-Fe 和低温下稳定存在的较高价态的氧化物 Fe_3O_4。

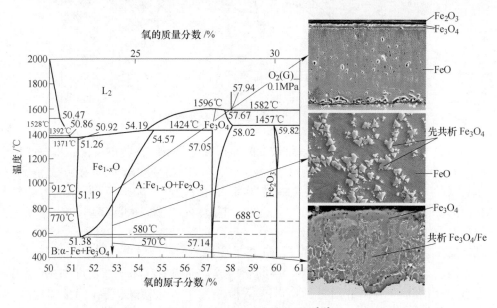

图 5-14　Fe-O 二元平衡相图[12]

氧化铁皮的热力学平衡相图如图 5-15 所示。当温度在 570℃ 以上时,随着温度的升高 FeO 的相比例逐渐升高,相应地 Fe_3O_4 在氧化铁皮中的相比例逐渐减少,这是由于在高温时 Fe^{2+} 的扩散速率快,Fe 的高价氧化物 Fe_3O_4 在 Fe^{2+} 的作用下,被还原为 FeO。当温度低于 570℃ 时,随着温度的降低,Fe 的低价氧化物 FeO 在其共析温度分解生成 α-Fe 和低温下稳定存在的较高价态的氧化物 Fe_3O_4。但是,FeO 的转变温度很低,而分解又是在固相中进行,分解速率很慢,全部分解为共析组织(Fe_3O_4+α-Fe)则需要较长一段时间,所以在低温下仍能以先共析 Fe_3O_4 等亚稳态存在。从晶体学角度分析,由于相变在较高温度下发生,Fe^{2+} 和 O^{2-} 都发生扩散,所以 FeO 的共析转变是典型的扩散型相变,在共析转变中会形成 O 的质量分数和晶体结构相差悬殊并与母相 FeO 截然不同的两个固态新相:Fe_3O_4 和 α-Fe。因此,从 FeO 到共析组织(Fe_3O_4+α-Fe)的转变必然发生 O 的重新分布和 Fe 晶格的改组,不同条件下的组织结构将会有明显差异[13~15]。

为了确定氧化铁皮结构的影响因素,采用同步差热分析仪模拟氧化铁皮在等

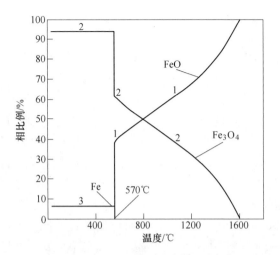

图 5-15　氧化铁皮的热力学平衡相图

温条件下转变过程，纯铁氧化铁皮中 FeO 的等温转变规律如图 5-16 所示，FeO 的等温转变遵循着近似 C 曲线的规律，共析转变鼻温温度范围为 400~500℃，在卷取温度低于 300℃ 或冷速高于 10℃/min 时，共析反应会受到抑制。FeO 的等温相变一般由三种转变方式组成：（1）外层 Fe_3O_4 的生长；（2）先共析 Fe_3O_4 的析出；（3）FeO 的共析分解反应。转变方式的变化主要依赖于温度和等温时间。

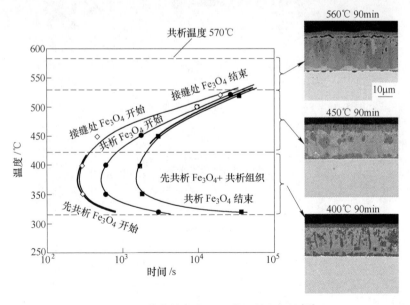

图 5-16　氧化铁皮中 FeO 等温转变规律[16]

5.1.3   氧化产物的力学特性

Fe_2O_3、Fe_3O_4 和 FeO 等铁的氧化物在不同温度下的力学性能会发生很大改变。在低变形速率下 Fe_2O_3、Fe_3O_4 和 FeO 在不同温度下的拉伸性能如图 5-17 所示，由 Fe_2O_3、Fe_3O_4 和 FeO 的伸长率-温度曲线可以看出，在 700℃ 以下，Fe_2O_3、Fe_3O_4 和 FeO 均不具备延展性，当温度升高时，Fe_3O_4 和 FeO 的伸长率迅速增加，而 Fe_2O_3 的伸长率几乎为零。图 5-18 示出了 FeO 高温条件下的拉伸曲线，可见 600℃ 以下，FeO 属于脆性材料，不具有变形能力。而当温度高于700℃时，随着温度的升高，FeO 的塑性不断增强，当温度超过 1000℃ 时，FeO 的伸长率将会超过120%。总体来说，FeO 的强度最低、塑性最好，在高温下能够具有良好的变形能力，在热轧过程中能够与钢基体协同变形，而 Fe_2O_3 在高温状态塑性极差，在轧制过程中极易发生破碎，几乎不会发生塑性变形，且其强度高，为防止氧化铁皮压入基体中导致带钢表面质量变差，在设定热轧工艺时需兼顾氧化铁皮的高温塑性规律。

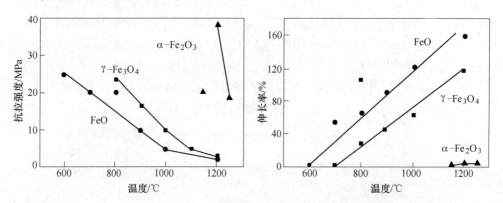

图 5-17 Fe_2O_3、Fe_3O_4 和 FeO 强度和伸长率随温度的变化[17]

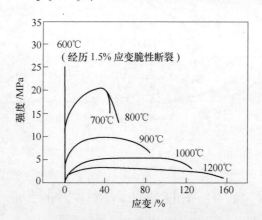

图 5-18   FeO 高温力学性能

5.2 常见表面缺陷成因及其控制方法

5.2.1 红色氧化铁皮缺陷

热轧板卷的表面通常呈蓝灰色，表面光滑且具有一定的光泽。但由于钢种化学成分或轧制工艺的不同，带钢表面有时会出现红色氧化铁皮，它不仅降低了带钢的美观性，还会经常造成氧化铁皮压入等缺陷。而对于酸洗产品而言，红色氧化铁皮会增加酸的用量，延长酸洗时间，严重降低酸洗效率[18,19]。目前，造成热轧钢材表面红色氧化铁皮缺陷的原因可以分为两个方面：一是热轧工艺设定不合理；二是钢基体表面形成较低高黏附性的 $FeSi_2O_4$。在热轧过程中钢板表面长期处于高温阶段，不可避免地会生成以 FeO 为主的氧化铁皮。在高温阶段，FeO 具有优良的塑性，可随基体发生一定的变形而不破裂。然而，随着钢板表面温度降低氧化铁皮的高温塑性也随之变差，图 5-19 示出了除鳞或低温轧制阶段，FeO 发生破碎，并后续生产过程中被氧化成高价氧化物 Fe_2O_3，从而引发红色氧化铁皮缺陷。另外，在加热过程中钢基体中 Si 元素发生选择性氧化，在氧化铁皮层与钢基体之间形成 $FeSi_2O_4$，图 5-20 示出了 $FeSi_2O_4$ 沿钢基体晶界分布从而对氧化铁皮产生钉扎作用，使带钢表面除鳞后产生大量的 FeO 残留，并在后续生产过程中生成 Fe_2O_3。

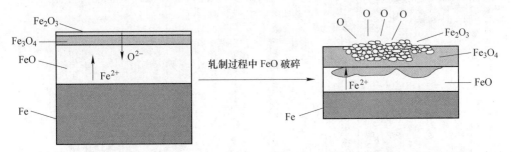

图 5-19　热轧过程造成的红色氧化铁皮缺陷产生机理

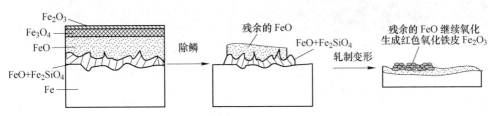

图 5-20　Fe_2SiO_4 造成的红色氧化铁皮缺陷产生机理

通过了解红色氧化铁皮的形成原理可知，优化钢中 Si 含量、除鳞工艺和热轧温度制度，防止热轧过程中 FeO 破碎、减弱 $FeSi_2O_4$ 对氧化铁皮的钉扎作用是消除带钢表面形成红色氧化铁皮的关键。因此可以采用以下措施防止红色氧化铁皮的生成：（1）保证板坯出炉高压水除鳞时，板坯表面温度在 $FeSi_2O_4$ 的熔融温度（1140℃）以上，降低 $FeSi_2O_4$ 对氧化铁皮钉扎作用，提高氧化铁皮可除鳞性；（2）增加除鳞道次，保证除鳞效果；（3）提高轧制节奏，优化轧制温度制度，确保热变形温度均命中氧化铁皮高温塑性区，避免 FeO 破碎。

5.2.2 "花斑"缺陷

"花斑"缺陷的宏观形貌如图 5-21 所示，缺陷出现在抛丸后的基体表面上，通常呈现长条状。根据检测结果，存在剥落的氧化铁皮附着在完整的氧化铁皮表面，而起泡、除鳞不净、粘辊等都可能使氧化铁皮发生堆叠。经过分析，"花斑"缺陷主要成因是轧制工艺、冷却工艺以及矫直制度设定不合理使得氧化铁皮与基体协同变形性变差，受到外力时表面氧化铁皮容易被压入基体，造成氧化铁皮与基体的界面产生波动，影响热轧钢材的表面状态。而这种界面的严重波动是造成"花斑"缺陷的主要原因[20,21]。据此，可以从以下几方面对"花斑"缺陷进行控制：（1）提高轧制节奏和轧制温度，防止氧化铁皮破碎；（2）适当提高终冷温度以降低氧化铁皮热应力，减小氧化铁皮裂纹密度，从而提高氧化铁皮与基体界面平直度；（3）基于板坯厚度和力学性能，适当提高矫直温度，防止矫直过程中氧化铁皮破裂。

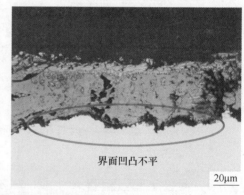

界面凹凸不平

20μm

图 5-21　"花斑"缺陷的宏观形貌及界面特征

5.2.3 氧化铁皮压入缺陷

氧化铁皮压入缺陷如图 5-22 所示，缺陷通常出现在带钢或中厚板表面，呈"柳叶状"或"小舟状"，氧化铁皮压入缺陷严重时会引起钢板质量降级，造成经济损失。研究发现，压入式氧化铁皮可以分为浅层压入式氧化铁皮和嵌入式氧化铁皮。浅层压入式氧化铁皮由保护渣和氧化铁皮包覆组成，其形成机理如图5-23所示，黏附在钢坯表面的保护渣团，经粗轧压碎后，与一次氧化铁皮一起经过粗轧的可逆轧制压入到钢板表面，形成"柳叶状"或"小舟状"的缺陷。嵌入式氧化铁皮的形成机理是黏附在钢坯表面的保护渣与一次氧化铁皮粘连在一起，粗轧除鳞未除净后，经粗轧的可逆轧制压入到钢板内部，形成嵌入式氧化铁皮。此外，轧辊使用制度不合理引起的轧辊表面氧化膜脱落、轧机共振也是造成氧化铁皮压入缺陷的原因[22,23]。针对以上分析，可以通过采取以下措施来抑制氧化铁皮压入缺陷：（1）改善除鳞工艺，增加除鳞效率，减少氧化铁皮以及保护渣残留；（2）优化轧辊使用制度和轧辊冷却水工艺，减少轧辊表面磨损，抑制轧辊表面保护膜剥落。

图 5-22　氧化铁皮压入缺陷

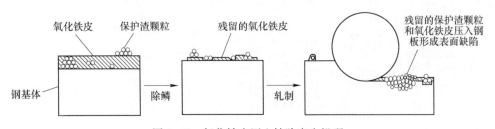

图 5-23　氧化铁皮压入缺陷产生机理

5.2.4　酸洗板"山水画"缺陷控制技术

热轧板带材酸洗后表面常有连续纵向条纹出现，看似高低起伏的山峰状深色图案，因其在表面呈条带状分布，将其命名为"带状山水画"缺陷，如图5-24

所示。该缺陷主要在热轧板带材酸洗之后表现出来，而酸洗前在钢板表面并未出现明显异常。研究发现，带钢酸洗后表层存在氧化铁为主的黏附性较强的物质是产生"山水画"缺陷的根本原因。图 5-25 示出了"山水画"缺陷产生过程，主要是由于除鳞不净导致的热轧板表面氧化铁皮残留，根本原因是中间坯表面某些位置存在表面凸起或台阶，在粗轧过程中一直采用奇数道次除鳞，除鳞水存在一定的喷射角度，在中间坯表层的凸起或台阶的背面凹坑处，必然会残留部分未除净的氧化铁皮。这些氧化铁皮在后续的往复轧制中，延伸并形成"山峰"的特征，即"山水画"缺陷[24]。针对缺陷的产生机理，可以从除鳞工艺的优化着手来降低此类缺陷的发生率：(1) 保证除鳞过程喷射的重叠量，提高除鳞打击力，减少除鳞后氧化铁皮残余量；(2) 增加粗轧过程除鳞道次，保证带钢表面不存在除鳞死角。

图 5-24 "山水画"缺陷宏观形貌

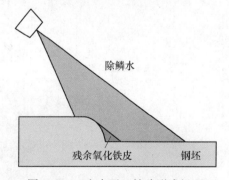

图 5-25 "山水画"缺陷形成机理

5.2.5 热轧酸洗板"色差"缺陷

热轧酸洗板"色差"缺陷是酸洗板表面常见的缺陷，出现缺陷位置颜色不

一、衬度不均匀,严重时存在各类斑状的色块。"色差"缺陷通常呈带状,分布方向沿轧制方向有延伸,有的甚至与轧向平行。经过分析,正常区域与"色差"区域的表面粗糙度存在较大的差异,"色差"区域呈现出凹坑密集、粗糙度较高的形貌,而正常区域平整光滑、基本无疏松多孔形貌存在。正常区域氧化铁皮与基体结合处界面平直光滑,"色差"区域氧化铁皮与基体结合处呈明显的锯齿状,界面平直度较差[25,26]。此外,轧辊表面氧化膜剥落导致氧化铁皮压入钢基体,进而导致该部分氧化铁皮与基体结合处凹凸不平,在酸洗后也会引发色差缺陷。

为了消除酸洗板色差缺陷,可以采取以下措施:(1)优化热轧工艺制度,实现热轧氧化铁皮厚度和结构的均匀化控制,减少酸洗效率对表面"色差"的影响;(2)优化轧辊使用制度和磨辊制度,当轧辊表面氧化膜破裂时,及时更换轧辊;(3)采取热轧全线降温的策略,适当降低轧制温度,防止轧辊表面氧化膜破裂。

5.3 "减酸洗"钢氧化铁皮控制技术

热轧带钢表面形成的氧化铁皮中,FeO 最容易通过酸洗去除干净,因此,对于热轧酸洗板,以 FeO 为主体的氧化铁皮结构是较为理想的。"减酸洗"钢通过控制轧制工艺,获得以 FeO 为主体的氧化铁皮结构,充分利用了 FeO 的易酸洗性,这种钢材产品不易出现"欠酸洗"和"过酸洗"等酸洗缺陷,可以有效避免酸洗板表面出现"山水画"以及"色差"等缺陷,因此具有良好的表面质量[27]。此外,"减酸洗"钢可以显著降低酸洗时间,提高酸洗效率,降低酸洗工序对钢基体的腐蚀,大大降低酸液的消耗,因此,从产品表面质量和生产情况来看,"减酸洗"钢在提高表面质量、节约生产成本、促进环境友好方面具有显著的优势。下面简述"减酸洗"钢控制策略。

热轧板卷控制以 FeO 为主的氧化铁皮结构可以通过两种冷却方式实现,如图 5-26 所示。(1)通过控制热轧和冷却工艺,减少难酸洗的 Fe_2O_3 含量,同时生成的氧化铁皮厚度较薄,可以满足减酸洗的要求,因此,它是减酸洗钢生产较为理想的方法。但在实际生产钢卷的冷却速度十分缓慢,要实现高冷却速度,必须对钢卷进行单独堆放,并用风机进行冷却,这种冷却方式的冷却效率依然较低,很难满足高冷速的要求,且冷却过程中占用场地较大,所以这种方式难以进行现场推广。(2)通过将卷取温度提升至 FeO 共析转变温度570℃以上,延长 FeO 共析转变孕育期,从而在一定程度上延迟共析反应。这种冷却路径虽然会不可避免地穿过 FeO 的共析转变区间,但高温卷取抑制了共析转变的进行。

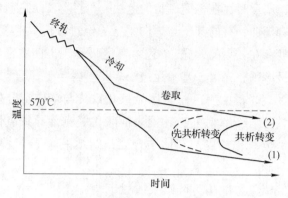

图 5-26　减酸洗钢生产工艺示意图

5.4 "免酸洗"钢氧化铁皮控制技术

对于热轧过程中形成的氧化铁皮，下游用户在深加工前一般会采用酸洗工序将其去除，防止氧化铁皮对后续涂装及成形过程中产生不利影响。但是，酸洗工序产生的废酸以及酸雾等不仅会造成严重的环境污染，而且威胁着操作人员的身心健康；此外，如果酸洗过程控制不当，极易引发"欠酸洗"和"过酸洗"等表面质量缺陷。迫于环保与经济效益的双重压力，热轧"免酸洗"产品应运而生。

免酸洗钢的开发原理是通过优化热轧钢板表面氧化铁皮的厚度和结构，形成以 Fe_3O_4 为主的黑色氧化铁皮，该类型的氧化铁皮与基体间具有较强的结合力，能承受一定的变形且不发生脱落，钢板可以不经过酸洗工序直接使用。此外，"黑皮钢"还需满足下游客户焊接和涂装的使用要求。焊接后要求焊缝性能与外观形貌和酸洗或者抛丸工艺无明显差异。涂装后要求漆膜附着力、耐盐雾腐蚀性能与酸洗或抛丸大梁钢相当。该技术的优势是无须去除热轧产生的氧化铁皮，生产出的热轧产品可直接使用，从而省去酸洗工艺，明显降低废酸排放，减少环境污染。相比于传统的酸洗技术，这项技术利用工艺上的创新，不需要额外增加成本。

随着国内运输业的快速发展，载重汽车的使用量激增，大梁钢又是载重汽车的主要部件，这就为免酸洗大梁钢板的发展提供了有利的契机，让企业看到了增效空间。图 5-27 示出了热轧过程"黑皮钢"氧化铁皮的控制策略，即在保证钢材力学性能的前提下，通过调整轧制工艺制度，抑制红色氧化铁皮的出现，降低氧化铁皮厚度，合理地控制卷取工艺，促进 FeO 共析反应的进程，促使带钢表面形成以共析 Fe_3O_4 为主的氧化铁皮[28~30]。根据这一控制思路，可以采用以下工艺来实现"免酸洗"钢的生产：（1）在精轧前，通过加热工艺、粗轧除鳞等工艺参数的控制，保证除鳞后氧化铁皮完全除净，避免出现红色氧化铁皮，使精轧前的板坯具有良好的表面质量；（2）在精轧及层流冷却过程中，通过控制板坯轧制温度、轧制速度、机架间冷却、层流冷却方式、卷取温度等减薄氧化铁皮厚度；（3）在热轧板带材卷取后，通过调整冷却路径来控制氧化铁皮的结构，获得"免酸洗"钢所需的最优氧化铁皮结构。

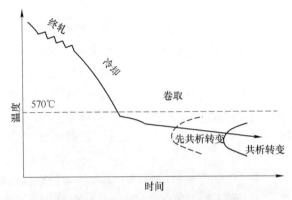

图 5-27 "黑皮钢" 氧化铁皮控制示意图

5.5 氧化铁皮控制技术的发展趋势

5.5.1 氧化铁皮智能化控制技术

钢材热轧过程中，氧化铁皮厚度和结构控制是表面质量控制关键技术之一，实现表面氧化铁皮厚度和结构变化过程的跟踪是实现氧化铁皮结构控制的基础。然而，由于热轧过程中表面温度变化复杂、轧制线取样点有限，因此实现对热轧过程氧化铁皮演变进程跟踪十分困难，现阶段的研究对热轧过程中的氧化铁皮厚度和结构演变缺乏必要的描述。

目前，在"中国制造 2025"战略的推动下，智能化生产技术已成为钢铁工业发展的新趋势。基于工业生产大数据，结合物理冶金模型和神经网络模型以及智能优化算法，实现了组织与性能预测、板形控制、轧制过程工艺参数优化等技术，同时也在越来越多的钢铁企业得到了应用，并且取得了良好的效果。然而，钢材氧化铁皮的控制技术尚无相关的研究报道。但许多研究者对钢的高温氧化行为及氧化铁皮相变行为进行了大量的研究工作，相关理论为钢材表面氧化铁皮演变行为的预测提供了理论指导。

氧化铁皮智能化控制技术可以从氧化铁皮厚度预测与结构预测模型的建立入手，结合国内外大量的研究成果，建立轧制过程氧化铁皮厚度与结构演变模型[31~33]，并参考组织性能预测技术的研究，结合氧化铁皮工业大数据与智能优化算法，实现氧化铁皮动态演变过程的高精度预测。通过氧化铁皮智能化控制技术可以实现根据产品需求合理的设定轧制工艺制度，生产出满足要求的氧化铁皮厚度与结构，为生产实际提供指导方法，节约高表面质量产品的研发成本，缩短研发周期，提高了企业的经济效益。

5.5.2　力学性能与表面质量的协同控制技术

　　根据热轧过程中氧化铁皮的演变特点，氧化铁皮控制技术的主要技术路线是：在热轧过程中，优化除鳞工艺以彻底去除炉生和二次氧化铁皮、优化热轧温度制度以避免 FeO 的破碎、加快轧制节奏以降低氧化铁皮厚度，防止各类由氧化铁皮引起的表面缺陷产生；在卷取过程中，设定不同的卷取温度和冷却速度，对不同类型"免酸洗"和"减酸洗"的要求，应该设定合理的卷取工艺，通过调整卷取温度和冷却速度，控制 FeO 的共析反应，获得满足产品要求的氧化铁皮结构。

　　值得注意的是，在氧化铁皮控制过程中，需要尽可能在较高温度下完成轧制以保证 FeO 不发生破碎。但是，这种高温轧制在保证热轧产品表面质量的同时，无疑会降低钢材的力学性能，因此，必须适当改变后续的冷却工艺来弥补因控制氧化铁皮而造成的产品强度损失。日本新日铁公司在生产"黑皮钢"时为了保证力学性能，将轧后第 1 阶段的冷却速度控制在 60℃/s 之上。国内钢铁企业生产"免酸洗"钢时，也适当加大了轧后冷却速度，不仅能够控制 FeO 的共析反应进程，而且可起到补偿强度损失的效果。采用上述技术路线，会对轧制和冷却过程中微合金元素（如 Nb、Ti）的沉淀析出行为有很大影响，造成传统工艺中奥氏体相中发生的应变诱导析出减少，代之以在铁素体相中发生较大程度的沉淀析出。图 5-28 示出了传统工艺和氧化铁皮控制相适应的新一代 TMCP 工艺中微

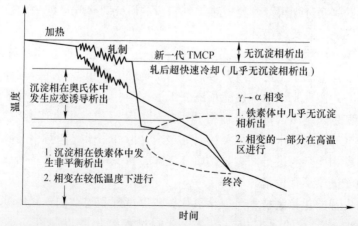

图 5-28　氧化铁皮控制工艺过程中沉淀析出行为与传统工艺中沉淀析出行为的对比

合金元素沉淀析出比较的示意图。铁素体中的沉淀相析出温度较低，沉淀相的尺寸较小，会产生更大的沉淀强化效果。因此，从国内外氧化铁皮控制技术实施的情况来看，层流冷却线前段增加超快冷段是综合解决氧化铁皮结构控制并保证产品力学性能的较佳途径。

5.5.3　薄板坯连铸连轧氧化铁皮控制技术

我国氧化铁皮控制技术主要集中在常规热连轧生产线上，面对薄板坯连铸连轧生产线氧化铁皮控制技术的不足。目前，我国拥有数十条此类短流程生产线，因其热履历有别于常规生产线而导致的产品表面缺陷（氧化铁皮压入、色差、"山水画"、边部黑印等）阻碍了薄板坯连铸连轧技术的发展，短流程生产线普遍存在加热温度、开轧温度、终轧温度和卷取温度的调整范围较窄的问题，急需根据其工序特点开发出一整套适用于短流程生产线的氧化铁皮控制技术来有效解决氧化铁皮引发的表面质量缺陷，短流程生产线的全流程表面质量控制技术国内外尚无报道，因此开发与产品相结合的热轧短流程生产线氧化铁皮控制技术是今后发展的一个方向，可填补世界相关技术领域的空白。

5.5.4　高强度"免酸洗"钢氧化铁皮控制技术

随着汽车轻量化的发展，高强度（抗拉强度>600MPa）钢板使用量的持续增加，同时下游客户将辊压连续成形替代传统冲压成形。生产实际表明，如果沿用传统"黑皮钢"控制标准，使产品氧化铁皮中共析 Fe_3O_4 的体积分数高于80%，这种产品在后续辊压成形中会出现严重的氧化铁皮脱落情况，无法满足厚规格、高强度产品的免酸洗使用要求。因此，针对厚规格、高强度钢板冷加工氧化铁皮大量脱落的氧化粉尘控制技术研发已经迫在眉睫。协同解决"免酸洗"钢板厚度规格、力学性能与氧化铁皮三者工艺控制窗口不一致的问题，合理控制氧化铁皮的厚度和结构，提高氧化铁皮黏附性，降低氧化铁粉脱落量是生产出此类合格产品的关键。高强钢复杂的成分设计与严苛的轧制条件对传统氧化铁皮控制技术提出了新的挑战，但面对更高强度级别钢铁产品的广泛使用，高强度钢板的氧化铁皮控制技术开发是大势所趋，且国内外尚无相关技术的报道，因此开发高强度钢板的氧化铁皮控制技术是今后的重点发展方向之一。

参 考 文 献

[1] 刘振宇，于洋，郭晓波，等 . 板带热连轧中氧化铁皮的控制技术 [J] . 轧钢，2009，26（1）：5-11.

[2] 刘振宇，王国栋 . 热轧钢材氧化铁皮控制技术的最新进展 [J] . 鞍钢技术，2011，45

（2）：1-5.

［3］余伟，王俊，刘涛．热轧钢材氧化及表面质量控制技术的发展及应用［J］．轧钢，2017，84（3）：1-6.

［4］Liu X J, He Y Q, Cao G M, et al. Effect of Si content and temperature on oxidation resistance of Fe-Si alloys［J］. Journal of Iron and Steel Research International, 2015, 22（3）：238-244.

［5］刘小江．热轧无取向硅钢高温氧化行为及其氧化铁皮控制技术的研究与应用［D］．沈阳：东北大学，2014.

［6］Yang C H, Lin S N, Chen C H, et al. Effects of temperature and straining on the oxidation behavior of electrical steels［J］. Oxidation of Metals, 2009, 72（3-4）：145-157.

［7］Yuan Q, Xu G, Zhou M X, et al. New insights into the effects of silicon content on the oxidation process in silicon-containing steels［J］. International Journal of Minerals, Metallurgy, and Materials, 2016, 23（9）：1048-1055.

［8］Liu X J, Cao G M, He Y Q, et al. Effect of temperature on scale morphology of Fe-1.5Si alloy［J］. Journal of Iron and Steel Research International, 2013, 20（11）：73-78.

［9］王福祥．Fe-Ni 合金高温氧化行为及耐蚀性研究［D］．沈阳：东北大学，2016.

［10］Lee D B, Sohn I R. Oxidation of Fe-18%Mn-0.6%C steels in air and a N_2-CO_2-O_2 mixed gas atmosphere at 1273-1473K［J］. Steel Research International, 2012, 83（4）：398-403.

［11］Li Z F, Cao G M, He Y Q, et al. Effect of chromium and water vapor of low carbon steel on oxidation behavior at 1050℃［J］. Steel Research International, 2016, 87（11）：1469-1477.

［12］何永全，刘红艳，孙彬，等．低碳钢表面氧化铁皮在连续冷却过程中的组织转变［J］．材料热处理学报，2015，36（1）：178-182.

［13］Yoneda S, Hayashi S, Kondo Y, et al. Effect of Mn on isothermal transformation of thermally grown FeO Scale formed on Fe-Mn alloys［J］. Oxidation of Metals, 2017, 87（1-2）：125-138.

［14］Tanei H, Kondo Y. Strain development in oxide scale during phase transformation of FeO［J］. ISIJ International, 2017, 57（3）：506-510.

［15］Lin S N, Huang C C, Wu M T, et al. Crucial mechanism to the eutectoid transformation of wüstite scale on low carbon steel［J］. Steel Research International, 2017, 88（9）．

［16］Hayashi S, Mizumoto K, Yoneda S, et al. The mechanism of phase transformation in thermally-grown FeO scale formed on pure-Fe in Air［J］. Oxidation of Metals, 2014, 81（3-4）：357-371.

［17］Hidaka Y, Anraku T, Otsuka N. Deformation of iron oxides upon tensile tests at 600~1250℃［J］. Oxidation of Metals, 2003, 59（1/2）：97-113.

［18］于洋，王畅，王林，等．基于高温氧化特性的含 Si 钢红铁皮缺陷研究［J］．轧钢，2016，33（2）：10-15.

［19］王畅，于洋，潘辉，等．高强机械用钢表面条带状红铁皮产生原因及机制［J］．钢铁，2014，49（9）：64-70.

[20] 孙彬，曹光明，刘振宇. 高强船板花斑缺陷的形成机理及影响因素研究 [J]. 热加工工艺，2015，44 (9)：103-108.

[21] 郝小强，王鑫，王照玄，等. 高强度船板表面花斑缺陷的形成机制及改进措施 [J]. 轧钢，2016，33 (3)：73-76.

[22] 孙彬，刘振宇，王国栋. 粘附性点状缺陷形成机理分析 [J]. 轧钢，2011，28 (4)：6-9.

[23] 孙彬，刘振宇，王国栋. 热轧钢板典型压入式氧化铁皮的分类及其形成机理 [J]. 东北大学学报 (自然科学版)，2010，31 (10)：1417-1420.

[24] 徐海卫，于洋，王畅，等. LCAK 钢酸洗后表面"山水画"缺陷产生的原因及机理 [J]. 中国冶金，2015，25 (5)：6-10.

[25] 于洋，王畅，郭子峰，等. 热轧酸洗板表面斑状色差产生机理及控制措施 [J]. 轧钢，2015，32 (2)：22-26.

[26] 曹光明，汤军舰，林飞，等. 热轧低碳 DC04 钢表面色差产生机理及控制 [J]. 湖南大学学报 (自然科学版)，2018，45 (12)：59-65.

[27] 曹光明，刘小江，薛军安，等. 热轧带钢氧化铁皮的酸洗行为 [J]. 钢铁研究学报，2012，24 (6)：36-41.

[28] 曹光明，石发才，孙彬，等. 汽车大梁钢的氧化铁皮结构控制与剥落行为 [J]. 材料热处理学报，2014，35 (11)：162-167.

[29] 曹光明，孙彬，刘小江，等. 热轧高强钢氧化动力学和氧化铁皮结构控制 [J]. 东北大学学报 (自然科学版)，2013，34 (1)：71-74.

[30] 孙彬，刘振宇，邱以清，等. 低碳钢表面 FeO 层空气条件下等温转变行为的研究 [J]. 钢铁研究学报，2010，22 (2)：34-40.

[31] 孙彬，曹光明，邹颖，等. 热轧低碳钢氧化铁皮厚度的数值模拟及微观形貌的研究 [J]. 钢铁研究学报，2011，23 (5)：34-38.

[32] Cao G M, Liu X J, Sun B, et al. Morphology of oxide scale and oxidation kinetics of low carbon steel [J]. Journal of Iron and Steel Research International, 2014, 21 (3)：335-341.

[33] Cao G M, Li Z F, Tang J J, et al. Oxidation kinetics and spallation model of oxide scale during cooling process of low carbon microalloyed steel [J]. High Temperature Materials and Processes, 2017, 36 (9)：927-935.

6 板带钢免酸洗除氧化皮除锈技术与节能减排

清洁生产是关于产品和制造产品过程中预防污染的一种新的创造性的思维方法，是不断地改进产品生产过程的管理，推进技术进步，提高资源利用效率，减少污染物的产生和排放，以降低对人类和环境的危害，是持续运用整体预防的环境保护策略。清洁生产的中心指导思想是用减少和避免生产污染等始端防治技术代替传统的末端治理技术，节约原材料和能源，淘汰有害资料，减少污染物和废弃物的排放，避免废物排放对人类和环境的危害。

基于上述考虑，酸洗生产线为降低酸耗、提高生产效率、减少酸雾污染、废水处理技术、废酸回收和再生技术都算清洁技术。酸洗技术已有大量专著系统陈述[1~4]，本章重点介绍非酸洗除锈除氧化皮技术的发展应用与节能减排。

6.1 概述

热轧带钢表面一般存在一层氧化铁皮，且完全阻止其形成在技术上，特别是在成本控制上目前是不合理的。该氧化铁皮一般由 Fe_2O_3、Fe_3O_4、FeO 构成[1]，氧化铁皮的成分构成、组织构成受热轧工艺、带钢材质影响，特别是受带钢精整段冷却工艺制度的影响[5,6]；氧化铁皮可以由一种、两种或三种成分组成，厚度一般为几微米到几百微米之间，有些窄带钢的氧化铁皮厚度达 0.5mm；现代化热轧宽带轧机精整工艺可以控制氧化铁皮厚度到 $6~8\mu m$。

热轧带钢必须对其表面处理后才能够有效使用，目前，主要有 2 条途径：(1) 通过调整化学成分、轧制工艺和控冷制度在热轧带钢表面形成一种满足带钢深加工要求的氧化铁皮，例如，鞍钢就开发了热轧黑皮表面钢板，直接用于冲制汽车大梁[7]，但该种途径用量有限；(2) 通过化学、机械等方法清除热轧带钢表面的氧化铁皮，然后进行深加工或深度表面处理。根据去除方法不同、带钢深加工要求的不同，对热轧带钢表面氧化铁皮的组织和厚度要求也不同[8]。目前，通过酸洗的方法去除带钢表面的氧化铁皮，应用最为广泛，研究最为充分，效果最好；氧化铁皮清除率几乎能达到 100%，且速度快，产量高。但酸洗的缺点也十分突出，特别是酸洗的污染问题尽管进行了广泛研究，但依然十分严重，与清洁生产、绿色生产和可持续发展的愿景是不符的。

6.2　还原法除氧化铁皮

还原法除氧化铁皮是一种利用氢气还原法去除氧化铁皮的技术[9]，目前已建成了一条由加热段、反应段和冷却段三段构成的试验线。加热时最好别让火焰与钢带直接接触，否则可能导致氧化铁皮烧结，同时严重影响反应动力，可以用辐射管作为直接火焰燃烧器。反应段在富氢（25%~95% H_2）的混合气氛中进行，反应气体由鼓风机混合、送入炉内，同时可吹去带钢表面反应时生成的废气（CO、CO_2、N_2 和水蒸气）。带钢表面的氧化铁皮通过多步反应转变为金属铁（类似于海绵铁），具体反应随氧化铁皮的成分和还原气体通入时机而异。反应式如下：

$$3Fe_2O_3 + H_2 =\!=\!= 2Fe_3O_4 + H_2O$$
$$Fe_3O_4 + H_2 =\!=\!= 3FeO + H_2O$$
$$FeO + H_2 =\!=\!= Fe + H_2O$$

反应结束后，带钢进入含 H_2 和 N_2 的冷却段，避免在此生成新的氧化铁皮。最后通过刷洗除去带钢表面松散的氧化铁皮。

通过处理（1.2~4.0）mm×（610~1550）mm、重量 30t 的热轧带钢钢卷的实验生产表明，该方法处理的带钢表面的清洁度优于传统酸洗板表面，没有酸液污染，运营费用与酸洗相当。

由于 CO 气体在冶金行业易于获取，成本较低，还原性强，因此国内有学者研究了利用 CO 还原清除低碳热轧带钢表面氧化铁皮技术[10]。先将带钢加热到 710~770℃，使带钢表面氧化铁皮的各组分全部转变为 FeO，然后通入 CO，发生还原反应：$CO+FeO = Fe+CO_2$。反应后带钢表面氧化铁皮的截面上布满小孔，且大部分呈亮白色，其间夹杂少量灰黑色区域，在靠近基体处尤为明显，其中亮白色区域中全部为金属铁，而灰黑色区域中仍有未被还原的铁的氧化物，呈多孔状，见图 6-1。最后通过刷洗可将这种疏松多孔结构的氧化铁皮除去。其研究发现，较低温度时还原反应速度慢，而过高的温度会使还原出的多孔状铁被烧结，堵塞还原反应的传质微通道，反而不利于清除氧化铁皮。增大 CO 流量有利于加强 CO 还原铁的氧化物的气固反应的传质过程，使得还原反应加速进行，所以 CO 流量越大，还原反应进行得越彻底。

以上研究给清除带钢表面氧化铁皮又提供了一个新的、简单的清洁技术，但氢气和一氧化碳的获取成本、整个清洗工序的能耗将成为工艺实施的关键。另外，试验也表明，用还原法清除如奥氏体不锈钢等某些钢种的温度要达到 1200℃，以去除 Cr_2O_3，并不经济；当氧化铁皮达到一定程度时，也不经济。

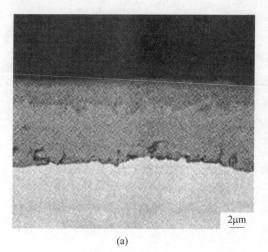
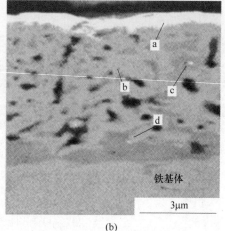

(a)　　　　　　　　　　　　(b)

图6-1　还原前后的带钢表面氧化铁皮

（a）还原前；（b）还原后

6.3　机械法除带钢表面的氧化铁皮

6.3.1　干式抛丸法除氧化铁皮

抛丸技术自20世纪30年代由美国惠尔布雷特公司制成第一台抛丸机以来，应用领域已由单纯的铸件表面清理扩展至多种行业，轧钢生产中的线棒材、钢管、型材、中厚板、带钢的表面氧化铁皮清理已大都采用这一技术。其是利用高速旋转的叶轮把丸粒抛掷出去高速撞击钢材表面，利用丸粒的冲击和摩擦作用去除钢材表面的氧化铁皮，丸粒速度一般在50~100m/s，丸粒多采用白口铸铁或中等硬度、粒度较小的钢丸。

该方法的缺点主要是处理过程中产生大量粉尘，需要宽大的抛丸室和除尘装置，丸粒在低碳钢带表面易冲击出凹坑或嵌入表面，且氧化铁皮去除不彻底，为此在硅钢、不锈钢生产线中除设有抛丸机外，还配有酸洗装置，采用抛丸-酸洗联合方式才能够保证冷轧带钢的表面清洁度和粗糙度。

6.3.2　SCS清洁除氧化铁皮技术

6.3.2.1　简介

SCS（Smooth Clean Surface，光滑清洁的表面）技术2001年在日本新日铁公司形成雏形，2003年在美国TMW（The Material Works）公司形成SCS专利技术。SCS通过刷光来处理钢材表面，避免了酸洗带来的环境污染的弊端，其核心设备是刷光机。刷光机由一系列全自动高速运转的不锈钢丝刷辊组成，每个刷辊实质上是由钢丝条刷环绕而成。刷辊以与轧件运动相反的方向在板带的上下表面高速旋转刷去氧化铁皮。美国 TMW 公司于 2003 年 3 月在自己公司 TMW 板材生产线上应用取得成功，2006 年 12 月在卷材上 SCS 生产技术成功应用，到目前为止，欧美各国已有 12 条生产线成功推广使用，这些生产线不仅对板卷钢材表面进行处理，根据不同需要还可对板卷钢材进行拉伸矫直、切边以及平整。

6.3.2.2　表面氧化铁皮组成及氧化保护膜生成

热轧生产过程中，经终轧及层流冷却后生成的氧化铁皮一般由三层结构组成，最上层为红色三氧化二铁 Fe_2O_3 即铁锈层，约占 2%，中间层为磁性四氧化三铁 Fe_3O_4，约占 18%，最下层的维氏体约占 80%。带钢氧化铁皮厚度一般为 7.5~15μm，以下为基体层。其结构如图 6-2 所示。

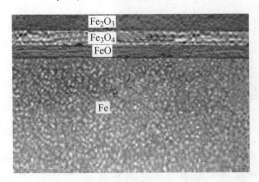 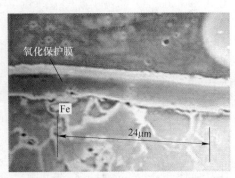

图 6-2　热轧板的氧化铁皮结构放大氧化层结构

SCS 在研磨刷光过程中能够去除铁皮的最上面部分，仅留下很薄（大概 7μm）的维氏体层。维氏体的化学特性不同于顶部的氧化铁皮层——在分子机构中它有更少的原子，氧的含量仅为 23.26%（化学分子式是 FeO）。再经 SCS 氧化处理就能生成氧化保护膜，不再生锈，不容易被锈蚀。

6.3.2.3　SCS 处理原理

SCS 板卷表面处理新技术，其基本工作原理如图 6-3 所示。

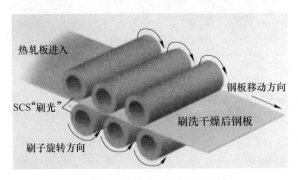

图 6-3　SCS 工作原理图

　　刷辊在密闭的空间内，根据板卷厚度尺寸，自动调节上、下刷辊的辊缝，板卷通过辊缝，由刷辊研磨洗刷掉钢板表面的氧化铁皮，仅保留最底层几微米厚的氧化亚铁 FeO 层，并由 SCS 装置中的循环过滤水冲洗掉 SCS 工艺除下的氧化铁皮，同时过滤循环水不断对钢板表面进行冲洗，最终形成约 $7\mu m$ 厚的防锈层，经 SCS 处理后的表面至少 4 年不会生锈。图 6-4 为经 SCS 处理 4 年后没有生锈的钢板实物照片。

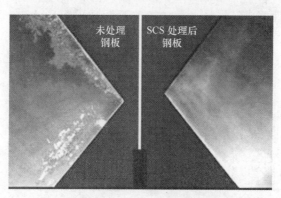

图 6-4　经 SCS 处理 4 年后没有生锈的钢板实物照片

　　经 SCS 处理 4 年后的钢板表面仍为光滑清洁的表面，形成的 SCS 板卷钢材已成功取代部分冷轧板卷，酸洗干燥、酸洗涂油、喷丸、平整等产品。

6.3.2.4　SCS 装置及其组成生产线

　　根据以上原理组成的 SCS 装置结构如图 6-5 所示。

图 6-5　SCS 装置内部结构

　　SCS 装置由刷辊和导向辊等组成，采用循环水预冲洗掉 SCS 工艺研磨洗刷下来的氧化铁皮和清洗钢板的表面，循环水过滤系统可收集氧化铁皮，收集的氧化铁皮可与废钢一起处理，净化过的水则可重新循环利用，其结构如图 6-6 所示。

图 6-6　SCS 过滤水系统

由刷辊和循环过滤水系统等组成 SCS 装置是本系统的核心设备，并与开卷机、切头剪、辊式矫直机、切边机、张力机架、刷光机、干燥台、张力机架、卷取机等组成灵活可变的生产线，以满足不同用户的需要。其生产线布置如图 6-7 所示。

图 6-7　SCS 生产线组成

其中，切头剪、辊式矫直机、切边机等根据用户需要而配置，在 SCS 板材线上则不需要配置开卷机和卷取机。由 SCS 生产线生产出的产品表面不需要进行任何涂油处理，钢板在一般情况下可保存 4 年不会生锈，经 SCS 处理的热轧板可直接替代部分冷轧板使用，达到以热代冷的目的，可以替代部分产品的酸洗功能。经 SCS 处理前后的热轧卷产品表面如图 6-8 所示。

6.3.2.5　SCS 生产线常用技术参数

（1）SCS 卷材线：

材料种类：热轧黑皮卷；

卷材厚度：0.76~6.35mm；

图 6-8　经 SCS 处理前后热轧卷的表面

卷材宽度：304.8~1879.6mm；

每边修整量：4.76~76.2mm；

最大钢卷重量：27.2352t；

最大钢卷外径：2133.6mm；

入口钢卷内径：609.6~889mm；

出口钢卷内径：508mm、609.6mm 或 762mm。

对于厚度为 3.42mm 的卷材，线速度可达 45.7m/min。配置单台 SCS 生产线，产量为 1.8 万~2 万吨/月，在原有生产线上增加一台 SCS 装置，还可提高 80%的产量。

（2）SCS 板材生产线：

材料种类：热轧黑皮钢板；

板材厚度：1.09~12.7mm；

板材宽度：304.8~1879.6mm；

最大堆垛重量：9.0784t。

对于比较薄的板材，线速可达 30m/min。

6.3.2.6　SCS 技术及产品加工特点

SCS 产品加工制作有以下优点：

（1）使用激光切割速度更快，几乎没有回弹力。比经酸洗涂油或热轧钢板快 25%~50%，可以同时切割两块 SCS 钢板。

（2）SCS 板具有更好的焊接性能，与酸洗涂油板相比，由于减少了焊接过程中油烟，使焊接得更加牢固和整齐，焊接强度比传统酸洗涂油板提高 20% 以上。

（3）由于 SCS 表面清洁、干燥、无油渍，使涂层前的准备工作更加少了，而且涂层附着效果更好。

（4）SCS 板具有更优越的抗腐性能。

（5）SCS 产品由于清洁、干燥，在冲压时不会粘在工具或输送设备上，完全可以替代冷轧产品。

目前 SCS 生产线还存在以下局限性：

（1）经过 SCS 生产线加工后的板材不是全部都能替代冷热板材的，它有一定的局限性，它可替代 75% 以上的热轧板、50% 以上的酸洗涂油板和 15% 以上的冷轧板。

（2）对钢铁强力挤压和变形可能导致破坏 SCS 氧化保护层，对这些加工工艺应尽量避免，如冷轧、深度冲压和旋转深度冲压等。

（3）如果镀层时间较短，如进行连续热镀锌、电镀锌也是比较困难的，但能较好地应用在单张浸入式热镀锌上。

6.3.3 EPS 清洁除氧化铁皮技术

6.3.3.1 简介

EPS（Eco Pickled Surface 生态清洗表面）清洁除氧化铁皮技术是为了解决 SCS 存在的局限性而开发的。与 SCS 不同的是，EPS 采用砂浆喷射原理去除表面的氧化铁皮。其主要技术特点为：

（1）碳钢表层含有锰、硅、铬等微量元素，普通酸洗会将这些微量元素一起清除掉，使富铁的基材暴露在空气中产生铁锈；而 EPS 则保留这些微量元素，使其形成氧化物保护层，类似于不锈钢的原理。

（2）砂浆喷射不同于喷丸处理。喷丸处理由于铁丸大、速度高会破坏钢板基层材料，而砂浆喷射则采用特殊的带棱钢砂形成砂浆以优化的速度喷射。

（3）喷丸处理是空气介质，不可避免地携带灰尘和其他腐蚀材料，并在处理后的表面形成锈蚀；而 EPS 采用液体介质，可以防止灰尘落在材料表面，同时液体含有特殊添加剂，其防锈成分会残留在板材表面并持续起到防锈作用。

（4）酸洗处理后会在板材表面残留氯化盐，这是盐酸与金属反应的产物，这些氯化盐会导致喷漆过早失效，而 EPS 则不会对漆层产生影响。

6.3.3.2 EPS 处理原理

针对干式抛丸法清除氧化铁皮时粉尘污染大、易损伤带钢表面等问题，提出和开发了湿式抛丸技术。其原理为：将丸粒与水混合送入抛丸器，以高速射向带钢，清除表面氧化铁皮。有三个作用：破除氧化铁皮、清洁污物、撞击加工表面。同时还可以在水中加入清洁剂，以便更好地去除表面污物和拟制扬尘。该技术的关键是：丸粒混合物在带钢宽度方向的均匀分布，少则除不净，多则可能损伤带钢表面。

丸粒可选钢丸和砂粒，其形状、平均直径、大小尺寸的分布很重要，有时两、三种丸粒的组合更有利于氧化铁皮的清除。直径较小的圆形碳钢或不锈钢钢丸，一般在高速抛丸时效果好，但在低速（46m/s）时效果不如砂粒。砂粒外形不规则，有尖角和棱边，见图 6-9，这些都有利于清除氧化铁皮，但砂粒易碎也限制了其应用。丸粒直径选为 0.71（最大值，就是新的丸粒）~0.30mm（小于此值就过滤掉了）。不锈钢丸粒在水中不生锈，但价格高，不经济。碳钢丸粒经济，通过向水中加入高 pH 值的添加剂，可解决锈蚀问题，而且带钢表面粗糙度满足要求，丸粒对抛丸设备的磨损小。图 6-10 为湿式抛丸示意图。

（a）   （b）

图 6-9　湿式抛丸丸粒

（a）钢丸；（b）砂粒

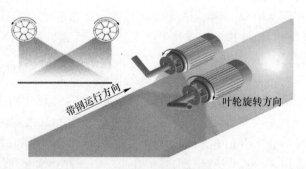

图 6-10　湿式抛丸示意图

6.3.3.3　EPS 生产线

图 6-11 为湿式抛丸处理线布置图。全线设备包括：钢卷存储架、钢卷上料架、开卷机、坯料清理台、剪机、矫直机、1 号湿式抛丸机、2 号湿式抛丸机、气刀擦干机、静电涂油机，以及卷取、卸卷、包装、浆料储槽、分离、过滤装置。整条生产线占地 30.5m×7.6m。处理宽度 1520mm 以下的热轧带钢速度可以

达到 40m/min。提高带钢运行速度，可继续增加抛丸单元；一组抛丸单元有上面 2 个、下面 2 个共 4 个抛丸头，分别处理上、下表面。

图 6-11   EPS 生产线布置图

6.3.3.4   EPS ALPHA 线的案例

第一条 EPS 线于 2007 年上半年开始运行，最初是用来试验 EPS 并优化其运行、控制参数的，自 2008 年起，EPS ALPHA 线进入商业运营，为客户处理热轧板，其最终产品具有不用上油、涂层、防锈等特点，可完全替代酸洗板。EPS 即可用于碳钢板，也可用于不锈钢板。

EPS 线的技术参数如下：

板材厚度：0.762~6.35mm；

卷材宽度：304.8~1879.6mm；

卷材重量：27000kg；

卷材外径：最大 2133.6mm；

卷材内径：609.6~889mm；

成品卷材内径：508~609.6mm；

最大屈服强度：550MPa（最大宽度）。

EPS ALPHA 线采用两个 EPS 单元，其年产量可达 144000t，内部集成辊压平整及拉伸平整单元，有 3 个等级的表面粗糙度标准，整条生产线只有 30m 长。EPS Beta 线每个 EPS 单元增加到 8 个砂浆喷射装置，并集成了除鳞和拉伸平整装置，使年产量达到 36 万吨。可处理厚度 9.525mm、宽度 1828.8mm 的卷材，生产线总长约 40m。为得到更低的表面粗糙度，在 EPS 后面同时增加了一个 SCS 单元，R_a 可达到 1.27μm。

6.4 机械法除氧化铁皮技术在冷轧带钢生产中的应用

带钢冷轧具有变形量大、表面要求高、后续需要再处理，例如，镀锌；批量大、成本控制要求高，成卷生产等一系列特点；适用于冷轧带钢用的热轧带钢氧化铁皮清洁清除技术目前还不成熟；实践已经证明常规喷丸除锈技术对氧化铁皮量大、要求进一步大变形的带钢生产是不可行的；CSC 和 EPC 技术尽管得到了较广泛应用，但其更强调清除热轧带钢或钢板表面的氧化铁皮并及时形成特种保护膜，直接深加工，且能达到 4 年以上的防锈效果；对大规模适用于冷轧带钢轧制，没有给出实例和推广；因此，不能证明其适用于冷轧带钢生产，更可能存在某种实实在在的技术瓶颈。目前，针对冷轧带钢用热轧带钢氧化铁皮清洁清除技术的研究和应用，我国主要有 2 种技术途径：一种以长沙矿冶研究院为主导的"高压水射流喷丸除氧化铁皮技术"；另一种以北京洋旺利新科技有限责任公司为主导的"反复弯曲+钢刷组合除氧化铁皮技术"。高压水射流喷丸除氧化铁皮、弯曲+钢刷除氧化铁皮两项免酸洗技术完全可以实现免酸洗去除带钢表面的铁锈，本章不再单独阐述。

6.4.1 高压水射流喷丸除氧化铁皮技术

长沙矿冶研究院在二十多年高压水射流抛丸技术及装备研究基础上研制的"冷轧带钢高压水射流喷丸绿色除氧化铁皮成套技术"目前已经在河北、天津、山东、福建等省得到了应用，清理领域涵盖了普通带钢、窄带钢和不锈钢。

6.4.1.1 高压水射流喷丸除氧化铁皮的基本原理

高压水射流喷丸除氧化铁皮是在纯水射流的基础上发展起来的，其实质就是在高压纯水射流中添加一定数量且具有一定质量和粒度的磨料粒子而形成的液固两相射流，该固液两相射流高速撞击和摩擦带钢表面，实现除锈的效果。磨料常为 $54° \sim 80°$ 的石榴石、石英砂、氧化铝、河沙、钢丸粒等。由于磨料水射流是将高速运动的水能量传递给磨粒，磨料的密度比水大 $2 \sim 6$ 倍，且带有棱角，从而大大提高了除锈效果和效率。

磨料水射流按照水与磨料的混合方式分为混合式与内混式，内混式又分为后混合式和前混合式。内混式适用于小面积除锈。

外混合式磨料水射流除锈喷射作用图见图 6-12。其特点是没有混合腔，磨料浆与高压水在空中混合。磨料浆与高压水从一个喷嘴内的不同管路分别喷出，在多股汇聚水射流的卷吸作用下，磨料浆被卷入水射流束中并获得动能，其后以水和浆的平均速度喷向预除锈的钢板。该方案适合大面积除锈，磨料为铁砂浆。图 6-13 为射流喷丸钢丸粒。

6.4.1.2 高压水射流喷丸除氧化铁皮生产线

图 6-14 为高压水射流喷丸除氧化铁皮生产线。

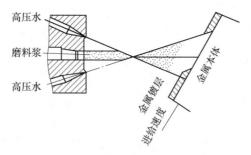

图 6-12 外混合式磨料水射流喷射作用图

图 6-13 射流喷丸钢丸粒

图 6-14 高压水射流喷丸除氧化铁皮生产线

高压水射流喷丸除氧化铁皮生产线一般还配有独立的反复弯曲除氧化铁皮准备生产线。

反复弯曲除氧化铁皮准备生产线其作用是通过弯曲装置把热轧带钢表面的氧化铁皮做预清理，降低高压水射流喷丸除氧化铁皮的工作量，降低成本和提高工作效率。该生产线设备包括：钢卷准备、上料小车、开卷机、导向辊、5~7辊弯曲装置、卷取机、卸卷小车等。生产线速度2~3m/s；生产线长度20~30m。

高压水射流喷丸除氧化铁皮生产线设备包括：钢卷存储架、钢卷上料架、开卷机、存料仓1、剪机、矫直机、高压水射流喷丸装置、夹送机1、存料仓2、夹送机2、卷取机、卸卷、包装，以及浆料储槽、分离、过滤装置、高压水泵站。整条线装机容量1200kW；生产线长度75m，可以处理宽度为300~520mm带钢，设计除氧化铁皮速度0.3~1.0m/s；运行成本85~100元/吨。

6.4.1.3　高压水射流喷丸除氧化铁皮技术现状及优缺点

高压水射流喷丸除氧化铁皮技术是目前我国应用最成熟的热轧带钢清洁除氧化铁皮技术，其产品表面质量达到了冷轧带钢要求，其处理后的带材表面质量见图6-15。

图6-15　高压水射流喷丸处理后带钢表面

高压水射流喷丸技术原理上与EPS技术相同，但是其为两相磨料提供动能的方式不同，前者利用高压水，后者利用高速旋转机构，因此其优缺点是一致的。

实际应用中，高压水射流喷丸除氧化铁皮技术存在如下不足：

（1）带钢表面硬化，造成轧辊损耗增加，应用厂家估算，辊耗与酸洗料比增加1/3；

（2）运行成本高，主要为丸粒损耗大、回收重新利用难度大；设备维修费用高，主要是高压泵和高压喷头易损坏；用电量大；

（3）不适用于大变形量轧制。

6.4.2　反复弯曲+钢刷组合除氧化铁皮技术

北京洋旺利新科技有限责任公司主导的"反复弯曲+钢辊刷组合除氧化铁皮

技术"于 2015 年在石家庄建成试验线; 2017 年在四川方鑫冷轧带钢有限公司建成生产线并实现批量生产。

6.4.2.1 反复弯曲+钢刷组合除氧化铁皮技术的基本原理

反复弯曲除氧化铁皮的理论依据是氧化铁皮的脆性远比金属基体高; 用辊轮使带钢反复弯曲, 在带钢表面产生延伸和压缩变形, 使氧化铁皮与金属基体剥离。

带钢表面应变由 $h/(D+h)$ (h 为带钢厚度, D 为弯曲辊直径) 确定; 一般讲, 去除氧化铁皮应变量应达到 6%~8%; 研究表明, 随伸长率增加残余氧化铁皮量减少; 同样伸长率, 反复弯曲的除氧化铁皮效果远大于单一拉伸, 特别是当伸长率小于 10% 时[8]。伸长率与残余氧化铁皮量的关系曲线见图 6-16。

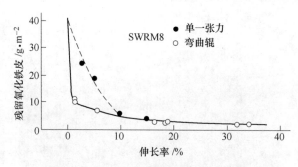

图 6-16 伸长率与残留氧化铁皮量的关系

在弯曲除氧化铁皮后, 带钢再进入喷水冷却和冲洗的钢刷清洗机组, 去除残余氧化铁皮。

6.4.2.2 窄带钢反复弯曲+钢刷组合除氧化铁皮生产线

窄带钢弯曲+钢刷组合除锈机组包括四部分核心设备: 弯曲机组、钢刷清洗机组、修磨机组、清洗和烘干机组。

弯曲机组通过 4~8 组反复弯曲辊, 可以清除氧化铁皮的绝大部分, 清除掉的氧化铁皮占总量的 98% 以上; 这部分氧化铁皮可以直接回收, 减少了废水处理, 提高了氧化铁皮的价值。

钢刷清洗机组由上表面钢刷和下表面钢刷构成; 钢刷的旋转方向与带钢运行方向相反, 采用循环水冷却, 循环水冲洗带钢表面; 循环水通过沉淀和过滤后重复使用; 根据要求配置不同钢刷数量, 以适应不同的生产线速度; 钢刷进给量自动控制。修磨机组是针对热轧窄带钢特定精整工艺特殊配置的, 主要解决由该工艺决定的带钢表面氧化铁皮组织和构成不同, 清除难易程度相差很大; 实现辊刷去除常规氧化铁皮, 修磨机去除难去除的氧化铁皮, 从而降低生产的综合成本。清洗和烘干机组的作用是对带钢表面残留氧化铁皮粉进一步清洗, 烘干带钢表面以利于存储。

　　图 6-17 为窄带钢弯曲+钢刷组合除氧化铁皮生产线；图 6-18 为弯曲除氧化铁皮机组；图 6-19 为钢刷清洗机组；图 6-20 为冷轧镀锌后的产品。

图 6-17　窄带钢弯曲+钢刷组合除氧化铁皮生产线

图 6-18　弯曲除氧化铁皮机组

图 6-19　钢刷清洗机组

　　生产线设备构成包括：开卷机、液压剪、焊机、储料仓、弯曲除氧化铁皮机组、矫平机、钢刷清洗机组、清洗烘干机组、修磨机组、张力辊组、卷取机、卸料车及废水净化处理系统、粉尘处理系统等。

图 6-20 冷轧镀锌后的产品

生产线主要技术参数：

带钢厚度：2.0~4.0mm；

宽度：300~520mm；

设计速度：最大 1m/s；

装机容量：550kW；

生产线长度：60m；

生产成本：55~60 元/吨带钢；

年产量：12 万吨。

6.4.2.3 弯曲+钢刷组合除氧化铁皮技术现状及优缺点

弯曲+钢刷组合除氧化铁皮技术具有运行成本低、维护简单、故障率低、污染小、氧化铁皮容易回收、产品适合于大变形量冷轧等一系列优点。

采用反复弯曲除氧化铁皮要求带钢表面氧化铁皮厚度满足一定要求，例如大于 20μm；氧化铁皮数量少，在后续缓冷过程中，共析反应生成难以机械去除的氧化铁皮 Fe_3O_4 的比例更高，这样的氧化铁皮构成不适合弯曲的方法去除。

研究表明，各类氧化铁皮与基体的附着力是不同的，附着力的大小一般用破坏力来衡量，附着力越大则破坏应力也就越大，附着力越小则破坏应力就越小。FeO 的破坏应力为 0.4MPa；Fe_3O_4 的破坏应力为 40MPa；Fe_2O_3 的破坏应力为 10MPa。

宽带钢机组由于高的轧制速度，带钢从精轧机到卷取机的时间一般为 4~6s；带钢张力卷取后内部在缺氧状态缓冷，其形成的氧化铁皮少且薄，最终氧化铁皮的构成主要是难以去除的 Fe_3O_4，因此，宽带钢机组目前的生产工艺，其产品不适合于弯曲+钢刷清洗工艺。

参 考 文 献

［1］张蕴辉. 酸洗废液制取复合亚铁的研究与应用［J］. 环境污染治理技术与设备，2003，4（9）：16-18.

［2］莫柄禄. 盐酸酸洗废液制备复合聚合氯化硫酸铁［J］. 环境保护科学，2002，113（20）：6-7，27.

［3］陈龙官，黄伟. 冷轧薄钢板酸洗工艺与设备［M］. 北京：冶金工业出版社，2005.

［4］林国宁. 钢铁化学酸洗除锈清洁生产过程［J］. 广东化工，2008，35（5）：56-60.

［5］Chen R Y, Yuen W Y D. Oxide-scale structure formed on commercial hot-rolled steel strip and formation mechanisms［J］. Oxidation of metals, 2001, 56 (1-2): 89-118.

［6］Chen R Y, Yuen W Y D. Review of the high-temperature oxidation of iron and carbon steels in air or oxygen［J］. Oxidation of Metals, 2002, 57 (1-2): 53-79.

［7］谷春阳，时晓光，张紫茵. 汽车大梁用热轧黑皮表面钢板 455L 的研制［J］. 轧钢，2009，26（2）：15-17.

［8］Jiro Tominaga, et al. Manufacture of wire rods with good descaling property trasactions［J］. ISIJ, 1982, 22 (647).

［9］Samways N L. Hydrogen descaling of hot band: acompetitor to acid picking［J］. Iron and Steel Maker, 2001 (11): 233-236.

［10］石杰，王德仁. 用 CO 还原热轧带钢表面氧化铁皮的研究［J］. 钢铁，2008，43（5）：89-92.

7 连铸坯凝固末端大压下技术与节能减排

连铸坯凝固末端大压下技术是近年发展起来的一种针对连铸坯凝固末端施加较大的压下量（通常大于 10mm），以显著减少铸坯凝固过程产生的中心疏松、缩孔和中心偏析等内部缺陷，从而显著改善铸坯质量、提高轧制产品的组织性能、成材率，并以较小的压缩比低成本生产高质量厚规格产品的冶金新技术。近年国内外的一些研发生产实践已经证明这是一项有利于节能减排的创新技术。

7.1 铸坯凝固缺陷概述

通常在铸坯内部，尤其是中心区域均存在不同程度的因凝固过程特性产生的缺陷-中心偏析、中心疏松和缩孔。中心偏析是指在铸坯凝固末端的固液两相区内的钢水因凝固收缩向中心聚集造成的化学元素分配不均，中心部位的 C、S、P 含量明显高于其他部位[1]，常在铸坯厚度中心最终凝固区域形成"V"字状周期性宏观偏析，所以又称为"V"偏析[2]。

由于溶质的积累，凝固后期铸坯内部液相穴末端部分溶质浓度很高，又因冷却速度的差异，铸坯各面树枝晶生长速度不同，在某一时刻部分树枝晶生长得较快一些，造成相对两面的树枝晶"搭桥"，并将液相穴的末端封闭起来，阻断了末端部分与其他液相的相互扩散，当桥下面的钢液继续凝固时，凝固桥将会阻止上部液态钢的补充，则下部区域形成富含溶质的"小钢锭"结构，于是形成了中心偏析。其过程如图 7-1 所示[3]，由于"晶桥"的形成是在连铸坯凝固过程中断续出现的，所以"小钢锭"结构也是断续出现的。因此连铸坯的整个凝固过程，可以看作是无数小钢锭断续凝固的结果。形成的偏析位于中心线附近，呈点状或线状。产生中心偏析的另一个原因是铸坯在结晶末期，液体向固体的转变过程伴随体积收缩而产生一定的空穴；铸坯的鼓肚使其心部同样产生空穴，这些在铸坯心部的空穴具有负压，致使富集了溶质元素的钢液被吸入心部，枝晶间富集溶质元素的钢液流动导致中心偏析[4]。

另外，在连铸坯纵向中心线上，经常会有一些小孔隙，这些在铸坯厚度中心凝固末端的枝晶间产生的微小空隙即为中心疏松。在连铸过程中，当凝固过程进行到一定程度时，一次枝晶间的二次枝晶相互搭接并将未凝固的液体包在其中，当两相区内的固相率达到一定数值时，两相区的凝固收缩则要表现为固体性质，

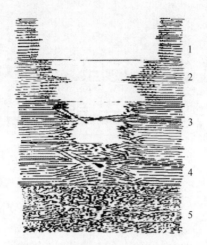

图 7-1　小钢锭结构形成示意图[3]

1—柱状晶均匀生长；2—某些柱状晶优先生长；3—柱状晶搭接成"桥"；

4—末端凝固伴随偏析和缩孔；5—铸坯最后的宏观结构

液体凝固体积收缩即会产生疏松。中心疏松也是"小钢锭"凝固模式的产物，因此它和中心偏析形成的机理大致相同。中心疏松和偏析通常相伴而生。根据对方坯的研究[5]，发现连铸坯柱状晶长度、中心疏松的形状以及中心偏析的程度，三者之间有严格的对应关系。当铸坯柱状晶不明显时，其中心部位的疏松较分散，中心偏析较轻微；当铸坯中有一定数量的柱状晶时，其中心部位出现微小的缩孔，中心偏析也加剧；当铸坯中柱状晶非常发达时，中心部位的疏松可发展成为中心缩孔，而且中心偏析十分严重。

7.2　国内外连铸坯凝固末端大压下技术进展与节能减排

针对连铸坯的中心偏析和疏松问题，通常的采取的解决方法有两方面：一是增大压缩比，即不断加大铸坯尺寸，如大型连铸板坯及矩形坯的厚度已超过400mm 或更大尺寸，或者采用真空复合焊接坯以及更大尺寸的大型铸锭。这样，在坯料制备及加工成形过程中因成材率低、工序长、设备更加庞大，将耗费更多的能量，不利于节能减排；另一方面，则采取电磁搅拌、软压下、轻压下等技术，这些技术在解决中心偏析缺陷方面收到了较好的效果，但在解决缩孔疏松缺陷上却收效甚微，于是，后来人们研发出连铸坯凝固末端大压下（或称重压下）技术，以着重解决缩孔、疏松缺陷问题。

日本住友金属公司于 2005 年在其鹿岛制铁所 2 号板坯连铸机开发出连铸坯疏松控制（Porosity Control of Casting Slab，PCCS）技术[6]，其基本原理是，在铸坯心部邻近凝固结束前（固相率：0.8~0.95）实施大压下，此时铸坯心部与表面温度差500℃左右，因此更容易将压下变形传递至高温心部，将心部疏松压合。图 7-2 为该技术的示意图，其中 SSC 技术为表面结构控制冷却技术（Surface Structure Control），用来防止表面横向裂纹的出现，成功制备 300mm ×2300mm 连铸坯，连铸速度为 0.55～0.60m/min，凝固末端压下量约为 10mm。连铸坯在后期轧制过程中采用 1.5～2.5 压下比即可满足探伤要求，生产厚度大于 100mm 高性能特厚板，用于工程机械、海洋钻井平台等工程领域。

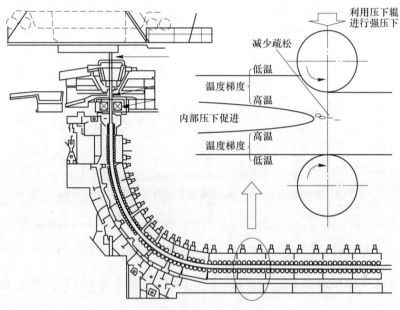

图 7-2　连铸坯疏松控制（PCCS）技术示意图[6]

图 7-3 为住友金属开发 PCCS 技术应用效果示意图。可以看到，采用传统连

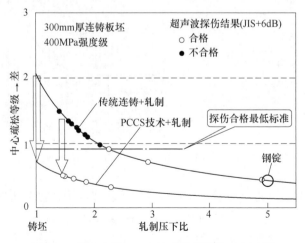

图 7-3　住友金属 PCCS 技术应用效果示意图[6]

铸+轧制工艺，轧制压下比要在2.2以上才能满足钢板探伤合格基本要求，要生产高性能要求特厚板，压下比要达到5左右，因此须采用大钢锭。而采用其开发的连铸凝固终点大压下技术（PCCS），可以有效愈合铸坯内部缩孔、疏松等缺陷；在铸坯中心固相率大于0.8时，实施大压下，并结合压缩比1.5~2.5轧制可生产出优质厚板。

图7-4为采用凝固末端大压下工艺后铸坯心部疏松体积的变化。可见，对于400MPa、500MPa及600MPa级钢实施大压下铸坯的疏松体积均显著小于常规铸坯。

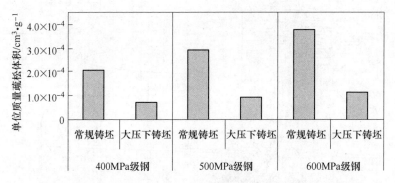

图7-4   采用凝固末端大压下工艺后铸坯心部疏松体积的变化[6]

图7-5为采用凝固末端大压下时中心固相率与铸坯疏松体积的关系[6]。

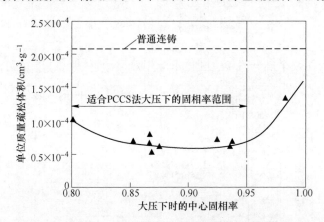

图7-5   大压下时中心固相率与铸坯疏松体积的关系[6]

韩国浦项钢铁公司报道了在其光阳制铁所新建厚板铸机采用的连铸凝固终点大压下技术，命名为PosHARP（POSCO heavy strand reduction process）[7]，图7-6为该技术方案的示意图。其开发的凝固大压下技术在1个或2个扇形段对铸坯实施压下；实施压下的辊道段开口度为收缩型；其中至少一对辊子要在铸坯心部固相率 0.8~1.0 时对铸坯加以大压下变形；压下量范围为 5~20mm。该技术的另一特点是：认为该技术对抑制铸坯中心偏析非常有效，其机理是当在凝固终点对铸坯实施大压下时，可将凝固前沿富含杂质钢水排挤出去，心部偏析甚至为"负值"。

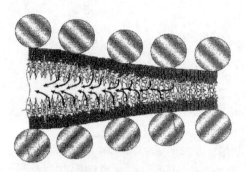

图 7-6 浦项钢铁公司 PosHARP 工艺示意图[7]

在连铸坯凝固中后期采用大的压下量（3~15mm）、压下速率（5~20mm/min）时，结合二冷电磁搅拌工艺，可以最大程度控制偏析，同时可以避免压下裂纹的出现。控制压下量和压下速率后，发现中心偏析、疏松、缩孔等情况得到明显改善，与传统轻压技术相比，使 300mm 板坯的孔隙度减少了三分之一，400mm 板坯中心偏析、疏松缺陷明显降低，如图 7-7 所示。采用 PosHARP 技术生产的 300mm 连铸坯经 TMCP 轧制成 120mm 厚板（SM490TMC），成功应用于555m 高（123 层）的釜山乐天世界大厦。图 7-8 为采用软压下和 PosHARP 技术的连铸坯中心疏松组织的比较[8]。

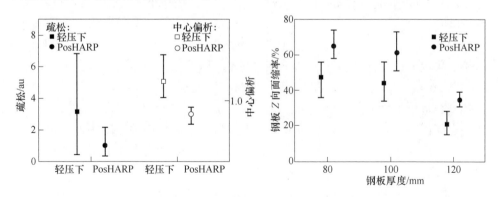

图 7-7 浦项 PosHARP 技术应用效果[7]

近年来，国内王新华、康永林、朱苗勇等在连铸坯凝固末端大压下（或重压下）方面开展了大量研究及应用工作[9-15]。王新华团队在 2012 年首先与新余钢铁公司开展合作，在新余钢铁公司的厚板铸机上利用原有的轻压下系统，进行了

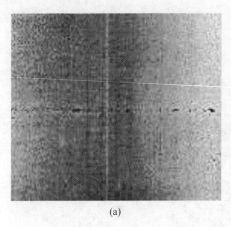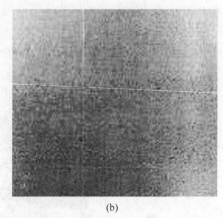

(a)   (b)

图 7-8 采用软压下和 PosHARP 技术的连铸坯中心组织的比较[8]
(a) 软压下；(b) 采用 PosHARP 技术

多次实施大压下技术试验。试验结果证实，当主压下段压下量增加至 9mm 时，300mm 铸坯中心疏松和偏析均大幅度降低，但由于采用原有轻压下系统，当凝固终点前移时，会出现压下量不足的情况。王新华、康永林团队同沙钢针对厚板坯连铸凝固末端大压下开展了相关数值模拟及实验研究，并同首钢开展特厚板坯（厚度 400mm）连铸凝固末端大压下装备及工艺研究与技术开发；朱苗勇团队同攀钢、河钢等开展了大方坯及厚板坯连铸凝固末端重压下技术及应用研究。

7.3 厚板坯连铸凝固末端大压下技术

已有研究指出，连铸板坯凝固末端大压下与传统轻压下相比，具有以下几方面的特点：

(1) 压下区间：与轻压下相比，凝固末端大压下在压下位置上有着明显的差别。采用传统轻压下技术，压下区域的固相率较低，如浦项的轻压下位置是 $f_s = 0.5 \sim 0.8$，认为当 $f_s > 0.8$ 时，固、液两相区已经基本上不发生流动了，也就是说剩余富集溶质的液相也不会流动了，无法改善偏析。而大压下工艺的压下位置是在凝固终点，在凝固终点采取大压下，破碎连铸坯心部已凝固的枝晶骨架，使其再次凝固，消除内部缺陷。采用数值模拟的方法研究认为压下位置 $f_s = 0.86$ 以后裂纹敏感性变得不明显，该点为凝固末端临界压下位置[15]。

(2) 总压下量：厚板坯连铸生产是通过采用拉矫机来实现凝固末端压下过程，属于典型的断续点压下过程，因此压下量成为凝固末端重压下过程的关键工艺参数[16]。理想条件下，铸坯凝固产生收缩，低固相区的钢液应不断补充至液心完成凝固补缩作用。然而，由于枝晶搭桥等导致的凝固末端钢液流动性变差，钢液无法完成铸坯的凝固补缩，从而形成中心疏松与缩孔缺陷。因此，凝固末端重压下量只有显著高于铸坯凝固补缩量才能达到提高铸坯致密度的工艺效果[13]。同时，压下量的确定还受钢种、板形和设备工艺的影响。

（3）压下率：轻压下的压下速率较低，如首秦2号连铸机针对320mm厚连铸坯的压下速率在0.85~1.0mm/m之间[17]，而凝固末端大压下的压下率较高，可达3~10mm/m。

为解决厚板坯连铸凝固中心疏松、缩孔等缺陷问题，康永林团队提出了一种全新的宽厚板坯连铸凝固末端大压下工艺与装备设计-大辊径大压下 BRHR（Big Roll Heavy Reduction），并结合某宽厚板坯连铸机扇形段进行了具体设计与技术开发[9]。图7-9为宽厚板坯连铸凝固末端大压下扇形段结构示意图，图7-10为大压下扇形段的压下辊、辅助辊及连铸坯的三维立体图。同现有板坯连铸机扇形段比较，其特点是：

（1）可进行一个扇形段或多段大压下，大压下辊的单道次压下量可达到20mm，板坯尺寸：（300~400）mm×2400mm；

（2）驱动辊（压下辊）为结构简单的大辊径整体辊，使其强度和刚度显著增大，更适合实施凝固末端大压下时的高载荷状态；

（3）采用大直径辊实施大压下有利于变形渗透到铸坯中心区域，对改善中心疏松及偏析有利；

（4）大压下辊及辅助辊分体拆装更换操作简单、维修工作量大大减少、备品备件消耗量显著减少。

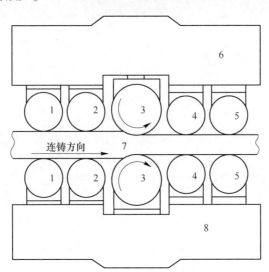

图7-9 BRHR 宽厚板坯连铸凝固末端大压下扇形段结构示意图[9]

1，2，4，5—从动辊；3—驱动辊（压下辊）；
6—上部框架；7—连铸坯；8—下部框架

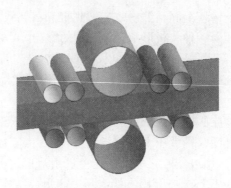

图 7-10 大压下扇形段压下辊、辅助辊及连铸坯的三维立体图

图 7-11 为采用大直径辊实施宽厚板坯连铸凝固末端大压下时变形渗透状态的数值模拟实例。

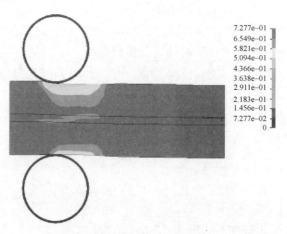

图 7-11 变形渗透状态的数值模拟实例

研发团队根据新的设计思想，在国内某宽厚板坯连铸线上完成了 BRHR 大压下扇形段的设计、加工、安装、调试，成功实施了 400mm 特厚板坯连铸凝固末端大压下生产性试验。图 7-12 为 Q345B 钢、厚度 400mm、宽度 2000mm 连铸坯凝固末端实施压下量分别为 0mm、10mm、20mm 时铸坯断面的低倍组织照片。该结果显示，随压下量的增加，铸坯中心区域的缩孔疏松明显减轻。

朱苗勇团队研究开发了宽厚板连铸坯重压下装备 DSHR（Dynamic Sequential Heavy Reduction）扇形段（见图 7-13）[14]。其特点是通过采用多段增强型紧凑扇形段 ECS 实施凝固末端重压下，单段压下最大 18mm。

图 7-14 为对 Q345 钢 280mm×1800mm 连铸坯实施重压下的中心致密度原位分析结果，可见改善效果明显，对铸坯内外弧的致密度改善效果不大[14]。

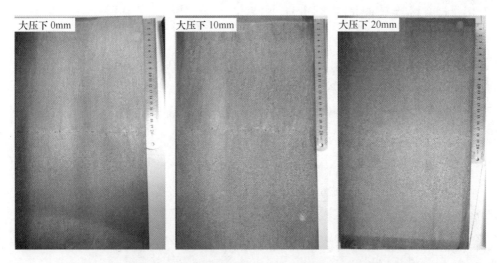

图 7-12　Q345B 钢、厚度 400mm、宽度 2000mm 连铸坯凝固末端
实施不同压下量时铸坯断面的低倍组织照片

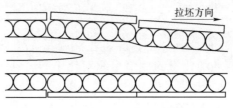

图 7-13　DSHR 扇形段[14]

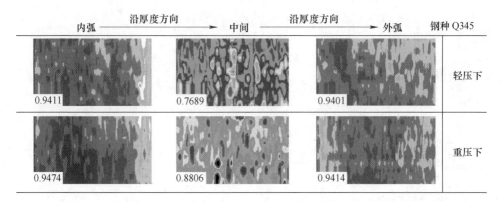

图 7-14　中心致密度原位分析结果[14]

7.4　大方坯连铸凝固末端大压下技术

在实施大方坯连铸凝固末端大压下过程中，大多通过空冷区拉矫机来完成，而拉矫辊的辊形很重要。日本新日铁及韩国浦项公司在大方坯连铸生产中采用了凸形辊进行凝固末端大压下[19,20]。图 7-15 为文献 [13] 采用的渐变曲率凸形辊结构示意图。

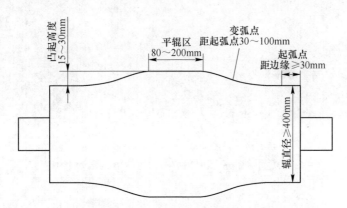

图 7-15　渐变曲率凸形辊结构示意图[13]

图 7-16 给出了对轴承钢 GCr15 连铸坯实施重压下的效果。铸坯尺寸为 370mm×490mm，从铸坯和轧材的低倍组织对比来看，通过实施重压下，对铸坯和轧材的内部质量改善起到了明显的效果。重压下实施后，轧制棒材中心疏松从原来的 2~2.5 级降至 1.0 级以内[13]。图 7-17 为对 360mm×450mm 断面车轴钢连铸坯实施轻压下和重压下的铸坯低倍质量对比。图 7-18 为对 370mm×490mm 断面重轨钢连铸坯实施轻压下和重压下的铸坯低倍质量对比[13]。从图 7-17 和图 7-18 可以看出，采用重压下工艺对改善中心疏松、提高致密度均有明显的效果。

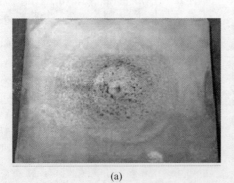

(a)

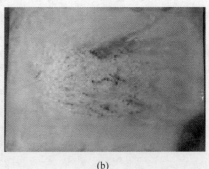

(b)

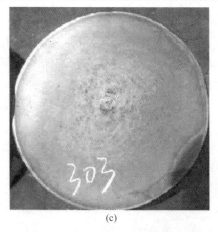
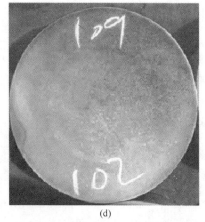

(c)　　　　　　　　　　　　　　　(d)

图 7-16　对轴承钢 GCr15 连铸坯实施重压下的效果[13]

（a）铸坯实施前；（b）铸坯实施后；（c）轧材实施前；（d）轧材实施后

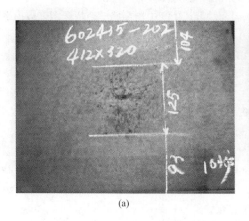
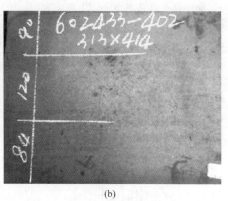

(a)　　　　　　　　　　　　　　　(b)

图 7-17　对车轴钢连铸坯实施轻压下和重压下的铸坯低倍质量对比[13]

（a）轻压下；（b）重压下

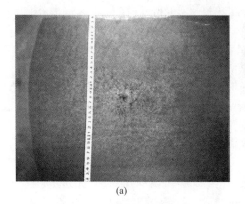

(a)　　　　　　　　　　　　　　　(b)

图 7-18　对重轨钢连铸坯实施轻压下和重压下的铸坯低倍质量对比[13]

（a）轻压下；（b）重压下

　　以上所述表明，连铸坯凝固末端大压下（重压下）技术对于改善铸坯疏松、偏析、提高致密度均起到了显著作用，是一项改善连铸坯内部质量，以较低的压缩比生产大断面高质量板材、棒材及型材的重要技术。该技术的发展与实施，不仅使利用现有厚板坯及大方坯连铸设备经局部改造就可以以低压缩比生产高质量特厚板及大规格棒材、型材成为可能，而且在提高成材率、节能减排方面也收到了良好的效果。

参 考 文 献

[1] Mazumdar S, Ray S K. Solidification control in continuous casting of steel [J]. Sadhana, 2001, 26 (1-2): 179-198.

[2] Mikio Suzuki, Makoto Suzuki, Masayuki Nakada, et al. 板坯中心偏析形成机理及 "轻压下" 技术的改善效果 [C]//2001 中国钢铁年会，北京，2001.

[3] 阮小江. 连铸轴承钢大方坯中心偏析的成因及对策 [R]. 中国金属学会特殊钢分会理事会、中国特钢企业协会行业科技中心，2003.

[4] 王平，马廷温，张鉴. 日本炉外精炼技术的现状 [J]. 钢铁，1993 (4)：68-72.

[5] 任吉堂，朱立光，王书桓. 连铸连轧理论与实践 [M]. 北京：冶金工业出版社，2002.

[6] 平城正，山中章裕，白丼善久，佐藤康弘，熊倉誠治. 高級極厚鋼板用新連續鑄造技術（PCCS 法）の開發 [J]. まてりあ，2009，48 (1)：20-22.

[7] C-H Yim, Y-M Won, et al. Continuous Cast Slab and Method for Manufacturing the Same [P]. US 2010/ 0296960, Nov. 25, 2010.

[8] Chang-Hee Yim, Jeong-Do Seo. ICS 2012, Oct. 1-3, 2012, Dresden, 2012.

[9] 康永林，王新华，朱国明，等. 连铸坯凝固末端大压下的连铸机扇形段及其大压下方法 [P]. ZL201410325414. 1.

[10] 康永林，王新华，朱国明，等. 一种板坯连铸机扇形段连铸辊的支撑结构 [P]. ZL201410331867. 5.

[11] 宇航. 连铸板坯凝固终点大压下三维数值模拟及实验研究 [D]. 北京：北京科技大学，2015

[12] 康永林，王新华，朱国明，等. 特许第 6541043 号，連続鑄造スラブ凝固端に位置する高圧下装置及びその高圧圧下方法 [P]. 2019-06-21.

[13] 朱苗勇，祭程. 连铸大方坯凝固末端重压下技术及其应用 [C]//中国金属学会，宝钢集团有限公司. 第十届中国钢铁年会暨第六届宝钢学术年会论文集. 北京：冶金工业出版社，2015：8.

[14] 朱苗勇，祭程. 连铸重压下技术研究及其应用 [C]//中国金属学会. 第十一届中国钢铁年会论文集—S02. 炼钢与连铸. 北京：冶金工业出版社，2017：7.

[15] 赵新凯，李旭，王元宁，张炯明. 特厚板用连铸坯凝固末端大压下有限元分析 [C]//中国金属学会. 第九届中国钢铁年会论文集. 北京：冶金工业出版社，2013：5.

[16] Furuyama H, Arii S, Mori A, et al. Analysis and application of soft reduction amount for

bloom continuous casting process [J]. Transactions of the Iron & Steel Institute of Japan, 2014, 54 (3): 504-510.

[17] 逯洲威, 蔡开科. 薄板坯连铸液芯铸轧过程铸坯的应力应变分析 [J]. 北京科技大学学报, 2000 (4): 303-306.

[18] 祭程, 朱苗勇. 大断面连铸坯凝固末端重压下新工艺开发及其应用 [C]//薛群基. 中国工程院化工、冶金与材料工程第十一届学术会议论文集. 北京: 化学工业出版社, 2016: 547-552.

[19] Masaya Takubo, Yukihiro Matsuoka, Yasuaki Miura, et al. NSENGI's new developed bloom continuous casting technology for improving internal quality of special bar quality (NS Bloom large reduction) [C]//2015 连铸装备的技术创新和精细化生产技术交流会. 西安:《连铸》杂志编辑部, 2015: 307-318.

[20] Chang Ho Moon, Kyung Shik Oh, Joo Dong Lee, et al. Effect of the roll surface profile on centerline segregation in soft reduction process [J]. ISIJ, International, 2012, 52 (7): 1266-1272.

8 小方坯免加热直轧节能减排技术

8.1 直接轧制技术发展及免加热直接轧制技术的基本原理

国内外的钢铁企业进行了许多无加热炉的直接轧制生产技术探索。直接轧制技术推动了钢厂炼、铸、轧流程一体化生产，促进了钢铁企业的连续化及低能耗生产技术的发展，有利于提高产品质量的稳定性，具有很明显的优越性[1]。

美国诺福克钢厂是世界上第一批实现直接轧制工艺的工厂之一。它有两个厂分别采用加热炉的热送热装工艺和无加热炉的直接轧制技术。其中，直接轧制厂采用感应加热装置进行加热。连铸坯在感应加热器中从915℃加热到1250℃然后开轧，感应加热耗时50s。该厂直接轧制率可以达到85%~90%，产品成材率在93%以上。直接轧制工厂相比另一传统加热炉热送热装分厂，吨钢可节约成本40元[2~5]。

意大利DANIELI公司在ABS厂开发一种无头连铸连轧特钢及普钢长型材生产流程ECR。主要包括高速连铸机（浇铸速度3~6m/min），铸坯断面200mm×160mm，两个淬火水箱，125m长的辊底隧道式均热炉，17架连轧机，控制冷却，冷床，卷取机等。产品是棒材圆钢20~100mm、方钢40~100mm，棒卷 $\phi15$~50mm，年产50万吨能力[6]。

DANIELI公司的无头连铸连轧工艺（ERC）是接近直接轧制的一种工艺。无头连铸连轧是指把高速连铸机和轧机直接相连，中间辅助以均热设备设施，如果需要，采用感应加热对连铸坯进行补热，从而使连铸和轧钢保持连续生产[7]。

日本神户制钢于2008年起研究了直接轧制技术，并且取得了很好的效果。神户制钢追求了铸轧设备间约140m长的辊道上高速送坯，辊道中导辊的转速很快，容易造成铸坯与辊道的碰撞滑移；同时，轧辊和轧件之间的冲击很容易损坏设备。因此采用控制器，合理化控制辊道起点、终点以及运送过程中的辊速配比，减少了滑移，缓和了冲击，并且运送速度最快达到了4m/s。铸坯切断后平均120s就可以送到粗轧机前，温降可以控制在50℃范围内[8]。

近几年，免加热直接轧制技术成功的运用于国内的一些中小型企业，并且取得了一定的经济效益。2011年，鞍山兴华钢厂进行了免加热直接轧制技术生产线改造。车间布置十分紧凑，连铸机与轧机相距46m，处于同一条线上，连铸方坯尺寸为120mm×120mm，切断后直接送到粗轧机前，进粗轧机前铸坯的表面温度在850℃以上，同时心部温度可达1050℃以上。经往复轧制5个道次，轧制成

55mm×55mm 中间坯，由液压剪切头后，送入 6 架中轧机组和 6 架精轧机组，轧成 12~16mm 的带肋钢筋，再由成品飞剪切成倍尺，送入 60m 长的齿条式步进冷床，最后在精整线上打捆、包装。节约了能源，提高了成材率，取得了一定的经济效益[9]。虽然免加热直接轧制在国内已经逐步开始运用起来，但是由于我国的直接轧制技术起步时间较晚，许多企业及用户仍然不了解。

小方坯免加热直接轧制技术则是充分利用方坯连铸切断后的余热，把方坯快速输送到第一架粗轧机前，直接进行热轧的技术。由于在连铸和轧钢的衔接界面取消了加热炉和方坯感应补热装置，极大地降低了轧钢工序的能耗，大幅度降低了二氧化碳的排放。

免加热直接轧制技术具有如下基本特点：

（1）方坯开轧温度介于常规轧制与低温轧制之间，随着轧制过程进行，由于变形热作用，这三者的温度偏差逐渐缩小，其终轧温度相差不大；

（2）方坯中心温度高，表面温度低。在粗轧道次因方坯内部软、外部硬有利于压合内部缺陷，提高产品质量。

免加热直接轧制工艺与传统的冷装工艺相比，具有许多明显优点[10,11]：

（1）降低能耗：直接轧制工艺可以利用连铸坯出连铸机时的热量，相比热装和冷装的再加热过程，可以节约巨大的能耗。直接轧制工艺相比冷装炉工艺，可以降低大约 1/2 的能耗，节能降耗的效果显著。

（2）提高成材率：传统工艺中连铸坯经历了高温到低温，再进入加热炉加热均温等一系列过程，过程中连铸坯表面产生大量的氧化铁皮。而直接轧制工艺可以大幅度降低生产过程中的氧化铁皮，从而也就降低了材料损耗，提高了成材率。直接轧制可使成材率提高 0.5%~1.0%。

（3）直接轧制工艺中没有加热炉，减少了设备以及厂房空间的占用，降低了设备和占地成本。

（4）直接轧制工艺是炼钢、连铸、轧钢一体化的生产工艺，总体生产周期大大的缩短。

由上述比较可以知道，免加热直接轧制工艺最明显的特点是大大降低了能耗、缩短了生产周期，提高了成材率，降低了成本，有利于环境保护。直接轧制技术将成为今后钢铁冶金行业重要发展方向之一。

8.2 免加热直接轧制工艺技术

免加热直接轧制工艺关键控制技术包括：高速连铸恒温出坯、连铸-轧钢工序高效衔接、低温控制轧制和产品性能稳定性控制。连铸高温出坯技术主要涉及拉速控制、浇铸温度控制、二冷配水控制、铸坯切断形式等方面；连铸-轧钢界面的衔接技术要求对输送滚动进行优化改造和布置形式进行重新调整，以适应更快节奏的免加热直接轧制生产；低温控制轧制技术保证了免加热直接轧制过程中轧机的负荷满足要求，达到产品质量稳定的要求。

8.2.1 高速连铸的恒温出坯技术

（1）拉速对方坯出坯温度的影响：拉速对方坯温度分布的影响很大。以某钢厂为例，断面尺寸150mm×150mm，在冷却水120L/min一定的情况下，拉速由1.8m/min提高到3.0m/min时，铸坯温度的变化规律，如图8-1所示。铸坯出结晶器以后，不同拉速条件下钢坯表面温度回升量基本相同，约120℃，然后经过二冷区，回升温度范围相对较小，约100℃。随着冷却的进一步进行，到浇铸15min位置时，铸坯表面温度高低与拉速基本成正比，即拉速每升高0.4m/min，铸坯表面温度升高约50℃。

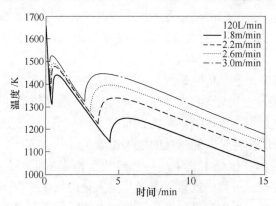

图8-1 拉速对方坯表面温度分布的影响

拉速对凝固末端位置的影响，当其他条件相同时，凝固时间一定，随着拉速的升高，凝固末端延长，延长量与拉速成正比，如图8-2和图8-3所示。

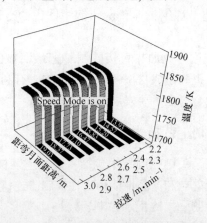

图8-2 连铸拉速与凝固末端的三维图示

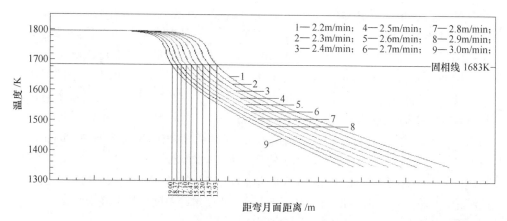

图 8-3 连铸拉速与凝固末端的二维图示

（2）浇铸温度对铸坯出坯温度的影响：浇铸温度对铸坯质量影响很大，在不影响连续浇铸的情况下常采用低过热度浇铸。直接轧制连铸坯对钢坯温度的要求比较高，温度波动范围不宜过大，因此在连铸过程中要求浇铸钢水温度波动范围不宜过大，应控制在 10℃ 以内，浇铸过热度应控制在 25℃ 左右。

（3）二冷对铸坯出坯温度的影响：二冷强度对铸坯温度分布有直接影响。图 8-4 显示了在拉速 2.2m/min 一定的情况下，不同二冷水量对铸坯表面温度分布的影响。铸坯出结晶器以后，钢坯表面温度回升很大，150~220℃（二冷水量越小，回升越大），铸坯表面与内部的温度梯度减小，然后经过二次冷却区，回升温度范围较小，50~75℃。随着冷却的进一步进行，小水量（40L/min）冷却铸坯表面温降速率明显较低，到浇铸 15min 位置，铸坯表面温度比其他两种冷却条件高 170~200℃。

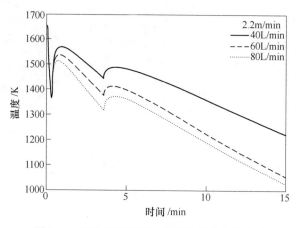

图 8-4 二冷强度对铸坯表面温度分布的影响

（4）铸坯角部形状对铸坯出坯温度的影响：在连铸过程中，铸坯角部温度较低，铸坯表面温差达到150℃以上，对轧制过程影响较大，这里我们采用不同半径圆角设计，以求改变角部换热形式，从而达到提高角部温度目的。

图8-5显示了以2.2m/min的拉速浇铸15min时不同角部圆角半径条件下铸坯表面及角部温度分布。由图可以看出随着角部圆角半径的增大，铸坯温度明显升高，特别是铸坯角部温度。圆角半径每增加5mm，角部温度增加量将近75℃。当角部半径增加到20~30mm时，增加量才有所降低。当角部半径增加到35mm以上时，增加量明显减小，图8-6显示了铸坯表面与角部温差分布。根据以上温度变化规律以及直接轧制连铸坯对钢坯表面温差不超过50℃的轧制要求我们可以得出这样的结论：圆角半径为铸坯断面15%~25%时，铸坯角部温度增加量最为明显。

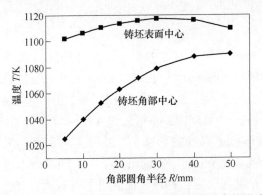

图8-5　圆角半径对铸坯表面及角部温度分布的影响

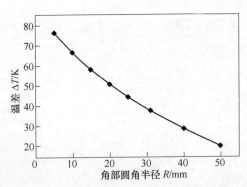

图8-6　不同圆角半径条件下铸坯表面与角部温差分布

（5）切割方式对铸坯出坯温度的影响：当铸坯出二冷区后，其铸坯的余热利用率与时间成反比，其关系符合如下公式：

$$E_\mathrm{T} = \frac{1}{\alpha}t \tag{8-1}$$

式中，E_T 为铸坯出二冷区后的余热利用率；t 为时间；α 为关系系数。

从上式可以看出，铸坯从出二冷区开始到进入第一架粗轧机为止，所需总时间越短，其铸坯余热利用率越高。铸坯的切割方式对上述时间的影响很大。常见的切割有两种方式：（1）火焰式切割；（2）机械式切割。

对于火焰式切割，一般完成一次切割需要 40～60s。根据传热学理论可知，在单位时间内，铸坯表面温度越高，其温降速度越快。铸坯在高温状态下，应尽量减少切断所需时间，来提高铸坯余热的利用率。从这点来看，使用火焰切割方式并不能更加高效的利用铸坯余热。

对于机械式切割，一般完成一次切割需要 4～6s。单从时间因素考虑，采用液压剪可以有效提高铸坯的余热利用率。

综上所述，对于小方坯免加热直接轧制技术，优先考虑采用机械式切割为宜。

8.2.2　方坯连铸和轧钢过程的衔接技术

由于传统长流程工艺的特点，大多数钢铁企业的连铸机与轧机的距离较远，连铸生产线与轧钢生产线的空间布置不尽相同。传统的铸轧衔接输送过程输送缓慢，温度控制不严格，无法满足小方坯免加热直接轧制技术的需要。所以方坯连铸和轧钢过程的衔接方式显得尤为重要。

东北大学刘相华课题组对小方坯免加热直接轧制中的衔接技术也做了大量分析研究，提出了对新建生产线和改造现有生产线的一些布置方式[12]。

（1）近距离 I 字型布置（图 8-7）：该布置方式适合连铸机与轧线在一条水平线上时。这种布置方式的送坯路径最短、时间最省。

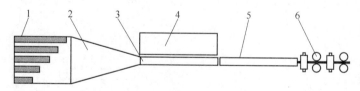

图 8-7　无加热炉近距离 I 字型布置

1—切割后料台；2—并轨辊道；3—送坯缓冲区；4—剔坯台架；5—机前辊道；6—粗轧机组

（2）中距离 b 字型布置（图 8-8）：考虑到产能匹配、轧制特殊钢种，以及消化剔除冷坯等方面的因素，仍有可能在生产线上选配加热炉，这种布置方式具有较好的可操控性。

（3）改造现有生产线连铸与轧机之间的连接方式：为了更好地适应一般棒线材生产厂家铸机与轧机不在一条线上的状况，可采用 Z 型布置（图 8-9）。

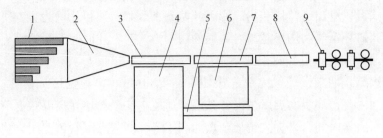

图 8-8   带有备用加热炉的中距离 b 字型平面布置

1—切割后料台；2—并轨辊道；3—送坯缓冲区；4—移坯机；5—装炉辊道；

6—加热炉；7—出炉辊道；8—机前辊道；9—粗轧机组

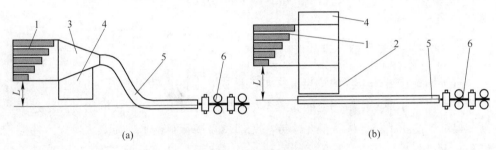

(a)   (b)

图 8-9   Z 型平面布置

(a) 并轨转弯辊道方式；(b) 移坯机方式

1—切割后料台；2—移坯机；3—并轨辊道；4—剔坯区；5—高速辊道；6—粗轧机组

有些传统棒线材生产线的铸机与轧机之间呈垂直 90°布置时，可以考虑采用 L 型布置，如图 8-10 所示。

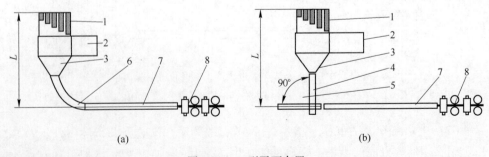

(a)   (b)

图 8-10   L 型平面布置

(a) 并轨转弯辊道方式；(b) 转钢机方式

1—切割后料台；2—缓冲剔坯区；3—并轨辊道；4—旋转辊道；5—转钢机；

6—转弯辊道；7—高速送坯辊道；8—粗轧机组

个别传统棒线材生产线的铸机与轧机呈 180° 布置，此时可考虑采用 U 型布置（见图 8-11）。

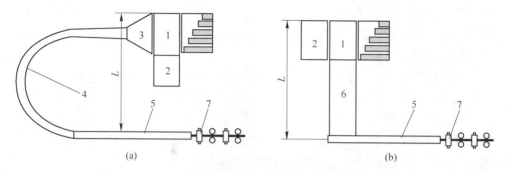

图 8-11　U 型平面布置

（a）并轨转弯辊道方式；（b）横移方式

1—切割后料台；2—剔坯区；3—并轨辊道；4—转弯辊道；5—直送辊道；6—移坯机；7—粗轧机组

（4）现场举例说明：为了更好的理解连铸-轧钢界面的输送过程的工艺布置，下面对某厂进行连铸-轧钢界面的输送过程的工艺优化和分析。该厂的连铸与轧钢生产线布置如图 8-12 所示，生产效率较低，所以在使用小方坯免加热直接轧制技术时需要对其衔接部分进行优化。根据该厂的现场情况，具体的改造方案如下：

1）直斜坡辊道输送。设计直斜坡辊道方案，考虑场地因素，方案如图 8-13

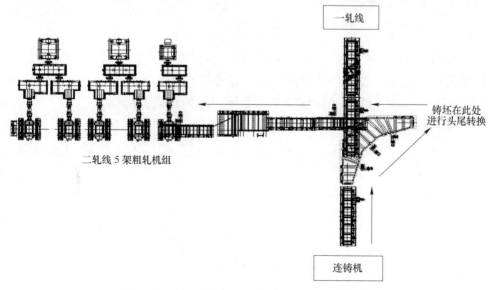

图 8-12　某厂连铸与轧钢衔接部分的工艺布置图

所示，采用转盘控制连铸坯转向。考虑转盘回转半径 5.5m 空间，并采用直斜坡辊道使铸坯在 48m 内提升 5m 高度，经计算，斜坡角度大约为 5.94°，tan5.94° = 0.104。斜坡辊道限制要求 tanα ≤ μ，μ 取值 0.1~0.3。μ 受铸坯材质、温度影响，该厂实际生产时，根据经验，红热连铸坯与辊道摩擦因数在 0.2~0.3 之间，连铸坯可以运送，但是所留的余量并不多。

计算连铸坯由 A 点进转盘前到 B 点进感应加热前的时间。其中，转盘的旋转速度为 1r/min，转 90° 时间为 15s，两个转盘共 30s；辊道 A 到 B 点长度 103m，由于辊道传送速度为 0.15~1.5m/s，为减少铸坯散热，选择速度为 1.5m/s，辊道传送时间 103/1.5 = 69s。进感应加热炉前约 10m 仍散热大概 15s。从点 A 到进感应加热炉的总散热时间为：30+69+15 = 114s。

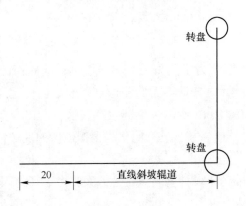

图 8-13   直斜坡辊道设计方案示意图（单位 m）

2）弧形斜坡辊道。设计弧形斜坡辊道，根据现场场地情况，并参考直斜坡辊道坡度，希望加长斜坡的长度等因素，设计弧形斜坡辊道如图 8-14 所示，其中斜坡辊道由半径 22m 的弧形斜坡以及长度 31m 的直斜坡组成。

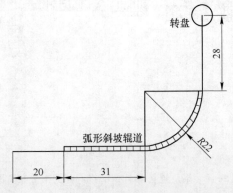

图 8-14   弧形斜坡辊道方案示意图（单位 m）

考虑弧形半径与辊宽配合、纯滚动等，弧形辊道具体参数如表8-1所示。

表8-1　弧形辊道具体参数

弧形辊道半径 R/mm	理论辊道宽度 B/mm	单边余量 /mm	设计辊宽 /mm	设计辊径 D_{max} /mm	设计辊径 D_{min}/mm
22000	566.4	216.8	900	300	288

弧形辊道的辊子数量以及相应参数如表8-2所示。

表8-2　弧形辊道辊子数量以及参数

弧形辊道半径 R/mm	辊间角度/(°)	辊中点间距/mm	辊子个数
22000	3	1152	31

弧形斜坡辊道设计方案中，斜坡总长度为65m，在65m长度下提升5m，经计算斜坡角度大约4.4°，tan4.4° = 0.077。斜坡辊道限制要求 tan$\alpha \leqslant \mu$，μ 取值 0.1~0.3。根据经验，红热连铸坯与辊道摩擦因数在0.2~0.3之间，连铸坯可以运送且有较多余量。

计算连铸坯由 A 点进转盘前到 B 点进感应加热前的时间。其中，转盘的旋转速度为1r/min，转90°时间为15s。辊道总长93m，运送时间93/1.5 = 62s，外加进感应加热炉前仍散热15s，从点 A 到进感应加热炉的总散热时间为：15+62+15 = 92s。

3）提升机方案。设计提升机加转盘的方案，方案如图8-15所示，在 B 点前添加提升机，将连铸坯提升5m，然后进入感应加热设备。

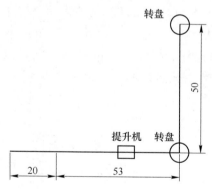

图8-15　提升机加转盘方案示意图（单位 m）

计算该设计方案时间。两个转盘用时30s；辊道总长103m，时间103/1.5 = 69s。提升机提升速度为0.1~0.5m/s，提升5m时间预计为20s。进感应加热炉前约10m仍散热大概15s，总散热时间为：30+69+20+15 = 134s。

4）设计方案总结。可以看出，直斜坡辊道方案、弧形斜坡辊道方案、提升机方案都有一定的可行性。从传送时间考虑。其传送时间即连铸坯散热时间总结为表8-3。

表8-3   各方案传送时间

方案名称	用时/s
直斜坡辊道方案	114
弧形斜坡辊道方案	92
提升机方案	134

显然弧形斜坡辊道方案中连铸坯散热时间最短，并且其传送的连贯性更好，直斜坡辊道及提升机方案中，连铸坯上下转盘、提升机等设备，设备的启停等，都会消耗更多的时间。该时间计算中，考虑连铸坯切断到进入第一个转盘大约用时100s，将以上计算时间加100s，为连铸坯切断到进感应加热时间。

由于此设计为直接轧制连铸坯改造方案，车间原有辊道设备可以利用。采用直斜坡辊道方案以及提升机方案，可以利用部分原始辊道，施工量较少，同时占用空间较少。而弧形斜坡辊道占用空间较大，施工难度也较高。同时，提升机方案可以选用钢厂原有的用于提升连铸坯的提升机，经济效益较高。

8.2.3 低温控制轧制技术

轧机控温轧制是小方坯免加热直接轧制技术最终能否成功的关键因素之一，其中轧机控温轧制技术主要涉及铸坯温度波动对轧机轧制力和产品质量的影响，以及产品尺寸精度控制等。

8.2.3.1 铸坯温度波动对高刚度轧制的影响

A   轧机轧制力的校核计算

型钢及线材生产过程轧制力能参数的计算，通常使用S. 艾克隆德公式。S. 艾克隆德公式适用条件：轧温≥800℃，轧材为碳钢（$w(Mn) \leqslant 1\%$，$w(Cr) \leqslant 2\% \sim 3\%$），轧速不大于20m/s。

平均单位压力公式为：

$$\bar{p} = (1 + m)(K + \dot{\bar{\varepsilon}} \cdot \eta) \tag{8-2}$$

其中：

$$m = \frac{1.6f\sqrt{R\Delta h} - 1.2\Delta h}{H + h}$$

$$K = 9.8(14 - 0.01t)[1.4 + w(C) + w(Mn) + 0.3w(Cr)]$$

$$\dot{\bar{\varepsilon}} = \frac{2v\sqrt{\dfrac{\Delta h}{R}}}{H + h}$$

$$\eta = 0.1(14 - 0.01t)c$$

轧制力：

$$P = \bar{p}F = \bar{p}\,\bar{b}\sqrt{R\Delta h} \tag{8-3}$$

轧制力矩：

$$M = 2P\varphi\sqrt{R\Delta h} \tag{8-4}$$

轧制力矩：

$$M = 2P\varphi\sqrt{R\Delta h} \tag{8-5}$$

附加摩擦力矩：

$$M_f = \frac{M_{f1}}{i\eta_1} + \left(\frac{1}{\eta_1} - 1\right)\frac{M}{i} = \frac{Pd_1\mu_1}{i\eta_1} + \left(\frac{1}{\eta_1} - 1\right)\frac{M}{i} \tag{8-6}$$

空转力矩：

$$M_K = (0.03 \sim 0.06) \times M_C = (0.03 \sim 0.06)\frac{30P_C}{\pi n_C} \tag{8-7}$$

静力矩：

$$M_j = \frac{M}{i} + M_f + M_K = \frac{M_{f1} + M}{i \cdot \eta_1} + M_K \tag{8-8}$$

电机额定力矩与额定功率的关系：

$$M_C = \frac{30P_C}{\pi n_C} \tag{8-9}$$

其中 M_j 与 M_C 之间的关系应满足 $M_j \leqslant M_C$。

B 开轧温度对轧机轧制力的影响

温度是对金属变形抗力影响最为明显的因素之一，当变形温度升高时，金属的变形抗力是呈降低趋势的。因为随着变形温度的提高，热激活作用增强，金属原子的热振动加强，原子的热振幅增大，降低了滑移阻力，使晶界更加容易滑动，可以有效地促进材料的塑性变形，增加了非晶扩散和晶间的黏性流动能力，使得变形抗力大大降低。同时，在较高的温度下，材料会发生动态回复以及动态再结晶行为，弱化了因为塑性变形所引起的加工硬化现象，降低了其变形抗力，最后，金属的组织会随着变形温度的改变而改变，其变化规律也不一样。不同的变形温度会促使金属的组织和结构发生巨大的变化，可能会使塑性不利的晶格朝着塑性良好的方向发展。

工程上计算轧制力的简化计算公式如下：

$$P = K_m \cdot F_d \cdot Q \tag{8-10}$$

式中，K_m 为平均变形抗力；F_d 为接触投影面积；Q 为各道次孔型的载荷系数。

由上述公式可以知道，不同温度下的 F_d 和 Q 是相同的，只有平均变形抗力 K_m 是变化的。这里以最常见的 HRB400 钢为例对其变形抗力分析。

为了建立适用于 HRB400 钢的变形抗力数学模型，以便能够准确地计算出

HRB400 钢在轧制过程中的力能参数，采用 Gleeble-1500D 型热模拟试验机，在实验室对 HRB400 钢进行不同变形温度、不同变形速率和不同变形程度的压缩实验，得到其真应力-真应变曲线。

HRB400 钢不同应变速率下的不同温度的应力-应变曲线如图 8-16 所示，从图中可以看出，无论变形速率大小，HRB400 的变形抗力都是随着温度的升高而显著降低的。由于现场生产变形速率较大，因此选取图 8-16（c）进行分析。选取现场生产中 3 种开轧温度，分别为 1050℃、950℃、850℃ 三种情况，其相应的变形抗力为 112MPa、150MPa、188MPa。根据前面的轧制力计算公式，开轧温度在 850~1050℃ 之间，相比于正常开轧温度（1050℃），温度每降低 100℃，轧制力提高 33%，近似线性规律。但是，热模拟机实验的变形速率相对正常生产较低，虽然不能准确地反映轧制力的大小，但是可以较好地反映各种变形规律。

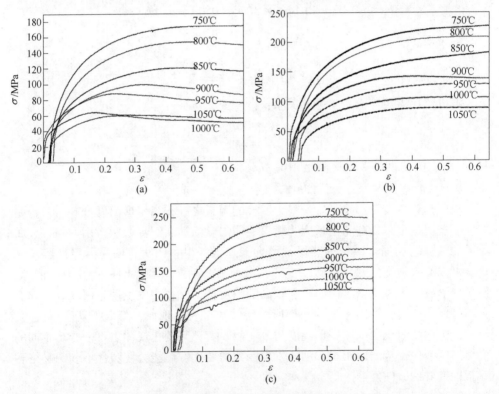

图 8-16 不同变形速率下 HRB400 钢的真应力-真应变曲线

(a) $0.05s^{-1}$；(b) $1s^{-1}$；(c) $5s^{-1}$

我们同样选取某厂现场生产中 3 种开轧温度，分别是 1050℃、950℃、850℃ 三种情况。为了计算方便，我们只对粗轧第一道次进行分析，轧辊转速为 12r/min，轧制速度为 0.355m/s，铸坯尺寸为 150mm×150mm。粗轧第一道次的孔型尺寸如图 8-17 所示。

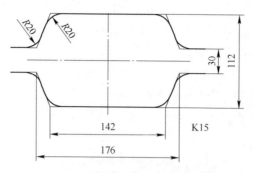

图 8-17　粗轧第一道次的轧辊孔型图

图 8-18 为 1050℃、950℃、850℃三种温度粗轧轧制过程中的等效应力云

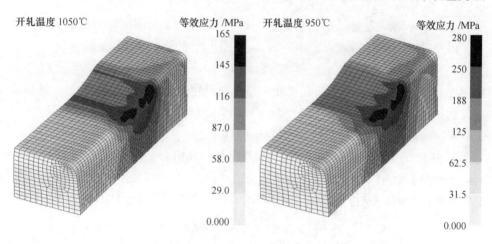

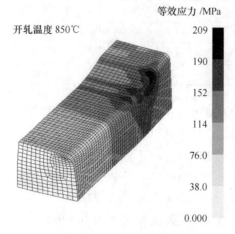

图 8-18　不同温度粗轧开轧的等效应力云图

图，从图中可以看出随着轧制温度的降低，最大等效应力逐渐增加。三种温度下轧制产生的最大等效应力分别为 165MPa、209MPa、280MPa，开轧温度从1050℃下降到950℃，轧制力提高了27%，而开轧温度从950℃下降到850℃时，轧制提高了34%。由于有限元计算可以采用比较大的变形速率，真实地反映现场生产过程中的变形情况。这个结果与前面热模拟实验的结果基本一致。因此，在850～1050℃的开轧温度范围内，随着开轧温度的降低，轧制力逐渐增加，温度每降低100℃，轧制力提高约30%。所以，高刚度轧制工艺需要合理利用轧机力能参数。

8.2.3.2 开轧温度对于产品微观组织的影响

相比传统轧制，直接轧制的铸坯不经过加热炉，开轧表面温度较低，心部与表面的温差在100℃以上，铸坯心部和表面温差较大，头中尾也有一定的温差。这些特征使得方坯直接轧制相比传统轧制在产品组织性能控制方面产生了一些新的特点。现以某厂为例探究了免加热直接轧制工艺产品的组织性能特点、时效特点，以及开轧温度（铸坯表面中部温度，下同）对产品性能质量的影响[13]。在直接轧制试验生产线上，连铸坯规格为 150mm×150mm×6m，产品牌号为HRB400，规格 φ28mm。连铸坯切断后经过快速辊道，运送至粗轧机前，进粗轧前无加热补热装置，开轧温度为 950～1000℃，经过 5 架粗轧及 6 架精轧机组，之后经过两段穿水快冷，上冷床温度为 700℃。

图 8-19 为不同开轧温度下产品的显微组织，分别为 1 号、4 号、6 号铸坯头部对应的产品金相组织（位置取自直径四分之一处，中心与四分之一处有微小差别，晶粒度差别在 0.5 左右）。表 8-4 为不同开轧温度下产品中铁素体晶粒尺寸和比例。

表 8-4   不同开轧温度下产品中铁素体晶粒尺寸和比例

铸坯编号	进粗轧温度/℃	晶粒尺寸/μm	铁素体比例/%
1 号	1000	7.86	71.5
4 号	945	7.27	65.5
6 号	900	6.92	62.9

直接轧制不同开轧温度产品显微组织由铁素体和珠光体组成。当开轧温度为1000℃时，显微组织由铁素体和珠光体组成，铁素体晶粒尺寸为 7.86μm，同时铁素体所占比例（面积分数，下同）为 71.5%；当进粗轧温度降低时，可见铁素体晶粒尺寸减小，图 8-19（b）中进粗轧温度 945℃时铁素体晶粒比 1000℃中要细小，表 8-5 显示此时晶粒尺寸为 7.27μm，铁素体比例降低为 65.5%；当进粗轧温度为 900℃时，铁素体晶粒尺寸为 6.92μm，尺寸明显减小，同时铁素体所占比例降为 62.9%。

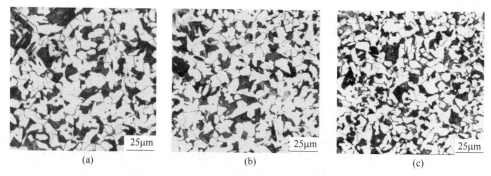

图 8-19　不同开轧温度产品显微组织

（a）1 号，1000℃；（b）4 号，945℃；（c）6 号，900℃

　　由于棒材轧制过程应变速率高，道次间隔时间很短，轧制过程中的累积应变会导致动态再结晶及随后进行的亚动态再结晶的发生，考虑到棒材轧制的变形时间很短，动态再结晶通常无法完成，各个道次最终晶粒尺寸影响主要取决于道次间隔时间内的组织转变，可以认为如果在变形过程中动态再结晶发生则随后的亚动态再结晶也就被引发，所以产品最终晶粒尺寸可以认为受亚动态再结晶和静态再结晶影响。

　　直接轧制之后穿水快冷，开轧温度越低，轧后发生亚动态再结晶和静态再结晶的晶粒长大程度越弱，晶粒长大时间越短，因而产品组织晶粒也越小。当轧件温度下降至 A_{r3} 时，铁素体可以在奥氏体晶界上形核析出，铁素体晶粒逐渐长大。当开轧温度越低，由于精轧后穿水冷却，产品温度下降速度加快，会导致轧后到相变的时间减少，铁素体晶粒形核长大的时间较短，奥氏体更多的转变成珠光体或者贝氏体组织，降低了铁素体的含量。因此，直接轧制工艺中，一定范围内开轧温度越低，产品晶粒尺寸越细小，组织中铁素体含量也越低。

　　图 8-20 为铸坯头部、中部、尾部对应产品的金相组织，同样对其晶粒尺寸进行了测量计算，分别为 7.27μm、7.44μm、7.32μm。直接轧制现场工艺试验

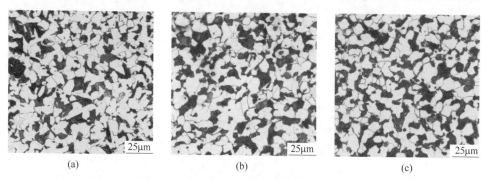

图 8-20　铸坯各部位对应产品的金相组织

（a）头部；（b）中部；（c）尾部

的产品晶粒度评级大于 11。目前传统生产螺纹钢筋晶粒尺寸在 10μm 左右，晶粒度为 10 级，更多产品晶粒度在 10 级以下。方坯直接轧制工艺的产品与传统工艺产品相比拥有更细小的晶粒。

直接轧制中，轧前连铸坯组织基本成铸态，组织未经过 $\gamma \to \alpha$ 和 $\alpha \to \gamma$ 两次相变过程，一直处于 γ 区。为了细化晶粒，直接轧制工艺中在轧制的前几道次加大了变形量。同时，直接轧制铸坯无加热过程，中心温度高，相对表面变形抗力低，有利于轧制变形渗透到中心。工艺上加大变形量和直接轧制变形易于渗透到中心的特点，促进了轧制过程中棒材中间部位组织的动态再结晶的形核过程，再结晶形核点增多。并且由于轧后快冷，缩短了晶粒长大的时间，从而形成了较小的晶粒。

总结直接轧制晶粒较传统轧制细化的原因为：（1）采用前几道次大变形的轧制制度；（2）铸坯内外温度不均，有利于轧制变形渗透到中间部位；（3）连铸坯开轧温度较低，轧后穿水快冷。

8.2.3.3   开轧温度对于产品力学性能的影响

图 8-21 表示了直接轧制铸坯开轧温度对产品屈服强度的影响，每个点均为同组样品拉伸结果的平均值。在一定范围内，随着直接轧制温度的降低，产品屈服强度提高。图 8-22 表示了直接轧制不同开轧温度对产品抗拉强度的影响，可以看出在一定范围内，随着直接轧制开轧温度的降低，产品抗拉强度提高。

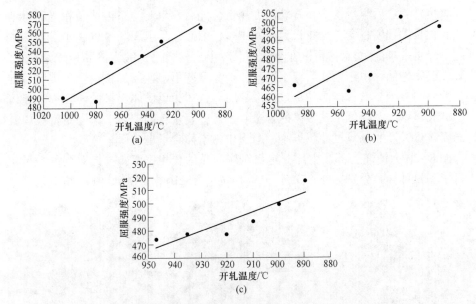

图 8-21   直接轧制开轧温度对产品屈服强度的影响
（a）铸坯头部；（b）铸坯中部；（c）铸坯尾部

方坯开轧温度降低，奥氏体晶粒组织细小，通过直接轧制工艺，其最终产品晶粒也越细小，同时其产品组织中铁素体占比例下降，珠光体比例上升，导致产

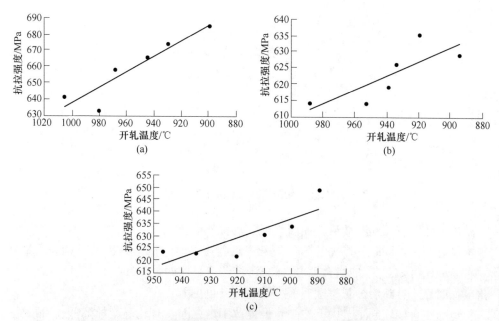

图 8-22　直接轧制开轧温度对产品抗拉强度的影响

（a）铸坯头部；（b）铸坯中部；（c）铸坯尾部

品屈服和抗拉强度升高。但是其塑性变化不大。虽然产品的显微组织中珠光体比例随开轧温度的降低而上升，但晶粒尺寸也更加细小，因此塑性没有降低。

　　探究了免加热直接轧制工艺生产的产品时效性能。直接轧制产品时效试验结果如下图所示，图 8-23 为产品屈服强度和抗拉强度时效变化图，图 8-24 为产品断后伸长率变化图。直接轧制产品屈服及抗拉强度都有一定的下降趋势，屈服强度波动范围在 20MPa 以内，抗拉强度波动范围在 11MPa 以内。直接轧制产品断后伸长率在前 10 天有明显的变大的趋势，断后伸长率增加 3% 左右，10 天以后产品的断后伸长率开始稳定。

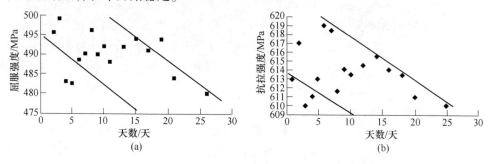

图 8-23　直接轧制产品屈服及抗拉强度时效变化图

（a）屈服强度；（b）抗拉强度

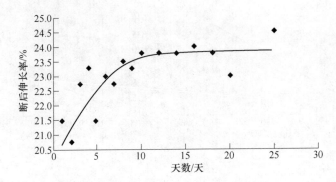

图 8-24   直接轧制产品断后伸长率时效变化图

传统轧制产品经时效后，屈服强度及抗拉强度变化不明显，尤其是抗拉强度基本没有变化，同时其产品的断后伸长率随着产品时效试验的进行，会提高 2% 左右。相比可知，免加热直接轧制工艺生产的产品屈服强度和抗拉强度的时效变化更加明显，且断后伸长率随时效变化的提升也更大。

免加热直接轧制工艺中，在一定温度范围内，随着开轧温度的降低，直接轧制产品的铁素体晶粒尺寸缩小，组织中铁素体含量占比降低，力学性能提高。通过时效试验可知直接轧制产品屈服及抗拉强度时效变化有一定下降趋势，强度波动在 20MPa 范围内，产品的断后伸长率在前 10 天有明显提高，可以提高 3%，10 天以后逐渐平稳。

因此，高刚度低温轧制技术配合小方坯免加热直接轧制技术是非常有效的，小方坯免加热直接轧制工艺开轧前的铸坯温度明显低于传统加热炉加热的铸坯，低温开轧可以有效提高产品的质量。另外，低温高刚度轧制工艺对轧机的要求较高，增加了轧机的负荷，因此在应用过程中要注意校核轧机的轧制力。

8.2.3.4   高刚度轧制过程的产品尺寸精度控制

（1）短应力线轧机的应用：短应力线轧机是指应力回线缩短了的轧机。应力回线是指轧机在轧制力的作用下机座等各受力件的单位内力所连成的闭合环线，简称应力线。机座等受力件的弹性变形量又与其长度成正比，因此缩短应力回线的长度，就能减小轧机的弹性变形，提高机座的刚度，进而提高产品尺寸精度。

（2）预应力轧机的应用：凡是未工作时就处于受力状态的轧机，均可称为预应力轧机。严格意义上说，预应力轧机的完整概念，还应包括预应力轧辊，如控制板形的预弯辊轧机，实际上就是对辊系施加预应力的轧机。

预应力轧机技术，不仅可以继续增大刚度系数，而且可以应用预应力技术减小、甚至消除轧机构件的振动，还可使轧机具有动态的自我安全保护性能，同时可以减轻机座重量（结构尺寸可以减小），实现精确地自动对中，调整轧辊的辊缝等。

（3）减定径机组的应用：线材常见的减定径机组有摩根的 RSM 和达涅利的 TMB 两种，所谓减定径机组是指在精轧机组后独立增设双机架减径机和双机架定径机，将传统的 10 机架精轧机组改为 8 机架，由于 4 机架减定径机组分担了部分延伸，使 8 机架精轧机组的轧制速度大为降低，相应减少了高速区线材形变带来的急剧温升，使轧件温度得到了控制，实现了低温轧制。

由于减径机具有较大的压下率，轧件断面可灵活地进行适量调整，从而大大简化了粗轧、中轧、预精轧和精轧机组的孔型系统。可实现精密轧制，使线材产品的尺寸公差控制在±0.1mm 以内，椭圆度为尺寸总偏差的 60%，这对于下游的金属制品深加工和标准件生产用户极为有利。

（4）孔型系统的数学优化：孔型设计优化为从多种可行的孔型设计方案中选择产量最高、质量最好、能耗最低、轧棍磨损最小的最优方案所进行的分析和计算工作。孔型设计优化可以明显提高型钢产品质量和轧制生产的经济效益，它是计算机辅助孔型设计技术最有前途的发展方向。

棒线材的孔型优化根据轧机布置和产品特点所决定，常用的优化目标函数有以下几种：1）总轧制能耗最小；2）各道次轧制负荷相等；3）等负荷余量；4）总轧制时间最短。通过数学优化的算法，优化连轧孔型的尺寸及延伸系数等工艺参数，最终实现对棒线材产品尺寸精度的控制。

8.2.4 产品的性能稳定性技术

相比于传统生产工艺，小方坯免加热直接轧制工艺由于不需要加热炉和其他在线补热装置，所以在进入第一架轧机前其方坯横向与纵向的温度分布状态都与传统工艺相差较大。在免加热直接轧制工艺下方坯的温度分布一般呈现头部温度低、尾部温度高的特点，这对后续棒线材的微观组织分布会产生较大影响，进而影响产品性能稳定性。由此需要对小方坯免加热直接轧制工艺生产的棒线材进行产品性能稳定性控制，而稳定性控制的关键点在于开轧前方坯纵向的温度场分布是否均匀。

在小方坯免加热直接轧制工艺生产螺纹钢筋的微观组织研究方面，刘鑫等[14,15]重点研究了免加热直接轧制工艺与传统热轧工艺对钢筋微观组织与晶粒尺寸的影响，生产工艺流程为开始轧制前方坯尺寸为 150mm × 150mm × 10000mm，经过 12 道次轧制最终获得定尺长度为 9m 的 ϕ32mm 成品钢筋，生产流程如图8-25所示。

由于在模拟轧制过程中轧件延伸所带来的网格畸变问题，导致实际模拟出的轧件长度为 7.96m，本文将把计算出的轧件等效成定尺长度为 9m 的钢筋，模拟后的钢筋表面温度分布如图 8-26 所示。

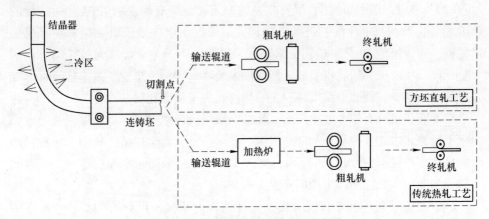

图 8-25 钢筋轧制生产线布置示意图

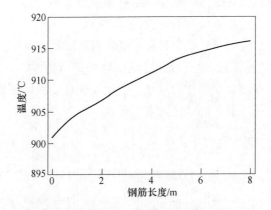

图 8-26 钢筋表面温度分布计算结果

8.2.4.1 免加热直接轧制对钢筋各相体积分数的影响

图 8-27 所示为室温下轧制出的钢筋的头部区域、中部区域和尾部区域的铁素体体积分数。由可知在轴向方向上，钢筋头部区域、中部区域和尾部区域的铁素体体积分数平均值分别为 60.4%、61.1% 和 62.7%；在径向方向上，头部区域和中部区域的中心部位铁素体相对体积分数最高，而在尾部区域则与之相反。钢筋整体的铁素体体积分数平均值为 61.4%。

室温下轧制出的钢筋的头部区域、中部区域和尾部区域的珠光体体积分数如图 8-28 所示。由图可知，在轴向方向上，钢筋头部区域、中部区域和尾部区域的珠光体体积分数平均值分别为 39.3%、38.6% 和 37.1%；在径向方向上，头部区域和中部区域的中心部位珠光体相对体积分数最低，尾部区域则与之相反。钢筋整体的珠光体体积分数平均值为 38.4%。

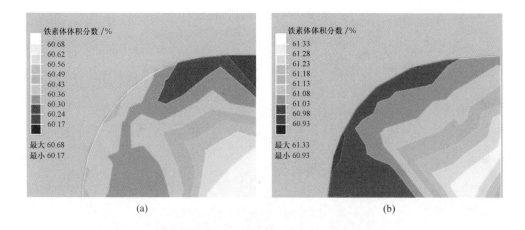

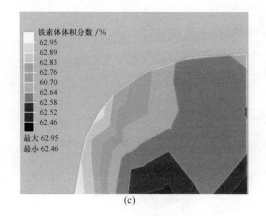

图 8-27　钢筋不同区域的铁素体体积分数

（a）头部区域；（b）中部区域；（c）尾部区域

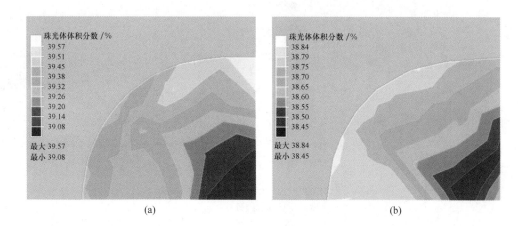

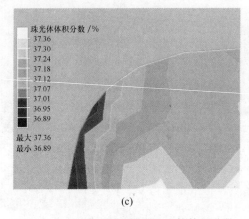

(c)

图 8-28　钢筋不同区域的珠光体体积分数

（a）头部区域；（b）中部区域；（c）尾部区域

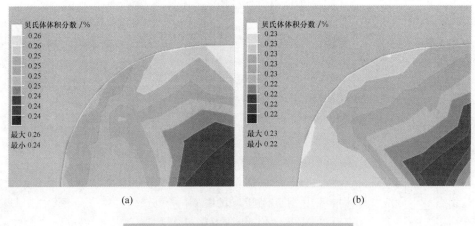

(a)　　　　　　　　　　　　　　　　　　　(b)

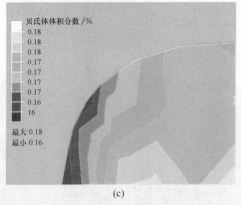

(c)

图 8-29　钢筋不同区域的贝氏体体积分数

（a）头部区域；（b）中部区域；（c）尾部区域

室温下钢筋不同区域的贝氏体体积分数如图 8-29 所示，由图可知，采用免加热直接轧制工艺生产的钢筋会存在微量的贝氏体组织，在轴向方向上钢筋头部区域、中部区域和尾部区域的贝氏体体积分数平均值分别为 0.3%、0.2% 和 0.2%，钢筋整体的贝氏体体积分数平均值为 0.2%。

免加热直接轧制工艺生产的成品钢筋的铁素体体积分数的试验值与计算值以及传统热轧工艺生产的成品钢筋的铁素体体积分数的试验值见表 8-5。通过与传统热轧工艺相比较，免加热直接轧制工艺可以实现降低钢筋铁素体体积分数，增加珠光体体积分数的效果。另外，通过对比可以看出，钢筋内部微观组织的模拟结果与实测结果吻合较好。

表 8-5　铁素体体积分数试验结果对比和计算验证

钢筋区域	免加热直接轧制工艺		传统热轧工艺
	试验值/%	计算值/%	试验值/%
头部	63.2	60.4	71.9
中部	64.8	61.1	72.0
尾部	66.5	62.7	71.8

8.2.4.2　免加热直接轧制对钢筋晶粒尺寸的影响

室温下轧制出的钢筋的头部区域、中部区域和尾部区域的铁素体晶粒尺寸如图 8-30 所示。在钢筋轴向方向上，钢筋头部区域、中部区域和尾部区域的铁素体晶粒尺寸平均值分别为 7.4μm、7.9μm 和 8.5μm，通过对比可知钢筋头部区域与尾部区域的晶粒尺寸相差最大，差值为 1.1μm。在钢筋径向方向上，钢筋中心部位晶粒尺寸最大，边部晶粒尺寸最小，其中钢筋头部区域的边部与中心部位晶粒尺寸相差最小，差值为 0.21μm；钢筋尾部区域的边部与中心部位晶粒尺寸相差最大，差值为 0.25μm。

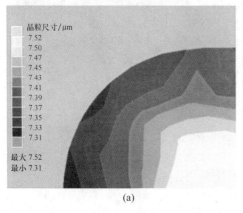

(a)

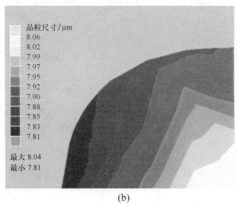

(b)

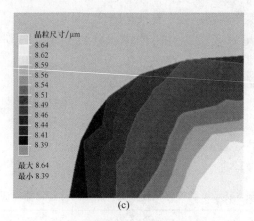

(c)

图 8-30 钢筋不同区域的晶粒尺寸

(a) 头部区域; (b) 中部区域; (c) 尾部区域

8.2.4.3 免加热直接轧制对钢筋力学性能的影响

室温下钢筋的屈服强度分布如图 8-31 所示。从图中可知，通过模拟 12 道次轧制过程获得的 $\phi32mm$ 螺纹钢筋屈服强度上限值为 454MPa，下限值为 449MPa。结果显示采用方坯直接轧制工艺轧制出 9m 长的钢筋头部区域与尾部区域的屈服强度相差约 5MPa。通过上述分析，说明对于轧制 10m 长的连铸方坯而言，方坯头部区域被轧制的钢筋与方坯尾部区域被轧制成的钢筋，其两者的力学性能差异不可忽略。对于采用方坯直接轧制工艺生产钢筋，需要采取增加保温罩等措施降低方坯在开轧前的头尾温差，以降低由同一根方坯所轧制出的钢筋之间的力学性能差异。

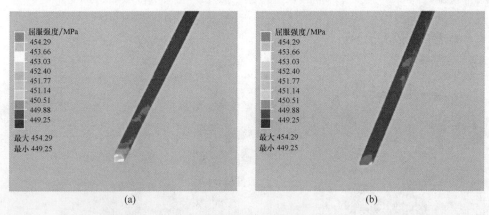

(a)   (b)

图 8-31 钢筋的屈服强度

(a) 钢筋头部; (b) 钢筋尾部

现场随机选取 15 根定尺长度为 9m 的钢筋，然后分别在每根钢筋的头部区域和尾部区域各剪取 1 个样品，共计 30 个样品，最后对样品进行拉伸试验。钢筋屈服强度的计算结果与试验结果如图 8-32 所示。

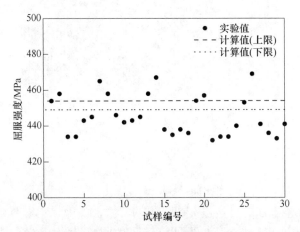

图 8-32 钢筋屈服强度的试验值与计算值对比

免加热直接轧制工艺下生产的钢筋微观组织主要由铁素体、珠光体和微量贝氏体构成，其中钢筋的铁素体、珠光体和贝氏体的平均体积分数分别为 61.4%、38.4% 和 0.2%。相比于传统热轧工艺，免加热直接轧制工艺可实现提高珠光体体积分数，降低铁素体体积分数的效果。另外，对于定尺长度为 9m 的钢筋，钢筋的头部与尾部区域的铁素体体积分数的平均值分别为 60.4% 和 62.7%，珠光体体积分数的平均值分别为 39.3% 和 37.1%，从钢筋头部区域到尾部区域的铁素体体积分数平均增加了 2.3%，而珠光体体积分数平均降低了 2.2%，同时晶粒尺寸增加了 1.1μm。

上述结论从理论计算角度定量表明了采用小方坯免加热直接轧制技术时，产品的性能会出现差异性，所以产品性能稳定性的控制至关重要，例如在方坯连铸时可配置动态调整二冷区各段水量的控制系统，以达到连铸机各流的出坯温度相近。另外，还可在生产线上的特定位置增加保温设备，以使方坯在到达第一架粗轧机前其温度分布沿纵向趋于均匀。

8.3 免加热直接轧制的相关装备

（1）连铸坯切断装置：传统火焰切割对连铸坯液芯长度有严格的要求，而且可以使连铸坯温度提高 100℃ 以上。当应用免加热直接轧制技术时，连铸机拉速较高，铸坯温度也相对提高，很难保证切断面中心不漏钢，而且火焰切割会产生钢的热损失。当采用液压剪（图 8-33）不但可以有效减少方坯切断时间，还可以减少铸坯切损率、节省气体消耗、剪切可靠性好、能够降低维修运行费用等优点。

图 8-33 液压剪

（2）保温罩及快速输送辊道（图 8-34 和图 8-35）：保温罩可以有效改善免加热直接轧制工艺下小方坯温度分布的不均匀性。因为保温罩对铸坯的保温效果主要体现在两个方面：1）保温罩可以有效增加内部环境温度，从而减小铸坯表面与周围环境之间的温度差，进而减小铸坯表面的热流密度；2）保温罩可以对铸坯表面产生反辐射作用，从而可以有效降低铸坯表面对外界的辐射传热效果。

图 8-34 保温罩

图 8-35 快速输送辊道

（3）高刚度轧机：高刚度轧机是实现小方坯免加热直接轧制工艺最终能否实现的关键因素之一，由于缺少加热炉的加热和均温作用，使得连铸坯的温度波动比较大、连铸坯的轧前的温度场非常不均匀、长度方向上存在着明显的头尾温差，这些对钢材质量稳定性的不利影响因素都需要轧机工序来调整和适应，因此，轧机能否保证适合的高刚度、承担较大的轧制负荷是非常重要的。

由于连铸坯表面和心部存在温度差异，连铸坯心部温度大幅度高于表面温度，在轧制过程中有利于连铸坯的内部缺陷焊合。

8.4　典型案例及节能减排效果

（1）广东粤北钢铁联合有限公司：广东粤北联合钢铁有限公司现有的电炉短流程生产线，年产120万吨钢筋生产线。两条轧钢生产线，6机6流连铸机对应两条轧钢生产线，两条生产线全部可以采用直接轧制工艺生产，此外一轧线旁边有一座加热备用。该生产线主要生产HRB400、HRB400E螺纹钢筋，规格为$\phi 12 \sim 35$mm。该免加热直接轧制生产线连铸机与轧钢工序衔接匹配良好，连铸坯高温出坯稳定，温度波动小于50℃。该示范线生产线上取消了加热炉，开轧温度为900～1100℃。

粤北联合钢铁有限公司的直接轧制生产线轧钢工序综合能源消耗包括：电耗为71.82kW·h/t，补充新水0.06m³/t，氧气0.076m³/t，乙炔0.035m³/t，按照综合能耗计算通则GB/T 2589—2008计算出粤北直接轧制示范线的轧钢工序能耗为9.15kgce/t，相比传统加热炉生产吨钢成本降低大约70元。

（2）江苏中天钢铁有限公司：2014年，中天钢铁集团公司二轧厂棒线材开始实行免加热直接轧制工艺现场改造，2015年2月完成，成功建成了一条年产100万吨的棒线材免加热生产线。通过综合效益分析，对于年产百万吨的棒线材生产线，采用小方坯免加热直接轧制技术将为企业每年产生经济效益约2000万元以上。

参 考 文 献

[1] 刘浩. 连铸直轧电磁感应补偿加热过程数值模拟技术的研究与开发 [D]. 武汉：华中科技大学，2007.

[2] Doherty J A. Linking continuous casting and rolling [J]. Metals Technology, 1982, 6 (1)：34-36.

[3] Zensaku Y. Direct linking of steel making to hot rolling [J]. Steel Times, 1989, 13 (4)：180-186.

[4] Masaji K, Kenji M. Continuous casting-direct rolling technology at Nippon Steel's SAKAI works [J]. Steel Times, 1985, 213 (6)：268-276.

[5] 范锦龙. 棒线材连铸-直接无头轧制技术的研究 [D]. 沈阳：东北大学，2011.

[6] ABS Luna ECR—无头连铸连轧厂技术、革新和最新成果 (一)[J]. 河北冶金，2002 (5)：62-64.

[7] 肖英龙. 条钢直接轧制技术 [N]. 世界金属导报，2009-06-09.

[8] 罗光政，刘鑫，范锦龙，等. 棒线材免加热直接轧制技术研究 [J]. 钢铁研究学报，2014 (2)：13-16.

[9] 王路兵. 武钢DHCR一体化生产排程与仿真系统研究与开发 [D]. 北京：北京科技大

学，2004.

[10] 陈贵江. 连铸-连轧衔接的综合分析 [J]. 冶金丛刊，1999（3）：1-10.

[11] 李江. HSLA 钢连铸板坯热送过程组织演变及析出物行为研究 [D]. 重庆：重庆大学，2013.

[12] 刘相华，陈庆安，刘鑫，刘立忠. 棒线材免加热直接轧制工艺的平面布置 [J]. 轧钢，2016，33（2）：1-4.

[13] 郝晋阳. 长型材直接轧制工艺研究 [D]. 北京：钢铁研究总院，2016.

[14] 刘鑫，冯光宏，张宏亮，等. 免加热直接轧制工艺对钢筋组织和性能差异性的影响 [J]. 钢铁，2018，53（12）：86-93.

[15] 刘鑫. DROF 新工艺下铸坯提温的研究与应用 [D]. 沈阳：东北大学，2016.

9 棒材多线切分轧制与节能减排

切分轧制最大的优点是可以大幅提高钢筋棒材的生产效率，目前国内切分棒材产线的年产量可达到 140 万吨/年。钢筋棒材切分轧制技术起源于德国巴登，后在中国获得了巨大的技术进步，目前 φ10mm、φ12mm 规格上实现了六线切分和五线切分，在节能减排上产生显著的效果。

新版国标 GB/T 1499.2—2018 对热轧钢筋系列的金相组织、负差率提出了更严格的要求，这对多线切分轧制技术的要求也有了新的高度。

9.1 多线切分轧制的组织性能控制

传统强水冷余热处理工艺生产高强建筑钢筋基圆边部组织存在大量 B 或 M，其主要是通过单一相变强化提高强度，韧塑性和可焊性降低、应变时效敏感性和低温脆性增大[1,2]，要实现控轧控冷工艺减量化生产，需要解决小规格多线切分控轧控冷工艺面临冷却均匀性、低温切分顺行和微观组织结构精确控制等难题。

轧制过程温度场一般采用数值方法进行计算，其中包括有限差分法和有限元法。用有限差分法计算温度场时，应采用三维截面的原则进行计算，以符合带肋钢筋轧制过程截面本身不断变化的特点，才能有效反映轧制过程轧件实际温度变化情况。

钢筋轧制过程中采用机间穿水时的横截面温度场云图如图 9-1 所示。

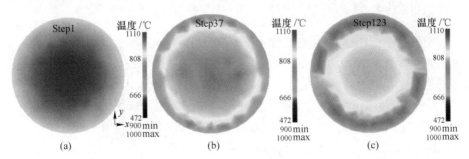

图 9-1 机间穿水时的横截面温度场云图

(a) 出轧机界面温度场；(b) 穿水时截面温度场；(c) 穿水后截面温度场

以 φ12mm 规格四切分钢筋为例，为了避开基圆边部发生 B 相变，应该合适控制，轧后控冷温度区间应该避开贝氏体相变区间[3~5]，结合 CCT 曲线，设置合

适的控冷工艺参数，采用数值模拟温度场，温度曲线及钢筋断面温度场如图 9-2
和图 9-3 所示。

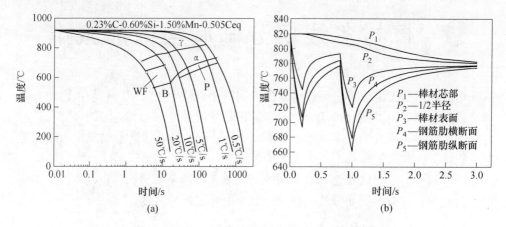

图 9-2　动态 CCT 曲线和轧后两次控冷温度曲线

（a）动态 CCT 曲线（变形温度 800℃）；（b）轧后两次控冷温度曲线

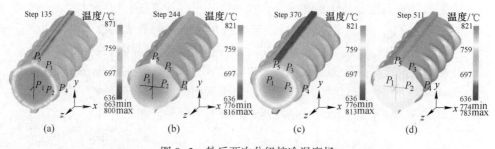

图 9-3　轧后两次分级控冷温度场

（a）一次冷却；（b）中间恢复段；（c）二次冷却；（d）上冷床恢复

采用该工艺，HRB400E 的 SEM 组织形貌如图 9-4 所示，其心部组织为 F+P，
P 的片层距离为 0.20~0.25μm，F 晶粒度为 9.0 级，P 的比例为 26.9%；基圆边
部组织为 F+P，P 的片层距离为 0.15~0.20μm，F 晶粒度为 9.0 级，P 的比例为
32.5%，没有 B；横肋组织为 F+P，P 的片层距离为 0.10~0.15μm，F 晶粒度为
9.5 级，没有 B；纵肋存在 6% 的 B 组织，金相组织满足标准要求。

同时，力学试验表明材料 R_{eL} 可达到 430MPa 以上，R_m 可达 590MPa 以上，
A_5 可达 24% 以上，R_m/R_{eL} 可达 1.30 以上，A_{gt} 可达 14.5% 以上，满足力学性能
和抗震性能。另外，电渣压力焊和闪光焊方式试验表明其也满足焊接规程
要求。

为了提高多线切分的均匀性，应结合生产实践，优化双、三、四线切分孔
型和冷却器内部结构，确定了合理的入射角度、湍流管吼口直径、湍流管节数

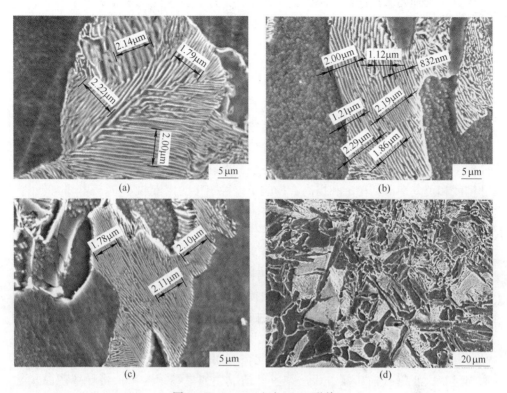

图 9-4　HRB400 组织 SEM 形貌
(a) 心部；(b) 边部；(c) 横肋；(d) 纵肋

等；为了提高位错密度、珠光体比例和诱导晶内铁素体析出等，在精轧机入口处布置冷却强度大的正反向湍流水冷段；为了保留大量的低温形变位错，冷却段布置紧接成品轧机，满足所有规格产品在终轧之后立即水冷；考虑避开贝氏体或马氏体相变组织，在终轧之后布置冷却强度相对较弱的冷段段；对于多线切分轧后冷却，还可分别对四线环缝开度进行差别化设置，以提高四线力学性能均匀性。

9.2　多线切分的负差控制

　　负差是螺纹钢生产企业的一项重要指标，企业通过负差理重交货，可以符合国家标准、不影响用户使用的前提下，最大限度地提高成材率，为企业增加效益，由于各个企业的装备水平、检测方法和管理方法的不同（如取样方法、测量方法、测量频率、统计的方法等），每个企业实际能够达到的负差率也不同，因此企业之间的负差率并不具有严格的可比性，只能作为相对的比较和参考，但是负差率的稳定性可以直接反映一个企业的操作水平和管理水平，在设备条件、人员条件、管理要求相同的情况下，负差率的波动意味着轧钢操作的波动较大，而这个波动将直接影响企业成材率的提高和效益的提高，因此负差率的稳定性的提高是在螺纹钢生产普遍达到一个较高水平的情况下进一步追求的更高的目标。由于螺纹钢的加工过程中的变形特点，很难通过公式准确进行变形计算，从孔型设计到轧机调整均有较大误差和不确定性，导致轧机的调整基本依靠经验，在产品的尺寸精度达到一定程度后，进一步提高就十分困难，螺纹钢负差稳定性的控制就属于这种情况。要提高轧钢调整的精度，首先要精确计算轧件的变形，消除或减少孔型设计的误差，在此基础上，准确给出各道次的调整值，用于指导、规范轧钢工的调整操作，取代经验的调整方法，并在此基础上不断优化，使产品的尺寸精度和负差率得到稳定和提高。影响负差稳定性的因素如下：

（1）孔型设计。孔型设计要计算精确，分品种、分规格计算每个道次的辊缝设定值，确保在规定的单槽轧出量下，各道次的辊缝的设定值，要保证在正常的轧辊磨损的情况下有合适的调整余量，使调整工能够通过辊缝的调整，持续的补偿轧辊磨损造成的尺寸波动，避免在未达到单槽轧出量之前，个别道次的辊缝压靠无法调整，则造成尺寸的波动无法控制，影响负差的稳定。

（2）轧机调整方法的影响。在以往的轧机调整过程中，由于调整工对于孔型和设备的了解不够，基本凭经验进行调整，通常在尺寸波动时，习惯调整成品前孔型，而不是将调整量均匀的分配在不同的道次上，容易造成成品前孔型磨损过快，辊缝提前压靠，无法调整的情况，如果继续生产，将导致产品尺寸的波动无法通过调整得到补偿，造成负差率的波动。另外在一个辊期中，每个轧辊都在磨损，需要在轧制过程中不断进行调整，以补偿轧辊的磨损，在此基础上选择适当的孔型进行微调，才能使轧辊在整个辊期中的尺寸精度及负差得到有效控制。

（3）调整精度的影响。目前的棒线材轧机的压下装置普遍精度较差，不可能像千分尺那样进行 0.01mm 的高精度调整，通常调整工在产品尺寸出现偏差需要调整时，习惯于调整产品前孔，产品前孔为椭孔，椭孔的压下量对于产品宽度的影响要大于或等于 1∶1，即产品前孔每调整 0.2mm，对于产品宽度的影响要大于等于 0.2mm，而调整工想稳定的将椭孔的调整量控制在 0.2mm 以内十分困难，很难通过产品前孔的调整实现高精度尺寸控制和负差控制。

（4）切分孔型的负差控制。轧件在切分后是在同一轧机上同时轧制两个以上的轧件，轧件尺寸无法分别进行单独调整，因此在切分轧制的过程中既要保证轧件的线差、又要满足轧件的负差，需要考虑和掌握切分前几个孔型配合调整，以控制切分后产品尺寸的精度。

具体的调整操作方法如图 9-5、图 9-6 所示。

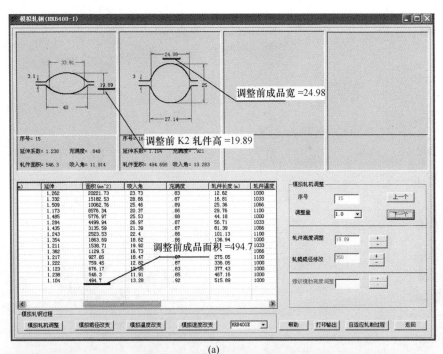

(a)

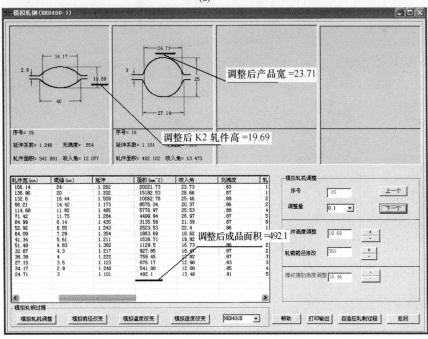

(b)

图 9-5　K2 料型调整前后参数对比

(a) 调整前 K2 料型参数；(b) 调整后 K2 料型参数

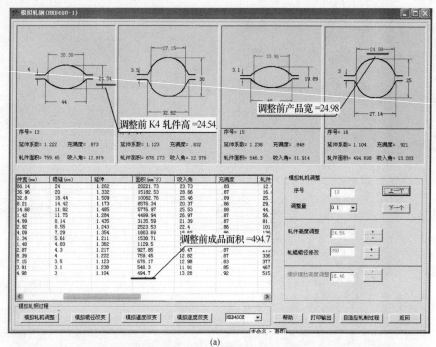

(a)

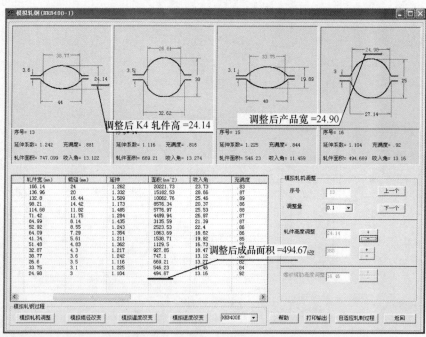

(b)

图 9-6 K4 料型调整前后参数对比

（a）调整前 K4 料型参数；（b）调整后 K4 料型参数

表9-1~表9-3分别为调整K2孔、K3孔、K4孔对成品尺寸、面积的影响。

表9-1 调整K2孔对成品尺寸、面积的影响

压下量/mm	0	0.1	0.2	0.3
K2轧件高/mm	19.89	19.79	19.69	19.59
成品宽/mm	24.98	24.89	24.71	24.62
成品面积/mm²	494.7	493.85	492.1	491.8
成品宽展量/mm	0	−0.1	−0.26	−0.36
成品面积差/%	0	−0.17	−0.52	−0.58

表9-2 调整K3孔对成品尺寸、面积的影响

压下量/mm	0	0.1	0.2	0.3	0.4	0.5
K3轧件高/mm	30	29.9	29.8	29.7	29.6	29.5
成品宽/mm	24.98	24.98	24.98	24.88	24.88	24.81
成品面积/mm²	494.7	494.69	494.67	493.74	493.74	493.03
成品宽展量/mm	0	0	0	−0.1	−0.1	−0.17
成品面积差/%	0	0	0	−0.19	−0.19	−0.34

表9-3 调整K4孔对成品尺寸、面积的影响

压下量/mm	0	0.1	0.2	0.3	0.4	0.5
K4轧件高/mm	24.54	24.44	24.34	24.24	24.14	24.04
成品宽/mm	24.98	24.98	24.98	24.98	24.98	24.88
成品面积/mm²	494.7	494.69	494.69	494.68	494.67	493.76
成品宽展量/mm	0	0	0	0	0	−0.1
成品面积差/%	0	0	0	0	0	−0.2

通过对K2、K3、K4不同调整参数的比较可以看出，K2孔的调整在调整量较小时，就会对成品尺寸产生较大变化，而较小的调整量对于轧钢操作又很困难，不利于提高调整精度。K4孔的调整对于成品尺寸和面积的影响过小，容易造成K4的调整量过大，同时加大K4的磨损。相对于K2、K4孔，K3孔的调整比较适中，在0.3~0.4的调整量时，对应成品尺寸有0.1、对应面积有约0.2%的变化量，能够较好地满足调整精度的要求，同时也便于轧钢工在现有的设备条件下进行操作。

在确定K3为成品尺寸（或负差）的微调架次后，仍然存在变形量集中在K3的问题，如果K3之前的架次不做调整，容易产生来料尺寸因轧辊的正常磨损不断加大，而K3调整量过大会产生辊缝过早压靠或引起铁型的变化，特别是在连续调整的情况下。为了保证微调后的成品的尺寸能够稳定在一个较长的时间，我们希望在成品尺寸微调的同时，适当调整来料的尺寸，既减轻 K3 的负担又延长了成品尺寸稳定的时间。

9.3   多线切分线差的控制

9.3.1   孔型参数初步设计

用低温精轧的四线切分金属流变速度降低，为了生产顺行和减小线差，孔型设计经过数次优化后结果如图 9-7 所示，模拟计算结果如图 9-8 所示。K6 孔为平辊，K5 孔为立箱孔型，K4 为预切分孔型，K3 为切分孔型[6]。

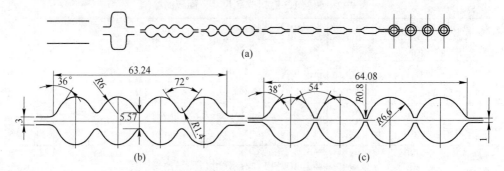

图 9-7 ϕ12mm 四线切分 $K_3 \sim K_4$ 孔型参数

（a）四线切分 K1~K6 孔型；（b）K4 预切分孔型参数值；（c）K3 切分孔型参数值

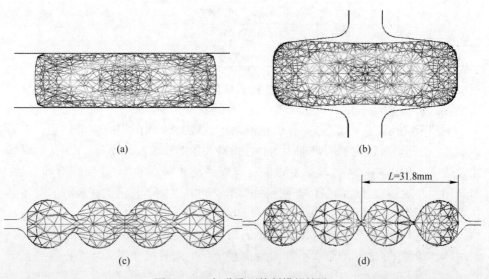

图 9-8   四切分孔型轧制模拟结果

（a）K6；（b）K5；（c）K4；（d）K3

9.3.2 L 值对线差的影响

为了进一步研究充满度对线差产生的影响，定义名义尺寸 L 为四线切分轧制中线与实际轧件边部距离，表征充满程度，单位 mm，如图 9-9 所示。

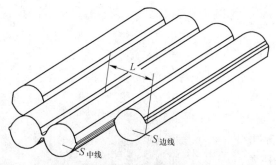

图 9-9　充满程度 L 的定义示意图

通过赋值 L，分别计算中线面积 $S_{中线}$ 和边线的面积 $S_{边线}$，然后以 90m 成品轧件折算线差；为了综合考虑轧辊弹跳对线差的影响，分别对轧辊弹跳为 0mm 与 0.2mm 情况下，四切分线差进行了对比，计算结果如表 9-4 所示。

表 9-4　K3 充满程度（L 值）与线差关系（原尺寸）

弹跳/mm	L/mm	$S_{中线}$/mm²	$S_{边线}$/mm²	线差（90m 倍尺进行折算）/mm
	31.6	166.6	163.0	2088
	31.8	166.6	164.0	1523
0	32.0	166.6	164.9	991
	32.4	166.6	166.6	12
	32.8	166.6	168.2	−871
	31.6	169.9	166.1	2208
	31.8	169.9	167.1	1625
0.2	32.0	169.9	168.0	1076
	32.4	169.9	169.8	64
	32.8	169.9	171.4	−851

K3 充满程度 L 值的大小直接决定了四线线差的大小，K3 孔欠充满时边线会短于中线，线差表现为"+"值；过充满时边线会长于中线，线差表现为"−"

值。欠充满对线差的影响大于过充满，主要表现在两个方面：弹跳为 0mm 时，变化相同的 L 值 $\Delta L = 0.4$mm，过充满线差变化量 $871 + 12 = 883$mm，欠充满线差变化量 $991 - 12 = 979$mm；弹跳为 0.2mm 时，变化相同的 L 值 $\Delta L = 0.4$mm，过充满线差变化量 $851 + 64 = 915$mm，欠充满线差变化量 $1076 - 64 = 1012$mm。（3）过分的欠充满或者过充满均会导致较大线差的存在，如当 $L = 31.8$mm 时，弹跳为 0 时，线差为 $+1523$mm，弹跳为 0.2mm 时，线差为 $+1625$mm。

9.3.3 孔型优化结果与分析

如何使得 K3 孔 L 值达到临界充满状态，需要对 K6、K5、K4、K3 孔孔型参数进行反复修改和数值计算，得到最终的优化结果。其中无孔型 K6 增大压下量，由原来的 18.5mm 改为 17.5mm；增大定宽孔 K5 长度，由原来的 37mm 修改为 38mm；增大预切分孔型 K4 两边线侧壁楔角，从 36° 增加为 37.5°；增大切分孔型 K3 两边线侧壁楔角，从 38° 增加为 43.8°。

模拟结果如图 9-10 所示，得出其变形后的充满度情况，两边线刚好达到临界过充满，其 L 值已十分逼近 32.2mm。理论现场为 -31mm。实际现场在采用此套孔型后，在 90m 倍尺条件下，实际控制四线差为小于 200mm。表 9-5 为 K3 充满程度（L 值）与线差关系。

表 9-5 K3 充满程度（L 值）与线差关系（修改后）

弹跳/mm	L/mm	$S_{中线}$/mm²	$S_{边线}$/mm²	线差（90m 倍尺进行折算）/mm
0.0	32.0	166.6	165.8	474
	32.1	166.6	166.5	60
	32.2	166.6	166.8	−70
0.2	32.0	169.9	169.0	535
	32.1	169.9	169.7	107
	32.2	169.9	170.0	−31

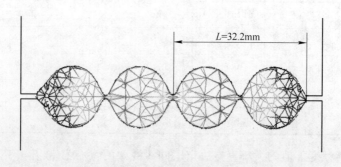

图 9-10 优化后切分孔型 K3 模拟结果

参 考 文 献

［1］ 盛光敏. 钢筋的抗震性能问题［C］//2009 全国建筑钢筋生产、设计与应用技术交流研讨会会议文集. 北京：中国金属学会，2009：89.

［2］ 邸全康，康永林，王全礼，等. 热加工工艺对 C-Mn 钢组织结构的影响［J］. 轧钢，2011，28（6）：24-28.

［3］ 朱冬梅，刘国勇，李谋渭，等. 控冷工艺参数对中厚板均匀冷却的影响［J］. 钢铁研究学报，2008，20（12）.

［4］ Lee Y Y, Choi S, Hodgson P D. Integrated model for thermo-mechanical controlled process in rod rolling［J］. Materials Processing Technology，2002，125：678.

［5］ 程满，洪慧平，彭聘，等. 20MnSi 钢筋热连轧及轧后分级控冷过程温度变化模拟［J］. 钢铁研究学报，2008，20（3）.

［6］ 邸全康，王全礼，康永林，等. 四线切分控轧控冷装备设计及工艺［J］. 钢铁，2013（2）：34-38.

10 板带钢及型钢轧制数字化技术与节能减排

美国麦肯锡公司咨询顾问 Brian Harrmann 和芝加哥 UI 实验室数字化制造与设计创新研究院首席技术官 WilliamP. King 等曾指出，数字化制造技术将会改变产业链的每个环节：从研发、供应链、工厂运营到营销、销售和服务。在未来十年里，数字化制造技术将会使企业通过"数字线"连接实物资产，促进数据在产业链上的无缝流动，链接产品生命周期的每个阶段，从设计、采购、测试、生产到配送、销售点和使用[1]。还有学者指出，当前，材料表征、建模和仿真，以及数据分析活动日趋活跃。为了发挥先进材料制造的潜力，需要给予这些新兴能力源源不断的支持[2]。在德国的"工业 4.0"计划和中国的"中国制造 2025"中，都将数字化技术给予了充分的重视。

实际上，近年来，在国内外冶金材料加工制造领域，材料数据库开发、数字化平台建设、数值模拟分析、材料组织性能预报，以及成形加工工艺分析优化等与数字化相关的研究与应用一直受到重视，许多学者、研究人员和工程技术人员应用建模仿真、数值模拟、数据分析等技术在轧制新产品、新工艺、新技术开发方面作了大量工作并取得了显著的成效。

从数字化及虚拟制造技术在板带及型钢轧制中的应用成效来看，在大幅度提高新产品设计开发效率并减少试制成本、显著提高轧制工艺优化命中率并提高成材率、节能降耗等方面，效果十分显著。因此，可以说，数字化技术不仅仅是轧制技术的最新科技进展之一和重要的技术方法，也是钢铁节能减排、绿色化智能化制造的关键技术手段。下面，仅就数字化技术在板带及型钢轧制中应用的进展进行分析讨论。

10.1 数字化轧制系统的构成框架

众所周知，钢铁材料的热轧过程从坯料加热到最终轧制成材，需经过十余道、二十余道次复杂的塑性变形过程，最终轧件的组织性能、尺寸形状精度、表面及内部质量，不仅与材料成分、组织转变有关，也与全轧程的工艺控制过程密切相关。可以说，钢铁材料的多道次轧制过程是一个涉及材料在不同状态、不同变形工艺条件、多台套轧制设备与多级控制系统综合作用下涉及多学科、海量信息数据的复杂的系统工程。

因此，针对各种工程所需要的钢材组织性能与尺寸形状，为了高效地设计、开发和生产各类高质量钢材，仅仅依靠传统的反复试验-试轧-修正的经验技术方法已经远远不够，需要建立和应用现代化的数字化、智能化的轧制工艺设计、分析评价、综合优化的系统。图 10-1 为数字化轧制系统的构成框架图。其中，材料数据库、组织模型库、工艺模型库及设备数据与模型库是基础，首先在此基础上，针对目标钢材产品进行初步工艺设计与规划，通过数字化建模及边界条件处理、全轧程三维热力耦合数值模拟分析、工艺与组织性能分析，并进一步进行全轧程的数字化、智能化工艺评价与优化，最终形成全轧程的材料-工艺-设备-控制一体化的数字化轧制系统[3]。

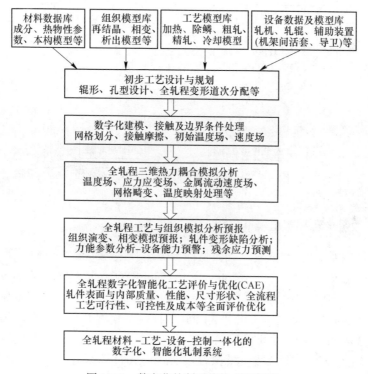

图 10-1　数字化轧制系统构成框架图

10.2　板带钢轧制数字化分析及应用

10.2.1　板带热轧过程数值模拟平台的基本架构

汪水泽等采用三维热力耦合有限元方法，结合常规热连轧产线现场主要设备能力参数、PDI 数据、轧制规程、控制冷却条件等轧制工艺参数，建立了针对热轧板带的数值模拟平台，以实现热轧板带全轧程三维热力耦合仿真分析、弹性辊轧制过程仿真分析。模拟平台的基本架构如图 10-2 所示，以 LS-DYNA 为后台计算模块，在此基础上开发材料库、模型库以及相关工艺参数的输入平台，实现

GUI 界面与后台计算模块的数据传递。结合计算机编程技术与有限元数值模拟技术，开发板带热轧全过程数值模拟平台，具体包括除鳞、定宽压力机、粗轧、精轧、层流冷却等关键工序的模拟计算模块以及弹性辊轧制模拟计算模块，具备实现板带热轧全过程数值模拟分析的能力[4]。

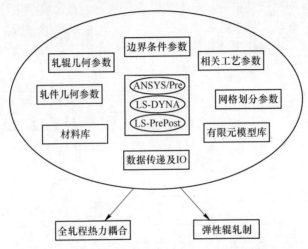

图 10-2 板带热轧数值模拟平台基本架构

10.2.2 板带全轧程数值模拟分析

针对国内某 2250 热连轧产线典型低合金高强钢 Q345B 的实际生产过程进行全过程模拟分析。板坯尺寸为 230mm×1875mm×8665mm，成品厚度为 12.0mm，加热温度为 1250℃，粗轧除鳞时间为 4s，除鳞返红时间为 10s；定宽压力机的单边压下量为 35mm，定宽压力机到 R1 间隙时间 10s；粗轧出口到精轧前高压除鳞机时间为 30s，高压水除鳞时间 4s，返红时间 5s。板带热轧全过程轧制道次多达 15 道次左右，通过一次性数值模拟较难实现，并且轧制时间较长，若一次性完成整个轧制过程，求解时间亦无法忍受。在此，根据轧制规程表，将整个轧制过程分成多个时间段进行计算。

板坯出加热炉后至粗轧机前可分为四个时间段：出加热炉至除鳞的空冷过程、高压水除鳞的冷却过程、除鳞后至定宽压力机前的返温过程，以及定宽压力机的减宽过程。板坯至粗轧机后需要进行多道次轧制。在整个计算过程中，每一个时间段的求解结果（结构及温度）作为下一时间段求解模型的初始条件，在计算过程中未考虑各道次变形后的残余应力。

基于所开发的板带热轧数值模拟平台，完成了全轧程热力耦合数值计算，计算完成后，启动后处理读取结果，将各道次稳定轧制阶段的应力应变温度及轧制力曲线提取出来，结果图 10-3 和图 10-4 所示[4]。

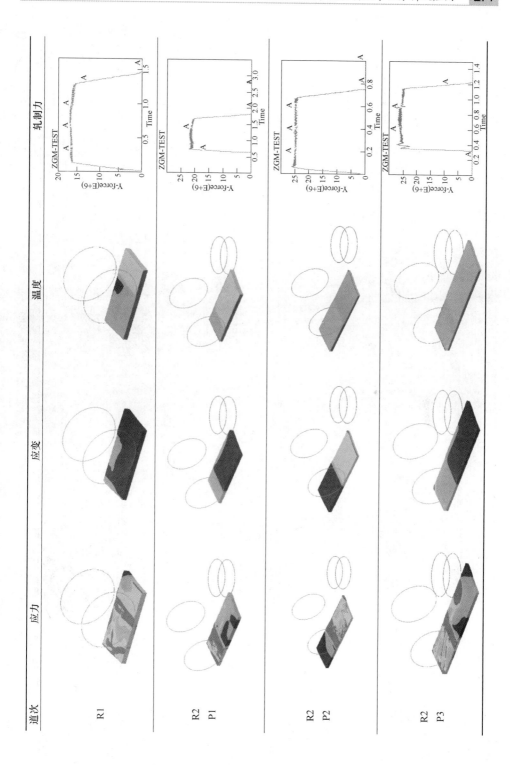

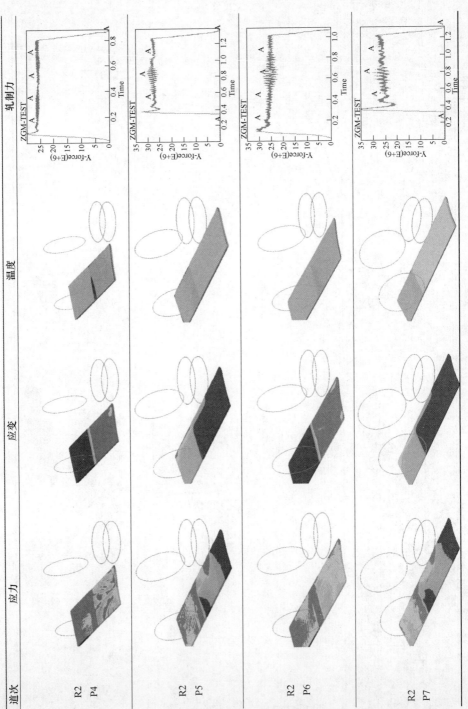

图10-3　粗轧过程数值模拟分析结果

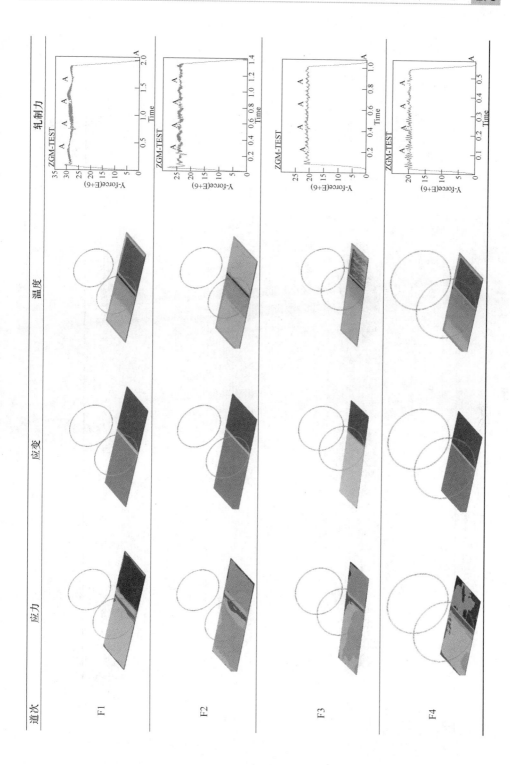

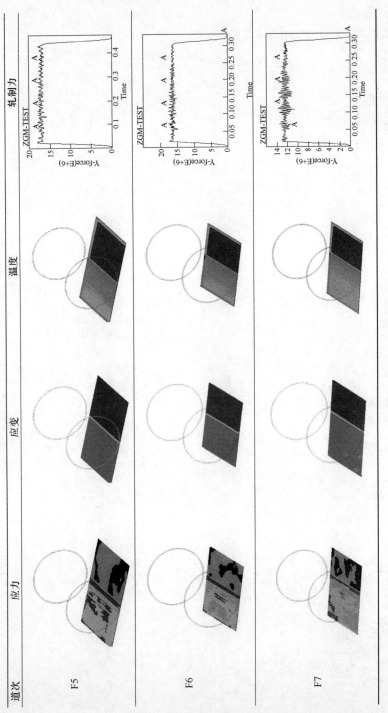

图10-4　精轧过程数值模拟分析结果

将稳定阶段的轧制力提取出来，与实测值进行对比，结果如表 10-1 所示。可见与实测结果相比，模拟计算轧制力误差在 5.0%以内。提取粗轧过程所有轧制道次带钢表面与心部节点的温降曲线，组合成粗轧全过程的温降曲线，结果如图 10-5 所示。

表 10-1 轧制力模拟结果与实测值对比

道次	实测值/kN	模拟值/kN	误差/%
R2P1	22000	21500	2.27
R2P2	26100	25050	4.02
R2P3	26000	25100	3.46
R2P4	27000	26200	2.96
R2P5	27300	27500	−0.73
R2P6	26500	26100	1.51
R2P7	27000	26700	1.11
F1	26411	27600	−4.50
F2	24069	24500	−1.79
F3	22105	21050	4.77
F4	20247	19850	1.96
F5	17204	16800	2.35
F6	15253	14800	2.97
F7	12788	12200	4.60

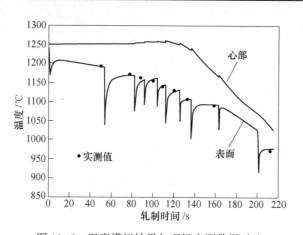

图 10-5 温度模拟结果与现场实测数据对比

10.2.3 轧后冷却残余应力模拟分析

模拟带钢轧后冷却过程。带钢精轧出口温度为 880℃，卷取温度为 640℃，轧后冷却过程计算分为四个子过程，Step1 为空冷过程，持续时间约为 2s；Step2

是水冷过程，持续时间约为 10s；Step3 是空冷过程，持续时间约为 10s；Step4 是模拟带钢卷取后的缓慢冷却过程。层流冷却过程中带钢表面的边部和中心温度变化如图 10-6 所示[4]。

由图 10-6 可以看出，在带钢进入水冷区后，带钢中部和边部的温度都迅速下降，并且边部的冷却速度更快。当水冷结束后，最大温差达到 120℃。在随后的空冷过程中，边部和中部的温差存在缩小的趋势。

卷取前带钢宽度方向的温度分布曲线如图 10-7 所示，可见带钢边部 60mm 内存在温度陡降，边部与中部的最大温差为 70℃。

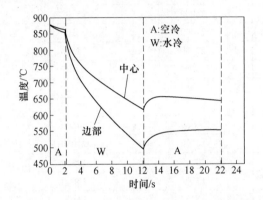

图 10-6　层冷过程带钢表面边部和中心温度变化

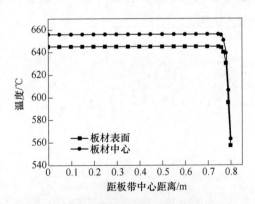

图 10-7　带钢卷取前宽度方向的温度分布

轧后的不均匀冷却对带钢内应力分布有重要的影响。在层流冷却及随后的空冷过程中，带钢表面中部和边部长度方向的应力随时间的变化如图 10-8 所示。当带钢进入层流冷却区后，由于不均匀冷却导致带钢中部和边部存在一定的温度梯度，并且，由于热胀冷缩的作用，沿宽度方向会出现收缩不一致的现象。刚开始，由于边部温降更快，受到拉应力的作用，而中部温度较高，则受到压应力的作用。因此图 10-8 中所示的边部和中部的应力曲线沿着相反的方向变化。

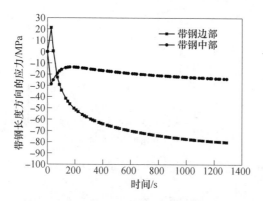

图 10-8 带钢表面长度方向应力随时间的变化

当水冷结束后，带钢在空气中缓慢冷却，边部和中部的温度逐渐趋于一致，如图 10-9 所示，中部的温降速度会逐渐超过边部，所以中部的收缩要大于边部，因此边部的拉应力会逐渐减小，甚至转为压应力，而中部的压应力也会逐渐减小，甚至转为拉应力。此外，随着温度的降低，边部将率先发生相变，相变的过程会释放出一定的相变潜热，并且由于各个相的比容不同（奥氏体<铁素体<珠光体<贝氏体<马氏体），相变过程中还发生体积膨胀。随着相变的进行，边部的拉应力也会有减小的趋势，由于热应力和组织应力的共同作用，使得带钢边部最终呈现压应力状态。

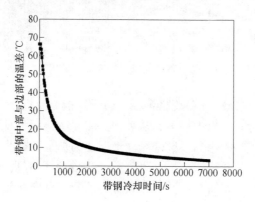

图 10-9 空冷过程带钢中部与边部温差变化

图 10-10 所示为冷却结束后带钢不同厚度截面上的应力沿宽度方向的分布情况。由图 10-10 可以看出，冷却结束后带钢沿厚度和宽度方向均存在应力分布不均的现象。带钢边部约 100mm 范围内存在较大的压应力。而在带钢中部，表面受到压应力作用，心部则受到拉应力作用。

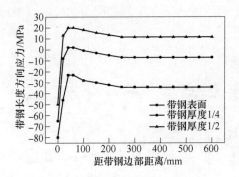

图 10-10　带钢不同厚度截面上的应力沿宽度方向的分布

当应力达到一定程度之后，带钢将发生塑形变形。由于应力的存在，带钢发生了塑形变形，并且沿宽度方向变形不均匀，边部的等效应变明显大于中部，这是带钢在经过层流冷却后容易出现边浪的主要原因。

对于薄规格带钢，当带钢出精轧机时，检测板形良好，而当带钢经过层流冷却以及后续空冷后，却出现了明显的边浪现象，如图 10-11 所示。

图 10-11　薄规格带钢层流冷后板形实际观察情况

对于板厚 14mm 的 Q460 厚规格钢板，由于沿板宽及板厚方向的冷却不均匀，由此产生相变不均匀而产生内应力，从表面上看无明显板形缺陷。但沿纵向进行分条后，边部出现明显的翘曲，边部翘曲情况更为严重。初步分析这也是由于层流冷却过程中带钢边部温降沿横向不均匀分布所导致。取现场实际生产的 Q460 钢试样测量残余应力分布情况，测量残余应力值及其分布结果，与数值模拟预测结果十分接近[4]。钢板轧向残余应力的测量结果如表 10-2 和图 10-12 所示。可见，带钢边部受到压应力，与数值模拟计算结果基本符合。

表 10-2　轧向残余应力测量结果

测量点	1	2	3	4	5	6	7
应力/MPa	-56	-18	-4	-10	5	-26	-75

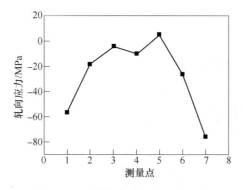

图 10-12　板卷宽度方向应力分布

10.2.4　板坯减宽过程数值模拟分析

　　板带热轧过程中，在带钢边部 5~20mm 处常出现"翘皮"缺陷，其形貌如图 10-13 所示，这种缺陷在超低碳钢中较为常见，在部分低合金高强钢中也时有发生。通过对翘皮缺陷的观察，发现翘皮位置就是翻平宽展的最边缘处，翻平量的大小决定了缺陷距板边缘的距离，合适的侧压量可以控制鼓形宽展和翻平宽展的大小，使翘皮的影响降低到最低限度。在生产实践中也发现，当对板坯的边角进行处理，例如采用倒角结晶器进行连铸或对直角板坯进行削角处理后，翘皮缺陷得到明显改善。

图 10-13　带钢边部
翘皮缺陷

　　不同的侧压量，对板坯边部金属流动有显著影响。板坯经过侧压后可见边部存在明显的鼓起形状。提取直角板坯不同侧压量条件下表面各节点的坐标数据，得到板坯的形状轮廓，结果如图 10-14 所示。由图可知，直角板坯在侧压时边部易凸起形成狗骨状。当侧压量为 20mm 时，边部凸起量为 9mm；侧压量为 50mm 处，边部凸起最严重，达到 17mm；侧压量为 80mm 时，边部凸起为 15mm。可见，采用直角板坯时，板坯在进行侧压减宽时，边部凸起现象较为严重。

　　采用倒角板坯时，不同侧压条件下板坯轮廓形状如图 10-15 所示。当侧压量为 50mm 时，边部最大凸起量为 12mm；当侧压量为 80mm 时，边部最大凸起量反而降低，仅为 6mm 左右。

　　对比直角板坯和倒角板坯侧压时的边部凸起情况，结果如图 10-16 所示。由图可以看出，采用倒角板坯，边部凸起情况得到明显改善，特别是当侧压量为 80mm 时，采用倒角坯轧制时，板坯未出现明显的狗骨状。可见，采用倒角板坯更有利于板坯侧压时边部的均匀变形。

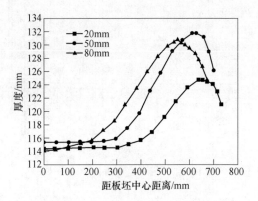

图 10-14　不同侧压量板坯轮廓

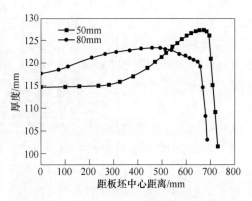

图 10-15　倒角板坯不同侧压量时板坯轮廓

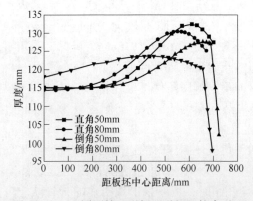

图 10-16　不同原始坯形侧压时板坯轮廓对比

10.2.5 组织转变模拟预测

热轧过程中奥氏体向铁素体、珠光体和贝氏体的转变过程，直接决定了热轧产品最终的组织状态，如铁素体晶粒尺寸、各相组织分数等，进而决定了产品的最终性能。因此，建立准确的奥氏体相变模型是进行低合金高强钢热轧全过程数值模拟分析的重要组成部分。

采用超组元模型，利用 KRC 活度模型计算奥氏体相变热力学参数，包括：（1）奥氏体相变时的相界面平衡浓度和相变驱动力；（2）各相相变的形核驱动力；（3）各相相变的平衡开始温度。在此基础上，考虑奥氏体相变动力学的特点，建立了 γ→F、P 和 B 连续冷却相变的动力学模型。选择典型低合金高强钢，0.17C-0.2Si-1.5Mn-0.045Nb 进行热轧组织转变模拟分析。图 10-17 为铁素体相变开始温度计算值与实测值比较。图 10-18 为贝氏体转变体积分数计算值与实测值比较[4]。

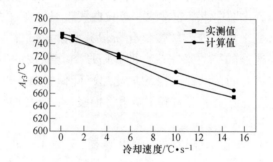

图 10-17　铁素体相变开始温度计算值与实测值比较

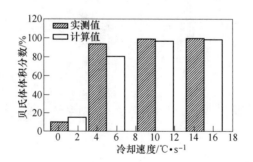

图 10-18　贝氏体转变体积分数计算值与实测值比较

10.2.6 板带热轧及冷却过程氧化铁皮厚度演变模拟预测

在钢材市场竞争日趋激烈情况下，下游用户在要求产品力学性能达到要求的同时，对产品表面质量的要求也日趋苛刻。长期以来，一些量大面广的普碳钢和低合金钢产品经常因表面氧化铁皮控制不当而出现红锈和氧化铁皮压入等问题，引发众多质量异议甚至退货，严重阻碍了产品档次的提升。因此，为提高低合金高强钢产品的综合质量，需要对热轧过程带钢表面氧化铁皮演变情况进行系统研究。带钢表面氧化铁皮厚度变化过程的跟踪是实现氧化铁皮结构控制的基础。然而，由于热连轧过程中表面温度变化复杂、轧制线取样点有限，目前对热轧过程氧化铁皮演变过程进行跟踪是比较困难的。

鉴于此，从氧化动力学出发，建立氧化动力学模型，通过氧化增重实验确定典型低合金高强钢的氧化激活能，在此基础上，实现板带热轧过程氧化铁皮厚度演变模型，实现氧化铁皮厚度演变的"软测量"，可为热轧带钢表面氧化铁皮厚度控制提供有益参考。

从各实验用钢在各温度下的氧化增重曲线可以得出，氧化过程分为两个阶段，快速氧化阶段和慢速氧化阶段。在氧化起始阶段，即快速氧化阶段，由于试样表面没有氧化铁皮，Fe 离子与 O 离子的化学反应成为控制这个阶段氧化铁皮生产的主要因素，氧化增重速率非常快，氧化曲线近似呈现直线关系。随着氧化的进行，曲线逐渐变平缓，进入缓慢氧化阶段，此阶段试样表面被氧化铁皮包裹，化学反应需要通过的扩散来完成，即此阶段氧化铁皮的生产受离子扩散控制，而离子扩散需要时间，因此阶段的氧化速率降低。根据 R. Y. Chen 的研究，若氧化时间足够长，各温度下钢的氧化增重将很缓慢，氧化曲线出现平台，并遵守抛物线规律。

基于氧化动力学模型，结合计算机编程技术，开发了热轧过程氧化铁皮厚度模拟计算模块，如图 10-19 所示，具备加热过程及精轧和层流冷却过程带钢表面氧化铁皮厚度模拟计算的功能，粗轧过程因为要经过多道次除鳞，暂不考虑。

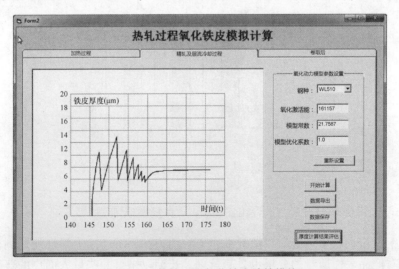

图 10-19　热轧过程氧化铁皮计算模块

10.2.6.1 加热过程氧化铁皮厚度演变模拟

模拟计算实验钢 1 板坯加热过程氧化铁皮厚度演变情况，假设板坯加热前表面无氧化铁皮。加热工艺如表 10-3 所示，模拟计算结果如图 10-20 所示。

表 10-3 板坯加热工艺制度

名　称	热回收段	预热段	一加热段	二加热段	均热段
炉温/℃	800	1010	1235	1300	1250
在炉时间/min	30	45	50	45	30

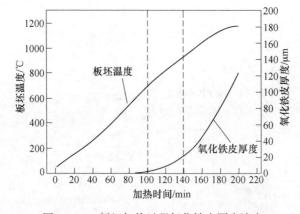

图 10-20　板坯加热过程氧化铁皮厚度演变

由图 10-20 可以看出，当板坯温度小于 700℃时，表面基本无氧化；当板坯温度大于 700℃后，表面氧化铁皮厚度开始增加；当温度大于 1000℃后，板坯表面氧化进入加速期，表面氧化铁皮厚度急剧增加。并且随着板坯温度的升高，板坯表面氧化铁皮厚度增加的速率也在增加。在实际生产过程中，为确保板坯的加热质量，应制定合理工艺制度，减少板坯在加热过程中的氧化烧损。

10.2.6.2 精轧过程氧化铁皮厚度演变模拟预测

基于所开发的热轧过程氧化铁皮厚度计算模块，对实验钢 1 在精轧和层流冷却阶段表面氧化铁皮的生长情况进行了数值模拟研究，分析了不同工艺因素对铁皮厚度的影响，从而为热轧带钢表面氧化铁皮厚度控制及工艺优化提供理论指导。

A 精轧入口温度对铁皮厚度的影响

为研究分析精轧入口温度对带钢精轧过程中氧化铁皮厚度演变的影响，选取了三个不同精轧入口温度进行模拟分析，模拟的主要过程工艺参数如表 10-4 所示。

表 10-4   精轧过程模拟参数

工艺方案编号	1	2	3
精轧入口温度/℃	987	1009	1049
终轧速度/m·s⁻¹	7.8	7.8	7.8

精轧入口温度对氧化铁皮的影响如图 10-21 所示。由图 10-21 所示的模拟计算结果可知，精轧入口温度的下降将会带来氧化铁皮厚度的大幅下降。精轧入口温度由 1049℃ 降至 987℃ 时，带钢在精轧出口处的氧化铁皮厚度可由 7.0μm 降至 5.2μm。

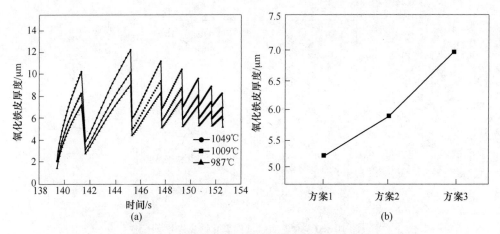

图 10-21   精轧入口温度对氧化铁皮厚度的影响
(a) 精轧过程氧化铁皮厚度演变；(b) 不同工艺方案比较

B   精轧轧制速度对氧化铁皮厚度的影响

精轧轧制速度的变化意味着精轧阶段带钢表面氧化时间的变化。选取不同终轧速度参数进行氧化铁皮厚度演变模拟。模拟计算过程参数如表 10-5 所示，模拟计算结果如图 10-22 所示。

表 10-5   精轧轧制速度模拟过程参数

工艺方案编号	1	2	3
轧制速度/m·s⁻¹	5.4	7.8	9.3
精轧入口温度/℃	1044	1044	1044

由图 10-22 可以看出，随着精轧速度的提高，精轧阶段时间缩短，氧化铁皮厚度随着氧化时间的减少而降低。轧制速度由 5.4m/s 提高至 9.3m/s 时，氧化铁皮厚度由 7.5μm 降低至 6.6μm。

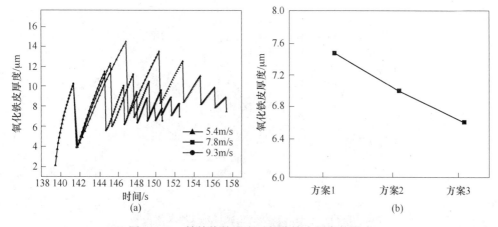

图 10-22　精轧终轧速度对氧化铁皮厚度的影响

(a) 精轧过程氧化铁皮厚度演变；(b) 不同工艺方案比较

C　带钢成品厚度对氧化铁皮厚度的影响

带钢成品厚度对精轧阶段的影响主要体现在：在中间坯厚度一致的情况下，成品厚度越薄，意味着总压下量越大，氧化铁皮压下量越大，氧化铁皮可被轧薄；在进精轧前断面尺寸一致的条件下，根据秒流量相等原理，成品厚度越薄则轧制速度越快，氧化铁皮由于氧化时间的缩短将会减薄。模拟计算参数如表10-6所示。

表 10-6　精轧成品厚度模拟过程参数

序　号	1	2	3
厚度/mm	4.0	6.0	8.0
精轧入口温度/℃	1044	1044	1044

模拟计算结果如图 10-23 所示，从图中可以看出，随着成品厚度的降低，氧化铁皮厚度也随之减薄。成品厚度由 8mm 降至 4mm 时，氧化铁皮厚度可由 11.3μm 降至 7.7μm。

D　机架间冷却对氧化铁皮厚度的影响

精轧过程中，机架间冷却对带钢表面的影响主要体现在：机架间冷却水降低带钢表面温度，减少氧化；机架间冷却水投入后，带钢温度会降低，在保证终轧温度的条件下，轧制速度会提高，从而减少氧化。以开启 F1~F2 机架间冷却水为例进行模拟计算。计算结果如图 10-24 所示。从图中可以看出，F1~F2 机架间冷却水的投入抑制了带钢的氧化，在 F2 机架，氧化铁皮的厚度可产生 3~4μm 的差异。在经过后续道次的轧制后，最终的氧化铁皮厚度差异在 1μm 左右。

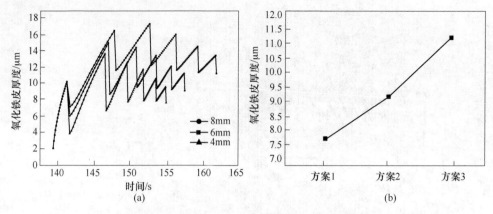

图 10-23　带钢成品厚度对氧化铁皮厚度的影响

（a）精轧过程氧化铁皮厚度演变；（b）不同工艺方案比较

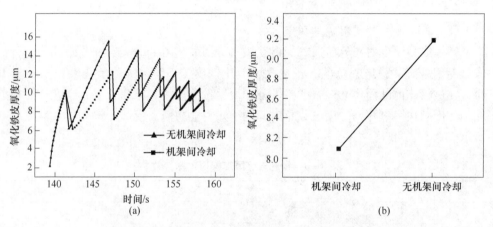

图 10-24　机架间冷却水开启对氧化铁皮厚度的影响

（a）精轧过程氧化铁皮厚度演变；（b）不同工艺方案比较

E　层流冷却模式对氧化铁皮厚度的影响

在相同精轧终轧温度的条件下，对前段冷却、后段冷却两种方式带钢表面氧化铁皮的厚度进行了模拟计算，其中卷取温度设定为 580℃。计算结果如图 10-25 所示。

计算结果表明，层流冷却方式对带钢氧化铁皮的厚度影响较大，前段冷却相对于后段冷却可以抑制氧化铁皮的生长，两种冷却方式氧化铁皮厚度的差异可以达到 3μm。

综合上述模拟预测分析，可见采用“低温、快轧、机架间冷却和层流冷却前段快冷”工艺可以显著降低热轧过程带钢表面氧化铁皮厚度。

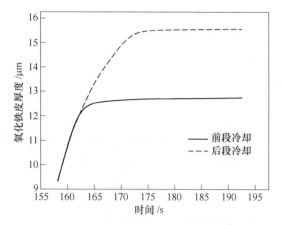

图 10-25　层流冷却模式对氧化铁皮厚度的影响

为考核模型的计算精度,从生产现场取厚度规格为 8.0mm 的实验钢 1 和 2.0mm 的实验钢,制样后采用扫描电镜观察并测量其氧化铁皮厚度。结合现场实际生产工艺,采用本模型进行氧化铁皮厚度计算,计算误差在 1.0μm 左右,可以满足使用要求。

10.3　型钢轧制数字化分析及应用

2018 年我国各类大中小型型钢产量达到约 6218 万吨,中国铁路总里程达 12.7 万公里,其中,高铁运营里程超过 2.5 万公里,占世界总里程的 66%,居世界第一。为了提高铁路、大型建筑、工程机械、桥梁等的结构合理性、使用性能并降低成本,对复杂断面型钢的需求量在逐年增加。复杂断面型钢产品尺寸精度控制涉及影响因素多,为了不断提高型钢产品的竞争力和效益,型钢制造技术在向着高性能、高精度、经济、复杂断面及低成本、高效率方向发展[5~7]。

我国目前型钢产品的设计、工艺与精度控制等技术水平、成本及效率上与国际先进水平仍有明显差距,例如:

(1)孔型系统设计与系列轧辊配辊及辊形加工,目前仍主要依靠传统经验进行孔型系统设计—轧辊配辊及辊形加工—试轧—孔型系统修改加工—再试轧的经验+试错方法,导致设计开发周期长、成本高、效率低、技术延续性差等问题;虽然基本实现了孔型系统设计 CAD 及采用数控机床加工轧辊,但对于复杂断面型钢孔型系统设计、轧辊配辊及辊形加工、试轧与修正等,仍以经验+计算机辅助技术为主[8]。

(2)对于特殊用途复杂断面型钢孔型系统设计与工艺控制技术开发,依据传统理论和经验,难以确定十分复杂的金属三维流动规律,新产品开发难度大、规律难寻,只能反复尝试,致使开发成本高、周期长、成材率低、难以实现高效、优化设计与控制；对型钢新产品主要采用分段设计、模拟分析方法，缺乏从坯料到成品全轧程三维热力耦合 CAE 分析与优化，对某些影响产品尺寸形状精度及均匀性的机理与技术问题仍无法搞清和解决。

（3）针对轧制过程的数值模拟分析，现有的案例大多数是采用通用软件完成的，同时各家开发的软件、模型及方法局限性大，软件操作人为干预因素较多，对现场技术人员要求高、软件操作难以掌握，不利于推广应用[9~12]。

针对典型型钢轧制生产线，通过对典型产品的孔型系统和工艺参数等的积累，归纳整理，实现型钢数值模拟的专业化前处理集成。在对钢轨孔型知识库的积累基础上，借助参数化建模的思想，将轧制孔型设计参数化系统与有限元数值模拟系统集成一体，实现孔型设计与有限元数值模拟的无缝衔接，再将孔型参数转换为现场数控加工机床系统格式，实现孔型加工 CAM，形成一套 CAD-CAE-CAM 数字化系统。借助于该数字化系统，让轧钢工艺工程师，只需要通过输入型钢孔型基本尺寸参数和进行简单的模拟参数设置，即可完成针对型钢全轧程的有限元模拟并生成相应的孔型图、配辊图及 NC 加工代码，从而对型钢新产品的开发和工艺改进提供指导。

10.3.1　型钢孔型系统参数化及参数化设计系统

为了使重复性较大的计算绘图工作量减小和更加规范准确，针对国内某钢企的轨梁生产线，大、中、小三条型钢生产线，在确立典型产品系列（钢轨、H 型钢、工字钢、J 形门架型钢、槽钢、角钢等）前提下，根据现场不同的工艺布局及生产装备，进行孔型系统的参数化分析，其中：轨梁为矩形坯经过 BD1、BD2 两架粗轧机往复轧制进行开坯，之后进入 U1-E1 两机架可逆连轧、U2-E2 两机架可逆连轧，最终经过 UF 轧制成形；大型线以异形连铸坯为主，经两辊 BD 轧机孔型轧制，进入 UR-E-UF 三机架 TM 机组可逆连轧，最后出成品；中型线为矩形连铸坯经两辊 BD 轧机开坯，进入 U1-E1-U2-E2-U3-E3-UF 七机架连轧成形；小型线为矩形坯经三辊斜配孔型开坯，U1-E1、U2-E2、UF 万能机组轧制成形。针对万能产线的特点：万能轧机的构成为 2 水平+2 立辊，完成万能轧机的系列产品的孔型参数化，同时根据各条线不同的开坯工艺，设置系列产品的开坯轧制孔型系统，其中包括了：箱形孔、开坯孔型、斜轧开坯孔型等。

在孔型系统的参数化分析基础上，建立孔型参数化数据库。通过高级计算机语言程序开发，完成可视化的孔型参数数据库的读取，并具备孔型尺寸的修改、优化和保存功能，完成新产品的参数化数据库的建立。通过读取数据库中不同规格产品的孔型尺寸，完成全部孔型的参数化 CAD 二次开发程序，系统调用商业 CAD 软件进行孔型图的直接绘制。对不同型钢产品各孔型系统的结构进行具体计算分析并实现参数化，主要孔型包括：钢轨孔型系统，大、中、小型 H 型钢系列孔型系统，角钢孔型系统、槽钢孔型系统等。程序不仅能够调用底层参数化数据库，自动生成孔型 CAD 图形，还能够生成中心线、辅助线、标注等，另外，根据生成的孔型 CAD 图计算孔型面积。图 10-26 是钢轨成品孔半万能轧制孔型参数化 CAD 模块的 GUI 和其所生成的 AutoCAD 孔型图实例。孔型参数化设计系统使过去主要依赖经验、且设计计算量庞大的复杂断面型钢孔型系统设计变得简单、高效、可靠与精确[6]。

10.3.2　型钢全轧程三维热力耦合数值模拟系统

数值模拟分析中前处理所占用的时间主要来源于最繁琐的 CAD 模型的建立、网格的划分、边界条件的加载及求解设置等。在孔型设计与有限元数值模拟一体化程序开发过程中，为便于工程技术人员使用，结合复杂断面型钢孔型参数化 CAD 二次开发模块，CAE 模块通过底层调用有限元软件前处理，实现了无需人工处理的三维 CAD 模型的构建；同时针对各道次轧辊、轧件等网格划分的参数化，通过底层调用有限元软件前处理，实现无需人工操作的后台分网，快速完成各道次轧制过程模型网格划分；开发完成各孔型的相关 GUI 界面及程序，实现了各几何参数及网格尺寸的输入、修改、数值模拟前处理的底层调用、网格划分、模型输出，从而完成了不同规格尺寸孔型有限元网格的划分及相关边界条件的建立及修改。最终通过 CAE 模块功能，即可完成 CAE 计算的目标。图 10-27 为60kg/m 钢轨万能粗轧 UR 孔型及 CAE 模块所生成的模型。

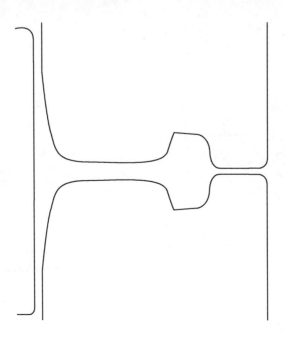

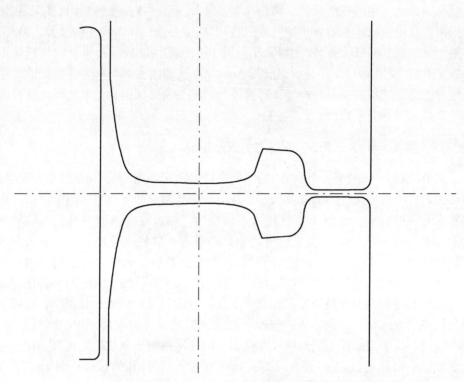

图 10-26   钢轨 UF 孔型参数化 CAD 模块及所生成图形

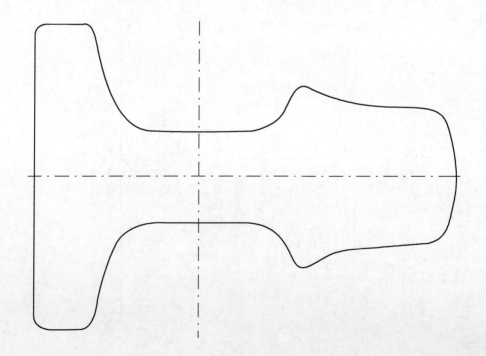

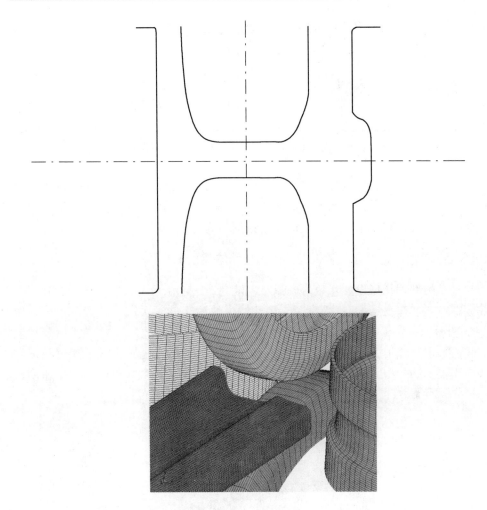

图 10-27　60kg/m 钢轨万能粗轧 UR 孔型及 CAE 模块所生成的模型

　　结合实际生产线的工艺布局及生产装备，采用分段组合方式，将产品的全轧程进行了切割，分段后针对典型工艺特点建立了相应的数值模拟模块，将各模块整合到统一的 GUI 界面下，形成万能生产线全轧程热力耦合数值模拟系统。开发的系统模块主要包括：两辊孔型轧制模块；三辊斜轧孔型模块；万能、半万能轧制模块；U-E 两机架连轧模块；U-E-U 三机架连轧模块；除鳞、道次间隙、控制冷却模块等。同时为完成全轧程热力耦合数值模拟，针对轧制过程中轧件网格畸变的情况，开发了模型重构及温度映射模块，从而实现轧件几何形状及温度场的继承与传递。图 10-28、图 10-29 分别是针对轨梁和大、中、小型钢万能生产线全轧程热力耦合数值模拟系统的 GUI[6]。

图 10-28　钢轨全轧程热力耦合数值模拟分析系统 GUI

应用所开发的系统实现了准确、快捷地完成复杂断面型钢多规格产品的轧制过程数值计算模型的奖励并高效获得型钢轧制全流程中轧件尺寸形状及物理场、力能参数等设备与工艺控制的关键技术数据与规律。

10.3.3　参数化配辊与轧辊机加工代码自动生成系统

开发的型钢孔型设计、数值模拟及配辊制造一体化系统根据所建立的孔型参数数据库，通过孔型参数化 CAD 二次开发模块确定轧辊关键点位置，生成轧辊 CAD 图形，结合工艺人员配辊经验，根据数控机床所需要的文件格式以及控制方式，实现数控加工程序 NC 代码的自动输出，并完成轧辊的 CAM。用户只需要选择配辊上的孔型，设置相应的配辊参数和配辊机加工参数，点击相应按钮便自

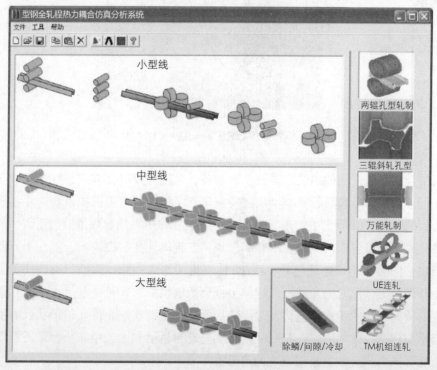

図 10-29　万能产线复杂断面型钢全轧程热力耦合数值模拟分析系统 GUI

动生成配辊 CAD 图形和配辊 NC 代码文件。对于 60kg/m 钢轨 BD2 的配辊，在相应的孔型下选择不同的规格，确认 BD2 配辊尺寸参数，即可生成相应的配辊图，如图 10-30 所示。如 CAD 图形无误，设置相应的机加工参数，确定后即自动生成配辊 NC 代码文件。

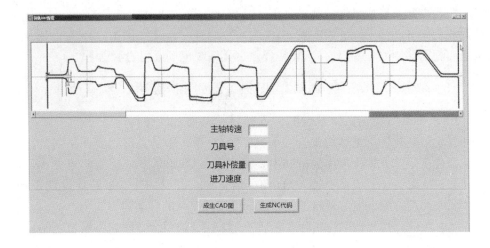

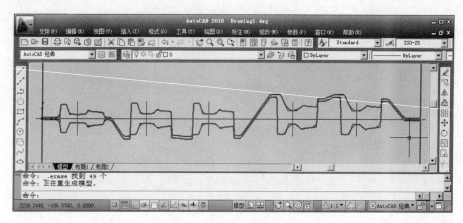

图 10-30   钢轨 BD2 配辊参数设置及 CAD 图形

通过型钢孔型参数化 CAD 系统的孔型设计及孔型图的快速修改生成、全轧程数值模拟系统对轧制过程的数值模拟及分析，确定孔型系统设计后，启用轧辊配辊参数化设计，直接生成孔型配辊图的同时输出轧辊机加工 NC 代码。从而大幅度降低了轧辊机加工 NC 代码的编写工作量并避免了人为的干扰因素，大幅度降低了劳动强度和提高了开发效率。

10.3.4   数字化钢轨及复杂断面型钢生产 CAD-CAE-CAM 集成系统

通过以上三大模块的开发，结合现场生产实际，建立底层的材料库、导卫模型库、设备能力参数库、工艺参数库、轧辊轧件模型库等基础数据库，经 CAD 孔型系统参数化设计、全轧程三维热力耦合数值模拟分析、各道次金属变形、轧制缺陷、应力应变场、温度场、轧制力能参数等 CAE 分析及评价，实现孔型系统、轧辊配辊及全轧程工艺的优化（CAE），进而提出优化的各道次孔型设计与工艺控制方案，形成最终的孔型系统、参数化配辊、轧辊机加工 NC 代码，传输给数控机床自动加工，进而实现 CAD-CAE-CAM 一体化，图 10-31 为钢轨及复杂断面型钢轧制 CAD-CAE-CAM 集成数字化系统现场应用的示意图[5]。

10.3.5   数字化技术在复杂断面型钢轧制工艺控制中的应用

10.3.5.1   60kg/m 重轨全轧程数值模拟及高精度控制

首先是全轧程三维热力耦合数值模拟 CAE 系统中的自动建模网格划分。数值模拟分析中前处理所占用的时间主要来源于最繁琐的 CAD 模型的建立和网格的划分。针对设计开发的孔型 CAD 图，结合独立开发的孔型参数化设计系统，通过底层调用有限元前处理软件，完成数值模拟模型的自动建模。

结合数值模拟和轨梁厂实际工艺装备，采用分段组合方法，将钢轨轧制分为

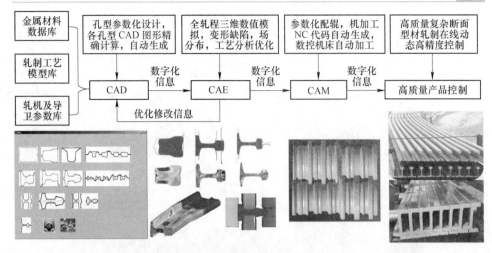

图 10-31 复杂断面型钢 CAD-CAE-CAM 集成数字化实现的示意图

五大部分：两辊孔型轧制模块、万能轧制模块、万能连轧模块、半万能轧制模块、除鳞/道次间隙/控制冷却模块，进行全轧程热力耦合数值模拟系统分析。

通过全轧程热力耦合数值模拟系统，从坯料出加热炉到终轧全过程进行计算分析，获得轧制全程的相关信息。图 10-32 为典型轧制道次三维 FEM 数值模拟模型。图 10-33 为各孔型充满、金属流动及应变状况[6]。

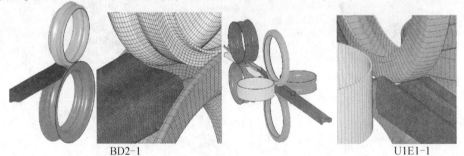

BD2-1   U1E1-1

图 10-32 典型轧制道次的三维有限元数值模拟模型

图 10-34 为从原始矩形坯料到成品轧件的各道次截面叠加图。图 10-35 为典型道次 BD1-4 轧制力数值模拟与实测结果对比。可见，轧制力模拟值和实测值偏差在 3%~7%[6]。

在实际生产过程中，国内外万能重轨轧制中均存在沿轧制方向 0~20m 长度内局部断面尺寸高于其他部位的现象。钢轨"高点"出现在距轧件尾部 3.5m 和 7m 处，"高点"处轨高比正常段高 0.4~0.6mm，持续长度为 300~400mm。"高点"会对高速列车形成冲击，影响行车平稳安全。过去往往采用打磨方式消除"高点"，存在生产效率低、劳动强度大，并影响钢轨的表面质量和使用寿命等问题。

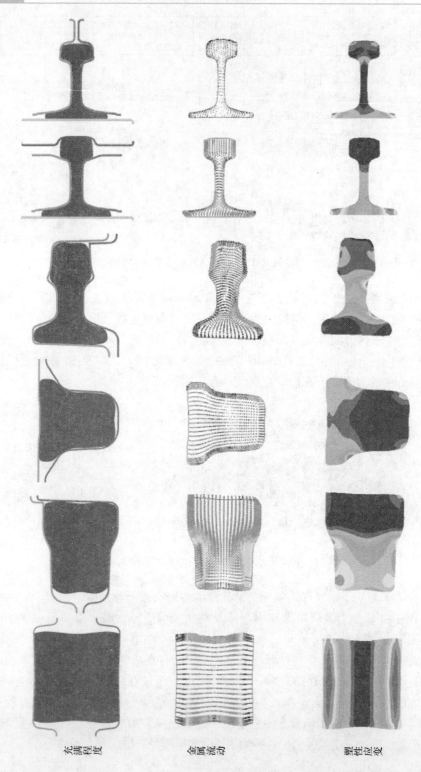

图 10-33 各孔型充满、金属流动及应变状况

充满程度　　　金属流动　　　塑性应变

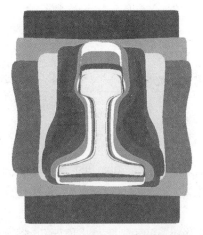

图 10-34 轧件各道次截面叠加图

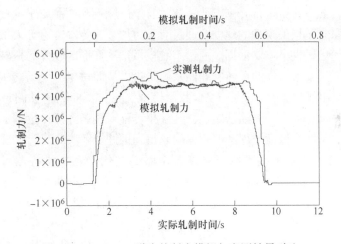

图 10-35 BD1-4 道次轧制力模拟与实测结果对比

通过数字化系统对连轧过程进行数值模拟分析表明，轧件在 E 轧机和 UF 轧机中连轧时，由于 UF 轧头孔型处于半封闭状态和没有后续孔型的平整，轧件出 E 轧机后的"甩尾"将使尾部瞬间轨高增加。轧件脱离 E 轧机的瞬间轨高为 178.30mm，而脱离前的轨高为 177.75mm，两截面的轨高差为 0.55mm，与现场基本一致。

根据 CAE 数值模拟分析，建立了规格尺寸补偿模型，确保轨高曲线波动范围在 ±0.15mm，基本消除了通长的轨高变化，头尾轨高趋于一致，没有拐点现象。图 10-36 为规格补偿前后百米高速钢轨通长方向上下腿对称差值波动曲线。可见，钢轨端部对称差由模型投用前的 3.0mm 变为模型投用后的 1.2mm 以内，精度提高了 1.5 倍。所补偿的 15m 内也没有存在断面突变点；轨底宽规格头尾差异在 0.5~0.8mm，明显优于模型控制前的偏差范围[5]。

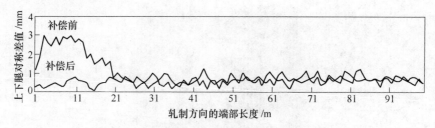

图 10-36   规格补偿前后钢轨上下腿对称差值曲线

所开发的数值模拟系统在能够顺利完成正常型钢轧制前提下，同时可以模拟分析多种事故态的轧制工况，为现场的孔型、工艺优化、事故原因分析预测提供可靠的依据。

高速道岔轨是高速铁路轨道的重要部件，原始孔型在生产过程中，因为孔型的复杂性，导致轧制过程中出现严重扭转，这种情况的出现影响了轧制的顺利进行，轧件无法进入下一孔型进行轧制，严重制约着生产顺行和产品质量的提高。应用数字化方法，完成了相关模型的建立，通过对重力加载、传输辊道等大型数值模拟分析，为孔型优化提供了重要依据。通过系统模拟预测变形区轧件的扭转、翘曲及侧弯量，并外推到实际轧件的扭转、翘曲及侧弯量，从而对生产现场的实际状况作出准确判断，提出优化方案，按照 CAE 数值模拟优化方案对高速铁路道岔切深孔孔型参数进行修改，生产的高速铁路道岔轧件扭转程度显著降低，达到了后续孔型轧件正常咬入的条件，保证了生产顺行，问题得到很好地解决。

10.3.5.2   数字化技术在高精度复杂断面型钢开发及工艺控制中的应用

在针对叉车门架用系列型钢的开发过程中，数字化系统得到很好的应用。叉车门架用 160Ja 型钢产品主要应用于 2~3t 叉车的内门架制作，该产品断面属于典型的非对称复杂断面型钢产品。孔型及工艺设计工程师在开发过程中首先是要避免有诸如过充满、翘扣头等缺陷产生。如因孔型工艺设计失误造成中间道次轧件的过充满、咬偏缺陷，如图 10-37 所示。或因轧件中间道次变形的不均匀又造成轧件出轧机后扭转，如图 10-38 所示。严重的扭转不仅会造成轧机设备损坏，更严重的是直接影响成品尺寸是否满足技术指标要求。

在数字化系统平台上通过对 160Ja 型钢的全过程设计-模拟-优化，中间轧制道次的各种缺陷的直观再现，为工艺设计人员在虚拟的环境下避免了各种试错设计和试轧失误，节省了大量开发时间和成本，实现试轧一次通槽，最终成功轧出优质产品。图 10-39 是 160Ja 开发过程中数字化系统应用的典型图例及产品断面照片。

在使用数字化系统成功开发 160Ja 的基础上，进一步完成了难度更大的 180Jb 门架型钢的开发。与 160Ja 相同，180Jb 门架型钢一次性试轧成功。图 10-40 是 180Jb 开发过程中数字化系统应用的典型图例及产品断面照片。

图 10-37　中间道次轧件的咬偏、过充满

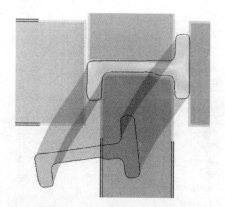

图 10-38　中间道次轧件扭转

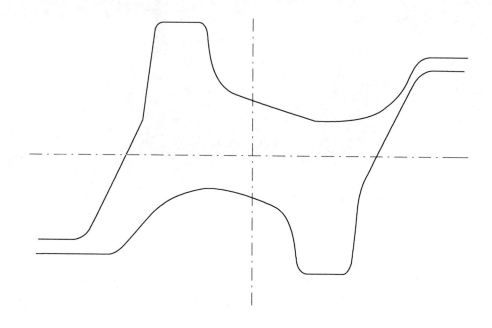

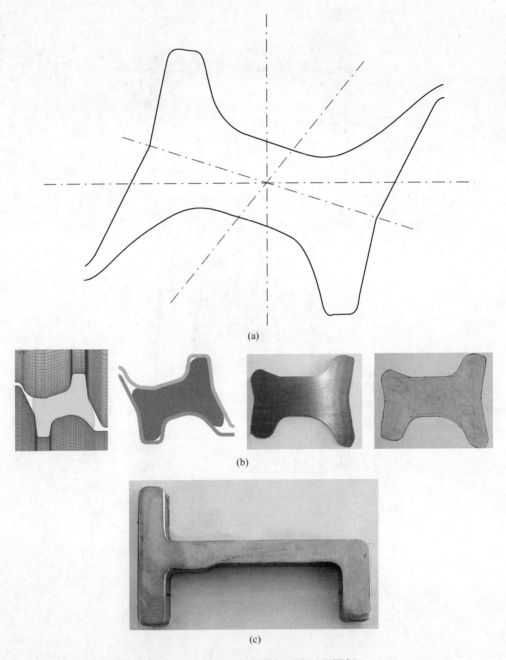

(a)

(b)

(c)

图 10-39　160Ja 门架型钢开发过程图例

(a) 160Ja 门架型钢中间道次孔型系统 GUI 及生成的 CAD 图；

(b) 160Ja 形断面门架型钢中间道次数值计算模型的生成、计算结果、轧制结果及对比；

(c) 开发成功的 160Ja 产品断面

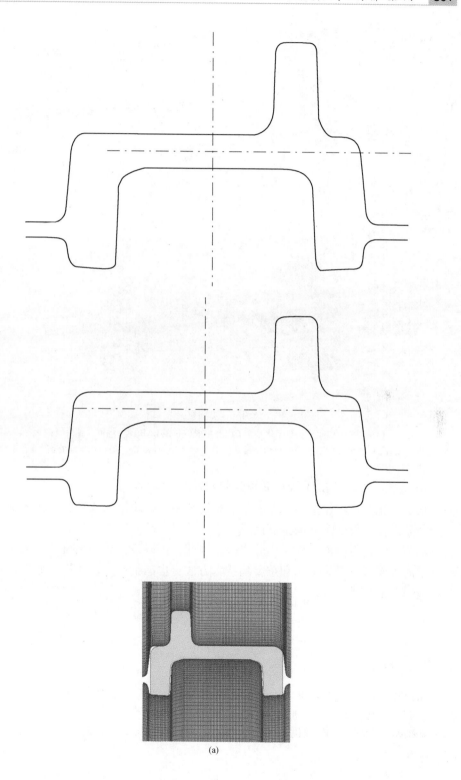

(a)

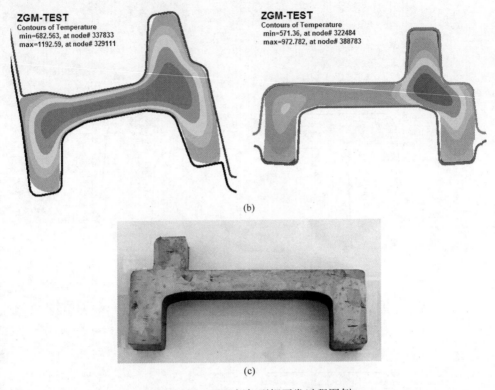

图 10-40　180Jb 门架型钢开发过程图例

（a）180Jb 中间道次数字化系统 GUI、生成的孔型 CAD 图及数值计算模型；

（b）典型中间道次数值模拟结果；（c）开发成功的 180Jb 门架型钢产品断面

10.3.5.3　数字化技术在高性能钢材生产中的作用

从数字化及虚拟制造技术在板带及型钢轧制中的应用成效来看，在大幅度提高新产品设计开发效率并减少试制成本、显著提高轧制工艺优化命中率并提高成材率、节能降耗等方面，效果十分显著。因此，可以说，数字化技术不仅仅是轧制技术的最新科技进展之一和重要的技术方法，也是钢铁节能减排、绿色化智能化制造的关键技术手段。

参 考 文 献

［1］ Brian Harrmann，William P. King，Subu Narayanan. 制造业的数字化革命［J］. MT 机械工程导报，2016，总第 186 期，（5）：27-28.

［2］ 钟永刚. 美国先进制造业优先技术领域概要［J］. MT 机械工程导报，2016，总第 186 期，（5）：29-36.

［3］康永林，朱国明，汪水泽，等．数字化技术在板带及型钢轧制中的应用［J］．轧钢，2017，34（2）：1-6.

［4］汪水泽．低合金高强钢热轧全过程数值模拟与工艺优化［D］．北京：北京科技大学，2016.

［5］康永林，朱国明，陶功明，等．高精度型钢轧制数字化技术及应用［J］．钢铁，2017，52（3）：49-57.

［6］朱国明．大型 H 型钢轧制过程数值模拟及组织性能研究［D］．北京：北京科技大学，2009.

［7］董志洪．高技术铁路与钢轨［M］．北京：冶金工业出版社，2003：110-128.

［8］张凯，贾丽琴．重轨孔型 CAD 系统参数化设计与实现［C］//2006 年全国轧钢生产技术会议文集．中国金属学会，2006：19-21.

［9］Wang, Peilong. Study on the numerical simulation of heavy rail compound roll straightening ［C］//2010 International Conference on Measuring Technology and Mechatronics Automation. ICMTMA, 2010：669-672.

［10］陈林，孙盛志．U75V 重轨钢 BD2 开坯过程有限元数值模拟和分析［J］．特殊钢，2012，33（3）：12-14.

［11］Chen Lin, Bi Kexin. Study on simulation experiment with universal pass rolling deformation for heavy rail. source：advanced materials research ［J］. Frontiers of Advanced Materials and Engineering Technology, FAMET, 2012, 430-432：525-529.

［12］陶功明，吕攀峰，李佑琴，等．钢轨"高点"缺陷分析与控制［J］．轧钢，2015，32（2）：85-89.

11 轧后钢材在线热处理技术与节能减排

11.1 钢材在线热处理技术的作用与意义

钢材在线热处理技术是充分利用轧件热轧后的余热进行控制冷却和余热淬火，不仅节省了大量能源，而且显著地提高钢材的使用性能，体现了现代绿色制造技术节能减排的发展方向。钢材在线热处理技术在节省大量能量消耗的同时，还使热塑性变形与固态相变结合，以获得细小的晶粒组织，使钢材获得优异的综合力学性能的新工艺。对低碳钢、低合金钢来说，主要是通过控制轧制工艺参数细化变形奥氏体晶粒，经过奥氏体向铁素体和珠光体的相变，形成细化的铁素体晶粒和较为细小的珠光体球团，从而达到提高钢的强度、韧性和焊接性能的目的。

11.1.1 钢材在线热处理技术的原理

控制冷却是通过控制钢材的冷却速度达到改善钢材的组织和性能的目的，基本原理如图 11-1 所示。由于热轧变形的作用，促使变形奥氏体向铁素体转变温度 (A_{r3}) 提高，相变后的铁素体晶粒容易长大，造成力学性能降低，为了细化铁素体晶粒，减小珠光体片层间距，阻止碳化物在高温下析出，以提高析出强化效果，而采用人为地有目的控制冷却过程的工艺。控制轧制和控制冷却能使钢材的形变强化和相变强化有效结合，两种强化效果相加，进一步提高钢材的强韧性和获得合理的综合力学性能。

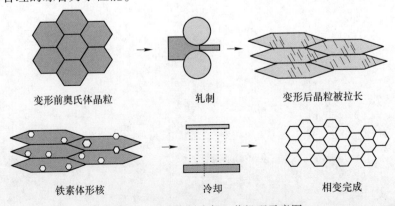

变形前奥氏体晶粒　　　　轧制　　　　变形后晶粒被拉长

铁素体形核　　　　冷却　　　　相变完成

图 11-1　轧后控制冷却工艺机理示意图

轧后控制冷却在热轧生产中得到广泛的应用。根据钢种组织和性能的不同要求，将采用不同的轧后控制冷却工艺和方法。由于产品形状的差异大，种类多，冷却设备及冷却方式的选择及设计是很重要的，它将决定轧后控制冷却工艺是否合适。

控轧控冷超细晶粒钢生产技术其技术原理是：通过控制轧制温度和轧后冷却速度、冷却的开始温度和终止温度，来控制轧件高温的奥氏体组织形态以及控制相变过程，最终控制钢材的组织类型、形态和分布，提高轧件的组织和力学性能。采用超细化方法使普通 Q235 钢的铁素体晶粒超细化，可使其屈服强度提高到 400MPa。这是国际上钢铁材料的研究开发最新趋势。目前，日本、欧洲、韩国等正在通过高纯净度、高均匀性和微米级超细组织来充分挖掘钢铁材料的潜力，最大限度的优化钢的性能，以满足新世纪人类发展对钢铁材料的需求。研究的方向之一是利用工艺手段，将低碳碳素钢的组织细化到微米级，使其强度性能提高一倍。

通过对 Q235 钢奥氏体再结晶+过冷奥氏体的低温轧制形成形变诱导的铁素体，再加轧后控冷，可以将铁素体晶粒细化到 $3 \sim 5 \mu m$，屈服强度达 400MPa 级水平。

11.1.2　轧后余热处理方法

用轧后余热处理方法提高钢筋的强度，由于加工成本低廉而很有吸引力。要使表面硬而心部较软的热处理钢材达到所要求的强度水平，需要极其严格的控冷工艺过程。同时，钢材的连接技术也很重要。如：热轧钢筋，日本用机械法连接时，钢筋两端不加工直接与长螺母连接，连接后注入填充剂。

钢材轧后控制冷却过程分为三个阶段：

（1）一次冷却：从终轧温度开始到奥氏体向铁素体开始转变温度 A_{r3} 或二次碳化物开始析出温度 A_c 范围内的冷却。其目的是控制热变形后的奥氏体状态，阻止奥氏体晶粒长大或碳化物析出固定由于变形而引起的位错，加大过冷度，降低相变温度，为相变做组织上的准备。一次冷却的开始快冷温度越接近终轧温度，细化奥氏体和增大有效晶界面积的效果越明显。

（2）二次冷却：热轧钢材经过一次冷却后，立即进入由奥氏体向铁素体或碳化物析出的相变阶段，在相变过程中控制相变冷却开始温度、冷却速度和停止冷却温度等参数，就能控制相变过程，从而达到控制相变产物形态、结构的目的。

从相变开始温度到相变结束温度范围内的冷却控制目的：

1）控制相变过程；

2）控制要求的金相组织；

3）获得理想的力学性能。

（3）三次冷却：相变之后直到室温这一温度区间的冷却。

一般钢材相变后多采用空冷，冷却均匀，形成铁素体和珠光体。此外，固溶在铁素体中的过饱和碳化物在慢冷中不断弥散析出，使其沉淀强化。

对一些微合金化钢，在相变完成之后仍采用快冷工艺，以阻止碳化物析出，保持碳化物固溶状态，达到固溶强化的目的。

低碳钢的三次冷却：此阶段冷却速度对组织没有什么影响。

含 Nb 钢的三次冷却：在空冷过程中会发生碳氮化物析出，对生成的贝氏体产生轻微的回火效果。

高碳钢或高碳合金钢的三次冷却：相变后空冷时将使快冷时来不及析出的过饱和碳化物继续弥散析出。如相变完成后仍采用快速冷却工艺，就可以阻止碳化物析出，保持其碳化物固溶状态，以达到固溶强化的目的。

11.2 棒线材在线热处理技术

11.2.1 棒材在线热处理技术

为提高钢材的使用性能，控制冷却和余热淬火是既行之有效又经济效益好的措施。对合金钢采用精轧前后控制冷却，可使轴承钢的球化退火时间减少，网状组织减少。奥氏体不锈钢可进行在线固溶处理，对齿轮钢可细化晶粒。它与采用一般调质处理所得的轧材相比，钢的强韧性得到进一步提高，而且节省了一次加热，简化了工艺，节约了能源。

随着钢种的不同，控制冷却钢的强韧性取决于轧制条件和冷却条件。控制冷却实施之前钢的组织形态决定于控制轧制工艺参数。控制冷却条件对热变形后奥氏体状态、相变前预组织有影响，对相变机制、析出行为、相变产物组织形貌更有直接影响。控制冷却可以单独使用，但将控制轧制和控制冷却工艺有机地结合使用，可以取得控制冷却的最佳效果。

11.2.1.1 棒材在线热处理工艺原理

在棒材终轧组织仍处于奥氏体状态时，利用其本身的余热在轧钢作业线上直接进行热处理，将热轧变形与热处理有机结合在一起，通过对工艺参数的控制，有效地挖掘出钢材性能的潜力，获得热强化的效果。

工艺过程：即将终轧温度为 900~1100℃ 的钢筋经过水冷器冷却直接进行表层淬火，使其表面温度快速降至 200~300℃，然后在空气中由轧件心部传出余热，使钢的温度达到 550~650℃ 的自回火温度，以达到提高钢材强度、塑性，改善韧性的目的，使钢材得到良好的综合性能。图 11-2 为棒材轧后控冷工艺 CCT 曲线。

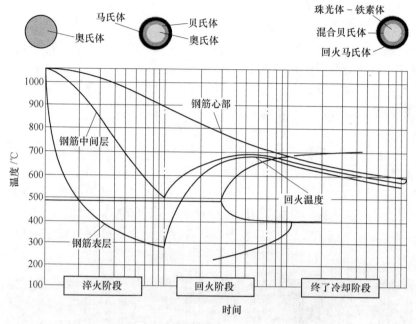

图 11-2 棒材轧后控冷工艺 CCT 曲线

由图 11-2 可看出，棒材表面马氏体层是不可避免的，由于马氏体属性硬脆，钢中含马氏体强度提高但韧性下降，在国标 GB 中钢筋的强/屈比大于 1.25，在 BS 和 ASTM 标准中则为 1.1~1.15，因此在我国的棒材生产中希望穿水后得到较少的马氏体厚度，控制冷却强度（提高回复温度）和分段冷却（冷却—回复—再冷却—再回复）是减少马氏体量的有效途径。

11.2.1.2 棒材在线热处理工艺特点

（1）选用碳素钢和低合金钢，采用轧后控制冷却工艺，可生产不同强度等级的钢筋，从而可能改变用热轧按钢种分等级的传统生产方法，节约合金元素，降低成本及方便管理。

（2）设备简单，不用改动轧制设备，只需在精轧机后安装一套水冷设备，为了控制终轧温度或进行控制轧制，可在中轧机或精轧机前安装中间冷却或精轧预冷装置。

（3）在奥氏体未再结晶区终轧后快冷的工艺生产的棒材在性能上存在一定的缺点，即应力腐蚀开裂的倾向较大。裂纹主要是在活动的滑移带上位错堆积的地方形核。具有低温形变热处理效果的轧制余热淬火，提高了位错密度，阻止了位错亚结构的多边形化，因而形成了促进裂纹的核心，但是，在奥氏体再结晶区终轧的轧制余热强化钢筋，由于再结晶过程消除了晶内位错，而不出现应力腐蚀开裂的倾向。

11.2.1.3　棒材在线热处理技术的应用

A　钢筋余热淬火工艺

经余热淬火的钢筋其屈服强度可提高 150~230MPa，同一成分的钢通过改变冷却强度，可获得不同级别的钢筋（3~4 级），余热淬火用于碳当量较小的钢种，在淬火后，钢筋具有良好的屈服强度和焊接性能，延伸率、弯曲性能也有很大提高。与添加合金元素的强化措施相比，余热淬火的成本低，并且可以提高产品的合格率。

我国 20 世纪 80 年代开始使用余热淬火工艺，生产的棒材主要是出口，按 BS 标准组织生产。由于国标 GB 的技术指标及施工条件的限制，国内很少应用直接穿水的高强度钢筋，目前广泛用于通过穿水减少合金元素含量保持钢筋较高强度，可降低生产成本 6%~15%。按 BS 标准组织生产钢筋，采用低碳钢穿水后屈服强度可达 450~550MPa，图 11-3 为北京科技大学高效轧制国家工程研究中心为马来西亚 Antara 钢厂建设的棒材穿水设备（四线切分轧制）。

图 11-3　马来西亚 Antara 钢厂棒材穿水现场照片

B　特殊钢控轧控冷实例

对于特钢生产，通过穿水控制终轧温度可以抑制某些合金元素或网状碳化物在晶界上的析出，再结合轧后快冷，得到合格的产品，可以部分取代线外热处理工序。图 11-4 为 40Cr 经过控轧后的性能对比。图 11-5 为轴承钢控轧控冷组织对比。

11.2.1.4　棒材的在线固溶

奥氏体不锈钢余热淬火的目的是利用余热进行固溶处理，以抑制不合乎需要的铬碳化物析出，从而就不需要在轧后进行热处理，实现此工艺所需的参数是：精轧温度大约 1050℃，这时保证轧材处于奥氏体状态而晶界无碳化物析出；淬火

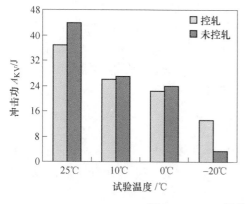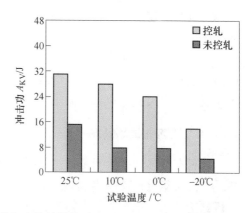

图 11-4　40Cr 钢控轧与未控轧性能对比

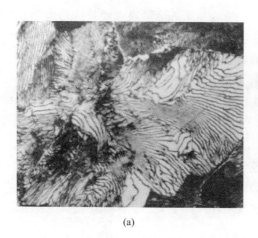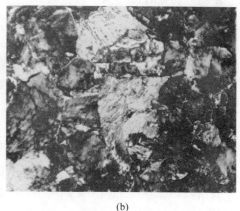

(a)　　　　　　　　　　　　　　　(b)

图 11-5　GCr15 钢控轧与未控轧组织对比

（a）常规轧制空冷网状碳化物级别 3~4 级，球化退火时间 20~28h；

（b）控轧控冷网状碳化物级别 1.5~2 级，球化退火时间 10h 左右

终了温度要低于 400℃，这时碳化物已完全固溶在奥氏体中，不会再析出。

　　过去不锈钢棒线材的热处理都是离线进行，随着科学的发展和轧制工艺研究的不断深入，现代不锈钢热处理也较多采用在线进行。生产棒材时，对奥氏体、铁素体不锈钢而言，由于不易产生冷裂和白点，轧后可空冷或堆冷，或者在飞剪前设穿水冷却装置以实现余热淬火；生产马氏体不锈钢时，由于容易产生冷裂，不能进行穿水冷却而直接进入冷床，冷床的结构不同于生产普碳钢的冷床，一种办法是采用经改进的步进式齿条冷床如意大利达涅利公司设计的 1989 年投产的美国 Teledyne Allvae 厂的冷床，它伸入高温侧的一个槽中，槽可以放上水使冷床淹没在水中，这样可以对奥氏体不锈钢进行水淬，而不要水淬的品种则直接进入冷床，该冷床还可以装备绝热罩，可使轧件延迟冷却，在罩上绝热罩进行延迟冷

却时，其冷却速度相当自然冷却速度的一半，较低的冷却速度对确保马氏体不锈钢的滞后脆性裂纹是非常重要的；另一种办法是：把冷床的一半设计成链式，另一半为普通的齿条式冷床，辊道设保温罩。生产马氏体不锈钢时，飞剪把轧件切成倍尺或定尺，如为倍尺，经链式冷床快速拉入保温罩中，在罩中切成定尺再送入保温坑，定尺直接拉入保温坑中进行缓慢冷却。

11.2.2　线材在线热处理

线材在线热处理主要是通过轧后冷却得到产品所要求的组织及性能的均匀性并减少二次氧化铁皮的生成量。为了减少二次氧化铁皮量，要求加大冷却速度。要得到所要求的组织性能则需要根据不同品种控制冷却工艺参数。

11.2.2.1　线材在线冷却原理与工艺

一般线材轧后控制冷却过程可分为三个阶段，第一个阶段主要目的是为相变作组织准备及减少二次氧化铁皮生成量。一般采用快速冷却工艺，冷却到相变前温度，此温度称为吐丝温度；第二阶段为相变过程，主要控制冷却速度；第三阶段相变完了，有时考虑到固溶元素的析出，采用慢冷，一般采用空冷。

按照控制冷却的原理与工艺要求，线材控制冷却的基本方法是：首先让轧制后的线材在导管（或水箱）内用高压水快速冷却，再由吐丝机把线材吐成环状，以散卷形式分布到运输辊道（链）上，使其按要求的冷却速度均匀风冷，最后以较快的冷却速度冷却到可集卷的温度进行集卷、运输和打捆等。

因此，工艺上对线材控制冷却提出的基本要求是能够严格控制轧件冷却过程中各阶段的冷却速度和相变温度，使线材既能保持性能要求，又能尽量减少氧化损耗。

各钢种的成分不同，它们的转变温度、转变时间和组织特征各不相同。即使同一钢种只要最终用途不同，所要求的组织和性能也不尽相同。因此，对它们的工艺要求取决于钢种、成分和最终用途。

一般用途低碳钢丝和碳素焊条钢盘条一般用于拉拔加工。因此，要求有低的强度及较好的延伸性能。低碳钢线材硬化原因有两个，即铁素体晶粒小及铁素体中的碳过饱和。铁素体的形成是形核长大的过程，形核主要是在奥氏体晶界上。因此奥氏体晶粒大小直接影响铁素体晶粒大小，同时其他残余元素及第二相质点也影响铁素体晶粒形成。为了得到比较大的铁素体晶粒，就需要有较高的吐丝温度以及缓慢的冷却速度，先得到较大的奥氏体晶粒，同时要求钢中杂质含量少。

铁素体中过饱和的碳，可以以两种形式存在：一种是固溶在铁素体中起到固溶强化作用；另一种是从铁素体中析出起沉淀强化作用，两者都对钢的强化起作用。但对于低碳钢来说，沉淀强化对硬化的影响较小，因此必须使溶于铁素体中的过饱和碳沉淀出来。这个要求可以通过整个冷却过程的缓慢冷却得到实现。

所以对这两种钢的工艺要求是高温吐丝，缓慢冷却，以便先共析铁素体充分析出，并有利于碳的脱溶。这样处理的线材组织为粗大的铁素体晶粒，接近单一的铁素体组织。它具有强度低、塑性高，延性大的特点，便于拉拔加工。由于低碳钢的相变温度高，在缓慢冷却条件下，相转变结束后线材仍处于较高温度，所以相变完成后要加快冷却速度，以减少氧化铁皮生成和防止 FeO 的分解转变。

含碳量为 0.20%~0.40% 的中碳钢，通常用于冷变形制造紧固件。对它们采用较慢的冷却速度，它们除能得到较高的断面收缩率外，还具有低的抗拉强度。这将有利于简化甚至省略变形前的初次退火或冷变形中的中间退火。

有些中碳钢在冷镦时，既要求有足够的塑性，又要求有一定的强度。为满足所要求的性能，需用较高的吐丝温度得到仅有少量先共析铁素体的显微组织。

如果中碳钢线材用于拉拔加工，利用风机鼓风冷却并适当提高运输机速度，将增加线材的抗拉强度。

对于含 0.35%~0.55%C 的碳素钢，为了保证得到细片状珠光体以及最少的游离铁素体，要求在 A_{r3} 和 A_{r1} 温度之间的时间尽可能短，以抑制先共析铁素体的析出。因此，此阶段要采用大的风量和高的运输速度，随后以适当的冷速，使线材最终组织由心部至表面都成为均匀的细珠光体组织，从而得到性能均匀一致的产品。对此，在冷却过程中保证线材心部和表面温度的一致是相当重要的。

对于含 0.60%~0.85%C 的高碳钢，由于它靠近共析成分，所以希望尽量减少铁素体的析出而得到单一的珠光体组织。故要求采用较高的冷却速度，以强制风冷或者水雾冷却来抑制先共析相的析出，同时使珠光体在较低的温度区形成，这样就可得到细片小间距的珠光体——索氏体。这种组织具有优良的拉拔性能，适用于深拉拔加工。资料表明，对于含碳量为 0.70%~0.75% 的碳钢，经上述控制冷却后的 $\phi5.5mm$ 线材可直接拉拔到 $\phi1.2mm$ 而不断，而经铅浴淬火的同规格线材在未拉到该尺寸前就不能再拉拔了。

值得指出的是，碳含量在 0.30% 以上的线材容易产生表面脱碳，从而使线材表面硬度和疲劳强度降低，这是个不容忽视的问题。为了防止这类钢的表面脱碳，必须严格控制它们的终轧温度、吐丝温度以及高温停留时间。

目前，世界上已经投入应用的各种线材控制冷却工艺装置至少有十多种。从各种工艺布置和设备特点来看，不外乎有两种类型：一类采用水冷加运输机散卷风冷（或空冷），这种类型中较典型的工艺有美国的斯太尔摩冷却工艺、英国的阿希洛冷却工艺、德国的施罗曼冷却工艺及意大利的达涅利冷却工艺等。另一类是水冷后不用散卷风冷，而是采用其他介质冷却或采用其他布圈方式冷却，诸如 ED 法 EDC 法沸水冷却、DP 法竖井冷却、间歇多段穿水冷却及流态床冷却法等，第三类是冷却到马氏体组织（表面）后进行自回火。

线材轧后的温度常高达 1000~1100℃，使线材在高温下迅速穿水冷却，该工艺具有细化钢材晶粒，减少氧化铁皮并改变铁皮结构使之易于清除，改善拉拔性能等优点。线材穿水冷却的效果主要取决于冷却形式，冷却介质，以及冷却系统和控制等。

11.2.2.2　斯太尔摩控制冷却工艺

斯太尔摩控制冷却工艺是由加拿大斯太尔柯钢铁公司和美国摩根公司于1964年联合提出的，目前已成为应用最普遍、发展最成熟、使用最为稳妥可靠的一种控制冷却工艺。该工艺是将热轧后的线材经两种不同冷却介质进行两次冷却，即轧制区分布的水箱水冷和经吐丝机吐丝成形后在斯太尔摩辊道上的风冷，即一次水冷，一次风冷。线材出成品轧机通过水冷套管快速冷却至接近相变温度后，经导向装置引入吐丝机，线材在成圈的同时陆续落在连续移动的链式运输机上，在运输过程中可用鼓风机强制冷却，或自然空冷，或加罩缓冷。以控制线材的组织性能。

斯太尔摩控冷工艺最大的特点是为了适应不同钢种的需要，具有三种冷却形式，这三种类型的水冷段相同，它依据运输机的结构和状态不同而分为标准型冷却、缓慢型冷却和延迟型冷却。

标准型冷却的运输机上方是敞开的，吐丝后的散卷落在运动的输送链上由下方风室鼓风冷却，在线材散卷运输机下面，分为几个风冷段，其段数根据产量而定，一般为 5~7 段，每个风冷段设置一台风量为 85000~90000m³/h，风压约为 0.02MPa 的风机。当呈搭接状态的线圈通过运输机时，可调节风门控制风量，经喷嘴向上对着线材强制吹风冷却。其运输速度为 0.25~1.4m/s，冷却速度为 4~10℃/s，它适用于高碳钢线材的冷却。

缓慢型冷却是为了满足标准型冷却无法满足的低碳钢和合金钢之类的低冷速要求而设计的。它与标准型冷却的不同之处是在运输机前部加了可移动的带有加热烧嘴的保温炉罩，有些厂还将运输机的输送链改成输送辊，运输机的速度也可以设定得更低些。由于采用了烧嘴加热和慢速输送，缓慢冷却斯太尔摩运输机可使散卷线材以很缓慢的冷却速度冷却。

延迟型冷却是在标准型冷却的基础上，结合缓慢型冷却的工艺特点加以改进而成。它在运输机的两侧装上隔热的保温层侧墙，并在两侧保温墙上方装有可灵活开闭的保温罩盖，当保温罩盖打开时可进行标准型冷却，若关闭保温罩盖，降低运输机速度，又能达到缓慢型冷却效果，它比缓慢型冷却简单、经济。由于它在设备构造上不同于缓慢型，但又能减慢冷却速度，故称其为延迟型冷却。延迟型冷却适用于处理各类碳钢、低合金钢及某些合金钢。由于延迟型冷却适用性广，工艺灵活，省掉了缓慢冷却型加热器，设备费用和生产费用相应降低，所以近十几年所建的斯太尔摩冷却线大多采用延迟型。

高线斯太尔摩控制冷却的工艺布置是：线材从精轧机组出来后，立即进入由多段水箱组成的水冷段强制水冷，然后由夹送辊送入吐丝机成圈，并成散卷状分布在连续运行的斯太尔摩运输辊道上，运输辊道下方设有风机鼓风冷却，最后进入集卷筒收集。

终轧温度为1040~1080℃的线材离开轧机后在水冷区立即被急冷到750~850℃。水冷后的温度控制稍高些，水冷时间控制在0.6s左右，目的是防止线材表面出现淬火组织。

在水冷区，控制冷却的目的在于延迟晶粒长大，限制氧化铁皮形成，并冷却到接近又高于相变温度的温度。

斯太尔摩冷却工艺的水冷段全长一般为30~40m，由2~3个水箱组成。每个水箱之间用一段6~10m无水冷的导槽隔开，称其为恢复段。这样布置的目的一方面为了经过一段水冷之后，使线材表面和心部的温度在恢复段趋于一致，另一方面也是为了有效防止线材因水冷过激而形成马氏体。

线材的水冷是在水冷喷嘴和导管里进行的。每个水箱里有若干个（一般3个）水冷喷嘴和导管。当线材从导管里通过时，冷却水从喷嘴里沿轧制方向以一定的入射角环状地喷在线材四周表面上，水流顺着轧件一起向前从导管内流出，这就减少了轧件在水冷过程中的运行阻力，此外每两个水冷喷嘴后面设有一个逆轧向的清扫喷嘴，也称为捕水器，目的是为了破坏线材表面蒸汽膜和清除表面氧化铁皮，以加强水冷效果。每两个水冷喷嘴和一个逆向清扫喷嘴合成一个冷却单元。

斯太尔摩控制冷却工艺优势：斯太尔摩冷却工艺在高线生产中的优势是线材的冷却速度可以进行人为的控制，比较容易保证线材的质量。根据斯太尔摩散卷冷却运输机的结构和状态，分为标准型冷却、缓慢型冷却和延迟型冷却。斯太尔摩冷却工艺得到普遍采用的是标准型和延迟型，能适应不同的钢种要求。前者适用于高碳钢等钢种的轧后控制冷却工艺，而后者适用于低碳钢钢种的冷却工艺要求。与其他各种控制冷却工艺相比，斯太尔摩工艺较为稳妥、可靠，三种类型的控制冷却方法适用的钢种范围很大，基本能满足当前高线生产的需要。且设备不需要很深的地基，水平方向不承受任何方向的外部载荷，且运行过程中振动冲击小，只需将机座地脚螺栓固定在有钢板的水平地基上即可满足工作条件。

斯太尔摩控制冷却工艺劣势及原因：斯太尔摩冷却工艺在高线生产中的劣势是投资费用较高、占地面积较大。经验表明，如果斯太尔摩生产线太短，会导致冷却时间不够，满足不了某些钢种的控制冷却工艺要求，为了满足生产工艺要求，辊道总长度多在80m以上，相应风机数量也要增加。风冷区线材降温主要依靠风冷，因此，线材的质量受气温和湿度的影响大。当环境温度过高或湿度较低的时候，会使风机冷却效果大打折扣，对线材质量造成一定影响。由于主要靠风机降温，线材二次氧化较严重。大量的空气气流在带走线材表面热量的同时，空气中的氧气与线材表面接触，使得线材二次氧化的概率也相应增加。

11.2.2.3　气雾冷却

目前斯太尔摩冷却线广泛用于高速线材生产线上，但该工艺的突出缺点是：在风冷线上，线圈疏密分布不均，搭接点处线材密度最大，线圈中心处线材密度最小，因而线圈搭接点处不仅较其他位置冷却速度低，而且其相变起始位置和相变时间有不同程度的滞后，虽然通过调整佳灵装置或改变辊道速度可改变这种不均匀程度，但线材同圈性能的差异仍较大。

为解决上述问题，考虑采用喷雾冷却方式重点对搭接处从上部进行强冷，再配合下部风冷，以达到均匀冷却和加速冷却的目的。喷雾冷却强度介于风冷、水冷之间，通过调整水、气压力和流量的配比，可在一定范围内调节冷却强度。

在斯太尔摩风冷线上加装气雾冷却器可以起到两个方面的作用：

（1）线材出吐丝机成圈后，会叠落在运输辊道上，在横向上线圈会形成疏密分布不均的现象，如图11-6所示，这样容易造成线材冷却过程中各处的温度不均匀，虽然佳灵装置可部分消除这种冷却不均匀的影响，但由于风冷的弱点，使其不能从根本上消除冷却不均，从而造成相变不同步，导致同圈性能差，这种现象在大规格线材的冷却上反映更明显。当在吐丝机出口处加装气雾冷却器后，由喷嘴喷出的水雾可以重点对着线材搭接点位置进行喷吹，一部分雾滴打在线材搭接点的上表面，形成气泡立即蒸发，以汽化热的形式吸收热量，另一部分雾滴因为浮升力作用从线圈下面反弹回来，对线材搭接点的下表面进行冷却，从而增强线材搭接点位置的冷却强度，使整个线圈的温度趋于均匀，保证较小的同圈性能差。另外，水雾会使整个喷淋区的环境温度（包括输送辊道、周围设备温度）明显降低，也有利于线材的整体散热。

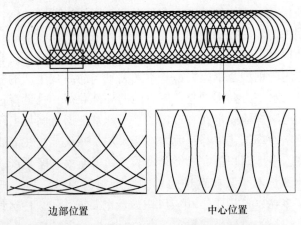

边部位置　　　　　　　　　　中心位置

图11-6　斯太尔摩风冷线上线圈分布疏密不均

（2）气雾冷却器还可以提高线材的冷却速度，提高成品的力学性能。在吐丝机与第 1 台风机之间一般有 2~3m 的空冷区，此空冷区内线材的温度下降很小，冷却速度很低，线材经过此区域到达第 1 台风机的时间 2~3s，这将导致线材内部晶粒有一定程度长大，为此，在此位置加装气雾冷却器，在重点冷却搭接点的同时对整个线圈进行一定程度的控制冷却，即可提高线材的整体冷却速度，从而达到细化晶粒，提高性能的目的。这对于 φ8mm 以上的大规格线材而言效果尤其明显。国内某厂生产的 φ8~12mm 的 HRB400MPa 螺纹钢盘条的实践表明，使用气雾冷却器后，钢筋的强度提高 10~15MPa，钢筋的同圈性能差下降 10~15MPa，这说明气雾冷却器在提高强度、减小同圈性能差方面起着很大作用。

11.2.2.4 线材水浴

斯太尔摩冷却工艺具有冷却能力较强、适应范围大的优点，但存在冷却不均匀，产品力学性能波动大，索氏体化率不高的问题，而铅浴淬火冷却工艺和盐浴冷却工艺又存在污染环境的缺点，因此，一些高线厂家开始寻找高效清洁的高速线材热处理工艺。

图 11-7 为水浴冷却装置，水浴冷却的原理是利用热水汽化时吸收的蒸发热带走线材或钢丝表面热能，从而达到冷却钢材的目的，当线材从吐丝进入水箱中后，会经过 4 个阶段的冷却过程，水浴冷却工艺原理如图 11-8 所示。

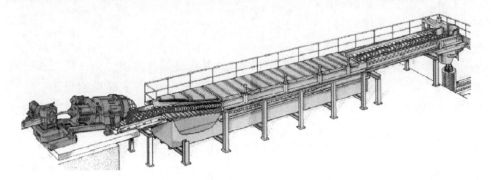

图 11-7 水浴冷却装置

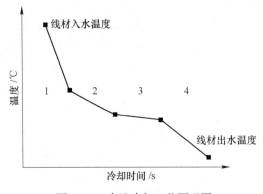

图 11-8 水浴冷却工艺原理图

　　第 1 阶段：900℃左右的线材进入热水中，线材急剧冷却，冷却速度最快可能达到 900℃，但时间很短，一般不超过 1s。

　　第 2 阶段：线材在急剧冷却的同时，表面的水迅速汽化，形成气泡，阻止线材温度进一步降低，当线材周围的水全部汽化，线材被包裹在蒸汽膜中，冷却速度显著下降，因此这个阶段也叫做膜沸腾阶段。

　　第 3 阶段：当线材温度降低到一定值后，汽膜完全破裂，线材与水直接接触，剧烈沸腾，此时进入核沸腾阶段，核沸腾阶段冷却速度最快。

　　第 4 阶段：当线材温度继续降低到一定值后，线材表面不再产生气泡，线材与周围的水通过对流散热，这个阶段是对流传热阶段。

　　ED 法又称为热水浴法，它的基本特点是以热水做为冷却介质，利用水受热后可在线材表面形成稳定蒸汽膜的特点来抑制冷却速度，从而达到近似"等温"的转变效果。根据金属表面的冷却曲线特点及其传热性，高温金属浸入静止水中的冷却过程可分为 5 个阶段：

　　(1) 冷却初期阶段；

　　(2) 稳定的膜沸腾阶段；

　　(3) 不稳定的膜沸腾阶段；

　　(4) 核沸腾阶段；

　　(5) 对流传热阶段。

　　上述 5 阶段中，散热主要依靠第 4 阶段，其次靠第 3 阶段。第 2 和第 5 阶段散热能力都很低。因此，热水浴法有两个核心问题：一是首先必须适当延长膜沸腾阶段的时间，保证奥氏体在蒸汽膜的保护下完成分解转变，防止马氏体的形成；二是设法降低膜沸腾阶段的形成温度，以降低奥氏体分解温度，减少自由铁素体和粗片状珠光体的数量，使线材具有较高的强度和再加工性能。

　　热水浴 ED 法（易拉拔法）的工艺布置是：将终轧后的线材先经一段水冷，其温度可控制在 850℃左右。水冷后的线材进入吐丝机吐丝，并使吐出的线圈直接落进 90℃以上的热水槽中。

　　EDC 法（易拉拔运输机）是在 ED 法基础上发展起来的一种更完善的水浴处理法。它与 ED 法的不同之处是将吐丝后的线圈散布在浸于水中的运输机上进行散卷冷却，因而应用范围更为广泛。图 11-9 为 A 厂使用中的水浴装置。

　　ED 和 EDC 冷却工艺的主要优点是冷却均匀且不受车间环境温度的影响，尤其是盘卷的通条性能波动小，有利于处理大规格盘条。由于该工艺是在水中冷却，所以线材表现的氧化比用其他工艺处理的要少。热水浴法的主要缺点是奥氏体分解温度较高，强度比铅浴淬火低 100MPa 左右，且耐磨性较差，抗过载能力低。当碳当量超过 0.6% 以上时，其性能波动显著大于铅浴淬火，从而在使用上受到一定的限制。

图 11-9 可替换式水浴装置 EDC

11.2.2.5 亚声波冷却

亚声波冷却方法是瑞典摩哥斯哈玛公司开发的，是一种有发展前景的方法。此法以空气作为主要冷却介质，但与现有的冷却方法完全不同，是利用亚声波产生高速脉动气流冷却线材，且其冷却速度比普通冷却快的一种新方法。

亚声波的频率在 20Hz 以下，通常低于人类听力的下限。频率为 20Hz 的亚声波波长为 17m。当这个声音在空气中传播时，空气粒子交替压缩、膨胀。这种反复出现的压缩、膨胀运动可引起空气压力的周期性变化，加速空气的流动。

在封闭回路中，通过共振管向共振器发射亚声波，在指定的区域内可获得脉动空气运动。如果将线材置于空气流速最高的区域里，与相同速度的稳定气流相比，则亚声波传热快。

以空气作为冷却介质，利用亚声波加速冷却这一理论是根据亚声波对传热的影响和空气运动引起辐射力易于穿过线材这一事实提出的，因此，散冷辊道中部及边部的线材冷却速度更加均匀。

今后的发展方向是在脉动空气中加入水滴，以获得更高的冷却速度。因为较高的冷却速度可使线材达到铅浴淬火所得到的性能，此外，冷却速度提高了，还可以减少冷却设备。

由于亚声波对人体健康有一定的危害，因此，此技术较少应用。

线材生产时，其不锈钢在线热处理有 4 种形式。

第一种是在线水淬火，其工艺是：（1）在吐丝机上进行高温成圈（1050～1100℃）；（2）在辊式运输机上进行上下水淬（喷嘴或槽式）几秒钟，使材料再结晶；（3）盘卷再成形、压紧和打捆。这种方法简单易行，但仅能处理奥式体不锈钢，对最终晶粒尺寸不能控制，为达到较高的质量水平，必须进行进一步的离线固溶处理。

第二种方法是辊式运输机在线固溶热处理，该程序包括：（1）在吐丝机上高温成圈（1050~1100℃）；（2）轧件在安装在辊式运输机上的炉内进行高温均热；（3）在炉后的辊式运输机上立即进行在线水淬（喷水或水槽式）；（4）盘卷成形、压紧和打捆。采用该系统，轧件在轧后通过安装在运输机上的炉子可以控制晶粒尺寸，用于生产奥氏体和铁素体不锈钢，冶金质量可以与采用离线固溶退火所得到的结果相媲美，但该系统仅限于线材，对加勒特卷取机作业线而言，则必须安装另一套水淬系统，还有在水槽淬火情况下，必须安装一个恒温系统。

第三种方法是在辊式运输机侧的炉内在线直接固溶处理，该程序包括：（1）在吐丝机上标准温度成圈；（2）在吐丝机后盘卷立即形成；（3）盘卷呈立式状进入辊式运送机侧的隧道式或回转式保温炉中；（4）在保温炉的出口侧进行在线水淬火；（5）压紧和打捆。这种方法可以对奥氏体、铁素体、马氏体不锈钢进行在线热处理；并且冶金质量水平比采用离线处理所获得的结果更好；安装费用比前两种要高。

第四种方法是：（1）在吐丝机上标准温度成圈；（2）在吐丝机后盘卷立即形成；（3）盘卷呈立式状进入辊式运送机侧的保温罩中进行缓冷；（4）压紧和打捆。

11.2.2.6　线材相变后冷却

普通中、低碳钢及低合金钢线材，相变后通常都是在 PF 线上自然冷却，对于高碳钢及高碳合金钢线材，除了吐丝机前穿水冷却、吐丝机后控制相变快速冷却，在集卷完成后上 PF 线还需要进行第三次快速冷却，可以阻止碳化物析出，保持其碳化物固溶状态，以达到固溶强化的目的。图 11-10 为承德金龙为 A 厂在 PF 线首段增加的喷淋预整形装置。

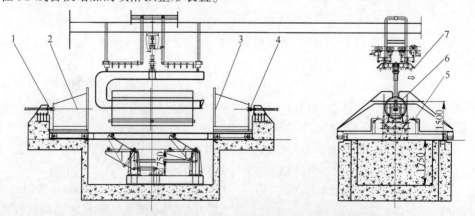

图 11-10　碳钢及高碳合金钢线材集卷后的喷淋预整形装置

1—左预压液压缸；2—左支架；3—右支架；4—右预压液压缸；5—侧喷嘴；6—线卷；7—上喷嘴

盘卷速冷整形机由盘卷速冷装置和盘卷卷形整理机两大部分组成。盘卷速冷装置安装在盘卷卷形整理机的上方和两侧。其主要功能是把集卷站处 C 形钩收集到的散卷运输到速冷整形工位，通过托卷装置把盘卷升起，左右压紧机构进行预压紧，之后升降整形机构对盘卷滚圆整形，同时整形过程中可喷水快速冷却盘卷。

11.3 型材在线热处理技术

11.3.1 H 钢型在线热处理技术

H 型钢的问世已有几十年，具有较好的抗弯强度、较小的密度、造价低并且外形美观等优点，现已被广泛应用。但是 H 型钢在实际的生产中，经万能轧机后通常采用空气冷却的方式，容易产生截面温差大，组织成分分布不均，残余应力大，易引起腹板产生波浪瓢曲，严重时会在锯切时发生沿腹板开裂等问题。

11.3.1.1 H 钢型在线热处理目的与作用

对于较大的 H 型钢，由于近年来大幅度地加快了轧制速度，终冷的温度过高、冷床面积不足已成为急需解决的问题。但不合理的冷却方法会使轧件发生翘曲，因而产生较大的内应力，所以对冷却方式和冷却设备的要求很高。好的冷却方式可有效地减轻矫直机负荷，延长寿命。因此，型钢控冷的目的是：

（1）降低或防止型钢翘曲；

（2）节省了冷床的面积；

（3）减小残余应力；

（4）改善组织状态，提高型钢力学性能。

11.3.1.2 H 型钢在线热处理技术

H 型钢在中间粗轧万能轧机、立辊轧机上轧制，最终在精轧万能轧机上热轧成形，在这样的轧机上轧制的 H 型钢，上缘易冷却，下缘不易散热，引起上下缘有一定的温度差，即在上缘部位温度低，下缘部位温度高，如图 11-11 所示。这种温度差在缘宽度方向产生内应力，H 型钢发生变形。为了改善冷却条件，需要对下缘在轧制过程中进行局部冷却，即所谓下缘冷却，尤其是在下缘的内侧面

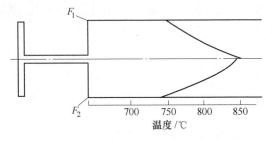

图 11-11　H 型钢热轧后上下缘的温度分布

进行冷却，采用的冷却方法如图 11-12 所示。喷嘴的位置可沿着工字钢的缘宽的方向上下自由运动，并可与缘宽的垂直方向左右运动。同时有一套测量宽度和测量温度的装置，根据温度及宽度测量控制喷嘴的位置，以得到要求的均匀冷却。

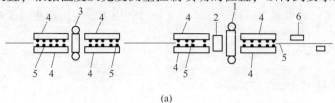

(a)

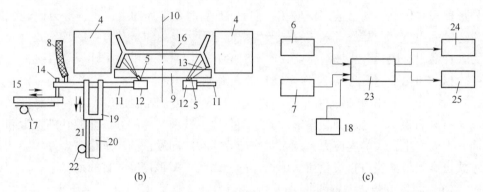

(b)　　　　　　　　　　　　　　　　　　(c)

图 11-12　H 型钢冷却装置及冷却示意图

（a）万能轧机；（b）冷却装置；（c）冷却装置控制

1—粗轧万能轧机；2—轧边机；3—精轧万能轧机；4—侧导板；5—喷嘴；6—缘宽测宽仪；7—腰高测量仪；
8—软水管；9—辊道；10—中心轴；11—水冷管；12—喷嘴集管；13—喷水；14—连接棒；15—齿条；
16—H 型钢；17—齿轮；18—测温仪表；19—自动滑动件；20—杠杆；21—齿条；22—齿轮；
23—控制装置；24—缘宽方向驱动电机；25—腰高方向驱动电机

　　如图 11-12 所示，将缘宽测宽仪和腰高测量仪得到的缘宽与腰高信号与设定器得到的信号同时输入控制装置，再从控制器输出与缘宽、腰高相对应的工作指令信号，即驱动缘宽方向及腰高方向电机。喷嘴就被设定在进行冷却时最佳位置。这样即可得到均匀温度分布型钢，在冷却后不会产生翘曲。当然这种冷却方式作为均匀冷却手段，但是用作轧后相变控制还存在冷却速率问题。

11.3.1.3　H 型钢在线热处理工艺的应用

　　H 型钢的轧后控制冷却技术目前在国内尚属空白，国外的一些 H 型钢生产企业对该技术的研究有翼缘局部强冷技术、QST 技术等，取得了一定成效。

　　卢森堡阿尔贝德公司 QST 技术：H 型钢在中间万能机组上轧制时首先对腿部进行局部冷却，使腰、腿部温度均匀，然后在精轧机上轧制最后一道。精轧机后设有上、下、左、右高压水箱，对 H 型钢的腿部和腰部喷水，进行淬火，使 H 型钢表面形成马氏体，靠 H 型钢中心部位的余热自回火，如图 11-13 所示。

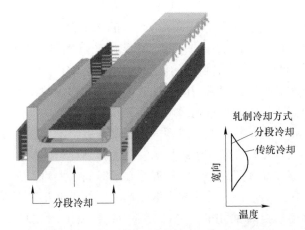

图 11-13　卢森堡阿尔贝德公司 QST 技术图

阿赛洛 QST 技术：在精轧机后设置一冷却段，H 型钢出精轧后在 850℃时，进行喷水淬火冷却，然后自回火温度为 600℃，提高 H 型钢的屈服强度，同时韧性也有很大的提高，如图 11-14 所示。

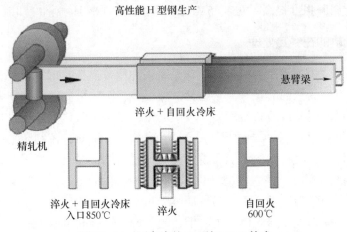

图 11-14　阿赛洛的 H 型钢 QST 技术

莱芜钢铁公司和北京科技大学开发过 H 型钢气雾冷却技术，并在生产中得到应用，取得了一定的控制冷却效果。设备构成为摆动辊道部分和输出辊道部分两段。两侧有 14 对喷嘴，每对两侧各 1 个，共 28 个；下喷嘴 10 个；上喷嘴 6 个。每个喷嘴均由独立的阀门控制水量，同时在喷嘴上分别设置压缩空气管路和高压水管路，高压水由高位水箱供水。冷却水在喷射过程中由压缩空气打散成气雾以增大冷却效果，实现 H 型钢的快速降温。

11.3.1.4 型钢在线热处理对质量、性能的改善

普碳型钢的表面锈蚀问题是型钢生产企业的一个普遍问题。"表面锈蚀"不在产品标准控制之内，不影响用户使用，不影响产品性能，但影响产品的外观。轧后控制冷却，加快了 H 型钢圆角的温降速度，可以实现轧后短时间快冷并减小断面温差，缩短轧件高温氧化时间，使轧件圆角起泡现象得到很好的改善，轧件表面气泡明显减少，表面质量明显改善。

轧后气雾冷却设置使轧件在短时间内大幅度降温，不仅能够细化晶粒，提高产品组织性能，而且使轧件断面组织均匀，进而得到均匀的断面力学性能。在精轧机组后加设气雾冷却装置后，使轧件温度在短时间内大幅下降，从而提高了产品的性能。精轧机组后加设气雾冷却装置使产品在伸长率几乎不变的条件下，屈服强度和抗拉强度均提高 20MPa 以上（分别为 21.95MPa 和 21.72MPa）。加设控冷装置后，由于加快了圆角部位的温降速度，不仅产品强度提高，断面性能也变得均匀。

国内外某些 H 型钢轧后控制冷却系统由于设备本身条件限制，冷却速率较低，只能在一定程度上改善 H 型钢的表面质量和温度均匀性，但距离显著提高产品性能尚有较大的差距。如日本住友公司在大 H 型钢生产线上采用控冷技术，将 H 型钢的屈服强度提高了 35~45MPa，但对于厚规格 H 型钢冷却能力不足。

11.3.2 钢轨的在线热处理

钢轨使用过程中最主要的损坏方式是磨损和疲劳损伤。钢轨磨耗主要是指小半径曲线上钢轨的侧面磨耗和波浪磨耗。接触疲劳损伤是导向轮在曲线外轨引起剪应力交变循环促使外轨轨头疲劳，导致剥离；车轮及轨道维修不良加速剥离的发展。提高钢轨使用寿命的主要方法包括：净化钢轨钢质，控制杂物的形态，采用钢轨全长淬火，改善钢的组织和力学性质。轻型钢轨材质多采用亚共析的碳素钢，组织为珠光体+铁素体；重型钢轨多采用共析钢或近共析钢，组织为细珠光体，也有采用中碳合金钢，组织为贝氏体。

对于珠光体钢或以珠光体为主的钢，改善疲劳性能的组织控制方法是：细化奥氏体晶粒，细化珠光体球团，减少珠光体片层间距，提高钢的强度和韧性，这样就可以减少疲劳损伤时的塑性变形和疲劳裂纹扩展。碳化物的分散也增强了钢的耐磨性能。

为了提高钢轨的力学性能和轨头的耐磨性而采用轨头全长淬火。早期采用离线全长淬火。采用的方法有：在钢轨冷却后，离线用高频感应方法将轨端快速加热至 880~920℃，然后喷压缩空气、气雾或喷水冷却淬火。国内外一般采用 2500Hz 单频感应加热，我国也有采用双频感应加热，方法是先用 50Hz 工频将钢轨整体加热到 550~600℃，然后用 2500Hz 中频加热轨头至 900~950℃，再喷雾

冷却，进行轨头全长淬火，这一工艺使轨头、轨底温差小，重轨弯曲度可控制在千分之四以内。油内全长淬火，将钢轨加热后放在油中进行全程淬火，苏联一些轨梁厂多采用这一热处理工艺。但其缺点是轨头、轨底和轨腰所得组织基本相同，而且设备占地面积大。离线热处理工艺引起热能消耗增加，工艺复杂。

11.3.2.1 钢轨在线淬火工艺的优势

20 世纪 90 年代开始，我国开始研究钢轨在线热处理工艺，并且在生产中加以采用。利用钢轨轧后余热向轨头喷水淬火，然后自身回火；钢轨在线热处理生产工艺的优点是：

（1）热处理设备与轧机的生产能力相适应；

（2）充分利用高温钢轨的热量，节省热能；

（3）在常规生产作业线上的矫直及运输费用降到最少；

（4）能满足钢轨各部位的性能要求，充分发挥钢轨的性能潜力。

卢森堡罗丹日厂在横列式轧机的热锯后面安装钢轨在线余热淬火装置。该轧钢厂的生产流程及主要设备布置如图 11-15 所示。

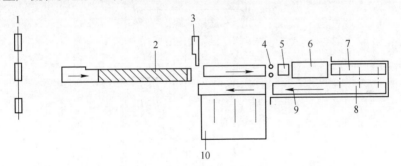

图 11-15 罗丹日轧钢厂的设备布置及生产流程

1—轧机；2—隔热装置；3—热锯；4—夹送辊；5—测入口处的钢轨温度；
6—冷却装置；7—运输机；8—辊式运输机；9—测回火温度；10—冷床

冷却装置由水嘴和导辊组成，下驱动水平辊保证钢轨按所要求的速度朝前移动，其他辊子在冷却期间引导钢轨。钢轨的移动速度和辊子的停止时间，均由计算机程序来控制，并且根据钢轨温度的输入来控制钢轨的移动速度和冷却水量。钢轨通过热锯后面的热打印机加以识别，并将这个数据传送给计算机。

为了保持轧后钢轨的温度，在热锯前安装有隔热装置。根据钢轨形状和各部位的冷却要求，水冷装置有四个独立的水冷系统：主供水系统供应上部水嘴，用于冷却轨头部分；轨腰冷却系统；轨底冷却系统；轨头侧面冷却系统。轨腰和轨底的冷却除保证钢轨组织性能要求外，还有保持热处理期间和热处理后钢轨平直度的作用。所用冷却水是不经任何化学处理，只经过滤（孔眼为 $500\mu m$）的河水。

利用钢轨轧后余热进行快速冷却可生产高强度、高硬度普通碳素钢和低合金钢轨。为此，国内外在对冷却介质、冷却机组和控制系统进行研究的基础上，制订出各具特色的淬火工艺，并相应建成了各种生产线。目前主要有以下几种。

11.3.2.2　钢轨浸水淬火

把轧后经锯切、打印的钢轨从冷床取下，将轨头或整体浸入添加有合成缓冷剂的水溶液或沸水中快冷。至一定温度取出，空冷至室温。德国克虏伯冶金公司波鸿厂采用这种工艺将 740~800℃（最好是 800~850℃）的钢轨浸入沸水或 ≤80℃ 的水中，待钢轨表面温度降至 200~470℃（最好为 100~200℃）时取出空冷，完成奥氏体向细珠光体的转变。冷至 100~200℃ 的时间，腿尖端约需 1min，轨头边缘约需 9min，如图 11-16 所示。若仅轨头浸入沸水中则钢轨强度不足。为得到所要求的机械性能，需在钢中加入适量合金元素。

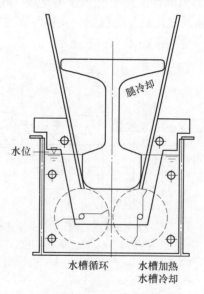

图 11-16　多纳维茨厂淬火水槽及钢轨在槽中的位置

奥地利-阿尔卑斯钢铁矿山联合公司多纳维茨厂研制出一种高聚合物缓冷剂，能溶于水，淬火中可在钢轨表面形成一层坚固的薄膜，降低水的冷却强度。调整这种物质在水中的含量，可保证钢轨以适当的速度均匀快速冷却。钢轨在淬火槽内进行头部淬火。为保证淬火槽内冷却介质温度恒定，装有能通冷水和热水的管道循环系统，自动调节水的温度。在轨头浸冷的同时，轨底喷吹压缩空气冷却，以减少钢轨弯曲。此外，该公司还研究出一种避免钢轨向轨底弯曲的专用设备，确保钢轨平直度和顺利矫直，减少因矫直引起的残余应力。20 世纪 80 年代初，多纳维茨厂在轧机后面安装 1 套试验装置，能处理长 36m 的钢轨。

11.3.2.3 钢轨喷水/水雾淬火

喷水余热淬火是利用水介质（水或水雾）对轧后钢轨的头部、底部及腰部进行喷水预冷，随后空冷，完成奥氏体向珠光体的转变。喷水冷却钢轨的温度大于 900℃，冷却终止温度一般控制在 450~650℃。加拿大阿尔戈马钢公司采用环境水对钢轨头部和轨底中央部位间断喷水冷却，见图 11-17（a）。喷水冷却与空冷相间布置。空冷段封闭，以避免周围环境影响。采用此种方式冷却，钢轨温度较均匀，见图 11-17（b）。为避免冷却水飞溅或滴落于轨腰、腿尖而导致出现贝氏体或马氏体组织，在轨头下领和轨底喷嘴设有防护挡板，见图 11-18。在冷却机组中，钢轨头朝上，由上下导辊及侧辊引导运行，防止钢轨变形。英国钢公司沃金顿厂于 1987 年 9 月建成钢轨在线淬火作业线，作业线冷却机组长 55m，最高生产能力达 135t/h。

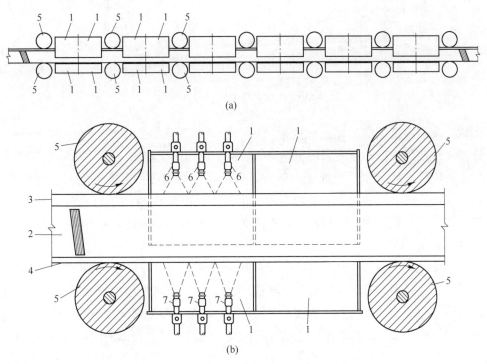

图 11-17　阿尔戈马钢公司冷却机组示意图

（a）冷却机组侧视图；（b）冷却机组部分剖面图

1—空冷段；2—轨腰；3—轨头；4—轨底；5—导辊；6—上喷嘴；7—下喷嘴

11.3.2.4 钢轨喷吹压缩空气淬火

新日铁公司在试验室内研究了水雾、压缩空气和盐浴冷却介质对钢轨性能的影响，认为对低合金钢钢轨喷吹压缩空气，只要适当变更空气压力，即可轻易得

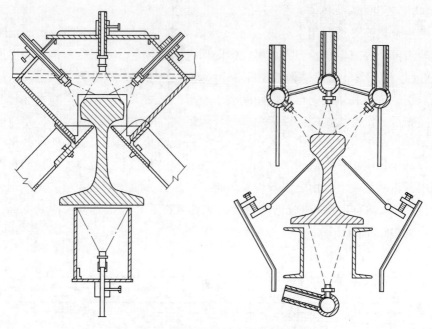

图 11-18   带防护板的喷冷装置断面图

到现行高强度范围内的任意硬度值。1987 年新日铁八幡厂型钢车间一侧建成在线淬火作业线。冷却介质采用压缩空气。由于冷却速度较低，空冷至 670~770℃ 的钢组织和性能稳定。为保证钢轨有足够的强度和硬度，钢轨钢中加入适量的铬。采用压缩空气喷吹生产低合金淬火钢轨，可获得 HB300~400 内任意硬度的高强钢轨。八幡厂生产两种硬度的余热淬火钢轨（DHH），其硬度分别约为 HB340 和 HB370。

攀枝花钢铁公司、包头钢铁公司和鞍山钢铁公司均有自己的在线淬火设备，采用淬火方式多为喷吹气雾+压缩空气淬火方法，气雾和压缩空气的顺序可互换，以实现不同的工艺目的。或单独使用气雾冷却，最大限度保证冷却均匀性。

攀枝花的余热淬火机组，包括辊道座梁，辊道座梁上表面固定有辊道座，辊道座上方设置有喷风装置，喷风装置上连接有用于调节喷风装置高度的升降机构。辊道座梁上表面设置有高度可调的限位结构，在小范围内调整喷风装置的高度时，通过调整限位结构的高度，可以减小喷风装置在调整高度时的位置误差，很容易做到一次到位，无需进行多次调整，而且可以避免喷风装置在小范围调整过程中与辊道座卡死，保护整个升降机构不被损坏，因此，该余热淬火机组能够较好的满足生产工艺的要求，保证整个生产线的正常运转，同时降低了维护检修成本。

攀钢从 1996 年开始了在线热处理钢轨的技术研究与生产。在 2004 年年底生产出 100m 的钢轨；2006 年建成了一条 120m 的在线热处理冷却机组，生产 100m 的在线热处理钢轨，进一步提高了生产能力。攀钢在线热处理钢轨的技术开发经历了四个阶段：以 PD3 为标志的第一代在线热处理钢轨；以 U71Mn 为标志的第二代在线热处理钢轨；以连铸坯为原料生产 U75V 的第三代在线热处理钢轨；1300MPa 的 PG4 第四代在线热处理钢轨，也开发了在线热处理钢轨自动控制系统等相关技术。

钢轨在线余热处理的目的在于为轨头提高硬度，而不增加轨腰和轨底的硬度并保持较好的强度和韧性。轧制钢轨的化学成分如表 11-1 所示。

表 11-1　在线热处理钢轨的化学成分（质量分数）　　　　　　（%）

编号	C	Mn	Si	Cr
1	0.72~0.78	0.82~1.00	0.15~0.30	—
2	0.72~0.78	0.82~1.00	0.15~0.30	0.15~0.25

重轨经热轧进行在线热处理后，获得无针状结构的纯珠光体钢，具有高的硬度和高的抗拉强度，这种极细的珠光体结构从轨头表面一直到轨头的心部，其布氏硬度分布如图 11-19 所示。轨头表面硬度为布氏硬度 378。在线热处理钢轨不显露转变区，这是由于装置入口处的轨头芯部温度也高，不存在离线热处理时轨头硬化钢轨的退火转变区特性。低倍组织也显示出不存在贝氏体组织。这种细珠光体组织最能适应重载铁路用钢轨的急剧磨损和疲劳等严酷条件。

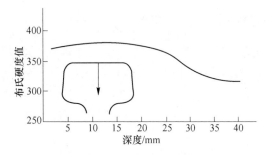

图 11-19　从轨头表面到中心深度的硬度分布

经过钢轨头部取拉伸试样，其距离及尺寸如图 11-20 所示，不同直径试样的拉伸试验结果如表 11-2 所示。在线热处理后的轨头具有 1200MPa 的 σ_b 值时，在 +20℃ 的冲击功为 60J 的平均值。

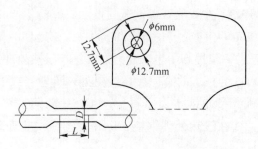

图 11-20　取轨头拉伸试样的位置和尺寸

表 11-2　钢轨在线热处理后轨头的力学性能

直径/mm	$\phi 6.0$	$\phi 12.7$
$\sigma_{0.2}$/MPa	821.0	834.0
σ_b/MPa	1243.0	1255.0
δ/%	12.9	12.0

　　在硬度相同情况下，在线热处理钢的抗磨性与离线淬火轨头的抗磨性相同。对每批经在线热处理的钢轨进行两次落锤冲击试验，试验结果全部合格。焊接性能也比离线热处理的钢轨有所改善，采用闪光对焊空气淬火减少了热影响区软化。

　　以上结果表明，热轧钢轨锯后在线热处理工艺，可以获得更合理的组织与性能，并简化了生产工艺，节省了能耗。全面深入地研究钢轨在线热处理工艺，冷却装置以及控制方法，以便将这一工艺提高到新的水平，适应我国的轨梁生产条件。

11.4　中厚板在线热处理技术

11.4.1　中厚板控制冷却及 TMCP 技术

　　中厚板常用热处理工艺包括：调质、正火、正火+回火、回火等。对不同用途和性能要求的钢板采用的热处理工艺不同。热处理是对钢板组织性能控制最原始的方法。

　　控制冷却是对钢板的相变进行控制的关键工序。根据钢板的组织性能要求、规格和品种，在轧后钢板直接或待温到指定温度后，对钢板的冷却速度、终冷温度进行控制，得到细小均匀的室温组织；同时控制冷却过程中或之后的析出，实现组织和力学性能的综合控制。控制冷却的控制参数包括：开冷温度、冷却速度、中间停留温度及时间、终冷温度。因此，中厚板控制冷却也称为冷却路径控制。

　　将控制轧制与控制冷却相结合的工艺，日本最早在 20 世纪 80 年代开始应用，并称之为 TMCP，即是热机控制工艺，也就是从轧制到冷却过程的全过程控制，满足相同成分钢材不同组织性能的需求。

11.4.1.1　中间冷却 (IC) 与高效控制轧制

从目前国内控制轧制应用的情况来看，最广泛和最典型的控制轧制是两阶段轧制，即再结晶区轧制和未再结晶区轧制。控制轧制的两阶段中需要避开部分再结晶区，粗轧完的中间坯空冷待温就是适应工艺要求采取的措施。待温措施如图 11-21 所示，包括：中间辊道待温、旁通辊道待温等。由于中间坯在粗轧阶段（再结晶区轧制）和精轧阶段（未再结晶区轧制）间辊道待温时间过长影响了产量或待温操作复杂，在交叉轧制时，中间待温的钢坯数多达 4 块，如果轧线的坯料自动跟踪系统不正常，就会给生产带来很大难度。

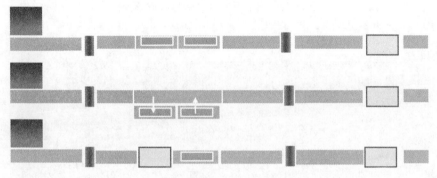

图 11-21　中间待温及中间冷却的布置示意图

传统控制轧制工艺方法的问题显而易见：中间坯待温时间过长，降低控制轧制生产效率，增加了待温操作复杂性。另外，经过再结晶控制轧制后，奥氏体再结晶晶粒存在长大的趋势，会削弱控制轧制细化奥氏体晶粒的效果，损害钢板的韧性。因此，提高中间坯冷却效率，减少待温时间和传搁时间的工艺方法和设备，将是提高中厚板控制轧制生产效率、改善钢板力学性能的重要手段。

2003 年，控轧用中间冷却（IC - Intermediate Cooling）装置首次在国内 2800mm 中板厂得到使用，改进型的控轧冷却装置在国内多家钢铁公司中厚板生产线也得到采用，如图 11-22 所示。值得注意的是，控轧中间装置和轧后冷却装置有很大不同，主要表现在：厚坯的温度均匀性，微合金的析出时间变化，未再结晶区温度的变化在冷却和控轧生产都和常规控制轧制有所不同。

A　奥氏体晶粒长大的抑制

用有限元软件 MARC 分析采用中间冷却后中间坯的温度场、过程温降和奥氏体晶粒长大。以 Q345 钢板的 63mm 厚度中间坯轧制为例，粗轧终止温度 1030℃时，在中间冷却装置经过喷水强制冷却后，在辊道上空冷 40～60s，使中间坯内外温度趋于均匀，厚度方向最大温差小于 50℃，其温度分布如图 11-23 所示。中间坯经过中间冷却后的温度均匀性与空冷待温的效果基本相同。

（a）　　　　　　　　　　　　　　（b）

图 11-22　生产中应用的中厚板 IC 装置

（a）2003 年投产武汉钢铁公司轧板厂 IC；（b）2009 年投产三明钢铁公司中板厂 IC

892.225　　905.366　　918.506　　931.647　　944.788
　　898.795　　911.936　　925.077　　938.218　　951.358

图 11-23　中间冷却后中间坯的温度分布

　　冷却方式不同，中间坯冷却及待温时间可以进一步缩短。63mm 厚度的中间坯，采用一次慢速通过式中间冷却，可将完全空冷待温时间约 160s 缩短到约 80s；如果采用摆动式中间冷却，则待温时间可缩短到不足 70s，如图 11-24 所示。因此，对不同厚度中间坯可以采取不同的冷却策略来达到预期工艺效果。

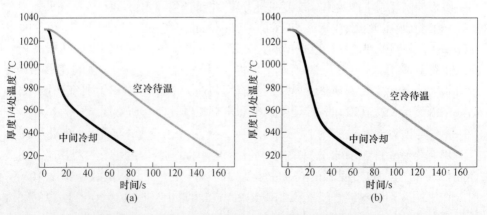

图 11-24　中间冷却与空冷待温 63mm 中间坯的温度曲线

（a）通过式冷却；（b）摆动式冷却

另外一个方面，中间冷却过程还会影响高温奥氏体晶粒长大。热轧后的再结晶奥氏体晶粒在冷却或等温过程中会进一步长大，并最终影响钢材的室温组织及力学性能。奥氏体晶粒长大规律可表示为：

$$D^n = D_0^n + At\exp\left(-\frac{Q}{RT}\right) \tag{11-1}$$

式中，T 为等温温度；D_0 为初始晶粒尺寸；t 为等温时间；Q 为晶粒长大热激活能；D 为最终晶粒直径；n，A 为实验常数；R 为气体常数。对于不同的钢种以及不同的组织变化阶段，式中的系数 n、A 以及 Q 都具有不同的值。中间冷却条件不同、钢种不同，待温过程中对奥氏体晶粒长大影响也将有显著差异。图 11-25(a) 和图 11-25(b) 是 Q345 钢和含 Nb-Ti 钢在不同控制轧制工艺条件下的奥氏体晶粒尺寸变化规律。

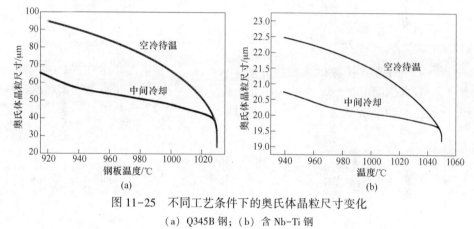

图 11-25 不同工艺条件下的奥氏体晶粒尺寸变化
(a) Q345B 钢；(b) 含 Nb-Ti 钢

B 中间坯冷却的应用

a 合金减量化

对比分析了 Q345B 和高强度船板钢在采用超密度中间冷却装备后在减少合金及微合金元素上的效果。高强船板降铌和 Q345B1 替代 Q345B2 轧制试验，采用工艺参数包括：加热以保证开轧温度在 1050~1200℃，粗轧阶段采用大压下制度，需保证有连续 2 道次压下率≥15%，适当降低二次开轧温度和返红温度，要求二次开轧温度控制在 900℃ 以下，轧后迅速送控冷区控冷，冷速 5~15℃/s，返红温度控制在 650~680℃。

铌是高强船板中加入的一种重要微合金元素，能有效提高板材成品的强度和韧性。但铌的价格昂贵，钢铌含量高会导致合金成本较高。采用中间冷却、优化坯料成分及轧制工艺参数，使高强船板在保证性能合格稳定的前提下，Nb 含量由原来的平均 200×10^{-4}% 逐步降到约 120×10^{-4}%，达到了降本增效的目的。高强度船板钢在优化前后的化学成分见表 11-3。

表 11-3   高强船板化学成分要求   （%）

工艺对照	钢级	化学成分（质量分数）									
		C	Mn	Si	S	P	Nb	V	Ti	残余元素	Als
优化前	AH32、DH32、AH36、DH36	0.05~0.18	0.90~1.60	0.20~0.50	≤0.030	≤0.030	0.02~0.03	0.005~0.07	—	Cu≤0.30 Cr≤0.20 Ni≤0.40 Mo≤0.08	≥0.015
优化后	AH32、DH32、AH36、DH36	0.05~0.18	0.90~1.60	0.20~0.50	≤0.030	≤0.030	0.01~0.016	0.005~0.07	—	Cu≤0.30 Cr≤0.20 Ni≤0.40 Mo≤0.08	≥0.015

实际生产的结果看，Nb 含量均值为 $119.4 \times 10^{-4}\%$，主要集中在 $(110 \sim 120) \times 10^{-4}\%$，Nb 含量降低了 $74 \times 10^{-4}\%$。优化前后坯料中的 Nb 含量分布、钢板的屈服强度、伸长率分布如图 11-26~图 11-28 所示。

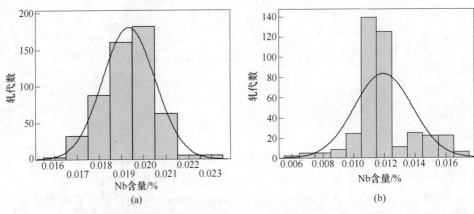

图 11-26   优化前后 Nb 含量统计直方图

（a）高 Nb，常规控轧；（b）低 Nb，中间冷却后控轧

b   钢板组织和力学性能

采用中间冷却生产的 Q345 钢室温组织如图 11-29 所示。钢板表面组织和中心处均为铁素体+珠光体，组织细小，钢板四分之一厚度处铁素体晶粒度级别为 10.4~10.6 级，中心有带状组织。而采用常规 TMCP 工艺生产的 Q345 钢，厚度四分之一处铁素体晶粒度只有 8.6~9.1 级。

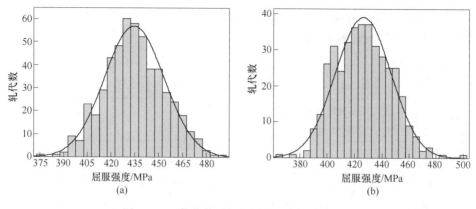

图 11-27 优化前后钢板屈服强度统计直方图

(a) 高 Nb，常规控轧；(b) 低 Nb，中间冷却后控轧

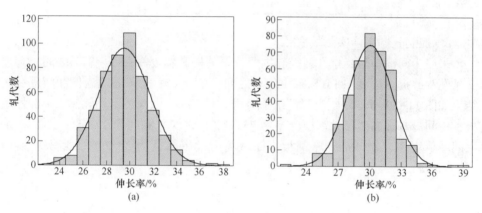

图 11-28 优化前后钢板伸长率统计直方图

(a) 高 Nb，常规控轧；(b) 低 Nb，中间冷却后控轧

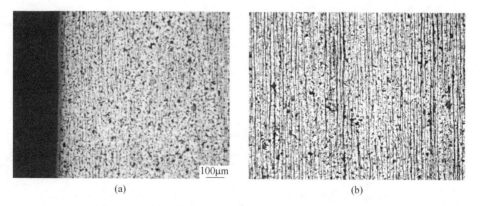

图 11-29 中间冷却条件下 TMCP 工艺生产 Q345 钢组织

(a) 表面组织；(b) 心部组织

采用两种工艺后 16mm 厚度 Q345B 钢板力学性能如表 11-4 所示。中间冷却有效抑制了再结晶晶粒的长大，细化了奥氏体晶粒，屈服强度提高 15~30MPa，伸长率没有明显改变，冲击功提高。

表 11-4　常规控轧与中间冷却条件下钢板力学性能对照

钢种	厚度 /mm	屈服强度 /MPa	抗拉强度 /MPa	伸长率 /%	冷弯	冲击功/J			待温 方式
Q345B	16	375	555	28	完好	147	128	113	IC
Q345B	16	385	540	29	完好	151	164	146	IC
Q345B	16	390	545	30	完好	159	134	173	IC
Q345B	16	360	535	25	完好	131	110	134	IC
Q345B	16	345	535	29	完好	102	72	72	空冷
Q345B	16	350	525	32	完好	119	92	92	空冷

c　控制轧制生产实际效率

采用中间冷却后，单坯料控轧生产效率的提高幅度在 23%~87% 之间，多坯交叉轧制的提高幅度在 14.5%~49.1% 之间，生产效率提高的理论值和实际测试结果如图 11-30 所示。生产测试结果表明：对 63mm 中间坯单坯轧制 25mm 厚钢板，中间冷却提高生产效率幅度高达 79.13%，多块轧制时为 22.65%，对 79mm 中间坯单块坯轧制 46mm 厚钢板，提高生产效率幅度为 30.36%，多块轧制时为 12.67%。

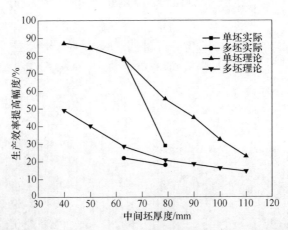

图 11-30　中间冷却提高生产效率的实际值与理论值对比

控制轧制采用的中间冷却装置在国内多家钢厂的中厚板厂得到应用。

结合中间冷却的控制轧制和轧后控冷，还可以用于生产表面超细晶粒钢

（SUF-Surface ultra fine steel），或者叫三明治钢，这种钢因为有一定厚度的超细晶粒层，因此具有很高的止裂性能。

11.4.1.2 直接淬火（DQ-T）

直接淬火是一种代替二次加热淬火的工艺技术。它是在热轧终了，钢材组织处于完全奥氏体状态时，经过急冷处理（快速冷却）使钢板产生马氏体相变，即奥氏体全部转变为马氏体的工艺过程。直接淬火后的钢板为了消除残余应力，改善钢的韧性和塑性必须进行回火处理。与离线调质工艺比较，直接淬火-回火工艺具有降低生产和资金成本、有利于板材性能提高的优点，已成为国内外钢铁企业开发高强度中厚板产品广为关注的重要技术领域。

与传统的再加热淬火工艺相比，在线淬火的奥氏体经过热机械处理（TMT），配合相应回火处理，已经成为了高强及超高强结构钢等首选热处理工艺，主要基于以下优势：

（1）增加钢的淬透性。这是因为在正常热轧条件下，奥氏体完成了再结晶过程，晶粒细化，同时，合金元素尤其是碳氮化物生成元素等在奥氏体中均匀固溶，有助于提高淬透性。

（2）平衡钢的强韧性。由于利用轧后余热进行淬火，且没有足够的淬火保温时间，避免了奥氏体晶粒长大，细化晶粒的效果不仅增加了强度，也提高了韧性。因为不依靠增加合金含量而提高钢的强度和韧性，提供了有限轧制条件下开发新产品的途径。

（3）降低能耗。相比再加热淬火，直接淬火工艺只将工件加热一次，由于省去钢板冷却、重新加热过程，有效地减少了产生裂纹的倾向，同时减少了合金元素引起的硬化现象。

（4）由于省去了重新加热工序，提高了产品交付能力，也减少了钢板传输时间。

（5）直接淬火不容易出现网状碳化物，形成上贝氏体组织的倾向非常小。

AC 和 DQ 工艺在钢板生产中的应用及其相应的强度级别见表 11-5。

表 11-5　AC 和 DQ 工艺在钢板生产中的应用及其相应的强度级别

用　途	强度等级/MPa				
	490	590	690	780	980
船用钢	AC	DQ-T	—	—	—
近海油田结构钢	AC，AC-T	AC，AC-T	—	—	—
北极海洋平台用钢	AC，AC-T	AC-T	—	—	—
管线钢	AC	AC，AC-T	AC，AC-T	—	—
建筑用钢	AC，AC-T	DQ-T	DQ-T	CR-DQ-T	—
桥梁用钢	AC，AC-T	DQ-T	DQ-T	DQ-T	—

用　途	强度等级/MPa				
	490	590	690	780	980
压力钢管	AC，AC-T	DQ-T	DQ-T	DQ-T	CR-DQ-T
压力容器	AC，AC-T	DQ-T，CR-DQ-T	—	—	—
储存罐（低温）	AC	DQ-T，CR-DQ-T	—	—	—
储存罐（冷冻）	AC-T①	—	DQ-T②	—	—
挖掘设备	AC，AC-T	DQ-T	DQ-T	DQ-T	DQ-T
一般用途	AC，AC-T	AC，AC-T，DQ-T	DQ-T	DQ-T	—

注：AC—采用加速冷却技术；DQ—采用直接淬火技术；T—表示回火处理。
①—低 Ni；②—9%Ni。

11.4.1.3　直接淬火工艺对强韧性影响

淬火前的加热、变形、冷却等工艺参数对淬火效果有直接影响，影响淬火组织类型、组织细化程度、内部微观形貌，并最终影响钢材的力学性能。

A　加热温度的影响

轧前加热钢内发生两个过程：碳化物的固溶和奥氏体晶粒的长大。奥氏体晶粒长大与碳化物残余颗粒固溶的程度有关，当碳化物质点全部固溶到奥氏体之后，奥氏体晶粒开始剧烈长大。轧前加热温度主要影响着奥氏体晶粒的尺寸和合金元素的固溶程度，奥氏体晶粒尺寸的增加和合金元素的均匀固溶可提高钢的淬透性，从而增加直接淬火钢的强度。

M. F. Mekkawy 等研究了终轧温度为 800℃ 和不同加热温度（1000～1250℃）对钒钢和钛钢力学性能的影响，如图 11-31 所示。一般来说，随着加热温度从 1000℃ 上升到 1250℃，钢的屈服强度提高。Shkianai 等研究了加热温度分别为

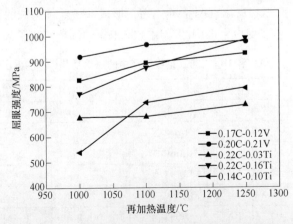

图 11-31　再加热温度对钒钢和钛钢屈服强度的影响

1050℃和1200℃，轧后直接淬火和620℃回火，0.13C-0.23Si-1.38Mn-0.025Nb钢的力学性能随着加热温度的升高强度增加，但是高温加热产生的晶粒粗化并未使韧性降低，而是基本保持不变，这是由于淬透性的增加使淬火组织产生了细化，从而抵消了粗大晶粒对韧性的不利影响。

在完全奥氏体温度下，钢中的合金元素大都固溶到奥氏体中，提高钢的淬透性，在冷却相变组织中硬化相含量增加，在回火过程中，固溶的合金元素的碳氮化合物弥散析出，产生二次硬化，同时细化了回火后组织，从而改善钢的强韧配比。

B 终轧温度的影响

Kula等对淬透性高的AISI4340钢（0.4C-Ni-Cr-Mo）在奥氏体未再结晶区轧制后直接淬火，分别检测了淬火态和回火态的力学性能，结果表明直接淬火材与再加热淬火材相比，强度高且低温韧性也好。原因是由变形奥氏体转变的马氏体组织得到了细化，马氏体继承了形变奥氏体亚结构，位错密度也得到了增加；另外，直接淬火钢在随后的回火过程中，由于析出质点增加，碳化物的析出更加弥散均匀，而重新加热淬火钢回火后碳化物优先在边界上析出而使韧性恶化。这就是形变热处理（ausforming）效果。

Woong-Seong Changt研究了在冷速30℃/s时，780MPa级1Ni-0.5Cr-0.5Mo-0.05V-B钢在不同终轧温度下力学性能影响。发现随着终轧温度的降低，钢的强度增加，在800℃时为最大值，同时低温韧性也得到了较大的改善，如图11-32所示。这主要是因为低温终轧使扁平奥氏体晶粒的平均厚度降低，马氏体或贝氏体板条束尺寸减小；同时低温终轧后直接淬火，马氏体转变前奥氏体部分发生了贝氏体转变，晶粒被分为几部分，从而使整体微观组织产生细化，改善了低温韧性。

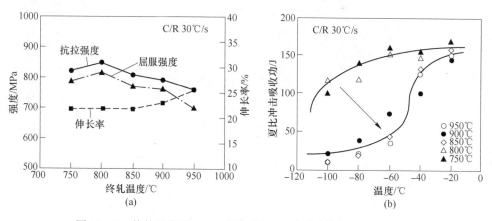

图11-32 终轧温度对DQ&T钢强度（a）和冲击性能（b）的影响

对低淬透性钢如果进行奥氏体未再结晶区轧制，奥氏体未再结晶区控制轧制促进了铁素体在变形奥氏体的晶界和晶内变形带处析出，这会降低钢材的潜在淬透性，但未转变奥氏体的淬透性会升高；与高温轧制相比，钢的强度保持不变或略微降低，但韧性却明显改善。对于轧后相变为均匀贝氏体的钢种，如果在控制轧制后直接淬火，则会相变成细晶铁素体+贝氏体+马氏体组织。虽然与高温轧制相比，钢的强度有所降低，但是韧性得到改善。细晶粒铁素体的出现，阻碍了贝氏体的生长，使贝氏体得以细化，对韧性的改善起了很大的作用。在低淬透性钢的直接淬火过程中，固溶的 Nb、Ti 会提高淬透性，会增加铁素体-贝氏体混合组织中贝氏体的百分含量，从而提高强度，并且在回火中由于 Nb、Ti 碳化物的析出效果，使强度得到进一步提高。

因此，轧制温度在直接淬火工艺中是决定淬火前奥氏体状态的重要因素，应根据实际情况确定相应的轧制工艺，力求得到最佳的强韧配比。

C　形变量的影响

直接淬火钢为了得到较好的强韧性配比，在未再结晶奥氏体区的形变量是很重要的。Shuji Okacuchi 等研究了未再结晶奥氏体区形变对直接淬火 0.06C-1.5Mn-Nb-V 钢力学性能的影响，如图 11-33 所示。随着在奥氏体未再结晶区压下量的增大，强度略微降低，但是以冷脆转变温度（50%FATT）表示的低温韧性却得到了明显的改善。一般来说，低碳低合金钢直接淬火组织为少量

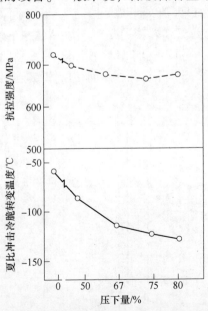

图 11-33　奥氏体未再结晶区压下量对直接淬火
0.06C-1.5Mn-Nb-V 钢力学性能的影响

多边形铁素体+马氏体，但是在奥氏体未再结晶区的大变形轧制，一方面，随着奥氏体变形量的增大，变形储能增加，促进了铁素体的析出。铁素体的存在阻碍了贝氏体生长。另一方面，奥氏体在未再结晶区经大变形后，晶粒边界和晶粒内部存在的位错胞，这将成为贝氏体可能的形核点并阻碍贝氏体长大，从而组织细化。

Antti J. Kaijalainena 等的研究也表明，对于低合金钢通过增加未再结晶区压下量可以有效提高强度、韧性，同时轧制钢板的各向异性也得到了改善，而延伸率没有明显降低；再结晶区的轧制可以细化原始奥氏体晶粒，同样可以提高强度和韧性，但相比非再结晶区的轧制，效果要差。这是由于增加未再结晶区压下量可以有效细化 block，细化了有效晶粒尺寸，而且组织由马氏体演变为下贝氏体和回火马氏体，组织类型的变化和晶粒细化提高了强度和韧性，各向异性也降低。

控制马氏体强韧性的最基本的组织单元是晶包（Pocket）和板条束（block），细化晶包和板条束能够使板条马氏体的力学性能得到改善。随着变形量的增加，在一个原奥氏体晶粒范围内，马氏体束的宽度减少并逐渐分割细化，当形变量较大时，马氏体板条还发生了弯曲。马氏体板条束及晶包尺寸随压下量的变化如图 11-34 所示。

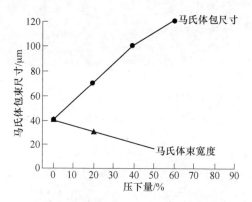

图 11-34 未再结晶区奥氏体变形量对马氏体板条束及马氏体包尺寸的影响

另外，随着在奥氏体未再结晶区形变量的增加，马氏体转变开始温度（M_s）降低。这主要是因为低温轧制在奥氏体中形成的应力场与新生马氏体所产生的应力场相互作用抑制了马氏体相变，这就需要添加额外的驱动力，从而使马氏体相变温度降低，M_s 的降低对于细化马氏体组织是有益的。

D 冷却条件的影响

直接淬火之后的显微组织一般是马氏体或马氏体与贝氏体的混合组织。为了获得所要求的钢板的力学性能，必须通过提高奥氏体的淬透性来抑制铁素体相变，因此优化终轧温度及冷却条件是获得强度和韧性匹配优良的淬火组织的重要因素。

　　a　冷却开始温度的影响

　　一般来说，冷却开始温度与终轧温度有关。在实际生产线中，轧后进行直接淬火不可能在几秒钟内就进行，因此钢板从终轧到直接淬火之间就有一段处于空冷状态，冷却开始温度降低。一般来讲，为了得到高的淬透性，冷却开始温度应高于铁素体相变温度 A_{r3}。图 11-35 为冷却开始温度与 A_{r3}（计算）之差 ΔT 和强度增量 $\Delta\sigma_b$（ΔR_m）之间的关系，在 $\Delta T=0℃$ 左右（A_{r3} 附近）开始冷却，对于低淬透性的 C-Mn 钢来说，由于促进了铁素体相变，强度增量急剧降低，而对于高淬透性 Cu-Cr 及 Cu-Cr-Mo 钢，却能保持稳定的高强度。

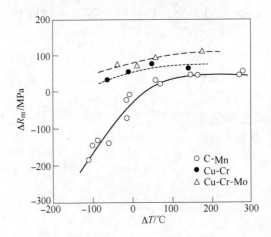

图 11-35　冷却开始温度与 A_{r3} 之差对强度增量的影响

$\Delta T=$ 冷却开始温度 $-A_{r3}$（计算）；$\Delta R_m=R_m$（DQ&T）$-R_m$（RQ&T）

　　b　冷却终止温度的影响

　　冷却终止温度对强度的影响与马氏体转变终止温度（M_f）有关。当冷却终止温度低于 M_f 时，强度基本保持不变，而当冷却终止温度高于 M_f 时，强度随着冷却终止温度的增加而降低。因此，对于直接淬火工艺来说，为了得到较高的强度，将冷却终止温度降到 M_f 点以下是必要的。

11.4.2　中厚板在线热处理工艺（HOP）

　　日本首先研发出了在线热处理工艺（heat-treatment on-line process，HOP），并已在 JFE 西日本制铁所福山投入生产线，其工艺布局如图 11-36 所示。该工艺特点是在矫直机之后安装了在线感应加热设备，经过超快速冷却（Super-OLAC）的钢板经过该设备时，利用高效的感应加热装置进行快速升温，可以对碳化物的分布和尺寸进行控制，使其非常均匀、细小地分散于基体之上，从而实现钢的高强度和高韧性。基于碳化物的微细、分散、均匀控制，通过最优组织设计，可以大幅度地提高材料的性能，生产的抗拉强度 600~1100MPa 级调质钢具有良好的低温韧性和焊接性能等。

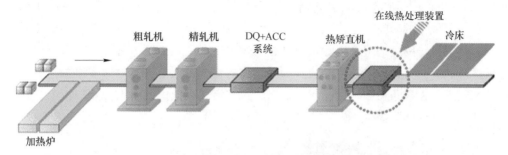

图 11-36　JFE 的 HOP 生产工艺示意图

11.4.2.1　HOP 的基本原理

HOP 工艺的原理之一是：低碳贝氏体钢通过两阶段控制轧制，奥氏体晶粒细化和亚结构形成，经过快速冷却后再快速加热，使钢种未转变奥氏体和已转变的贝氏体之间形成碳扩散，在感应加热过程贝氏体经过高温短时间回火得到回火贝氏体，贝氏体中过饱和的碳向未转变奥氏体扩散，奥氏体中碳浓度增加，稳定性增强，最后形成细小弥散分布和呈圆形的 MA 岛。其组织演变原理示意如图 11-37 所示。这种 MA 组织可降低裂纹尖端应力，能阻碍裂纹扩展，或使裂纹发生转折，消耗部分扩展功，从而提高变形能力。

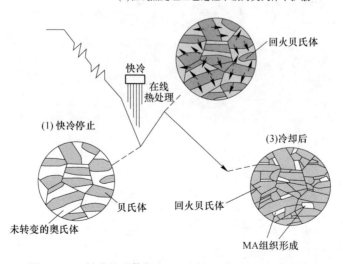

图 11-37　低碳贝氏体钢经 HOP 处理时 MA 组织的形成

　　HOP 工艺的原理之二是：通过短时间高温回火，控制碳化物形态。Soon Tae Ahn 等研究表明，在线回火过程中，当感应加热温度在 600℃左右时，渗碳体粒子开始从针状向棒状转变，即粒子开始长大并逐渐球化，如图 11-38 所示。Nagao Akihide 等研究了不同的轧制工艺和感应加热速率对贝氏体中碳化物的析出的形态、位置的影响，如图 11-39 所示。结果表明：由于采用快速感应加热回火，使得位错密度明显高于加热速度相对较慢时的位错密度；另外，在未再结晶区进行轧制，有效地细化了晶粒，为碳化物的析出提供了更多的形核位置，使得碳化物不仅在板条贝氏体的晶界处析出，也在板条贝氏体基体上弥散的析出，从而使其强韧性匹配极佳。

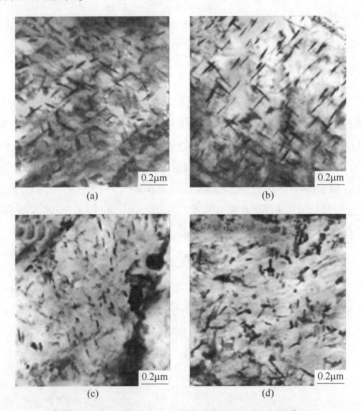

图 11-38　回火过程中碳化物的析出 TEM 形貌
（a）感应加热温度 400℃；（b）感应加热温度 500℃；
（c）感应加热温度 600℃；（d）感应加热温度 700℃

11.4.2.2　HOP 参数对低碳贝氏体钢性能的影响

　　张杰采用表 11-6 所列化学成分的 Mn-Mo-Nb-Ti-B 系低碳贝氏体钢，研究了 HOP 工艺中在线回火温度和加热速率对组织和性能的影响。

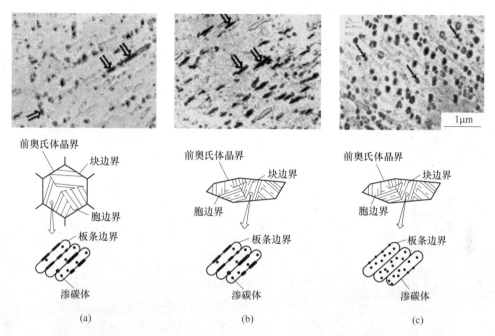

图 11-39 HYD1100LE 快速加热回火中碳化物的扩散、分布

（a）再结晶区轧制；（b），（c）未再结晶区轧制；（a），（b）加热速率 0.3℃/s；（c）加热速率 20℃/s

表 11-6 试验钢的化学成分（质量分数） （%）

C	Si	Mn	Nb	S	P	Ti	B	Cr+Mo+Ni+Cu	Als
0.038	0.27	1.60	0.049	0.004	0.015	0.016	0.0019	2.6	0.023

经过 805℃ 终轧的控制轧制后，钢经过快速冷却至 300℃，再以 30℃/s 的加热速率分别升温至 550~700℃ 保温 15min 或空冷至室温，各项力学性能的变化规律如图 11-40 所示。经过快速回火后钢的强度同淬火态相比有所降低。随着在线回火温度的升高，屈服强度和抗拉强度呈现波动，分别在 600℃ 和 700℃ 出现两个强度峰值点。经过对显微组织分析发现，性能波动与析出物的数量增多和 MA 的尺寸变小有关系。-40℃ 夏比 V 形缺口冲击功看，钢板的纵向冲击功高出横向冲击功 50~70J。回火温度对于冲击功的影响与对强度的影响相反。强度降低时，冲击韧性提高。Mn-Mo-Nb-Ti-B 系低碳贝氏体钢在 550℃、660℃ 在线回火时的冲击功高，550℃ 横向冲击功最大达 150J。

上述 Mn-Mo-Nb-Ti-B 系低碳贝氏体钢控轧控冷后快速回火工艺中，加热速率对性能也会产生明显影响。试验钢经过 805℃ 终轧和控冷至 300℃ 后，在经10~40℃/s 的加热速率快速升温到 600℃，保温 15min。在 10~30℃/s 的加热速率范

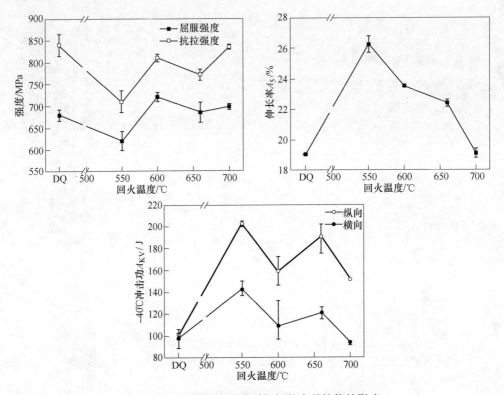

图 11-40　在线回火温度对钢板的力学性能的影响

围内，随着加热速率的提高，钢的屈服强度与抗拉强度增加，但是两者差值缩小，屈强比升高，见图 11-41。这种强化效应主要是析出强化，还有 M-A 组织的体积分数增加。钢的伸长率随着加热速率的上升呈现下降趋势。提高加热速率可增加钢的横向冲击功，对纵向冲击功作用不明显，这种变化与加热速率对 MA 岛体积分数和形态相关。

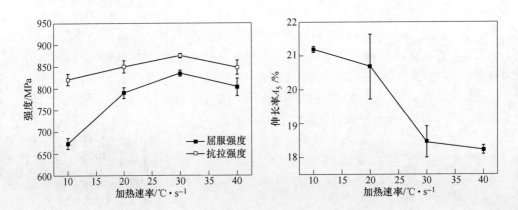

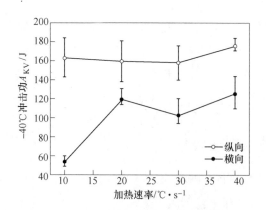

图 11-41 在线加热速率对钢力学性能的影响

在线热处理的回火时间及温度也会对 Mn-Mo-Nb-Ti-B 系低碳贝氏体钢的组织与性能产生显著作用，具体体现在：（1）对铌碳氮化物析出粒子直径和析出数量以及析出粒子的长大过程的影响；（2）直接淬火过程的相变特点及对 MA 组织形态的影响，碳扩散过程中的 MA 组织的碳富集，以及 MA 组织的高温稳定性。在 450~700℃ 的回火温度区间和 0~60min 保温时间内，加热参数对处理后钢的维氏硬度的影响如图 11-42 所示。450~500℃ 时硬度峰值对应的回火时间为 30min；600℃ 回火时，硬度峰值在 10min；650~700℃ 回火时，硬度峰值出现回火时间 5min。可见，在线回火温度越高，硬度峰值的出现时间越短。从硬度峰值的变化看，600℃ 和 650℃ 回火时，硬度峰值最高，对应用钢的抗力强度增量最高，说明在此温度范围强化效果明显。

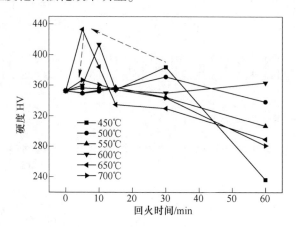

图 11-42 450~700℃ 不同保温时间的试样的显微硬度变化曲线

综合上述在线热处理工艺对低碳贝氏体钢组织性能的影响规律可以看出，在线回火可以在很大范围内调整钢的组织与性能。为了获得低的屈强比，高延伸率，应该采取短时间、较低温度的快速加热回火。但是，根据大多数中厚板生产企业的生产节奏，生产线完成在线热处理 HOP 工艺，主要受短时间对大单重钢板加热所需的高加热功率要求限制。

11.5 热轧带钢的在线热处理技术

11.5.1 热轧带钢轧后冷却控制

有效地控制带钢的力学性能，必须对带钢热轧后的冷却速度、卷曲温度进行合理控制，采用轧后冷却工艺已成为热轧带钢生产的关键环节之一。其冷却装置的能力、冷却强度、冷却速度、卷取温度及其控制精度等都对最终产品的质量和性能有直接影响。

11.5.1.1 热轧带钢轧后控制冷却工艺

轧后冷却是带钢组织性能控制的重要手段。传统带钢热连轧生产线都有层流冷却装置，如图 11-43 （a）所示。随着资源节约型热轧钢材品种和厚规格高强度的研究开发与生产应用，传统层流冷却装置已经无法在冷却速度和带钢残余应力控制能力方面满足实际生产需要。

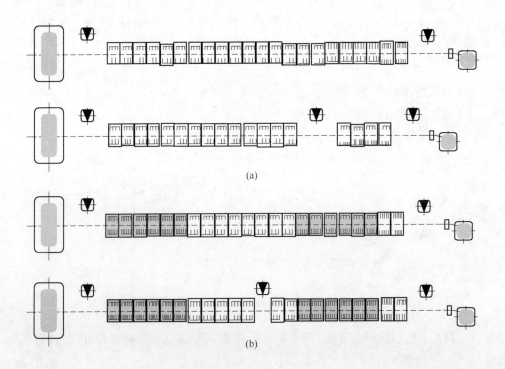

(a)

(b)

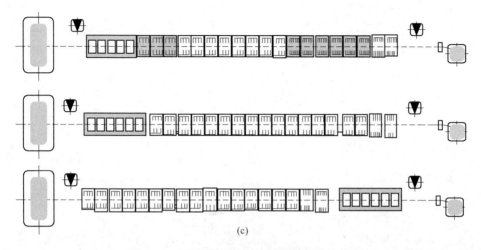

(c)

图 11-43　热轧带钢轧后控制冷却装置的布置

（a）传统型轧后冷却装置的布置；（b）加密型轧后冷却装置的布置；（c）加强型轧后冷却装置的布置

　　加密型（图 11-43（b））和加强型（图 11-43（c））是在传统层流冷却机组上更换或添加快速冷却装置，提高带钢冷却速度。前者采用加密集管层流冷却，后者采用中压水喷射冷却或中压水喷射冷却+加密集管层流冷却。没能完全取代传统层流冷却装置，主要是因为中低冷却速度的需要，而且这种冷却能力能满足 70%~90% 热轧带钢产品的生产需求，不同的是在各生产企业其轧制产品定位的差异化。

　　传统层流冷却装置冷却能力虽然低，但是在设计上其维护量也是最低的。因此，虽然经历近 40 年发展，仍然在大规模应用。中压水喷射冷却和加密集管层流冷却装置在国内部分热轧带钢厂已经开始建设，应用于低成本细晶粒钢、热轧高强度钢、热轧双相钢的生产。图 11-44 是国内某钢铁公司 2250mm 热带钢连轧生产线的加密冷却装置。

图 11-44　2250mm 热带钢连轧生产线的加密冷却装置

　　热轧带钢在传统层流冷却条件下的冷却速度如图 11-45 所示，4mm 厚度的带钢，冷却速度范围达到 37~66℃/s，对于热轧 DP 钢的生产来说，这个冷却速度已经足够。但是在生产 18.5mm 厚度的管线钢中发现，夏秋季时冷却速度很难实现 13℃/s 以上。可见传统层流冷却的局限性。

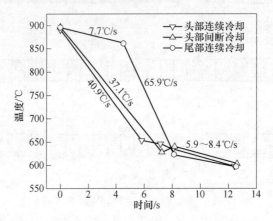

图 11-45　层流冷却中 4.0mm 带钢的实测温降曲线

要提高冷却速度，就需要提高带钢冷却过程的传热效率。传热效率用钢板与冷却介质直接的综合对流换热系数衡量。对于带钢，普通层流冷却过程中的综合对流换热系数为 1000~2800W/(m² · ℃)，其冷却速度通常在 25℃/s 以下。2001年，比利时的 CRM 率先开发的超快速冷却系统，可以对 4mm 热轧带钢实现 300℃/s 的超快速冷却。

对热轧带钢在不同对流换热系数条件下的冷却曲线进行计算，得到如图 11-46 所示不同对流换热系数下的带钢冷却速度。可以看出，随着对流换热系数的增加，钢板的冷却速度增加，其冷却速度增加梯度逐渐减小。对流换热系数为

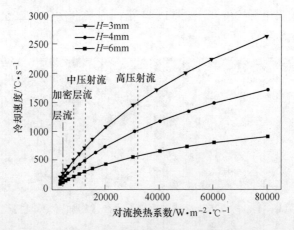

图 11-46　不同对流换热系数下的带钢冷却速度

3000~7000W/(m²·℃)（超快速冷却）时，钢板冷却速度随对流换热系数增加而显著增加；对于厚板（>30mm），对流换热系数大于15000W/(m²·℃)时钢板的冷却速度变化较小，这说明，对于同一厚度、材质的钢板，其冷却速度不可能无限制地提高。根据传热学理论，钢板的冷却过程还受钢板本身热物性的影响，尤其是导热系数的影响。对于带钢，换热系数增加，其冷却速度增加的幅度较大。对流换热系数为7000~15000W/(m²·℃)（直接淬火）时，对3~6mm带钢可以实现200~800℃/s超快速冷却。

对加密型层流冷却的测试表明：在25℃水温条件下，冷却水量比常规层流冷却提高40%~50%，18mm厚度带钢的冷却速度可以达到31℃/s，足以满足现在X100级别管线钢的冷却速度要求。当然，提高冷却水流速（中压水）和流量，还可以进一步提高带钢的冷却速度。

过高的冷却速度带来的问题也是显而易见的。由于钢的导热系数限制，过高的换热效率会迅速降低钢板的表面温度，如果冷却速度高于临界速率，温度在 M_s 温度以下，钢板表面就会形成淬火层，如图 11-47 所示。这层淬火组织在后续恢复和卷取过程中发生回火，形成回火马氏体或回火索氏体，影响焊接性能。冷却速度对组织和性能的不利影响，视钢板厚度有所不同，钢板越厚，这种作用越明显。

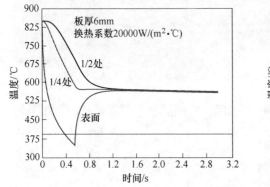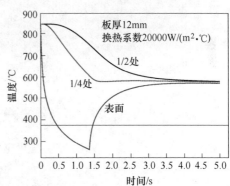

图 11-47　高速冷却对带钢表面淬火层的影响

11.5.1.2　冷却工艺对组织性能的影响

冷却工艺对热轧带钢组织和性能的影响体现在多个方面。除了开冷温度 T_F、终冷温度（卷取温度）T_C、冷却速度 v 外，还和冷却路径（分段冷却时的中间空冷时间 t 和温度 T_m）、轧制结束至冷却前的停留时间相关。因此，需要对钢种的不同组织性能要求，设计精细的冷却工艺方案。不能仅仅强调冷却速度的作用，或卷取温度的作用。

A　冷却速度

以下就轧后的冷却速度对普碳钢 Q235 和 C-Mn-Nb 管线钢组织影响的研究结果为例作出说明。

采用的实验方案为：Q235 钢加热至 1100℃，保温 3min，在 1050℃ 以及 850℃ 处变形，应变量均为 0.3，然后分别以 120℃/s、100℃/s、80℃/s、40℃/s、20℃/s 的冷却速度冷却至 600℃，模拟卷取保温 60s，最后空冷（2℃/s）至室温。

图 11-48 所示为不同冷却速度下 Q235 钢试样的金相组织扫描照片。从图中可以看出冷速为 20℃/s 时试样中的组织以铁素体+珠光体为主，有少量贝氏体；冷速为 40℃/s 和 80℃/s 时试样中的组织以铁素体+贝氏体为主，片层状珠光体开始退化，片层状珠光体随着冷却速度的增大而减少，当冷速为 80℃/s 时碳化物开始在晶界析出；冷速为 100℃/s 时试样中的组织以铁素体+贝氏体为主，铁素体呈网状分布，且铁素体百分比含量明显减少，另外组织中已观察不到片层状珠光体，出现明显的颗粒状碳化物。

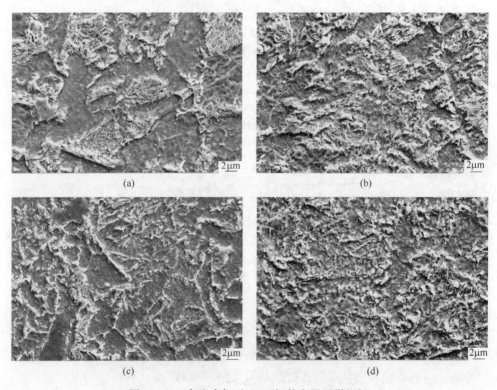

图 11-48　高速冷却下 Q235 钢的室温显微组织
(a) 20℃/s；(b) 40℃/s；(c) 80℃/s；(d) 100℃/s

在 20~100℃/s 冷却速度下（冷却速度从高到低）试样的晶粒尺寸分别为：

7.56μm、6.15μm、4.19μm、4.05μm，冷却速度与铁素体晶粒尺寸的关系如图11-49所示。随着冷却速度的增大，Q235试样铁素体晶粒的平均尺寸减小，但是当冷却速度大于80℃/s时铁素体晶粒尺寸的变化很小。对于C-Mn-Nb钢，在冷却速度40℃/s以上其铁素体晶粒细化作用减弱，如图11-50所示。从相变理论分析，冷却速度对于铁素体晶粒的影响，主要体现在增加相变过冷度、提高形核率、抑制相变组织的长大。

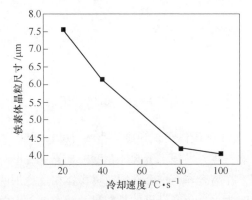

图 11-49　冷却速度对 Q235 铁素体晶粒尺寸的影响

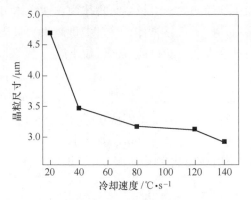

图 11-50　冷却速度对 C-Mn-Nb 钢晶粒尺寸的影响

B　冷却路径

改变冷却组合方式，钢的室温组织也会发生改变。Q235钢890℃终轧，开冷温度850℃，经过80℃/s超快速冷却，或先经过超快速冷却后再用25℃/s层流冷却，卷取温度600℃条件下。全程超快速的冷却路径下，钢的室温组织看不到片层状的珠光体，碳化物呈颗粒状，分布弥散；而在超快冷+层冷冷却路径下，钢的室温组织为少量片层状珠光体和退化珠光体，铁素体晶粒内干净，明显没有碳化物的析出，如图11-51所示。

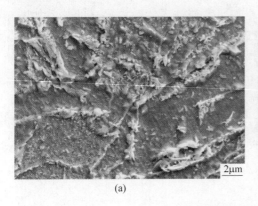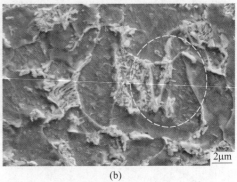

(a)   (b)

图 11-51 不同冷却路径下 Q235 显微组织
(a) 超快冷；(b) 超快冷+层冷

M. Olasolo 等人研究了奥氏体组织和冷却速度（0.1~200℃/s）对低碳 Nb-V 微合金钢相变规律的影响，研究发现：奥氏体相变前的累积变形对铁素体相变和贝氏体相变均有加速作用，在高冷速下这个作用对贝氏体相变更加明显；另外，增大冷却速度或变形累积能够改善小角度晶界的晶粒尺寸分布，对大角度晶界不起作用。

S. Shanmugam 等人研究冷却速度对一种铌微合金钢组织和力学性能的影响，研究发现：随着冷却速度的增大，组织变化规律为：铁素体-珠光体→板条/贝氏铁素体-退化珠光体→板条/贝氏铁素体，冷却速度越大，贝氏体倾向越明显。不同冷速下的微观塑性直接表现在断口的表面形貌上。

C 轧后停留时间

Toshiro Tomida 等研究了超快冷前停留时间对 C-Mn 钢形变诱导相变后铁素体组织的影响，研究发现：当超快冷前待温时间从 0.05s 延长到 0.5s 时，试验钢表面和心部的铁素体晶粒尺寸分别长大了 2.2~1.3μm，如图 11-52 所示。在 818℃的 A_{e3} 温度终轧，轧后快冷至 650℃后的试样的室温横截面金相组织如图 11-53 所示。

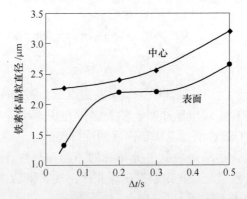

图 11-52 实验钢的铁素体晶粒与停留时间的关系

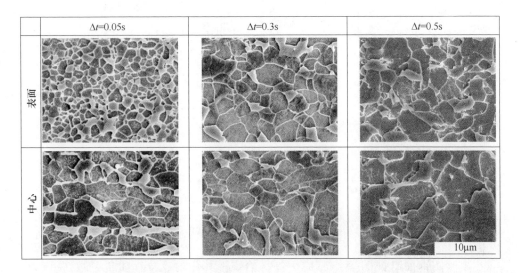

图 11-53   实验钢热轧和快冷至 650℃后的室温横截面金相组织

D   冷却后停留时间

刘翠琴等人研究了保温对低碳钢形变诱导相变铁素体的影响，研究发现低碳钢应变诱导相变铁素体在保温初期的几秒内，晶粒迅速长大，随保温时间延长，长大速度有所下降，但在晶界处形核的应变诱导相变等轴铁素体在保温中生长缓慢，原奥氏体晶内及部分变形带上形成的条状铁素体在保温时迅速长大。铁素体晶粒的长大速率主要取决于温度和长大动力，说明在形变诱导相变条件下，由于形核点多，铁素体晶粒长大动力迅速减弱。

E   轧制过程道次间隙时间

Toshiro Tomida 等对 C-Mn 钢的形变诱导铁素体区轧制的研究表明，冷却过程虽然对铁素体晶粒尺寸有影响，精轧过程最后道次间隙时间对铁素体晶粒也会产生影响。其影响规律如图 11-54 所示。

11.5.2   典型热轧带钢组织与性能控制应用

11.5.2.1   热连轧 TRIP 钢的组织与性能控制

相变诱发塑性钢（TRIP 钢）组织由铁素体、贝氏体和残留奥氏体组成。一般地，铁素体的体积分数为 50%~60%，贝氏体体积分数为 25%~40%，残留奥氏体体积分数为 5%~15%。形变过程中，亚稳态的残留奥氏体向马氏体转变，使钢的局部加工硬化能力提高并延迟了颈缩的产生，因此 TRIP 钢同时具有高强度和良好的塑性。TRIP 钢用作汽车板等部件，可有效减轻汽车自重，解决油耗、安全、环保等问题，应用前景十分广阔。

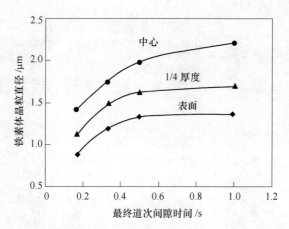

图 11-54　精轧最后道次的间隔时间对铁素体晶粒直径的影响

实验用钢采用 25kg 真空感应炉进行冶炼，其化学成分（质量分数/%）为：C 0.21，Si 1.18，Mn 1.41，Nb 0.033，V 0.060，Fe 余量。将铸锭锻造加工成规格为 80mm×60mm×40mm 的钢坯，在加热炉内加热到 1200℃ 后保温 2h，在实验室二辊轧机上经 7 道次热轧轧成厚度为 5mm 的钢板，压下分配工艺制定为：40mm→31mm→23mm→17mm→12.5mm→9mm→6.5mm→5mm，其中前 3 个道次在奥氏体再结晶区进行粗轧，后 4 个道次在奥氏体未再结晶区进行精轧，粗轧的开轧温度与终轧温度分别为 1150℃ 和 1050℃，精轧阶段的开轧温度和终轧温度分别为 950℃ 和 830℃。终轧后立即水冷（约 100℃/s）至室温，或者先水冷（约 100℃/s）至 730℃，随后空冷（约 5℃/s）至 680℃，再水冷（约 100℃/s）至 400℃。采用 3 种工艺对轧后试样进行保温，其中 1、2 号钢板分别在 400℃ 的模拟卷取炉中等温 30min 和 60min 后取出空冷至室温，3 号钢板在卷取炉中等温 60min 后随炉缓冷至室温（约 15h）。

将试样加工成 ϕ5mm×10mm 圆柱试样并在 Dil805 膨胀仪上测量试验钢 A_{r3} 温度。在热轧后的钢板上切取金相试样，轧制方向经研磨、机械抛光后，用体积分数为 4% 的硝酸酒精溶液侵蚀，在光学显微镜和热场发射扫描电镜下观察显微组织，用图像分析软件对组织中铁素体的体积分数进行统计。依据 GB/T 228.1—2010 在三块热轧钢板上沿轧制方向切取 50mm 标距的矩形横截面拉伸试样，对室温拉伸和拉伸断口形貌进行观察。利用 D_{MAX}-RB 12kW 旋转阳极衍射仪（Cu 靶，K_{α} 衍射）测得 TRIP 钢中奥氏体 {200}、{220}、{311} 衍射峰和马氏体 {200}、{211} 衍射峰，计算出残留奥氏体含量。

A　显微组织

不同贝氏体区等温时间下试样的扫描组织如图 11-55 所示，均是由多边形铁素体（F）、贝氏体（B）和残留奥氏体（RA）组成。随着等温时间的延长，组织中板条状贝氏体量减少，粒状贝氏体量增多。由 X 射线衍射测量结合图像分析，确定了组织中的各相比例，见表 11-7。

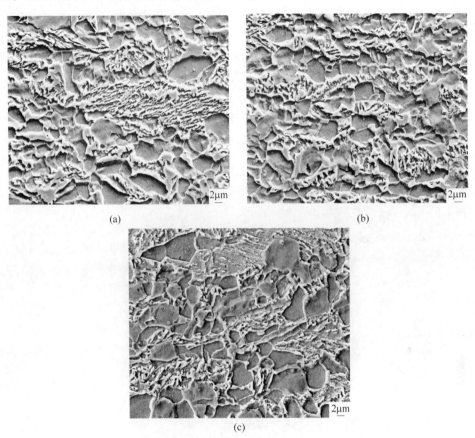

图 11-55 不同贝氏体区等温时间下实验钢的 SEM 组织

(a) 1 号；(b) 2 号；(c) 3 号

表 11-7 实验钢组织中的各相比例及残留奥氏体碳含量

钢样	体积分数/%			C_γ(质量分数)/%
	F	B	RA	
1 号	53.39	34.29	12.32	1.35
2 号	51.24	36.47	12.29	1.26
3 号	52.81	44.13	3.06	1.07

实验钢组织中的铁素体，除了传统的形变奥氏体连续冷却相变外，有部分是通过形变诱导铁素体相变（DIFT）生成的。空冷（约 5℃/s）条件下，测得实验钢 A_{r3} = 744℃；根据化学成分，采用 Thermo - Calc 软件计算得到实验钢 A_{e3} =

843℃。终轧温度830℃已处于 $A_{r3} \sim A_{e3}$ 温度之间，这将引起形变诱导铁素体相变效应。图11-56是实验钢终轧后立即淬火得到的组织，可见有细小的铁素体晶粒生成。与传统的形变奥氏体连续冷却相变不同，这些铁素体是在形变过程中形核的，相变与形变几乎同时进行，并且转变量的增加主要是靠连续不断的形核来完成，由于形变时间很短，相变晶核的生长和晶粒的长大受到抑制，因此铁素体晶粒比较细小。作为 TRIP 钢的基体组织，细化的铁素体晶粒将有助于 TRIP 钢力学性能的提高。更重要的是，残留奥氏体含量随着铁素体晶粒细化而增加，但由于其亦受到组织中贝氏体形貌及碳化物等因素的作用，TRIP 钢中残留奥氏体含量随着铁素体晶粒细化到一定程度后反而有所降低。

图 11-56　实验钢轧后淬火光学组织

对于 TRIP 钢，残留奥氏体强烈影响着 TRIP 效应。未再结晶区变形时，奥氏体晶粒呈薄饼形状，由于形变温度较低，奥氏体只发生部分回复，而不发生再结晶，晶粒内变形带、孪晶、位错和其他结构缺陷增多，这使奥氏体晶粒界面和亚晶增加。在轧后控冷过程中，细小晶粒的奥氏体易于保留至室温而不是发生相变；另外，奥氏体中间隙原子的扩散速率加快，钉扎位错，形成溶质气团，提高了残留奥氏体的稳定性。这两方面作用均能促进细小而稳定的残余奥氏体生成，从而有利于实验钢的 TRIP 效应的增强。

实验钢组织中残留奥氏体的分布如图11-57所示，各工艺下残留奥氏体均分布在铁素体晶界处、铁素体与贝氏体交界处以及贝氏体铁素体板条之间。贝氏体铁素体板条间的残留奥氏体最为稳定，甚至在形变过程中都不发生转变，而分布于铁素体晶界处和铁素体与贝氏体交界处的残留奥氏体稳定性不足，在形变初期就已大量转变。从图可见，分布在铁素体晶界处的残留奥氏体晶粒最为粗大，铁素体与贝氏体交界处的次之，贝氏体铁素体板条之间的最为细小。图11-58是残留奥氏体晶粒在不同晶粒尺寸区间的分布频率统计，可见1号钢板、2号钢板和

3 号钢板的残留奥氏体晶粒尺寸均主要分布在 0.1~1μm 区间内，累加频率分别高达 93.0%、97.7% 和 96.4%，对应平均晶粒尺寸 0.269μm、0.285μm 和 0.316μm，即随着等温时间的延长，残留奥氏体晶粒有逐渐增大的趋势。有研究表明，钢材若要获得良好的 TRIP 效应，组织中残留奥氏体晶粒大小应在 0.01~1μm 之间，晶粒过大稳定性差，过小则会过稳定。以这个标准衡量，3 种等温工艺下实验钢的残留奥氏体稳定性均较为理想。

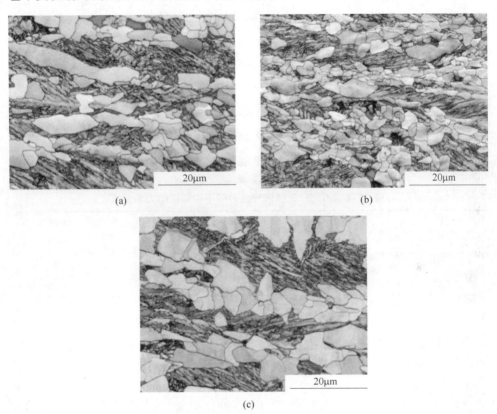

图 11-57　不同贝氏体区等温时间下实验钢的 EBSD 相区分图

(a) 1 号钢板；(b) 2 号钢板；(c) 3 号钢板

B　力学性能

不同贝氏体区等温时间下实验钢的力学性能如表 11-8 所示。可见，1 号钢板与 2 号钢板的力学性能比较理想，强塑积均超过了 22000MPa·%。等温 30min 时，实验钢的抗拉强度和伸长率分别达到了 876MPa 和 28%；等温 60min 时，抗拉强度达到最大值 936MPa，但伸长率明显降低；等温 60min 后随炉冷却时，抗拉强度和伸长率分别仅有 847MPa 和 20%，力学性能显著恶化，相应的强塑积最小。可见，随着贝氏体区等温时间的延长，实验钢的综合力学性能不断降低。

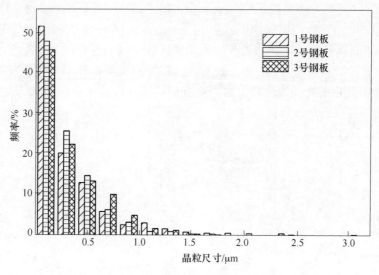

图 11-58　实验钢残留奥氏体晶粒尺寸频率分布直方图

表 11-8　不同贝氏体区等温时间下实验钢的力学性能

钢　样	$R_{p0.2}$/MPa	R_m/MPa	A/%	$R_m \cdot A$/MPa·%
1 号钢板	696	876	28	24528
2 号钢板	745	936	24	22464
3 号钢板	664	847	20	16940

　　TRIP 钢在 400℃卷取温度保温时，开始阶段由于贝氏体组织的大量形成，残留奥氏体的富碳作用占主导地位，因此 30min 和 60min 保温时间下实验钢组织中残留奥氏体体积分数和碳浓度均比较理想。但经过长时间保温后部分残留奥氏体将发生分解，卷取时间对残留奥氏体的形成有两方面的作用。一方面，随着保温及之后的随炉冷却时间的延长，贝氏体相变时间增加，相变后的残留奥氏体体积分数也就相应减少。另一方面，类似于回火，贝氏体相变的碳元素富集对于奥氏体稳定性的促进作用减弱，从而导致碳元素发生再分配，Seong 等研究后也认为，高的等温温度有利于渗碳体的析出，进而导致奥氏体中碳含量急剧下降，稳定性降低，贝氏体形核将更容易进行。此外，相关研究中也发现，贝氏体铁素体间碳化物的出现也会通过降低奥氏体中碳含量而显著减少残留奥氏体体积分数。

　　综上所述，贝氏体等温时间对于热轧 TRIP 钢中残留奥氏体的含量和稳定性具有很重要的作用。等温时间在 30~60min 能够得到碳含量高、稳定性好的残留奥氏体，进而获得优异的力学性能，但保温时间过长会使得残留奥氏体碳含量低、稳定性差、体积分数也显著减少。残留奥氏体在保温及卷取过程中分解与其热稳定性相关，而残留奥氏体中碳含量、尺寸和形貌对其热稳定性有重要作用。

提高残留奥氏体时效过程稳定性的途径主要有：选用适宜的保温时间，避免残留奥氏体由于碳元素再分配而发生分解；选用适宜的时效温度，时效温度过高时，碳化物的析出会显著降低残留奥氏体的稳定性，显著降低轧后钢板的力学性能；此外，研究表明，具有强烈固溶强化的元素（如 Nb 等）溶解在奥氏体中能显著影响奥氏体相变并提高残留奥氏体稳定性，因此，适当添加该类元素并采用合适的奥氏体化温度保证其在奥氏体中的固溶也有利于提高热轧后钢板的力学性能。

11.5.2.2 热轧管线钢带的组织性能控制

管线钢 API X70 管线钢是要求比较高的产品。管线钢在生产中要求高的钢水纯净度，为确保韧性硫的含量低于 0.003% ~ 0.005%，氮的含量低于 0.005%。组织控制严格，晶粒度可达 13 级以上。在轧制方面要严格控制轧制工艺，一般实施温度控制轧制或热机械轧制。前者是通过一定温度范围内变形获得与正火条件相应的最终组织；后者包含 2 ~ 3 个轧制阶段，阶段之间有一定的中间冷却时间，一般要求在 800℃ 以下进行 60% ~ 70% 的变形。

细小的原始晶粒方面薄板坯连铸连轧有其优势，但在进行大变形以获得细小的最终组织方面薄板坯连铸连轧并无优势，这是因为薄板坯一般比较薄，造成轧制过程的压缩比较小，和传统的板坯轧制相比，在细化晶粒方面是不利的。由图 11-59 看出总变形量的增加提高了钢的性能，特别是脆性转变温度。图 11-60 发现均热温度最低也要达到 1100℃ 才能达到最低的质量要求，而一旦温度超过 1300℃，低温韧性明显恶化。通过综合比较发现，在 1100℃ 轧制是可行的。但是可以看到屈服强度仅仅达到下限。

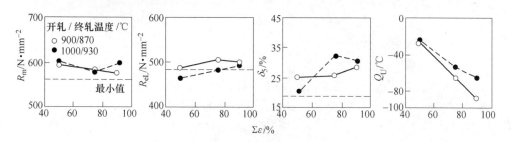

图 11-59 API X70 钢性能与总变形量的关系

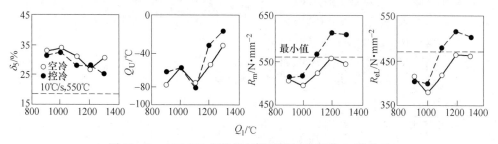

图 11-60 API X70 钢性能与薄板坯加热温度 Q_1 的关系

当然，在常规连轧工艺中，对高性能的 X70、X80 管线钢，可以通过多种方法（TMCP、HTP 等）生产，能否通过常规再结晶区轧制并结合快速冷却工艺让其达到 API 标准性能要求，表 11-9 的数据似乎说明了可行性，但是，由于试验条件的关系，无法检验 DWTT 性能。从试验钢的组织分析，其中 MA 组织尽管可通过晶粒细化的方法加以控制，但是仍然较未再结晶控制轧制得到 MA 组织粗大。

表 11-9　高温终轧快速冷却 C-Mn-Nb 钢的力学性能

终轧温度/终冷温度/℃	屈服强度 $R_{p0.2}$/MPa	抗拉强度 R_m/MPa	伸长率/%	屈强比	-20℃横向冲击吸收功/J	-20℃纵向冲击吸收功/J
926/582	572	711	27.5	0.80	186	210
	581	682	26.6	0.85	159	214
927/649	586	696	28.8	0.84	143	219
	654	704	29.0	0.93	183	227

除上述两个新产品和新工艺开发与应用的实例外，实际生产中有许多热轧商用材和冷轧原料带钢需要控制性能。这些品种包括：

（1）Q195、Q215、Q235、Q345；

（2）冷轧原材料：08Al、05Al、IF；

（3）无取向硅钢、取向硅钢；

（4）优质碳素钢：15~45；

（5）管线钢：X52~X90；

（6）焊瓶钢：HP295、HP345；

（7）高强度、超高强度钢。

高强度钢（HSS）、先进高强度钢（AHSS）、超高强度钢（UHSS）是热轧带钢商用材中开发难点，需要将新材料设计与物理冶金原理结合，研究开发生产工艺及组织性能控制技术。这些品种包括：

1）高强度合金结构钢：Q460、Q550、Q690 等；

2）管线钢：X70、X80、X90；

3）汽车大梁钢：L590、NH460、NH590（大梁、耐候）；

4）双相钢：DP590、DP780；

5）热轧 TRIP 钢：TRIP590、TRIP780、TRIP960；

6）热轧复相钢：CP820、CP960、CP1180；

7）热轧马氏体钢：MS800、MS960、MS1180。

鉴于中厚板生产中就物理冶金原理、轧制工艺技术和控制冷却技术的应用做了比较细致的说明，本章就不做过多的阐述了。

11.6 热轧无缝管的组织性能控制应用

11.6.1 轧后快速冷却工艺

轧后快速冷却工艺是在轧后按照一定的组织要求,确定相应的开冷温度,冷却速度以及终冷温度,即对轧后钢管进行控制冷却。因此,不同钢种、不同规格的钢管,冷却方式也有所不同。

轧后快速冷却工艺目前已用于管线管、不锈钢管、轴承钢管以及其他一些钢管品种的生产中,并取得了较好的效果,下面介绍轴承钢管的轧后快速冷却。

11.6.1.1 轴承钢管的轧后快速冷却

多年来轴承钢管生产中的一个很大问题是球化退火周期太短,用车底式炉多在 26~27h 以上,而采用轧后快速冷却以后,可提供细珠光体或极细珠光体等优良的预备组织,经验表明这可将球化退火时间缩短 1/2~1/3。这样,运用轧后快速冷却加连续炉球化退火新工艺之后整个球化退火时间为 5h,甚至更短。轴承钢轧后快速冷却工艺介绍如下。

热轧生产工艺为:GCr15 轴承钢管坯经过酸洗、检验、修磨、切断后在斜底炉加热,加热温度为 1130~1150℃,加热后的钢管送入 $\phi76$mm 穿孔机组中进行一次穿孔及二次穿孔。一次穿孔终轧温度为 1140~1160℃,二次穿孔终轧温度为 950~1030℃,穿孔后的钢管送至 400kg 夹板锤进行锤头,锤头后钢管温度为 850~900℃,然后由 "V" 形输送辊道送入水冷器进行穿水冷却,最后在冷床上空冷至室温。

穿水冷却所采用的水冷套由外套筒、内胆及端面板、管道等组成。内胆上钻有中心轴心方向的出水小孔,孔径 $\phi4$mm。带有压力的水在水套中旋转并从斜孔中喷出,离心力使水形成旋转水帘并成环状,均匀地喷射在钢管表面上。这种薄形水冷套除了能保证穿水过程中有足够的冷却能力外,还能保证顺利地排水。

水冷器分为四组,在进入第一组水冷器前及第四组水冷器之后两处测温。每组水冷器由两个水冷套组成,保证具有一定的冷却强度。水冷器由外套筒、内胆及端面板、管道组成。每个水冷器有四个进水口进水,特别对下部考虑到水的重力影响,水量是单独控制的。内胆上钻有中心向轴心的出水小孔,孔径为 4mm,带有压力的水在套中旋转并从斜孔中喷出,所造成的离心力形成旋转环状水帘。在管材的穿水冷却过程中使水能均匀地喷射在钢管表面。

轴承钢的穿水冷却温度应严格控制,出水温度过高网状碳化物消除较差,如进水温度为 910℃、出水温度为 530℃,20s 返红至 720℃,其平均网状碳化物为 1.5~2 级,轧后组织为珠光体+局部网状碳化物,球化后球化级别为 3 级。钢管进水温度为 850~830℃,出水温度为 450℃,这时网状碳化物基本消除,但出现马氏体和贝氏体组织,在钢管表面产生了大裂纹。该钢管球化后,球化级别为 1.5~2 级。但实际中不能应用。根据该厂条件，出水后管材温度以 550~600℃ 为好，这样既可得到细片状珠光体（索氏体）加局部网状渗碳体，又能降低网状级别，使其小于 1.5 级，还能保证不产生马氏体和贝氏体组织，防止管材表面产生裂纹。

冷却水为室温，四段水冷的水量分别为 36 ~ 40m³/h、30 ~ 39m³/h、28 ~ 35m³/h、10 ~ 20m³/h，到水冷器时水压为 0.2 ~ 0.25MPa，为了保证水中不带杂物而装置了过滤网。通过调节每个水冷套水流量和输送辊道速度来控制管材冷却速度和出水温度。为了防止轴承管材一次冷却速度太快以致表面产生马氏体组织，该厂采用多段冷却的方式，四段冷却器，每段之间距离为 3.5m，如输送辊道速度为 0.8m/s。整个穿水冷却过程为 13s。

实验结果如下：钢管一次穿孔温度为 1140 ~ 1170℃，二次穿孔终了温度为 950~1050℃，锤头温度为 840~890℃，进入第一组水冷器前钢管表面温度为 820 ~ 845℃，经过第一组水冷器的钢管降为 675 ~ 715℃，在由输送辊道进入第二组水冷器前，其表面温度上升至 720~770℃，在其他三组水冷器的冷却过程中，钢管表面同样经过多次下降与回升，最后冷却至 550~580℃，在冷床上回升到 610 ~675℃后空冷至室温，这个工艺得到细珠光体加极少网状碳化物的管材，断面上硬度均匀。网状碳化物一般在 1 级左右，极个别为 1.5 级。

由于得到了细珠光体，在奥氏体区碳化物易于熔断，因此缩短了球化退火时间 7~8h。采用轧后穿水冷却的轴承管材经球化退火后，碳化物颗粒分散度大，分布均匀，碳化物颗粒平均直径比雾冷管材减少 10% ~ 17%，提高了管材强韧性，改善冷拔性能，提高一次冷拔变形量，并减少了断头。

11.6.1.2　碳钢和低合金管的轧后快速冷却

某 Assel 轧管机组定径机后安装了无缝钢管在线快速冷却装置，如图 11-61 所示。冷却系统配置的主要机电设备有 1 号可变角度且可升降辊道，2、3 号可变角度辊道，液压站，3 个液压缸，组合式冷却器，2 台风机，3 台水泵，多个风、水管路阀门，流量调节阀门根据钢种、冷却效果的不同，可采用风冷、气雾、细水雾、中压水等多种方式对管体进行冷却。

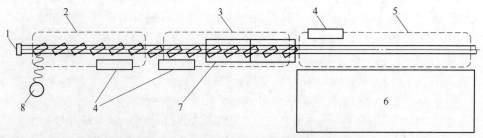

图 11-61　无缝钢管在线快速冷却装置示意图

1—定径机；2—1 号可变角度辊道；3—2 号可变角度辊道；4—液压缸；

5—3 号可变角度辊道；6—冷床；7—冷却器；8—升降装置

通过对 20、45、Q345 等钢种的试验研究，表明在线快速冷却工艺在改善无缝钢管组织，提高无缝钢管综合力学性能，细化表面晶粒，提高抗疲劳裂纹扩展能力等方面效果明显。

控冷辊道系统必须满足在钢管完全离开定径机，并且进入冷却区前辊道时，倾转一定角度，使钢管螺旋前进，进入冷却器冷却，控制冷却区域辊道 2 号的设计同样为可变角度形式，待钢管完全脱离冷却器后，冷却器前部控冷辊道 1 号复位迎接下一根钢管轧出定径机，此时冷却器后部控冷辊道 3 号始终倾斜一定角度，一直至冷却系统停止使用后再复位。组合式冷却器安装在冷床入口处至定径机方向的 69~70 区域段内。

组合式冷却器由四组冷却单元组成，各组喷头沿轧线方向依次排放，其冷却器喷头布置如图 11-62 所示。供水系统设计流量为 750m³/h。定径后的钢管终轧温度一般在 950~980℃ 范围内，控冷后的温度根据管径的壁厚不同，一般在 680~780℃，温降值一般在 200~270℃ 之间。

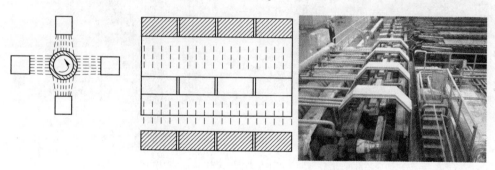

图 11-62　冷却器喷头布置简图及实物照片

对于 20 钢，φ140mm×13mm 钢管经控冷后的屈服强度、抗拉强度和伸长率分别提高了 12.7%、5.45% 和 9.93%；φ168mm×6mm 规格经控制冷却后的屈服强度、抗拉强度和伸长率分别提高了 8.74%、0.35% 和 2.8%。φ180mm×22mm 规格的 45 钢经控制冷却后的屈服强度、抗拉强度和伸长率分别下降了 2.3%、1.185% 和 1.65%，但冲击功提高了 25%。

20 钢结构管，φ140mm×13mm 规格的轧后控制冷却显微组织，按组织类型划分成 3 部分：（1）距表层 0.9mm 的贝氏体；（2）距表层 0.9~3.5mm 为贝氏体+针状铁素体与等轴铁素体+团状珠光体的过渡带；（3）3.5mm 以内为等轴铁素体+团状珠光体，晶粒度为 7.5 级。对于 45 钢，φ180mm×22mm 规格钢管的轧后空冷显微组织晶粒度为 4.5 级；轧后经过控制冷却钢管室温组织中表层晶粒度为 8 级，内层为 5.0 级。可见，控冷对晶粒细化有一定作用。

11.6.1.3　ERW 石油套管 J55 的张力减径和在线控制冷却

焊接石油套管 J55 常规方法是电阻焊（ERW）后进行再加热控冷处理，保证焊缝与基体的性能一致。将 ERW 焊接与再加热减径结合，可以减少焊接设备投资，生产管材的规格可以更灵活，提高生产效率。采用这种工艺的流程为：ERW 焊管→缓冲储料→再加热→高压水除鳞→热张力减径→旋转热锯切→在线冷却→冷床冷却→人工去毛刺→入库。

在线冷却钢管要保证冷却均匀性，两个需要解决的最基本问题是：（1）周向水柱正面撞击造成的向钢管内注水问题；冷却器长度增加造成的冷却器下部积水问题，影响下部冷却效果。防止冷却器内腔壁面飞溅水对钢管冷却的影响就需要优化冷却器的设计。经过优化设计的冷却器采用沿钢管切向喷淋方式，如图 11-63（a）、（b）所示，克服了轴向喷淋生产的钢管内部进水问题，如图 11-63（c）所示。

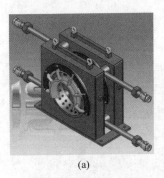  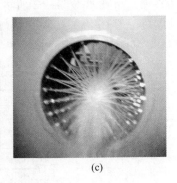

(a)　　　　　　　　　　　(b)　　　　　　　　　　　(c)

图 11-63　切向与轴向喷淋冷却器的工作状况
(a) 切向喷淋冷却器；(b) 切向喷淋工作状态；(c) 常规轴向喷淋冷却器

通过在钢管中预埋热电偶测量钢管冷却期间的温降曲线，计算了喷淋水量对钢管冷却强度-对流换热系数，在水流密度为 $1360 \sim 8010 \, L/(m^2 \cdot min)$ 条件下，对流换热系数在 $4600 \sim 8400 W/(m^2 \cdot ℃)$，如图 11-64 所示。

J55 钢级焊管的规格为 $\phi139.7mm \times 7.8mm$，化学成分（质量分数）为：0.3% C，0.26% Si，1.2% Mn，余量为 Fe。采用两种加热方案及在线冷却，对比对组织和性能的影响。方案一：用电阻炉加热至 1000℃，而后空冷至约 830℃，再分别水冷（切向喷淋）和空冷至约 650℃，而后空冷至室温。方案二：分别用电感应加热和电阻炉加热管体至 1000℃，而后空冷至约 830℃，再水冷（切向喷淋）至约 650℃，而后空冷至室温。对 $\phi139.7mm \times 7.8mm$ 的钢管，其空冷速度为 $2 \sim 5℃/s$，水冷速度为 $30 \sim 40℃/s$。不同工艺下，J55 钢管的力学性能如表 11-10 所示，在感应加热条件下，其力学性能与 TMCP 工艺生产的热轧带钢的相近，电阻加热性能偏低是由于加热时间长，奥氏体晶粒长大所致。

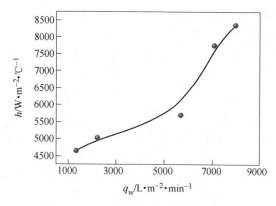

图 11-64 钢管切向冷却器的换热效率

表 11-10 不同工艺条件下 J55 钢管的性能

加热方式	出炉温度/℃	喷淋前温度/℃	喷淋后温度/℃	屈服强度/MPa	抗拉强度/MPa	伸长率/%	硬度 HV
电感应加热	1025	835	650	485	715	29	196
电阻炉加热	1000	840	630	410	675	24	193
原始管性能	TMCP 板带，ERW 制管			581	714	22	222
API 标准	—			379~552	≥512	≥23	—

在线控制冷却后，J55 钢管的金相组织中为仿晶界铁素体+珠光体，控制冷却过程中铁素体相变受到抑制，铁素体体积分数减少，更低温度的相变产物珠光体增加。由于珠光体含量较多和珠光体组织细化，导致感应加热+在线控冷钢管的强度较高。

11.6.2 轧后直接淬火

11.6.2.1 轧后直接淬火工艺

热轧无缝钢管在线直接淬火工艺是在定减径变形或均整变形后，利用余热进行直接淬火，获得马氏体组织，再经回火处理。直接淬火工艺可广泛应用于碳钢和低合金钢。

用在线直接淬火法生产钢管与用传统的淬火方法相比，具有以下优点：

（1）有效地改善钢材的性能组合。由于均整变形和定径变形过程一般不发生静态再结晶和动态再结晶，因此余热淬火后钢管的组织主要为细小的马氏体和高密度的位错以及极为细小的碳化物。回火过程中，组织中的铁素体亚晶开始逐渐形成，由于原淬火钢中马氏体板条很细和大量稳定位错的存在，故回火组织中的铁素体亚晶块也很细，亚晶并有位错，此外还有细小的碳化物。这种组织的强度高，塑性好，脆性降低，使钢管强韧性提高。

（2）降低能耗和生产费用。利用钢管热定径或均整后的余热进行淬火可以大大节省调质型油井管的能源消耗。据川崎钢铁公司知多厂的经验，生产直径大于125mm的油井管，采用直接淬火后与普通调质型油井管相比，可节省能源40%以上。采用直接淬火工艺生产油井管，每吨钢管可节能643.7kJ，1982年知多厂因采用直接淬火工艺而节约重油6380m³。该厂用直接淬火工艺生产的调质型钢管与用普通调质生产相比，降低成本25%左右。

（3）节省设备投资。采用直接淬火，可节省一套淬火加热设备。因此设备投资、厂房面积和操作工人等也都可相应减少。

11.6.2.2　钢管淬火的冷却方法

轧后直接淬火能否付之于生产实现，冷却方法和冷却器的形式是个重要问题。钢管的各种冷却方法都要考虑冷却剂喷溅、倒流或管内蒸汽堵塞等问题。因为这些问题的出现必然导致冷却中不能达到淬火要求或者冷却不均。目前钢管在线淬火方法基本上分为两类：喷流淬火（喷淬）和水槽浸渍淬火（槽淬）法。

（1）喷流淬火法是从喷嘴中射出高压冷却水冲击钢材表面带走钢材的热量而进行冷却的方法，装置本身小，可装在输送辊道上，故可进行输送淬火。不仅钢管采用，同时也广泛用于板材淬火装置上，如图11-65所示，又分为外面冷却、内面冷却和内外表面冷却三种方法。对于中小直径钢管，由于钢管内径小，把带有喷嘴的集管放入钢管内是困难的，而采用配置在管外的喷嘴进行外面淬火。这种单面淬火对厚壁管是不合适的。一般采用两面冷却。喷射冷却法的冷却能力与水量、水压及喷嘴角度有关，调整是复杂的，同时耗水量大，还需要大的供水动力泵等，因此，这种方法不是很理想。

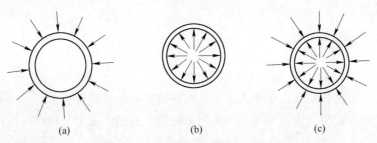

图11-65　钢管喷流淬火的三种方法
（a）外表面；（b）内表面；（c）外表面和内表面

（2）水槽浸渍法是把钢管浸渍于水槽内进行淬火。这种方法冷却能力高、构造简单。厂家多数采用这种新设备，钢管内表面是由设在水槽端部，沿钢管轴向的喷嘴进行冷却的，故称为轴流淬火法。与此不同，虽然同属轴流淬火方法，但也有不设水槽，直接使钢管端部与内表面喷嘴接触喷射冷却水的内表面冷却方法，然而这是单面冷却，与喷流淬火一样不可能有高的冷却能力。

　　轴流淬火方法可分为搅拌浸渍淬火方法和内外表面轴流淬火方法。如图 11-66 所示。前者外面冷却稍差，但其优点是不管钢管端部镦粗形状如何，在纵向上都可获得均匀的冷却效果。后者外壁轴流供水冷却有两种方法，一种开路系统，不管喷嘴压力怎样提高，都难增加外面轴流流量，另一种是闭路系统，根据喷嘴压力可以调整外面轴流流量。轴流淬火法的能力主要决定于水量，在低压域内也可以充分发挥其效能，不需要高压泵。

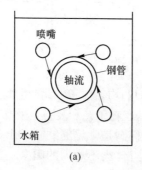

（a）　　　　　　　　（b）

图 11-66　浸渍淬火法的两种形式
（a）搅拌淬火；（b）轴流淬火

　　从以上几种情况来看，喷流淬火方法处理能力小，和轧制线同步有困难，采用轴流淬火，外面用搅拌方法时，若是钢管外径增大，就需要增加搅拌喷嘴的数量，因此内外轴流冷却方式较好。

　　内外表面轴流浸渍淬火使之形成轴流有两种：一种仅内表面喷嘴喷射，外面水流靠带入产生轴流法；另一种是内外表面都用喷嘴喷射的直接轴流法。其差别有两点：（1）前者可得到相同流量，但需要很高的喷嘴压力；（2）轴流内的流量分布，后者比较均匀。目前雾化冷却也使用在钢管冷却中。上述淬火方法总结于表 11-11 中。

表 11-11　钢管在线直接淬火的类型

淬 火 方 法			淬火性能	
			淬透层深度/mm	单位耗水量/%
喷淬	外表面喷淬		<16	100
	内表面喷淬	水流垂直于管壁水流与管壁成一定角度射入，螺旋前进		
	内外表面同时喷淬	内表面水流垂直于管壁外表面水流反向螺旋倒回	20 左右	

淬 火 方 法		淬火性能	
		淬透层深度/mm	单位耗水量/%
浸渍淬火		<20	69
内表面轴流或螺旋流； 外表面喷水	内表面轴流		
	外表面喷水		
	内表面螺旋流		
	外表面喷水		
内表面轴流或螺旋流； 外表面轴流	开路系统		
	闭路系统	达40	31

（槽淬）

11.6.2.3　淬火钢管的形状、裂纹控制

钢管直接淬火或离线淬火过程中，冷却的均匀性和由此产生的开裂、弯曲和残余应力也是需要克服的。为此想了很多办法，在工艺和装备上采取了许多措施。

钢管在水淬过程中，淬裂、弯曲产生椭圆是常见的缺陷。出现这些缺陷的原因是多种多样的，有钢管自身的因素，也有淬火不均匀的因素。钢管自身的因素有钢种的淬裂敏感性、钢管材质的均匀性、钢管壁厚的均匀性、氧化铁皮厚薄的均匀度等；淬火不均匀的因素有钢管长度方向和圆周方向的淬火温度不均匀等。

A　淬火裂纹控制

淬火时钢管产生两种应力，即热应力和组织应力。热应力使钢管表面受压，组织应力使钢管表面受拉伸，合力大小决定钢管是否淬裂。但在这两种应力中，淬火组织应力是主要的。防止淬裂的方法是在 M_s 点附近给以缓慢冷却，或在马氏体相变区域缩小管壁内外面的温差。

川崎钢铁公司的研究结果认为，钢管内喷射冷却水的压力对淬裂有影响。当钢管一端稍倾斜进入冷却槽时，在管头附近易产生淬裂。若用高压冷却水强制性地排出管内空气，在高压水与空气混合后，进一步助长了圆周方向的不均匀冷却，这样冷却水先进入钢管的一端易产生淬裂。川崎钢铁公司的办法是，在淬火初期，钢管进入水槽内规定的位置时，迅速用低压（$4.9 \times 10^4 \sim 29.4 \times 10^4$ Pa）冷却水排除管内空气，然后以每秒增压 19.6×10^4 Pa 的速度增加冷却水的压力，直到压力达到高压 $29.4 \times 10^4 \sim 117.6 \times 10^4$ Pa 为止。

住友金属的方法是在马氏体相变区间使淬火钢管的内外表面温差低于50℃，即当钢管外表面温度达到 M_s 点时开始急冷。当钢管内表面温度达到 M_f 点时，通过调节冷却水量，保证钢管外表面温度在 $M_f \sim 50$℃ 范围内。

B　弯曲与椭圆度控制

尺寸 ϕ244.48mm×11.99mm 的低成本的碳锰系 25MnV 钢，在生产 P110 石油套管中会存在较大残余应力。为了减少残余应力，采用了直接淬火、水淬+空冷、

水淬+空冷+水淬三种冷却方式进行对比试验。其中直接淬火模拟了现场直接淬火至室温的冷却方式。水淬+空冷冷却方式，钢管出水空冷时温度略高于 M_f 点。水淬+空冷+水淬冷却方式，控制钢管在水中的停留时间，使心部温度降到 B_f 点以下，然后取出空冷使钢管内外表面温差最小，温度场尽可能均匀，然后再次入水完成马氏体组织转变。不同冷却方式示意图如图 11-67 所示。对冷却后的试样采用动态电阻应变仪利用逐层钻孔法测试不同工艺下残余应力的释放应变，分析淬火组织的特征与残余应力的关系。

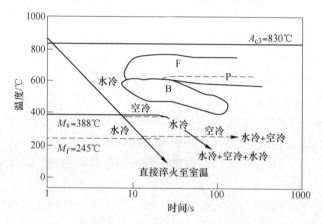

图 11-67   淬火冷却方式示意图

直接淬火工艺的淬火组织为板条马氏体和孪晶马氏体共存，且孪晶马氏体的含量较多。水淬+空冷和水淬+空冷+水淬两种工艺的淬火组织为板条马氏体、下贝氏体和大量的位错胞互相缠结，不同程度的残余奥氏体的存在。水淬+空冷、水淬+空冷+水淬两种冷却方式和直接淬火工艺相比，钢管内的切向和轴向残余应力均减小，从而易减小钢管的变形，以及降低和缓解了钢管内微裂纹的产生和扩展趋势。其轴向和纵向的残余应力分布如图 11-68 所示。

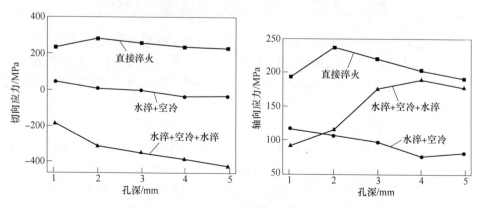

图 11-68   钢管不同深度上残余应力比较图

钢管水淬工艺极易造成钢管弯曲，尤其是在水槽中淬火和小直径钢管、长钢管的水淬。防止钢管水淬弯曲的措施有水淬时钢管旋转、增大钢管内冷却水流量和沿钢管长度方向设夹紧装置等。

11.6.2.4　钢管轧后直接淬火工艺的应用

A　钢管直接淬火设备的应用

阿塞拜疆轧管厂于 1979 年在 $\phi250$mm 自动轧管机上首先采用直接淬火工艺生产 N80 石油套管。该机组的直接淬火装置在均整机之后。

日本新日本钢铁公司在八幡厂 $\phi400$mm 自动轧管机组生产线上设置了一套直接淬火设备，布置在定径机后面，几乎所有的调质型油井管都用这一设备进行淬火。

日本住友金属工业公司也在尼崎厂设置了钢管直接淬火设备。

日本钢管公司在扇岛厂 $\phi250$mm 连轧管机组作业线上，在定径后设置了直接淬火装置，采用喷淬方式，可处理长 24~40m 的钢管。该公司在京滨厂的钢管生产线上，在定径机后面也设置了直接淬火装置，可对长度达 29m 的钢管进行直接淬火。钢管淬火时旋转，采用内表面轴流淬火、外表面用喷嘴搅动方法，效果很好，钢管不产生弯曲。

日本川崎知多制造厂中径无缝钢管车间，开发了以低压大流量为基础的轴流淬火法，设备在 1980 年 12 月完成，后来一直顺利生产。现介绍如下：其设备性能如表 11-12 所示。

表 11-12　直接淬火的设备性能

钢管尺寸	外径：177.8~425.5mm
	长度：5.5~16.5m
	厚度：30mm
淬火方法	内部和外部轴流淬火
生产能力	150~165t/h

淬火裂纹是淬火时由于马氏体相变而产生的急剧膨胀和降低了钢材的塑性所造成的；自生裂纹是属于淬火后发生的缓慢破坏，主要是由于氢气扩散所致。对于前者，可通过降低碳含量减少膨胀量，增加塑性得到解决。对于后者，主要通过降低钢材中氢含量就可防止。现在设计的碳含量的上限，由于全部钢种进行脱气处理，所以两种裂纹都没有发生。

钢管的弯曲程度，在外观形状中视为最重要的条件，如按前述的采用低喷射流量平稳地排除空气以及通过流量调整全面进行均匀冷却，就可减少弯曲量。

通过直接淬火后钢管质量提高，油井用钢管硬度高，硬度在 HV500 左右，抗拉强度达到 API 标准，回火稳定性与普通淬火法相比较略高；断口转变温度

（VT$_{vs}$）在较低的温度水平及在寒冷地区有足够韧性。压溃强度符合 API 要求。在有 H$_2$S、CO$_2$ 的腐蚀环境下使用的油井管，要求进行耐 SSCC（硫化氢应力腐蚀裂纹）试验，直接淬火钢管（N80）以 NACE 法的 SSCC 试验结果是 720h 的极限载荷应力比（破坏载荷应力/标准最小屈服应力）为 0.9 以上，表示具有良好的性能。

B 直接淬火工艺对钢管组织性能控制

周民生等人在减径余热淬火的深化研究、设备研制和工艺试验等方面取得了成效，将 50Mn 和 34Mn 钢管性能分别提高到 DZ55、DZ60 和 N80、X95 的水平。

在 35、45、50Mn、34Mn 钢等减径余热淬火的工艺试验基础上，重点用 50Mn、34Mn 钢批量试制了 DZ55 级地质套管、岩芯管、DZ60 级地质钻杆和 E 级水文钻杆，并交付使用。减径前的再加热温度为 880~930℃，减径开始温度 870~920℃，减径终了温度 780~810℃，总减径率 23%。35、45、50Mn、34Mn 钢的 A_{r3} 温度分别为 774℃、751℃、755℃、734℃。现将有关性能与标准列于表 11-13、表 11-14。由此可见，经减径余热淬火后的钢管综合力学性能比热轧态平均升高 2~3 级，而且冲击韧性提高、脆性转变温度降低。

表 11-13 50Mn 钢管的冲击韧性 (J)

工艺	20℃	0	-20℃	-40℃	-78℃	-100℃	-196℃
余热淬火-回火	106	—	—	107	100	86	62
一般热轧	72	72	60	58	56	—	—

表 11-14 减径余热淬火-回火钢管的力学性能与标准比较

钢种	回火温度/℃	$R_{p0.2}$/MPa	R_m/MPa	A_5/%	A_K/J	备注
35 钢	550	670	790	16		
	600	637	735	19		
	热轧态	330	580	25		
50Mn	550	785	899	17	80	
	580	705	794	20		
	热轧态	460	713	22	57	
50Mn 40Mn2Mo 40MnB 45MnMoB	DZ40	≥392	≥637	≥14		$R_{p0.2}$ 和 R_m 为换算值
	DZ55	≥539	≥735	≥12		
	DZ60	≥588	≥764	≥12		

钢种	回火温度/℃	$R_{p0.2}$/MPa	R_m/MPa	A_5/%	A_K/J	备注
34Mn	550	760	870	20	92	
	600	670	790	22	104	
	热轧态	430	690	24		

11.6.3　在线常化工艺

11.6.3.1　在线常化工艺及其特性

N80 石油套管是高强度高韧性无缝钢管，通常采用的方法有：调质处理（含轧后直接淬火+回火处理）、常化、常化+回火以及轧制后高温回火。在线常化工艺是利用轧制过程余热实现在线热处理，提高或保证高强度热轧无缝钢管的性能的一种工艺。

热轧无缝钢管在线常化工艺如图 11-69 所示。即在热轧无缝钢管生产中，在轧管延伸工序后将钢管按常化热处理要求冷却到某一温度后再进入再加热炉，然后进行定减径轧制，按照一定的冷却速度冷却到常温。因此，要求轧管工序的终轧温度（T_1）在临界温度 A_{r3} 或 A_{rcm} 以上，中间冷却后的温度（T_3）在 A_{r3} 以下，保证奥氏体组织完全分解，再加热温度 T_2 应在奥氏体化温度以上。

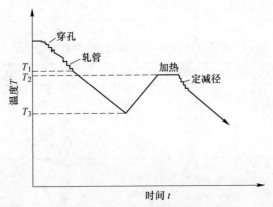

图 11-69　在线常化工艺示意图

T_1—轧管的终轧温度；T_2—定减径温度；T_3—中间冷却温度

从以前分析可知，轧管工序后的组织是再结晶奥氏体。在冷却过程中发生相变，通过再加热时进行奥氏体化，变形后冷却时又进行奥氏体向铁素体+珠光体转变。由于转变时控制了冷却速度，晶粒得到了细化。因此，理论上在线常化定径前的预组织比直轧工艺中的好。

在线常化工艺既可收到离线常化的效果，又能缩短工艺流程，节约能源，为生产高强度高韧性石油套管开辟了新途径。在线常化工艺的中间冷却和加热过程，确定合理的在线常化中间冷却温度、速度和常化温度对热加工过程 N80 石油套管的组织性能都会产生不同程度的影响。

11.6.3.2　在线常化工艺的研究方法

实验采用两种成分的钢进行试验，分别为 42Mn2V 和 40Mn2V 钢，其化学成分如表 11-15 所示。

表 11-15　不同成分 **N80** 级钢的相变温度及相构成　　（%）

钢种	C	Mn	Si	V	S	P
42Mn2V	0.41	1.57	0.20	0.13	0.008	0.015
40Mn2V	0.39	1.47	0.26	0.08	0.005	0.023

将试样加热至 1050℃ 保温 5min 后，按照 ϕ225.8mm×6.32mm、ϕ173.4mm×9.87mm、ϕ244.6mm×11.99mm 三种规格荒管在中间冷床上的不同冷却速度（分别称为冷却方案 1、方案 2、方案 3）冷却，采用热膨胀法测定以上两种成分钢在上述冷却条件下的相变温度。采用 Gleeble1500 热模拟试验机，模拟在线常化工艺。具体的工艺方法是：加热到 1150℃ 保温 5~10min，在 1100℃ 实施 1 道次 45% 的变形模拟毛管连轧过程；然后将试样采取冷却方案 1 冷却到 850℃、550℃、400℃ 不同的中间温度，然后终止冷却；再将试样分别加热到 920℃ 和 950℃ 保温 5min，再在 880~920℃ 模拟定径，施加 15% 的总变形，变形后淬火，以确定在不同的入炉温度下奥氏体晶粒的变化规律。试验工艺如图 11-70 所示。

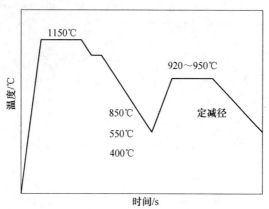

图 11-70　模拟试验工艺的示意图

为确定再加热温度对组织和性能的影响，将 40Mn2V 在加热炉中常化处理。常化处理温度为 880~1040℃，在炉时间 10min；出炉后模拟生产中钢管的冷却方式冷却至室温。测定处理后试样的硬度、纵向冲击功、奥氏体晶粒尺寸分布。测定在线常化工艺生产的 ϕ244.5mm × 13.84mm，ϕ244.5mm × 10.03mm 和 ϕ177.8mm×8.05mm 三种规格 N80 级钢管的力学性能和组织，对测定结果统计分析。并与连轧后直接均温定径工艺生产的套管进行组织性能比较。

11.6.3.3 在线常化工艺对钢管组织性能的影响

A 中间冷却温度的影响

不同温度入炉加热后钢管的奥氏体组织如图 11-71 所示。模拟条件下，模拟入炉温度 850℃、550℃、400℃，常化温度为 950℃时，奥氏体晶粒平均尺寸分别为 63μm、52.6μm、38.5μm；550℃、400℃入炉，常化温度为 920℃时的奥氏体晶粒平均尺寸分别为 26.3μm、11.6μm，晶粒度分别达到 7.5 级和 9 级。因此，920℃常化时可以获得更细小的奥氏体晶粒。入炉温度在 400℃和 870℃时，再加热后奥氏体晶粒均匀。

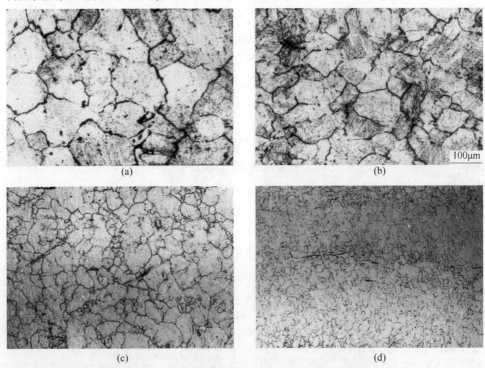

图 11-71 不同温度入炉加热后钢管的奥氏体组织

(a) 550℃入炉，950℃加热；(b) 400℃入炉，950℃加热；

(c) 550℃入炉，920℃加热；(d) 400℃入炉，920℃加热

当中间冷却后在550℃入炉，常化温度在920℃和950℃时，常化处理后奥氏体组织都有混晶现象。生产实验表明：规格为 $\phi177.8mm×8.05mm$ 的40Mn2V钢管按照在线常化工艺生产，入炉温度在650℃以上时，钢管的纵向冲击功很低，冲击功平均小于15J，650℃以下随入炉温度降低，冲击功逐渐增加。650~510℃入炉，钢管平均冲击功增加幅度较小，但550~510℃时平均冲击功波动幅度较大；510~475℃入炉，钢管平均冲击功增加幅度较大。在475℃入炉，在线常化后的钢管冲击功平均达到67J，最低值为50J（将 10mm×5.0mm×55mm 试样的冲击功折算成 10mm×510mm×55mm V 形缺口试样冲击功），如图 11-72 所示。API 5CT标准中，要求 N80 套管的单个冲击试样最小冲击功为 23J。可见，42Mn2V 钢管的纵向冲击功要稳定达到 API 5CT 标准的 N80 套管的单个冲击试样最小冲击功 23J 要求，中间冷却后温度至少应低于560℃。

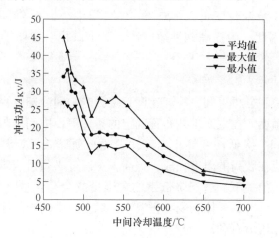

图 11-72 中间冷却温度对钢管冲击功的影响

（10mm×5.0mm×55mm V 形缺口冲击试样）

中间冷却对组织和性能的影响与加热过程中奥氏体的形核与长大机制有关。当钢管在中间冷床上冷却至相变温度 A_{r3} 与 B_f（或 P_f）之间，奥氏体部分分解，常化再加热后的奥氏体以下列两种不同的形核和长大方式进行：

（1）在铁素体—铁素体晶界，奥氏体以经典的方式形核和长大；

（2）在铁素体—奥氏体晶界，奥氏体以原未分解的奥氏体为核长大，即奥氏体继续长大。

机制（1）使奥氏体晶粒细化，机制（2）会使奥氏体晶粒有所长大。两种机制共同作用下奥氏体晶粒变化的方向，取决于哪种占优势。实际上，加热后奥氏体晶粒大小和分布取决于中间冷却终止时的相变程度，相变越充分，再加热时按机制（1）形成的细小奥氏体分数越大，奥氏体平均晶粒尺寸越小。如果中间冷却至完全相变，加热后奥氏体组织才最细小、均匀，钢材的韧性才会充分提高。

钢管在冷却过程中的相变程度，取决于材料的相变特性、冷却速度和所处温度。对于壁厚相对较薄、口径较小的钢管，冷却速度相对较大，完全转变后组织中有贝氏体，相变终止温度为415℃左右；大口径、厚壁钢管，相变终止温度在540℃左右。因此，大口径、厚壁管可以采用540℃以下的入炉温度，对小口径、薄壁管（冷却方式3）最好采用410℃以下入炉温度。

但入炉温度过低，会降低在线常化节能的效果，降低生产效率。对小口径、薄壁管，提高入炉温度的最好措施是提高钢材相变终止温度，中间冷却时荒管不产生贝氏体。例如降低42Mn2V钢中碳、钒含量，采用40Mn2V，将钒含量控制在0.106%~0.11%之间。42Mn2V钢按冷却方式2冷却时，相变后的组织中贝氏体数量少，约13%；而且在470℃时贝氏体转变也完成了总量的70%，剩余的极少量未转变奥氏体（约4%）很细小，不会影响常化后奥氏体组织的均匀性。因此，为提高钢种适应性，对小口径、薄壁管可将入炉温度提高至470℃。

B　中间冷却速度的影响

从前面的试验和分析可知，冷却速度直接影响中间冷却过程的相构成、相变比例及相变终止温度。在生产工艺布置确定的条件下，中间冷却速度过快，钢管会形成贝氏体组织，降低相变终止温度，因此必须降低入炉温度，延长生产节奏。为保证相变能在较高的温度完成，提高入炉温度必须适当降低冷却速度。当然，在保证强度的前提下，适当降低钢的含碳量或合金含量（如Mn或V），可以进一步提高珠光体或贝氏体相变终止温度，对提高中间冷却终止温度或入炉温度，减少中间冷床压力有利。

由于42Mn2V钢在较慢冷却速度下（如ϕ173.4mm×9.87mm钢管冷却）产生的贝氏体数量少，在13%左右，贝氏体转变在470℃时已完成约70%。极少量未转变奥氏体很细小，不会影响形变热处理后奥氏体组织的均匀性。为提高钢种适应性，对小口径、薄壁管可采用470℃以下入炉温度。

C　在线常化加热温度的影响

提高常化温度，奥氏体晶粒长大，套管的硬度（或拉伸强度）提高，但其纵向冲击韧性降低，如图11-73、图11-74所示。在试验的快速加热条件下，常化温度从900℃升高到980℃，奥氏体平均晶粒尺寸从8.4μm增加到17μm；超过980℃后，奥氏体晶粒粗化趋势明显，从980℃到1020℃，晶粒尺寸从17μm增加到23μm。常化温度超过940℃后，纵向冲击功由平均63J降低至37J以下，降低幅度较大；但是硬度（或拉伸强度）提高幅度明显减小。加热温度从900℃提高到940℃，钢的硬度的增加值为HRC3.1，而从940℃升高到1020℃，钢的硬度增加值仅为HRC1.4。

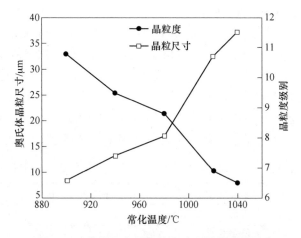

图 11-73　常化温度对晶粒尺寸和晶粒度的影响

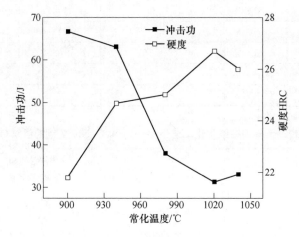

图 11-74　常化温度对纵向冲击功和硬度的影响（10mm×10mm×55mm CVN 试样）

　　加热温度对奥氏体晶粒的影响规律遵循晶粒长大的经典理论。也就是加热温度高、保温时间延长，奥氏体晶粒尺寸就会增大。控制合理的再加热温度，可有效细化奥氏体晶粒，42Mn2V 钢的在线加热温度应控制在 920℃左右。

　　在线常化会降低微合金化钢的沉淀强化效果。与直接定减径轧制相比，钢的屈服强度有一定降低。含钒 0.08%~0.13%（约 0.10%）钢的奥氏体晶粒粗化温度在 950℃左右，就是说，碳氮化钒（V(CN)）的大量固溶温度在 950℃左右。为降低生产成本、节约微合金元素用量，应充分发挥钢中钒的沉淀强化作用。解决方法是在加热过程中让部分 V(CN) 固溶，以增加定减径后沉淀强化的效果，同时阻碍奥氏体晶粒粗大，防止韧性骤降。综合考虑 V 对冲击功和强度的作用，40Mn2V 钢可适当提高常化温度。

Pussegoda LN 对于 10C-10V、18C-9V、12C-16V、19C-15V 钢进行在线常化冷却的试验研究表明，该工艺可以细化铁素体晶粒，提高钢的屈服强度，如表 11-16 所示；对 10C-3Nb-4V 和 C-Mn 钢，不仅可以细化铁素体晶粒，还可改变组织中的相变比例，珠光体的比例大幅度减少，导致钢的屈服强度反而降低，其组织与性能变化如表 11-17 所示。

在线常化工艺与轧后快速冷却工艺相结合，10C-10V、18C-9V、12C-16V、19C-15V 可以获得力学性能良好的管材，如表 11-18 所示。

表 11-16　直轧和在线常化工艺下 C-V 钢的组织与性能

钢种	工艺类型	铁素体晶粒尺寸/μm	显微硬度 HV（10g）	屈服强度/MPa
10C-10V	直轧	11.3	215±6	533
	在线常化	7.4	193±3	546
18C-9V	直轧	9.5	204±6	624
	在线常化	6.4	182±8	650
12C-16V	直轧	18	222±6	579
	在线常化	10	165±2	462
19C-15V	直轧	—	—	710
	在线常化	—	—	728

表 11-17　直轧和在线常化工艺下 C-Mn 和 C-Nb-V 钢的组织与性能

钢种	工艺类型	铁素体晶粒		非铁素体相体积分数/%	屈服强度/MPa
		尺寸/μm	晶粒度		
10C-3Nb-4V	直轧	18	8.3	24.9±2.3（P+B）	579
	在线常化	10	10	10.4±1.9（P）	462
C-Mn	直轧	90	3.7	81±2（P）	460
	在线常化	10	10	54±3（P）	455

表 11-18　多种工艺组合下 C-V 钢的组织与性能

钢种	工艺类型	屈服强度/MPa	抗拉强度/MPa	伸长率/%	硬度 VHN			铁素体晶粒尺寸/μm	冲击功/J		
					顶面	中部	底部		2℃	-18℃	-40℃
10C-10V	1：HR+AC	482	588	38.5	190	190	190	7.27	221	222	164
	2：HR+N+AC	435	553	34.0	186	183	181	6.00	313	438	258
	3：HR+WC	541	667	30.0	216	219	215	5.64	155	195	80
	4：HR+N+WC	581	664	27.0	203	203	195	5.22	209	187	171

续表 11-18

钢种	工艺类型	屈服强度/MPa	抗拉强度/MPa	伸长率/%	硬度 VHN			铁素体晶粒尺寸/μm	冲击功/J		
					顶面	中部	底部		2℃	-18℃	-40℃
18C-9V	1：HR+AC	518	638	36.5	189	217	212	6.91	149	114	68
	2：HR+N+AC	477	581	33.0	170	194	183	5.70	237	212	190
	3：HR+WC	641	750	31.5	222	242	242	5.26	107	94	46
	4：HR+N+WC	600	769	27.0	209	217	210	5.07	220	—	87
12C-16V	1：HR+AC	538	685	34.0	225	225	224	6.66	92	71	28
	2：HR+N+AC	498	633	32.0	210	208	210	6.35	156	115	91
	3：HR+WC	724	834	—	279	242	247	4.98	118	87	72
	4：HR+N+WC	671	907	30.5	315	317	312	4.89	141	—	81
19C-15V	1：HR+AC	578	746	27.5	242	249	249	6.22	46	38	15
	2：HR+N+AC	527	684	—	227	228	220	5.88	118	99	68
	3：HR+WC	791	915	27.0	297	297	283	5.12	100	60	46
	4：HR+N+WC	629	767	—	250	244	247	4.50	122	94	73

11.6.3.4 在线常化工艺在套管生产中的应用

实际生产条件下，采用荒管不经中间冷床冷却而直接定径工艺生产的钢管，其冲击性能极低，平均纵向冲击功仅 9J，晶粒度为 5.5~6.5 级。经中间冷床冷却后，控制入炉温度低于 540℃，采用在线常化工艺，奥氏体晶粒度为 8.5~9 级。与直接定径工艺相比，在线常化工艺得到的晶粒要细 2.5~3 级。在线常化后套管的各项力学性能指标都达到 API 5CT 标准对 N80 级套管的要求。不同规格套管的力学性能和晶粒度级别如表 11-19 所示。可以看出：随钢管直径和壁厚增加，在线常化后钢管的强度和冲击功降低，而塑性有一定的提高。由于生产 ϕ177.8mm 和 ϕ244.5mm 钢管采用的坯料分别是 ϕ270mm 和 ϕ310mm，加工过程中的压缩比相近，冲击韧性的差异并不是压缩比造成的。冲击功降低可能与荒管直径和壁厚增加导致的中间冷却终止温度（常化入炉温度）较高以及定减径轧制后冷却慢有关。

表 11-19 不同规格 42Mn2V 钢套管的力学性能统计

钢管尺寸/mm×mm	屈服强度/MPa	抗拉强度/MPa	伸长率/%	纵向冲击功/J	晶粒度	工艺
ϕ244.5×13.84	$\dfrac{555\sim580}{571}$	$\dfrac{828\sim856}{853}$	$\dfrac{32\sim34}{33}$	$\dfrac{22\sim28}{25.5}$	8.5	在线常化
ϕ244.5×10.03	$\dfrac{566\sim591}{576}$	$\dfrac{821\sim856}{837}$	$\dfrac{29\sim31}{30}$	$\dfrac{29\sim49^{①}}{39.1}$	8.5	在线常化

续表 11-19

钢管尺寸/mm×mm	屈服强度/MPa	抗拉强度/MPa	伸长率/%	纵向冲击功/J	晶粒度	工艺
φ177.8×8.05	593~646 623	819~915 893	24~27 25	36~58[②] 41.1	9.0	在线常化
φ177.8×8.05	593~671 632	915~973 944	23~27 25	7~11[②] 9.1	5.5~6.5	直接定径

注：表中数据分别为最大值、最小值、平均值。

①10mm×7.5mm×55mm 试样冲击功折算成 10mm×10mm×55mm 试样冲击功；

②10mm×5.0mm×55mm 试样冲击功折算成 10mm×10mm×55mm 试样冲击功。

直径和壁厚较大的 φ244.5mm×13.84mm 钢管，在线常化后其强度和冲击功较低，而塑性有一定的提高，主要是受冷却速度低导致相变温度高的影响，也不利于析出第二相的细化，与钢管加工过程压缩比无关。从冷却速度对 42Mn2V 相变温度的影响看，φ244.5mm×13.84mm 钢管冷却时，组织中无贝氏体，为铁素体和珠光体，其中铁素体形成温度较高，强度较低。从生产工艺角度看，42Mn2V 钢对冷却速度和入炉温度的敏感性较强。

经在线常化后，42Mn2V 钢管的纵向冲击功 $A_{KV} \geqslant 23J$，$\sigma_{0.5} \geqslant 555MPa$，$\sigma_b \geqslant 820MPa$，$\delta_5 \geqslant 23\%$，各项力学性能指标都达到 API 5CT 标准对 N80 级套管的要求。

参 考 文 献

[1] 宋维锡. 金属学 [M]. 北京：冶金工业出版社，2010.

[2] 孙本荣，李曼云. 钢的控制轧制和控制冷却技术手册 [M]. 北京：冶金工业出版社，1990.

[3] 强十涌，乔德庸，李曼云. 高速轧机线材生产 [M].2 版. 北京：冶金工业出版社，2009.

[4] 程知松. 棒线材生产创新工艺及设备 [M]. 北京：冶金工业出版社，2016.

[5] 刘相华，曹燕，等. 棒线材免加热工艺中的铸坯提温与保温技术 [J]. 轧钢，2016，33（3）：55-59.

[6] 程知松. 特殊钢棒材控轧控冷工艺设计分析 [J]. 轧钢，2015，6（增刊）.

[7] 余伟，蔡庆武，宋勇，等. 热轧钢材的组织性能控制——原理、工艺与装备 [M]. 北京：冶金工业出版社，2016.

[8] Choo Wung Yong. New Innovative Rolling Technologies for High Value - Added Products in POSCO [C]//Proceedings of the 10th International Conference On Steel Rolling. Beijing China 2010，9：15-17.

[9] 王国栋. 厚板与超厚板生产技术创新 [C]//2013 年中厚板生产技术交流会暨 CSM 中厚

板学术委员会6届2次学术年会，杭州，2013年11月．

[10] 黄维，张志勤，高真凤，等．国外高性能桥梁用钢的研发 [J]．世界桥梁，2011（2）：18-21.

[11] 陈妍，齐殿威，吴美庆．国内外高强度船板钢的研发现状和发展 [J]．特殊钢，2011，32（5）：26-30.

[12] Masahito Kaneko. Characteristics of brittle crack arrest steel plate for large heatinput welding for large container ships [J]. Kobelco Technology Review，2011（30）：6669.

[13] 万德成，余伟，李晓林，等．淬火温度对550MPa级厚钢板组织和力学性能的影响 [J]．金属学报，2012，48（4）：455-460.

[14] 李晓林，余伟，朱爱玲，等．亚温调质对F550级船板钢低温韧性的影响 [J]．材料热处理学报，2012，33（12）：100-104.

[15] 余伟，何天仁，张立杰，等．中厚板控制轧制用中间坯冷却工艺及装置的开发与应用 [C]//2013年第9届钢铁年会，2013：22-25.

[16] Kaijalainena Antti J，Suikkanenb Pasi P，Limnellb Teijo J，et al. Effect of austenite grain structure on the strength and toughness of direct-quenched martensite [J]. Journal of Alloys and Compounds，2012.

[17] 潘大刚，杜林秀，王国栋．形变热处理工艺对马氏体和贝氏体金相组织的影响 [J]．钢铁研究，2004（3）：25-29.

[18] 田锡亮，余伟，宋庆吉．MULPIC冷却装置在品种钢研发中的生产实践 [J]．钢铁，2009，44（5）：88-91.

[19] 长尾彰英，伊藤高幸，小日向忠．Ultra high strength steel plates of 960 and 1100MPa class yield point with excellent toughness and high resistance to delayed fracture for construction and industrial machinery use [J]．JFE技报，2007（11）：29-34.

[20] 黄艳，李谋渭，张少军，等．NAC系统中钢板控冷工艺参数的研究 [J]．冶金能源，2005，24（6）：54-56.

[21] 张鹏程，王路兵，唐荻，等．热装温度对X80管线钢组织及析出行为的影响 [J]．金属热处理学报，2008，33（10）：99-102.

[22] 汪贺模，蔡庆伍，余伟，等．中厚板加速冷却和直接淬火时冷却能力研究 [J]．材料科学与工艺，2012，20（2）：12-15.

[23] Olasolo M，Uranga P，Rodriguez-Ibabe J M，et al. Effect of austenite microstructure and cooling rate on transformation characteristics in a low carbon Nb-V microalloyed steel [J]. Materials Science and Engineering A，2011，528：2559-2569.

[24] Shanmugam S，Ramisetti N K，Misra R D K. Effect of cooling rate on the microstructure and mechanical properties of Nb-microalloyed steels [J]. Materials Science and Engineering A，2007，460-461：335-343.

[25] Toshiro T，Norio I，Kaori M，et al. Grain Refinement of C-Mn Steel to 1μm by Rapid Cooling and Short Interval Multi-pass Hot Rolling in Stable Austenite [R].

[26] 钱健清，申斌，吴保桥，等．高强低碳H型钢的开发 [J]．热加工工艺，2010，39（8）：62-63.

[27] 魏鹏，石山，杨栋．气雾控制冷却技术在 H 型钢生产中的应用 [J]．山东冶金，2011，33（6）：21-22.

[28] 叶晓瑜，左军，张开华．热轧超快冷技术发展概况及应用探讨 [C]//2010 年全国轧钢生产技术会议论文集，2010：149-153.

[29] 曾良平，易兴斌．φ340mm 连轧管机组工艺技术特点和装备水平 [J]．钢管，2006，35（4）：35-38.

[30] 韩会全．J55 油井管在线控冷工艺及装备研究 [C]//轧钢生产高效用水技术及装备研讨会，2011：21-23.

[31] 韩会全，胡建平，王强．钢管冷却喷淋水量对换热系数的影响 [J]．钢管，2014，49（3）：55-58，62.

[32] 韩会全，陈泽军，胡建平，等．J55 钢级焊接油井管在线控冷工艺的研究 [J]．钢管，2012，41（3）：24-27.

[33] 姚发宏，余伟，程知松．喷淋式钢管淬火装置水循环节能设计 [C]//第十届中国钢铁年会暨第六届宝钢学术年会论文集，2015.

[34] 李亚欣，刘雅政，洪斌，等．P110 级石油套管淬火组织形态对残余应力的影响 [J]．钢铁研究学报，2010，22（9）：55-59.

[35] 周民生，魏林，高玮，等．N-80 级钢管轧后余热淬火工艺研究 [J]．钢铁，1992，27（1）：25-28.

12 钢材深加工与节能减排

12.1 钢材深加工定义及意义

作为我国国民经济的支柱产业，钢铁行业经历了近几十年的飞速发展，取得了举世瞩目的成就。我国钢产量从 1996 年首次突破 1 亿吨超过日本成为世界最大钢铁生产国之后连年增长，并一直保持钢产量世界排名第一的位置，2017 年产量达 8.317 亿吨，占世界钢产量的一半左右。2017 年以来，在供给侧改革持续推进、去产能和取缔"地条钢"、环保督查等一系列因素的影响下，钢铁正规产能效率有所提高，企业利润上升，但是国内经济已经从高速增长阶段转向高质量发展阶段，钢铁行业严控新增产能建设，用钢需求平稳，原材料成本上升，钢铁企业过去主要依靠规模增长获取利润的方式已经不可持续，很多企业开始寻找钢铁主业以外新的盈利点，试图转型，其中钢材深加工成为关注的焦点，也成为钢铁产品应用领域节能减排的重要方面。

钢材深加工指对来自钢铁企业各种钢铁产品（板、管、型、线）做进一步的加工而制成各种终端制造业（建筑、汽车、船舶、电器等）所需的零（构）件的工艺过程[1]。

代表性的深加工产品包括：

（1）冷加工钢材：冷轧和冷拔的钢材，是热轧材进一步加工后的产品，具有表面光滑、厚度均匀、性能优良和经济效益高等优点。

（2）镀层、涂层、覆层、表面处理钢材：在钢材表面采用镀层、涂层或采用复合材料进行保护，以节约金属、延长钢材寿命，也是解决钢材制品腐蚀问题的有力措施。

（3）金属制品：热轧线材深加工产品。包括各种规格的低碳钢丝（俗称铁丝）、镀层钢丝、钉、刺钢丝、中高碳钢丝、金属网、钢丝绳、钢绞线、预应力钢丝及电焊条丝等品种。其应用范围极广。

（4）冷弯型钢：利用板带经多组辊子进行深加工后获得的经济断面产品。一般可节约钢材 10%~20%，并能使用户减少加工量，降低成本。

随着钢材深加工的认识进一步深入，从钢铁业供应链角度逐步将钢材深加工分为三类：材料型深加工、营销型深加工、产业型深加工。从深入程度上看，这三类深加工具备层层递进的关系[2]。

（1）材料型深加工：材料型深加工一般是指以提高性能、增加功能、方便用户为目的的在线加工业务，是钢铁产品的自然延伸。因其仍具有原材料性质，适合大规模生产，一般纳入钢铁生产平台。如冷轧、涂镀、焊管、线材制品等。钢铁企业涉足此类深加工较多，时间也长。

（2）营销型深加工：营销型深加工首先是按照用户要求，对钢铁产品进行简单处理，包括板卷材的开平、酸洗清理、剪切、拼焊，并通过其仓储、运输等物流系统供最终用户直接使用。目前各大钢铁企业，如宝钢、鞍钢、武钢和首钢等和地方政府都在大力发展相应的板带材剪切配送中心为主的深加工产业园区，在汽车、家电等制造业中心附近逐渐形成网络，应对措施是并购整合，形成规模。

（3）产业型深加工：产业型深加工是指以发展产业为目的的最终产品的深加工业务。如金属包装（二片罐、捆带）、钢结构。中国钢铁企业涉足产业型深加工最多的领域是建筑钢结构、金属包装、紧固件、五金家具、汽车零部件、钢帘线、桥梁缆索等。目前这个阶段，中国产业型深加工发展较快，但在应用范围和产业规模方面与发达国家仍有较大差别。

钢材深加工符合产业的全部特征，是一个产业。又因其位于产业链中钢铁材料生产和终端制造业之间，因此深加工是一个界面产业[3]，钢铁企业与下游用户之间通过深加工进行了有效的链接，如图 12-1 所示。由此决定了深加工产业在国民经济和构建经济强国中的重要性：只有强大的深加工产业，才能充分发挥钢铁强国的作用，而且它还是构建制造业强国的重要基础之一。

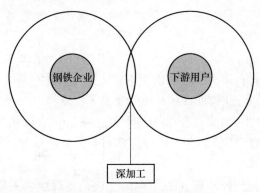

图 12-1 深加工界面产业图

未来钢材深加工的发展必然有着更为广泛的前景。首先钢铁企业根据自身特点，以大量的钢铁材料为基础，不断完善自身技术优势，认真分析市场的需求，大力发展各自的深加工产品与技术，规避粗放型生产以及仅生产原材料带来的恶化竞争态势。在此发展过程中，企业势必要制定中长期的发展规划，加大资金投入，加大人才的培养和引进，建立深加工的基地或者工业园区，逐步成长并经过若干年的持续努力，最终会形成有竞争力的产业。其次各个钢铁企业必须走特色化和专业化道路，坚持差异化发展的战略，避免同质化竞争；这就需要企业加强产学研用的合作，特别是应用技术研究，比如成形性、焊接性、表面处理等，要围绕产业链布局创新链，要围绕创新链配置资金链，形成主业与深加工之间的良性循环。未来的钢材深加工，不仅与钢铁业转型密切相关，而且势必与整个制造业的服务化、信息化、智能化协同发展，形成材料生产，材料加工与材料使用之间的有效衔接，共同发展[4]。

12.2 板带材深加工技术

12.2.1 冲压

汽车、家电是钢材的重要下游用钢行业之一，汽车车身、家电外板都需采用冷轧或涂覆钢板进行冲压等深度加工。冲压工艺是一种先进的金属制品少无切削制造的方法，以金属塑性变形为基础，利用模具和冲压设备对金属板料进行加工，以获得所需要的零件形状和尺寸。冲压工艺与切削工艺相比，具有生产效率高、加工成本低、材料利用率高、产品尺寸精度稳定和容易实现机械操作的自动化等一系列的优点，尤其适用于大批量的生产[5]。

冲压工艺大致可以分为分离工序和成形工序两大类。分离工序又分为落料、冲孔和切割等，如图12-2所示。成形的工序可以分为弯曲、拉深、翻边、缩口、胀形和旋压等，如图12-3所示。根据零件的形状、尺寸精度和技术要求，可以采用以上工序的组合对板料毛坯进行加工，获得要求的制品。

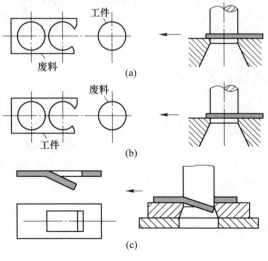

图 12-2 分离工序

(a) 落料；(b) 冲孔；(c) 分割

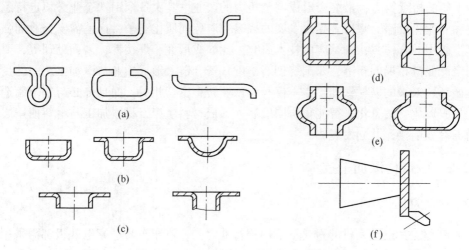

图 12-3 成形工序

（a）弯曲；（b）拉深；（c）翻边；（d）缩口；（e）胀形；（f）旋压

冲压成形与机械加工及塑性加工等其他方法相比，无论在技术方面还是经济方面都具有许多独特的优点。首先，它的操作简单，生产效率高，易于自动化生产。这也在很大方面节约了人力资源。其次，它的成形件尺寸精度较高，表面保存得较好，模具的寿命高。同时，它可以生产出尺寸复杂的零件，不需要其他的加热设备，在环境保护方面，属于绿色、节能的生产方法；材料也不会有多余的废料产生，对环境的影响不大。随着近些年来高强钢的不断发展与应用，传统的冲压工艺已经渐渐不能满足现代高强汽车钢成形的要求，因此，已经有许多新的技术应运而生。

12.2.2 辊弯

12.2.2.1 辊弯成形技术

辊弯成形（Roll forming，又称冷弯成形）是指通过顺序配置的多道次成形轧辊，把卷材或带材等金属板带不断地进行横向弯曲，制成各种开口、闭口、宽幅断面金属型材的技术，其原理如图 12-4 所示。采用辊弯成形技术生产的冷弯型钢可通过改变型材断面形状的方法，用相对较少的钢材承受更大的外载荷，是一种重要的经济断面高效钢材。由于其本身具有断面均匀、产品质量高、能源消耗低和经济效益高等优点，已被广泛应用于汽车行业[6]。

12.2.2.2 辊弯成形的技术特点

辊弯型钢品种繁多，根据截面结构的不同可以分为开口和闭口两种，如图12-5所示。开口冷弯型钢加工难度比较低，易于成形，其种类主要包括各种角钢、槽钢及型钢等。闭口冷弯型钢的加工难度比较大，主要包括各种形状的空心

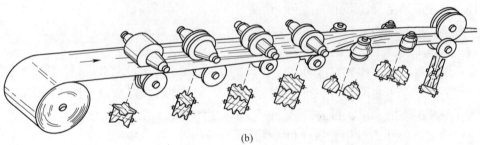

图 12-4　辊压成形车间图 (a) 和原理图 (b)

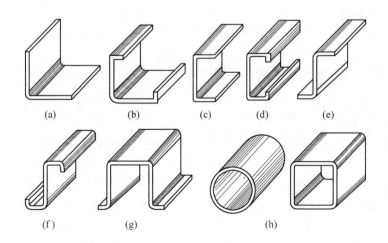

图 12-5　开口和闭口冷弯型钢

(a) 角钢；(b) 内卷边角钢；(c) 槽钢；(d) 内卷边槽钢；

(e) Z 形钢；(f) 卷边 Z 形钢；(g) 帽形钢；(h) 专用型钢

型钢以及焊接管等。根据尺寸规格又可分为大、中、小型以及宽幅冷弯型钢。大型冷弯型钢一般是指板厚4~16mm，带坯宽度为300~1200mm；中型冷弯型钢板厚2~5mm，带坯宽度为100~450mm；小型冷弯型钢板厚0.5~3mm，带坯宽度为30~200mm；宽幅冷弯型钢板厚0.6~12mm，带坯宽度为700~1600mm。

与传统冲压成形相比，辊弯成形工艺具有如下优点：

（1）设备投资少，生产效率高，适合大批量生产，成形速度可达90m/min；制造成本大幅降低；

（2）加工产品的长度基本不受限制，可连续生产；

（3）制件回弹控制方便，产品表面质量好，尺寸精度高，特别适合于高强钢成形；

（4）材料利用率高，与冲压工艺相比，能够节约材料15%~30%。

冷弯型钢是一种经济断面型材，具有断面形状合理，型钢种类丰富，材质多样化，表面质量好、形位公差低、产品长度尺寸可灵活调整，与冲孔、焊接等联合起来，进行深加工，使产品实现零件化、结构化，能量消耗低等许多优点，在汽车行业都得到了广泛的应用，具有广阔的市场发展空间。

英、日、美、德等发达国家对冷弯型钢的生产与应用都非常重视，冷弯型钢的发展要远早于我国，其生产规模、品种、应用范围、产品质量、尺寸精度都达到了一个很高的水平。目前，国外冷弯型钢生产有以下几个特点：

（1）产品生产规模、品种和应用范围日益扩大。

（2）大量采用新技术、新工艺。冷弯成形工艺与冲压、压花、轧边、弯曲、开孔、机械连接、打标记、焊接等工艺组合起来，提高生产效率，使产品更加接近零部件的要求。

（3）冷弯成形设备生产高速化。目前，法国麦克公司已拥有了成形速度高达1.5m/s的机组，并正在制造2m/s的高效机组。

（4）以冷弯成形计算机孔型设计技术为中心的研究与开发正在逐步深入和扩大。

12.2.2.3　辊弯成形的应用

辊弯成形是一种高效、节材、节能、环保的板金属成形技术。因此，在多个行业之中都有很广泛的运用。我国有12000多家各类冷弯型钢生产企业，总生产能力达到1.2亿吨，产品20000余种，钢种已从普碳钢向不锈钢、高强钢、耐火钢、耐候钢、复合钢发展。近十年来，我国冷弯型钢产量的年增长速度接近30%。生产企业集中分布在东北、长三角、珠三角和环渤海地区。冷弯型钢行业目前已经发展成为产值数千亿，从业人员百万的国民经济重要行业。国内目前冷弯产品品种规格少，产品质量堪忧。冷弯型钢生产企业不但企业规模偏小，产业集中度也很低，产品的质量同质化严重，竞争激烈。缺乏大型、微型或有特种要求的专业化配套型钢，国内能够制造出这些技术含量较高的产品的企业不多，产能很低，大部分企业尤其是中小型企业只能生产低端建筑型材。

目前我国的冷弯产品主要分为三大类：焊管、压型板、异形材，焊管在2016年产能达到7000万吨，480家企业。压型板产能约4500万吨。异形材产能约2600万吨。异形材开发和应用的范围广泛，是冷弯型钢的重要发展方向，也是冷弯型钢企业转型升级的发展方向。

（1）集装箱行业是冷弯型钢产品的最主要用户之一，也是板材消耗量最大的行业之一[7]。目前世界上近95%的海运集装箱在我国生产。集装箱生产厂家主要有中集、胜狮、新华昌和中海集运。世界海运巨头马士基集团也在我国建立了两家集装箱生产基地。国内铁路集装箱行业刚刚起步，产量较低，还没有形成规模化生产，但具有很好的发展前景。

冷弯成形生产线如图12-6所示。

图12-6　冷弯成形生产线

（2）金属波纹钢板也是冷弯成形的一个重要的应用场所之一，波纹钢板广泛应用在铁路、公路、港口、机场、矿山、城市给排水、水利、农田、仓储和地下综合管廊等建设领域，如图12-7所示，是一种经济适用、高效节能、环境友好的新型建筑材料，是混凝土管、铸铁管、PE管的替代品，它的使用不仅可以降低建设和施工成本，而且可以提高工程抗震、抗地形压力能力，提高建筑物使用寿命，目前在世界范围内获得广泛应用[8]。

（3）汽车行业冷弯型钢产品的应用也很广泛。近年来我国汽车产业发展迅猛，尤其是乘用车领域更是直线增长，冷弯型钢的需求量很大。在汽车行业中，冷弯型钢主要用在载重汽车及大型客车的车厢边框、墙板、底板、车体框架、底部大梁及车门窗框等零件中，数量比较大。小型客车及轿车的各种导轨、构件及

(a)　　　　　　　　　　　　(b)

图 12-7　波纹钢板应用实例（a）和不同直径的波纹钢管（b）

装饰件等零件使用冷弯型钢，但数量比较小。近几年来，随着汽车轻量化的发展，高强度钢板应用在车辆的承载零件中的比例逐渐增加，高强钢冲压成形具有载荷大、易开裂、回弹量大的缺点，而采用冷弯成形工艺，由于折弯变形量小，更容易加工成形，因此在汽车领域得到更为广泛的推广应用。图 12-8 和图 12-9 为奥钢联开发的冷弯成形零件以及 AutoSteel 公司开发的高强度冷弯型钢，其广泛应用于车身结构中。

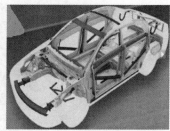

图 12-8　奥钢联冷弯成形零件及其在汽车上的应用

图 12-9　AutoSteel 公司冷弯成形零件及其在汽车上的应用

武钢开发出客车用薄规格（1.25~3.0mm）高强（$R_{eL} \geq 700$MPa）冷弯方矩管产品，目前已成功用于比亚迪客车、宇通客车、中通客车、黄海客车等国内客车制造企业，为客车实现轻量化提供了一个有效的解决途径。宝钢目前也在从事客车用冷弯型钢的开发工作。

国外的知名商用车生产厂，如沃尔沃、奔驰、斯堪尼亚等，早在20世纪80年代已广泛采用辊压工艺生产重型商用车车架纵梁及加强梁，东风汽车公司在2000年开始引进此工艺生产重型商用车车架纵梁，是国内第一家采用此工艺的厂家，目前我国多家主机厂从国外引进了生产线。

福田汽车分别在福田长沙厂、诸城厂共建设了4条冷弯型钢生产线，生产车架纵梁和车厢边板。实现了一套模具生产18个品种纵梁（板厚4~8mm，宽度160~284mm），一套模具生产8个品种边板（板厚2~6mm，宽度400~1410mm），产品材质Q345、510L、590L、610L、750L等$\sigma_b \leq 900$MPa平板/卷料，为企业节省了大量模具投入，节省了模具更换和调试时间，提高了生产效率；力丰集团开发了山东华泰60t载重汽车纵梁和挂车车厢全系列冷弯型钢产品，板材材质为Q235、Q345、510L、590L、610L、750L等。

（4）冷弯型钢产品广泛应用于建筑、钢模板、物流、电控柜、电梯、货架等95个行业，除民用外，在国防领域也有大量应用。其中各种规格的焊管和压型板占有冷弯型钢产量的70%左右。宝钢、攀钢等大型企业都已经建立了冷弯型钢公司。

12.2.2.4 新型辊弯成形技术

A 变等厚板辊弯成形技术

变等厚板辊弯成形技术[9]是将等厚的板料通过带有变化辊缝的冷弯成形机逐道次成形为非等厚板的一种新型的辊弯成形技术，这些非等厚板料尺寸由受力优化决定。变等厚板辊弯成形的示意图如图12-10所示。除非等厚板料能优化受力的优势以外，变等厚板还有能和典型的冷加工的下游工艺连接生产高性能的产品的优势，如冲压、弯曲、热冲压，当然还包括辊压成形。

非等厚板是与来自汽车制造的用户合作开发而成的，设计者以关注变截面工件的重量优化和功能为基础，设计厚度的分配和材料的选择，柔性变截面板的不断发展在逐渐开辟新的市场并流入市场。

B 局部加热辊弯成形技术

局部加热辊弯成形技术是将在冷弯成形中受力巨大、金属变形剧烈的弯曲区域金属板材加热到某一温度，以降低材料的强度，提高金属塑性的一种新型辊弯成形技术。该技术随着高强钢的不断发展应运而生，特别适合于强度高、伸长率低的高强钢的辊弯成形。通过局部加热辊弯成形，可以获得弯曲半径更小的产品[10]。

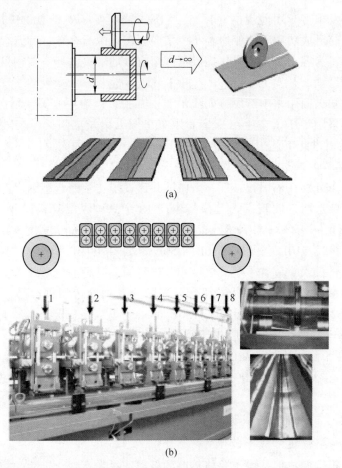

(a)

(b)

图 12-10   变等厚板辊弯成形过程示意图（a）和应用实例（b）

　　该技术的特点是以一种经济的方式加热辊弯成形中板材的弯曲区域，降低因钢材强度升高所产生的对辊弯成形设备的限制，提高材料的塑性，得到弯曲半径更小的产品，使辊压件产品截面形状多样化。

　　瑞典学者 Lindgren 设计了一套旋转式局部加热装置，如图 12-11 所示。实验样品为 HyTens 1600 钢，厚度为 0.7mm、宽度为 54mm、屈服强度 1600MPa。旋转加热盘沿弯曲线加热，经过 6 个道次的逐步冷弯变形，V 形钢以内弯曲半径 0.4mm 弯曲 120°，无裂纹产生，而相应的无加热状态下弯曲 60°就会产生裂纹。

　　C　柔性辊弯成形新技术

　　在航空航天、汽车工业、电力行业等领域，减轻结构质量并适应不同的载荷形式、减少能量消耗是研究人员长期追求的目标，也是先进制造技术发展的趋势之一。实现结构轻量化有两条主要途径，一是材料途径，采用铝合金、镁合金、钛合金和复合材料等轻质材料；二是结构途径，对于承受弯扭载荷为主的结构，

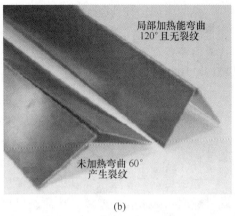

(a)   (b)

图 12-11   旋转式局部加热装置（a）和不同加工条件下的弯曲结果比较（b）

采用空心变截面构件，既可以减轻质量，又可以充分利用材料的强度和刚度。变截面辊弯成形（flexible roll forming），正是以轻量化和一体化为特征开发出来的一种空心变截面轻体构件的新型辊弯成形技术，该技术把人工智能技术、计算机控制技术应用到辊弯成形领域，形成一个全新的概念。在柔性辊弯成形生产线中，每个道次的机架都是一个独立的单元，由计算机分别控制电机，电机按照计算机生成的数控程序驱动轧辊进行横向移动，通过调整每架道次轧辊的旋转角度及位置来改变所通过的冷弯型材横截面形状，使型材生成所需的形状。柔性辊弯成形具有的显著特点是，通过合理设计型材的几何断面，可提高承载能力，减轻结构重量；采用高强度材料，可进一步减轻结构重量；与冲压和折弯工艺相比，大批量的生产，其成本更低；与现有辊弯成形技术结合，可生产更复杂的产品。图 12-12 为不同轴数的变截面柔性辊弯成形机。

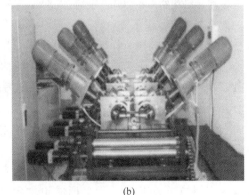

(a)   (b)

图 12-12   变截面柔性辊弯成形机
（a）单轴；（b）双轴

　　总的来说，冷弯型钢作为一种经济断面型材，具有重量轻、强度高、钢材利用率高及绿色环保等优点，是国家大力推广应用的高效经济新型材料。冷弯型钢行业将着重突出钢材深加工功能，重点发展产量、产值和比重在行业中地位突出的钢结构、汽车工业、金属波纹钢等的潜在市场和自主创新技术发展，使我国冷弯型钢产业在国内外占据重要地位，真正成为战略型新兴产业。

12.2.3　焊接

12.2.3.1　焊接工艺定义与分类

　　焊接是以物理或化学方法通过加热、加压使金属或其他塑性材料相结合，实现材料之间的永久性连接，从而使得材料拥有某种特定功能的一种加工工艺。钢材深加工过程中，焊接是主要的生产工艺之一，典型产品包括汽车车身、钢结构、焊管、压力容器等。按照焊接工艺过程的特点分有熔焊、压焊和钎焊三大类。

　　（1）熔焊：顾名思义，熔化状态下的焊接，即将工件某一局部加热直至熔化成熔池，当熔池冷却之后即可结合工件，可以添加相应的辅助物以帮助其更好地完成这一过程。适合各种金属和合金的焊接加工。焊接过程容易受大气中氧气、氮气等气体的影响，使得焊接质量大大下降。

　　（2）压焊：焊接过程中对焊件施加压力使其相互连接，适用于各种金属材料。它的焊接过程简易，不需要填充材料，同时不需要过高的加热温度，焊接条件相较而言绿色，可以进行许多熔焊焊接不了的工件。

　　（3）钎焊：采用比母材熔点低的金属材料做钎料，利用两者的熔点不同，用先到达熔点的液态钎料填充接头的间隙之中，与母材连接。适用的范围较广，不仅适合于各种材料的焊接加工，也适合于不同金属或异类材料的焊接加工。

　　车身焊接主要有电阻点焊、CO_2 气体保护焊和螺柱焊等方式。

　　A　电阻点焊

　　电阻点焊（Resistance Spot Welding）的焊接原理是对两个相互接触的工件施加并保持一定的压力，通过电源产生电流，在两个工件之间有焦耳热的作用，熔化接触点，形成焊接点，最终使工件连接在一起。整个通电过程中，外力需始终作用在焊接接头区，以此来控制工件接触面积和产生的热量。现在的电阻点焊大部分都还是人工操作，图 12-13 给出了电阻点焊的原理图和车间常用的悬挂式点焊机的操作图。

　　电阻点焊包括预压、加热和冷却三个阶段，整个过程中压力需始终存在且稳定。尤其在冷却阶段，为了形成更加致密的焊点结晶组织，压力不能立即解除。因此，电极电阻、焊接电流、焊接时间等，这些可以直接或间接影响整个过程中某一阶段的稳定性的因素都对整个焊接过程产生影响。

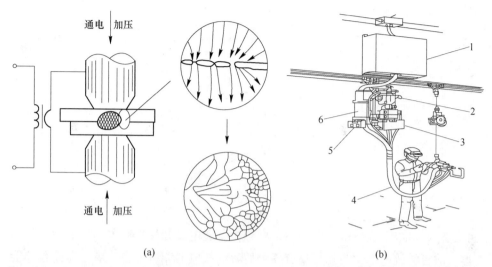

图 12-13　电阻点焊原理图 (a) 和悬挂式电焊机 (b)[11,12]

1—焊接控制箱；2—油雾过滤器；3—总线盒；4—电缆；5—控制面板；6—变压器

电阻点焊的电阻焊具有冶金过程简单且能量集中、焊接接头变形小及焊接过程易操作、焊接速度快等特点，使之非常适合于薄板焊接，其中点焊工艺因成本低及易于实现机械化和自动化等特点，成为当前汽车组装过程中的主要焊接工艺。除了车身焊接，缝焊工艺因焊接接头搭接量少，在碾压轮作用下焊缝余高小、接头的应力分布均匀，且焊接效率高，广泛应用于汽车用冷轧板的连续退火、连续镀锌机组中和淬火钢的焊接中。

也正是由于点焊的操作工艺简单，因此焊点的拉伸和疲劳强度不高，它的载荷在焊点分布不均匀，对于正面的拉应力承受能力较低；人工操作也会使得它的质量会受人为因素的影响较大，工件的表面质量如果不合格，焊接的成功性也会受很大影响。同时，在焊接过后对于整个车身或部分组成部分的破坏性检查，需要花费很多成本。目前，正在采用机器人点焊机慢慢的替代人工点焊，使得效率和焊接的质量都有了一定程度的提高。

B　螺柱焊

目前在工业上已广泛应用的螺柱焊全部为电弧法螺柱焊，简称螺柱焊。它广义上的定义为将金属螺柱或其他类似的金属紧固件（栓、钉等）通过一定的焊接方法焊接到工件上的方法。狭义的是将螺柱的端面与钣金件之间的电弧引燃，利用弧热使接合面熔化但尚未穿透工件，并伴随着迅速施加压力，使两者间达到原子间结合，从而形成永久焊接接头的一种焊接方法[13]。如图 12-14 原理图所示，焊接能量来源于直流恒流电源或电容储能装置。在电容储能装置中，采用相对较小的直流电对一个大电容充电，并且将能量储存在电容中作为焊接能量。

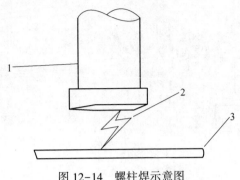

图 12-14   螺柱焊示意图
1—螺柱；2—电弧；3—零件

螺柱焊可以根据供电来源的不一样分为普通电弧螺柱焊和电容放电螺柱焊两大类。前者的放电电源为弧焊整流器，后者的放电器能量来源为电容器储存的能量瞬间。螺柱焊自 1918 年问世至今，由于它的快速、可靠、简化工序、降低成本等一系列优点，使得现在车身的 80% 以上的螺柱和紧固件都是通过螺柱焊接工艺实现。现阶段螺柱焊在汽车上主要应用于固定管路、线束、隔热垫、内外饰件等承载力较小的领域。自动螺母输送机辅助螺柱焊接工艺是现在主流的连接方式，这样可以大大提高生产效率。

C CO_2 气体保护焊

CO_2 气体保护焊是一种电弧焊，顾名思义，是一种利用 CO_2 气体作为保护性气体进行焊接的一种技术[14]。不同于电阻焊通过加压的方式连接零件，它是通过电弧局部加热来熔化和连接零件，同时施加 CO_2 气体遮盖住电弧和熔化区，使之与大气隔开。

由于它同时具有电弧焊和保护性气体两种特征，使得 CO_2 气体保护焊的焊接速度较普通焊接高，并且可实现半自动和自动焊，生产率高；它的整个过程中为明弧焊接，易于控制焊缝成形；焊后熔渣少、价格低廉。图 12-15 分别为它的示意图和原理图。

但是，如果以绿色、环保的成形方式来评价它，显然 CO_2 气体保护焊是不合格的。首先，虽然它在焊接过程中产生的烟雾颗粒小，但是焊接中产生的烟尘发尘量大；其次，经过 CO_2 气体保护焊焊接过的物体的黏合性程度极高；最后，由于在焊接过程中使用了 CO_2 气体，CO_2 气体会和空气中的氧气、氮气等发生化学反应，生成对大气层产生污染的一氧化碳、二氧化氮等一系列有害气体，这些化学有害物质很难被吸收掉。同时，焊接过程中所产生的光线也是一大污染源。

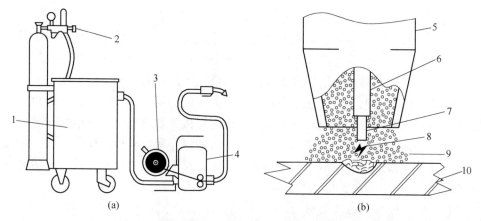

图 12-15　CO_2 气体保护焊示意图（a）和原理示意图（b）

1—焊机；2—气体调节阀；3—焊丝转盘；4—送丝机构；5—喷嘴；
6—导电钢管；7—焊丝；8—电弧；9—CO_2；10—工件

减轻或者避免 CO_2 气体保护焊所带来的影响不外乎以下几个方面：

（1）加强焊接过程的管理，尽可能少地减少人为因素的影响；相应地可以加大技术的科技创新，使其向着环保、绿色、高效的现代化焊接方式方向转变；

（2）努力开发新的焊接方式来替代这种传统的焊接方法，这样做的难度较大，需要社会和科研者共同的努力。

12.2.3.2　焊接工艺先进技术

随着科技的不断更新和发展，新的焊接方式逐渐涌现，同时，人们对于环保的要求也越来越高。新型环保技术的使用不仅是科技发展的趋势，也是人们不断创新的必然结果。

A　电阻点焊的节能及控制技术

目前，电阻焊机大量使用 50Hz 的单相交流电源，容量大、功率因数低。发展三相低频电阻焊机、三相次级整流接触焊机和逆变电阻焊机，可以解决电网不平衡的问题和提高功率因数；同时，还可以进一步节约电能，利于实现参数的微机控制，可以更好地适用于焊接铝合金、不锈钢及其他难焊金属的焊接；另外，还可以进一步减轻设备重量。

B　逆变式焊机焊接技术

与传统焊接机相比，逆变式焊机除了具有焊接性能好、动态反应速度快、控制调节特性好、制造过程占地少等一系列优点外，高效节能、节约材料、轻巧也是它与传统焊接机相比巨大的优势所在，已然成为未来焊接技术的发展方向之一。在一些工业发达国家，逆变式技术已广泛应用于各种焊接中，手工电弧焊、TIG 焊、MAG/MIG/CO_2 自动及半自动焊，国外几家大的汽车公司甚至已经将其在电阻点焊机中投入使用。

目前国内的汽车、电器等制造业中逆变式电阻点焊机的应用正在逐渐增多，它的电源核心是逆变电路，实现方式通常是通过功率开关器件高频率的导通及关断来实现；其工作原理是将输入的三相交流电桥式整流并滤波成直流电，经逆变器产生中频交流电再反馈给焊接变压器输出低电压交流电，最后经单相整流后输出脉动很小的直流电。经过这一系列操作不但可以实现经济节能，而且焊接规范调节范围扩大好几倍，解决了汽车行业焊接对焊接参数选择范围很小的问题。

主电路多数采用大功率晶体管、场效应管和绝缘栅双极性晶体管。拓扑形式主要为单端正激式逆变主电路、半桥式逆变主电路拓扑结构和全桥式逆变主电路拓扑结构。

C 智能机器人焊接技术

纵观焊接的发展历程不难发现，实现焊接产品的自动化、智能化和柔性化已经成为焊接工艺发展的必然趋势，这点在汽车行业尤为突出。采用焊接机器人可以满足要求，机器人集自动化和灵活性于一身。现在所使用的主要都是高度自动化的点焊和弧焊机器人，如图 12-16 所示，它的灵活性主要归功于机器人的自由度大，且机器人具有焊钳储存库，它的存在使得机器人可以根据焊接部位和焊接产品的不同而抓取所需的焊钳。目前的机器人焊接主要用于座椅骨架、汽车底盘、消声器以及液力变矩器等零部件的焊接。应用机器人焊接可以大大的提高焊接质量，避免了人工操作的不稳定性，生产效率大大提高，降低了工人的劳动强度，节省了劳动力，同时缩短了产品改型换代的准备周期，减少相应的设备投资，某些工厂甚至设想试图用它来代替某些弧焊作业。

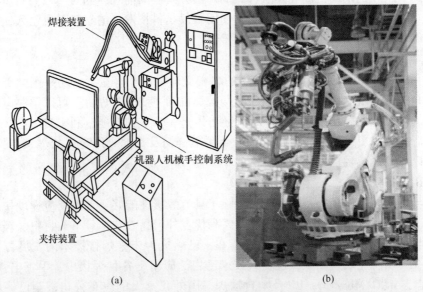

(a)   (b)

图 12-16 焊接机器人原理（a）和点焊机器人示意图（b）

根据不完全的统计，全世界在役的工业机器人中近一半的工业机器人用于各种形式的焊接加工领域。焊接机器人是集机器人技术、自动化技术、传感技术、网络技术多种技术于一身的高科技产品。如今工业实行高度自动化，机器人关键技术不仅是推动工业自动化发展与建设的重点所在，同时代表着我国的科技水平与先进制造技术发展方向，必然会成为将来的主流焊接技术。随着多传感器信息智能融和技术、智能化控制技术、虚拟现实技术等相关技术的不断发展与创新，未来的机器人智能化水平会越来越高，只有不断的学习和探索才能继续给我们带来工业上新的变革[15]。

D　激光焊接技术

激光焊接是利用激光的辐射能量来实现有效焊接的工艺。焊接的过程属于热传导过程，即激光加热工件表面，热量通过热传导的方式向工件内部扩散，通过控制激光脉冲的宽度、能量、峰值功率和重复率等参数，使工件熔化，形成特定的熔池。它是一种集高质量、高精度、低变形、高效率和高速度于一身的现代化焊接方法，激光作为一种新型能源在焊接方面被广泛的应用。

激光可以应用于很多材料的焊接，如碳钢、低合金高强度钢、不锈钢、铝合金等都可以用激光进行焊接。一般来说，激光焊接的速度取决于激光功率，并且与激光功率成正比，同时，它也受到工件的材料类型和厚度的影响。激光焊接的应用也随着激光焊接技术的发展而日趋广泛，目前已涉及汽车零部件、航空航天、武器制造、船舶制造等多个领域。

目前的激光焊接所使用的激光器主要为大功率 CO_2 激光器和脉冲 Nd：YAG 激光器，激光器的发展仍然集中于激光设备的开发研制，两者的光源都是肉眼不可见光。

（1）大功率 CO_2 激光器：大功率的 CO_2 激光解决高反射率问题的依据是物理上的小孔反应原理，当光斑在材料表面熔化时形成小孔，这个小孔吸收了绝大部分的光线能量，温度迅速上升到几万度，反射率快速下降。现阶段的 CO_2 激光设备的研发重点已经逐渐从如何提高输出功率转移到了提高光束质量及聚焦性能上。在焊机过程中常使用等离子的氦气作为保护性气体取代易诱发等离子体的氩气，可以有效的避免焊接过程中气孔、开裂以及热影响区软化等缺陷的产生[16,17]。CO_2 激光设备成本低、发展历史较长，经常被首选应用于激光焊接。

（2）脉冲 Nd：YAG 激光器：属于固体激光器，它的激光活性介质是掺有钕（Nd）的钇-铝-石榴石（YAG）晶体，可以用脉冲和连续两种方式输出，它的平均功率已达 1kW，光电转换效率接近 50%[18]。

虽然 Nd：YAG 激光器的输出功率和电-光转化效率远低于 CO_2 激光器，但其发射光波长较短且材料对其光束的吸收率较高，对高反射率的材料可以实现较好的焊接效果，特别是 Nd：YAG 激光器可以采用光纤进行传输，能够与机器人加工系统很好匹配，有利于实现远程控制和自动化生产，因此，在激光焊接中占有重要的地位。

激光焊接与其他焊接方法相比，拥有较多的优势：

(1) 焊接速度快，并且可以获得高质量的接头强度和较大的深宽比；

(2) 不需要真空环境，可以通过透镜及光纤实现远程控制与自动化生产；

(3) 激光具有较大的功率密度，并能对不同性能材料施焊。

当然，激光焊接由于激光器及焊接系统各配件的价格较为昂贵，初期投资及维护成本比传统焊接工艺高，经济效益较差。并且，固体材料对激光的吸收率较低，特别是等离子体，它对激光具有吸收作用而显得吸收率更低，激光焊接的转化效率通常只在5%~30%较低的范围内。另外，聚焦光斑较小，对工件接头的装备精度要求较高，容易产生较大的误差也是它在应用中遇到的问题之一。随着科技的发展，激光焊接的普及应用，设备的价格会随着设备的商品化生产而降价，其他先进技术（大功率激光器和新型复合焊接等）的快速发展，激光焊接会成为工业的主要方式。

12.2.3.3　常用的中厚板焊接工艺

A　埋弧焊

埋弧焊是一种利用焊丝与工件之间在焊剂层下燃烧的电弧产生热量，熔化焊丝、焊剂和母材金属而形成焊缝的熔化极电弧焊方法。因其工作的时候电弧是掩埋在焊层下燃烧，不会看到外漏的电弧光而得名。埋弧焊的工作原理图如图12-17所示，焊剂漏斗不断均匀地将焊剂铺到焊件表面上，送丝机构不断向下输送焊丝以使其端部插入到被焊剂覆盖的焊接区，焊接电弧在焊剂层下的焊丝与焊件

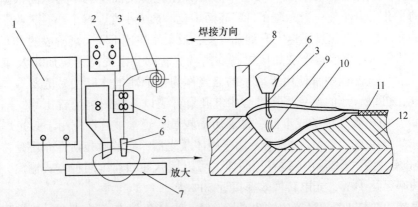

图 12-17　埋弧焊焊接装置及焊接过程示意图[19]

1—弧焊电源；2—控制箱；3—焊丝；4—焊丝盘；5—送丝机构；6—导电嘴；
7—焊件；8—焊剂漏斗；9—电弧；10—焊剂；11—渣壳；12—焊缝

表面之间产生，电弧产生的热使焊件、焊丝和焊剂熔化，部分金属由于过高的温度而蒸发，此时，金属和焊剂的蒸汽会形成了一个封闭空腔，电弧就在这个封闭空腔内燃烧。焊丝继续不断地送入，以熔滴状进入熔池，与熔化的母材金属混合，并受到熔化焊剂的还原、净化及合金化作用。熔化的焊剂浮到焊缝表面上形成一层保护熔渣，熔渣构成的外膜和覆盖在上面的未熔化的焊剂共同起隔离空气、隔绝热量和屏蔽有害弧光辐射的作用。熔池中的熔化金属随着继续向前推进而到达后方而慢慢冷却，熔池凝固成焊缝，熔渣凝固成渣壳。未熔化的焊剂可以回收再利用。

埋弧焊所用电流大，电弧热量集中，故熔深大；焊接速度也快，具有较高的生产效率，熔深大、焊缝质量均匀；由于其焊缝收到了渣壳的良好保护，具有较高的接头质量，内部缺陷少、塑性和冲击韧性都较好。中厚板由于其厚度的限制，使得一般的焊接不能很好的满足其焊接要求，因此埋弧焊在中厚板焊接中得到了比较广泛的应用。在传统埋弧焊的基础上，现在发展出了双丝、多丝埋弧焊技术、热丝埋弧焊技术、脉冲埋弧焊技术以及添加合金粉末的埋弧焊技术来进一步提高中厚板的焊接效率。

埋弧焊也有一些不能避免的缺陷，如需要消耗较多的焊丝和焊剂；焊接设备比较复杂，成本较高；每层焊道焊接后必须清除焊渣，增加了辅助焊接时间。如果清渣不仔细，容易使焊缝产生夹渣缺陷；实现单面焊双面成形往往需要开坡口，并添加衬垫强制成形等。

B 激光焊

激光焊接按原理可简单地分为激光传导焊和激光深熔焊，当焊接中厚板时，一般使用激光深熔焊模式以实现单面焊双面成形。在激光深熔焊工艺中，激光的入射功率密度可以高达 $10^6 \sim 5 \times 10^7 W/cm^2$，被焊的材料表面会迅速发生汽化，然后电离形成等离子体，气态金属产生的高蒸气压力足以克服液态金属的表面张力并把熔融的金属吹向四周，形成小孔。激光会在小孔内发生多重反射，因此，这样就可以大大提高熔池对激光能量的吸收效率，同时，吸收的能量又可以通过小孔的吸收、孔内的金属蒸气以及孔内的等离子体传向材料的深处。整个过程中，小孔都可以保持稳定，激光深熔焊是一种典型的小孔焊接方法。

C 等离子弧焊

等离子弧焊产生于 20 世纪中期，是在钨极氩弧焊（TIG）的基础上发展而来的一种特殊形式的焊接，利用等离子弧作为热源的一种焊接方法。通过水冷喷嘴的热和机械压缩以及电弧自身产生的电磁力的共同作用对自由电弧进行强制的压缩以获得高的能量密度和电弧挺度，增加了熔透能力，最终实现小孔焊接。为了保证焊接的质量，需要在钨极的外围通有等离子气，由水冷喷嘴进行约束，它在水冷喷嘴及其他压缩的共同作用下形成等离子弧。同时焊枪的周围还需要通入相同的保护性气体。工作的时候，首先在钨极和喷嘴之间使用高频电源引燃辅助电弧，将通入的离子气电离，继而在钨极和工件之间通主电源，引燃等离子弧。等离子弧焊主要分为直流型等离子弧焊和脉冲型等离子弧焊。在许多方面都有应用，中厚板的焊接就是其中之一。

等离子弧焊具有很多优点。首先，由于压缩程度高，所以能量密度较高，稳定性、发热量和温度都高于一般电弧，可以实现单面焊双面成形和小孔焊接；其次，它的接头质量较高，热影响区较小，且组织较为均匀；同时，对钨极的保护作用较好，焊接过程中让钨极的烧损量大大减小，避免了焊缝的夹钨。图 12-18 为等离子焊机的设备图片。

等离子焊接的焊接件的质量稳定性不好，这是由于等离子弧焊的小孔稳定性很差，极易受到各种工艺条件波动的影响，因而使得优化工艺参数较难获取，即使获取了，工艺窗口也较窄。这些缺点极大地限制了等离子弧焊在工业生产中的大规模广泛应用。图 12-18（b）为某种钢焊缝的外观。

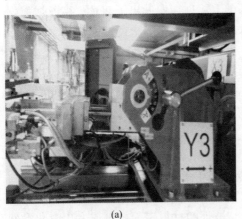
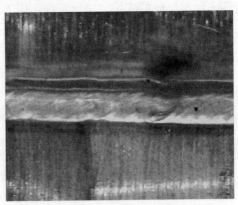

(a)   (b)

图 12-18   等离子弧焊设备（a）和焊缝外观（b）[20]

D   电子束焊

电子束焊（EBW）的工作环境一般是在真空环境中，利用阴阳极间的高压加速电场对电子枪中产生的阴极电子进行加速对工件表面进行轰击，经一级或二级磁透镜聚焦后形成密集的高速电子流，当其撞击在工件接缝处时，电子的大部分动能转换为热能，使材料迅速熔化而达到焊接的目的[21]。电子束焊的加速电压可以达到几十到几百千伏，电子的运动速度可以达到 0.3~0.7 光速，被轰击材料表面温度可以达到一万度，电子束焊的能量密度很高，可以达到 $10^3 \sim 10^5 \mathrm{kW/cm^2}$，最终可以实现中厚板的单面焊双面成形。

电子束焊焊接过程由于焊接过程中能量巨大，可以靠零件自身材料熔解而完成焊接。焊缝深宽比大、焊接效率高、焊接变形小、焊缝热影响区窄等优点，同时由于其在真空环境下进行焊接，可以防止材料氧化，可以对一些活泼难焊的金属进行焊接，焊缝纯度特别高。但是电子束焊也有着它的技术局限性，它的焊接设备十分昂贵，在经济上处于劣势；对工件的焊前处理以及装配要求很高，同时其需要在真空条件下进行焊接，限制了其在许多工业场合和领域的应用。在中厚板的电子束焊方面，国外一些国家对双枪及填丝电子束焊技术进行了研究，在对大厚度板第一次焊接的基础上，通过第二次填丝来弥补顶部下凹或咬边缺陷。

E 深熔 TIG 焊

深熔 TIG 焊是一种新颖的中厚板焊接方法，它是在传统 TIG 焊接方法的基础上，通过大电流形成的较大电弧压力与熔池液态金属表面张力实现相对平衡，从而形成小孔而实现深熔焊的焊接方法。具有高速、高效、低成本的优势。图 12-19 为深熔 TIG 焊的过程示意图。

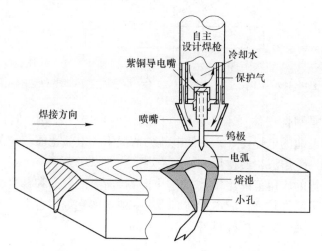

图 12-19 深熔 TIG 焊焊接过程示意图[22]

12.2.3.4 超薄带材焊接工艺

目前可用于超薄带钢焊接的方法主要有电阻滚（缝）焊、模拟激光焊接、钨极氩弧焊（TIG）和 CMT 冷金属过渡焊接等。

A 模拟激光焊接

模拟激光焊接是一种高频电阻点焊，它是通过笔形电极以一定压力将填丝、母材压紧，在毫秒时间内反复起弧、熄弧而实现焊接电流、焊接时间、输入热量的精确控制，同时确保热量的分布，只用来进行填丝、母材之间的熔合而不输入母材。

超薄钢板焊接时，先使用两块平整试板搭接，将其置于平整的工作台上，用金属压块压紧试板，选择合适的焊接电流、焊接频率，不填充焊丝，分别在试板的搭接处用笔形电极手工焊接两条基本平行的连续焊缝。

B　钨极氩弧焊

钨极氩弧焊是用钨棒作为电极加上氩气进行保护的焊接方法，原理图如图12-20 所示。焊接时氩气从焊枪的喷嘴中连续喷出，这种喷出的氩气可以在电弧周围形成保护层隔绝空气，防止空气对钨极、熔池及邻近热影响区的有害影响，从而获得优质的焊缝。焊接过程中根据工件的具体要求来决定是否填充焊丝。

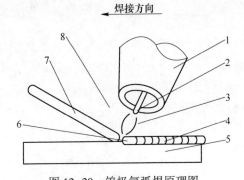

图 12-20　钨极氩弧焊原理图

1—喷嘴；2—钨极；3—电弧；4—焊缝；5—工件；6—熔池；7—填充焊丝；8—惰性气体

由于氩气是惰性气体，不会分解，因此它的稳定性较好。但其导电能力较差，稳定性比普通的电焊要好，在低电流的情况下，电弧也能稳定的燃烧，在焊接完成后不会产生熔渣，使得焊纹特别美观。

钨极氩弧焊的应用范围比较大，适用于焊接所有的金属和合金，但是与普通焊接方法相比经济性较差，成本较高，所以一般选取它焊接合金、不锈钢、异种金属等，钨极氩弧焊的焊接板材需要小于 6mm。

C　CMT 冷金属过渡焊接

在焊接不同壁厚的零部件时，要求薄厚工件之间的焊缝厚度必须要良好，且热传导少。许多材料无法承受焊接过程中持续不断的热量输入，为了避免熔滴穿透，实现无飞溅熔滴过渡和良好的冶金连接，就必须降低热输入量，多数传统的气体保护焊不能达到既定的要求，而 CMT 技术可以满足。

CMT 冷金属过渡焊接技术是一种无焊渣飞溅的新型焊接工艺技术。所谓的冷金属过渡，是指数字控制方式下的短电弧和焊丝的换向送丝监控。换向送丝系统由前、后两套协同工作的焊丝输送机构组成从而保证了焊丝的输送过程为间断送丝。后送丝机构按照恒定的送丝速度向前送丝，前送丝机构则按照控制系统的指令以 70Hz 的频率控制着脉冲式的焊丝输送。图 12-21 为 CMT 系统示意图，它包括焊枪、送丝机、冷却系统等装置。

CMT 工艺属于新型焊接技术，其投资较激光钎焊更加经济。由于弧焊的特性，应用在表面要求高、连续焊接长度超过 500mm 又属于薄板焊接的车身二区

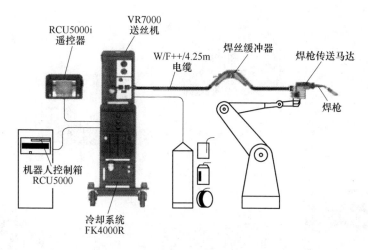

图 12-21　CMT 系统

时，用以替代激光钎焊还存在很大的难度，并且对夹头设计和零件匹配要求很高。相信随着工艺设备的进一步发展，此项技术必将应用更广泛。

12.2.4　其他先进深加工技术

12.2.4.1　热冲压成形技术

生产节能环保的汽车已经成为各大汽车厂商追求的目标。在汽车结构件上采用高强度钢板，可以在保证安全性的前提下，减轻汽车重量，从而降低油耗，减少排放，因此成为汽车轻量化的重要途径。但是 800MPa 级以上的高强度汽车钢，如果用冷冲压工艺制备汽车零件，主要有两个问题制约了其使用，一个是冲裂，一个是回弹。

热冲压成形工艺的发明，为解决冷冲压工艺中遇到的问题提供了一条新的思路。热冲压成形工艺是将添加了提高淬透性元素的热成形钢加热到奥氏体温度以上，保温一段时间，待钢板完全奥氏体化以后，将其送至热冲压模具，利用高温下奥氏体良好的成形性进行冲压加工，冲压完成后，模具迅速降温，将钢板淬火至 200℃以下，零件室温组织为马氏体，抗拉强度可以达到 1000MPa 以上，具有优良的力学性能。其工艺流程如图 12-22 所示[23]。

在实际生产中，根据零件加工的难易程度及对板料的预处理情况，热成形工艺分为直接成形工艺和间接成形工艺两种。图 12-23 所示为直接成形工艺，由板料加热、转移、成形和保压淬火等工序组成，可以成形单板坯料、补丁板坯料和拼焊板坯料，该工艺主要用于成形形状简单、变形程度不大的热成形零件。而间接成形工艺也称为多步热冲压，就是在钢板未加热之前加设一个预成形工序，对于一些形状复杂或拉深变形较大的工件可以使用该工艺，且一般只对单板坯料。

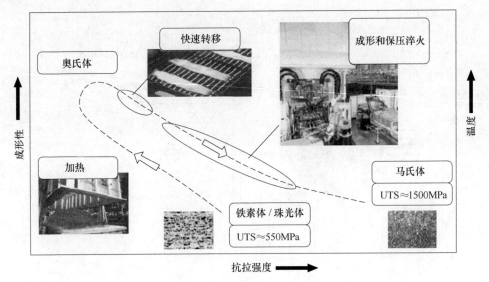

图 12-22   热成形工艺流程

由于间接成形工艺增加了设备成本，因此在实际应用中大多采用直接成形工艺生产，如图 12-23 和图 12-24 所示。

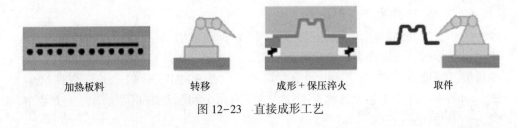

加热板料   转移   成形 + 保压淬火   取件

图 12-23   直接成形工艺

预成形   加热   转移   成形 + 保压淬火   取件

图 12-24   间接成形工艺

与传统冷冲压（零件）相比，热冲压有其独特的优点，具体表现在[24]：

（1）成形性好。热冲压成形性比较好，而超高强钢（特别是强度 800MPa 以上的钢种）冷冲压对于复杂车身零件就无能为力，极易开裂。

（2）零件尺寸精度高。比较容易满足装配精度要求。

（3）成形所需的压机吨位小。一般而言，800t 的压机就能满足绝大部分车身零件热冲压所需，冲压噪声小。

（4）车型碰撞性能优异。可以实现更高程度零件减薄高强化，在保障车型碰撞特性的前提下有效实现轻量化，降低了汽车油耗和排放。

有实验结果显示，相同实验条件下，采用热冲压零件（纵向承载梁、地板通道、横向支撑架、前保险杠等）的某车型正面碰撞后驾驶室完好，可以实现更高程度零件减薄高强化，在保障车型碰撞特性的前提下有效实现轻量化，降低了汽车油耗和排放。例如：B柱由冷冲压改进为热冲压，小总成减重8kg；下挡板由冷冲压厚度为3.0mm的板材改进为热冲压厚度为1.5mm的板材，减重2.8kg。

热冲压的缺点是：

（1）生产效率低。生产节拍一般不到冷冲压的1/2，一般需要后续离散的激光切割工序，产品批量切割定位相对困难；工艺复杂，工艺影响众多，冲压、激光切割和喷丸等工序都会影响到零件的尺寸精度，能耗相对较大（需要大功率加热炉）。

（2）模具复杂。设计、加工难度大，制造和调试周期长，模具及其配套工装价格高，维护成本大，单件价格相对较高。

（3）工作环境相对较差。非镀层钢板热冲压会产生氧化皮，对外部气候环境有一定敏感性，特别是样件制作过程。

在汽车领域，热冲压零件属于车身零件，典型产品有A柱、B柱、C柱，前后保险杆，中通道前围下挡板，车顶加强梁及车门防撞梁（杆）等。如图12-25所示是车身中典型热冲压车身零件及其分布情况。

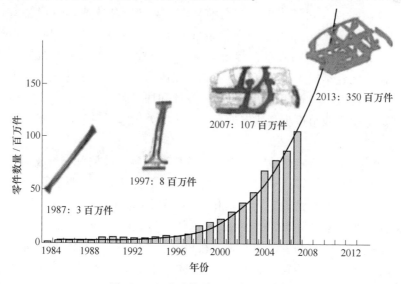

图 12-25　全球热冲压汽车零件数量

热冲压技术在欧美，特别是欧洲得到非常广泛的应用，被普遍认为是有效减轻车重、提高碰撞性能和降低车身制造成本的有效手段。大众系列车型中一般有10%（车身重量的百分比）以上的热冲压零件使用热冲压制造，FIAT 拟在后续新车型中使用 16% 以上热冲压零件，而 Volvo 拟在后续新车型中使用 35% 以上热冲压零件。图 12-25 为全球热冲压汽车零件数量的现状。从图中可以看出，近几年热冲压技术在汽车领域的应用日益普及。

纵观 2008~2010 年欧洲汽车车身会议的相关信息，热冲压零件的使用比例普遍在 4%~15% 之间，其中 B 柱、A 柱、前保是非常典型的热冲压零件。

国内，不仅合资品牌汽车企业，如上海大众、一汽大众、上海通用、长安福特、武汉神龙等在以 CKD 或本土化方式使用热冲压零件，大量自主品牌汽车企业，如奇瑞、上汽、一汽轿车、华晨、广汽长丰、吉利、海马等也在广泛采用热冲压零件，其中三款新车型采用宝钢提供的热冲压零件后在欧洲 E-NCAP 测试中均取得历史最好成绩。

由于国外对热冲压生产装备的技术垄断与封锁，国内现有热成形生产线基本由德国 Schuler、瑞典 AP&T、西班牙 Fagor、西班牙 Loire Safe 四家公司进口。这些花巨资引进的昂贵的热冲压生产线外资的管理成本相当高，这使立足于低成本国产设备的、机制灵活高效的民营公司在行业上具有无可争议的低成本的产业化和进入市场的优越条件。

近年来，国内大型钢厂、重点院校、冲压设备制造企业、汽车生产企业在热成形生产装备自主化开发领域方面开展了密切合作，并取得重大突破。2009 年武汉钢铁（集团）公司与华中科技大学合作，共同开展热成形生产装备与技术研究，并于 2011 年成功开发了国内首条自主化的高效节能电动伺服压力机热成形实验线。2013 年，中国汽车工程研究院、大连理工大学、国家机械装备研究总院、山东大王金泰集团等四家单位也先后完成了高速液压机热成形生产装备的自主化设计与开发。随着我国热成形装备设计和加工制造水平的不断提升，国产自主化热成形生产线将逐步替代国外进口，这将大大降低热成形设备的采购和运营成本。

模具设计水平是影响热成形零件质量的核心因素。这是由于热成形模具加工制造主要依据 CAE 模具设计结果准确性；而在高温状态下，材料的流动应力与应变、应变速率、摩擦系数三大因素相关，这些因素随温度在不断的发生变化，从而导致热成形 CAE 模拟结果的一致性远低于传统的冷冲压设计。同时，板料与模具间的接触热阻与两者之间的压力和间隙紧密相关，CAE 模拟需充分考虑该影响因素，并依据实际经验，对模具型面进行补偿，以得到尺寸合格的零件。对于外形复杂的零件，需设计局部压边圈，以控制材料流动，确保成形结果。图 12-26 为热成形技术在车身上的应用。

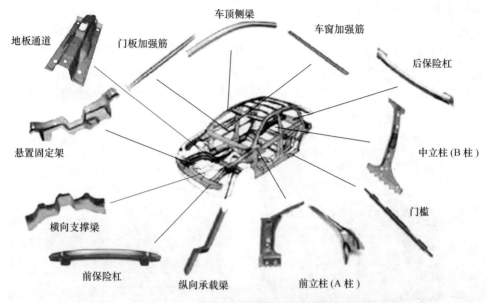

图 12-26　热成形在车身上的应用

目前，国内热成形模具主要依赖于国外进口，价格相对比较昂贵。国内科研院校及零部件制造商一直致力于热成形模具自主化设计与开发工作。

总的来说，合理采用热冲压零件，更好地发挥热冲压零件在车身系统中的作用（提高车身碰撞性能、节能降耗等），更大程度地降低热冲压零件的使用成本是热冲压技术不断发展的驱动力。目前，补丁板的热冲压技术、拼焊板的热冲压技术、超高强钢的半热冲压技术（以提高零件的成形性和降低回弹量为主要目的，不具备淬火强化功能）开始在欧洲得到使用。另外，管子的热冲压技术也在欧洲车型上得到了应用。国内车型在碰撞、轻量化和排放方面的性能普遍有待进一步提升，因此热冲压技术在中国大有市场。

12.2.4.2　激光拼焊板与连续变截面板技术

变截面技术是从材料加工的角度出发，采用新的材料深加工技术，使得特殊加工后的汽车板在汽车的轻量化、安全性和结构承载适应性都有显著的提高。用于车身制造的变截面薄板主要分为两种，一种是激光拼焊板[25]（Tailor Welded Blanks，TWB），另一种是通过柔性轧制生产工艺得到的连续变截面板[26]（Tailor Rolling Blanks，TRB）。

A　TWB 工艺及其特点

1993~1997 年期间，由国际钢铁协会牵头，35 家钢厂和汽车厂联合发起的超轻型车体 ULSAB（Ultra Light Steel Auto Body）项目，对白车身结构件中使用激光拼焊技术便加以大力推广。目前，汽车用激光拼焊板已在欧、美、日各大汽车厂商的整车制造中得到广泛使用。目前在全球已建有 100 多条激光拼焊生产线。

目前激光拼焊技术已经被广泛的运用在纵梁、保险杠、门内板、地板等结构件中，随着汽车工业的发展，激光拼焊板向差厚板方向发展，即将不同厚度的钢板实现拼焊，此时才真正实现不降低轿车结构稳定性的同时减轻车重的目的，如图 12-27 所示。

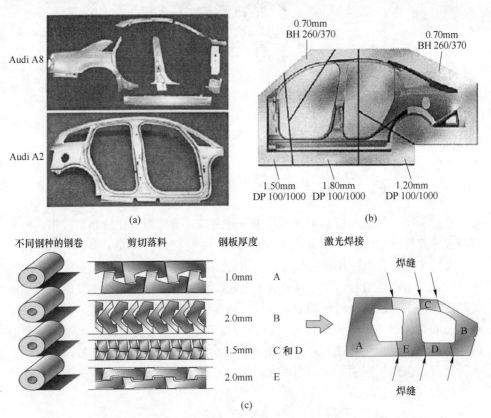

图 12-27 激光拼焊的奥迪车体示意图 (a)、不同厚度和类型的钢板 (b)、工艺流程 (c)

B TWB 工艺及其应用

TWB 采用激光焊接技术把不同厚度、不同表面镀层甚至不同原材料的金属薄板焊接在一起，然后再进行冲压。这样，冲压工程师可以根据车身各个部位的实际受力和变形的大小等需求，对车身进行柔性设计，将不同性能的材料用在合适的部位，从而达到节省材料、减轻重量且提高车身零部件性能的目的。目前，TWB 已经成为汽车制造业中的标准工艺，广泛用于制造汽车车身侧框、车门侧架、车身底盘、电机间隔导轨、中间立柱内板、挡泥板和防撞箱之类的车身零部件。

由于 TWB 可以根据需要任意进行拼接，因而具有极大的灵活性，并且能按照等强度的概念优化设计一些原来是等厚度的车身零部件，把它们由原来的锻造加工转换为冲压加工，既提高加工效率，又节省加工能源。

C　TRB 工艺及其特点

TWB 中焊缝的存在和厚度的突变，是其先天的不足，使得 TWB 两侧材料性能有跳跃式的差异，影响了材料整体的成形性能，而且焊缝在后续的冲压过程中容易产生裂纹。为了克服 TWB 的不足，20 世纪 90 年代后，德国亚琛工业大学金属成形研究所开始研究轧制连续变截面板（Tailor Rolling Blanks，TRB，差厚板）。TRB 是通过柔性轧制技术而获得的连续变截面薄板，通过在轧制过程中连续、动态改变辊缝，从而使轧件厚度得到连续改变。在柔性轧制过程中，由计算机对轧机的实时控制来自动和连续地调整轧辊的间距，从而实现由等厚度板卷到 TRB 板卷的轧制。

在设计车身时可以通过 DFM/DFA（面向制造的设计和面向装配的设计）等手段，预先考虑到后续成形加工中钢板各个部位的实际受力和变型以及整个车身的承载情况，在轧制之前选定有利于后续加工的板料型面。比如，事先运用有限元分析或数字模拟技术判断车身覆盖件在冲压过程中可能出现拉裂或材料流动性较大的部位，在车身设计阶段就可以为某一部件的某个部位预先分配较大的板料厚度，从而有效地避免废品的发生，如图 12-28 所示。

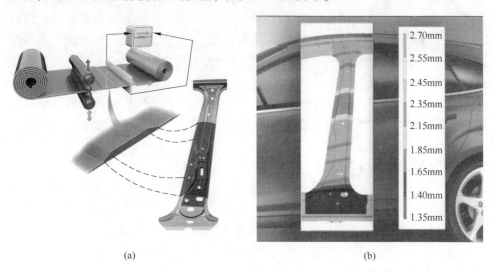

(a)	(b)

图 12-28　TRB 生产示意图（a）和汽车车身上的应用（b）

变厚度轧制技术是 TRB 制造的关键，如图 12-29 所示，研究表明，传统轧制理论不能确切描述变厚度轧制过程。无论是趋厚轧制还是趋薄轧制，其咬入角、接触弧长、中性角、前后滑、轧制压力分布等均与传统轧制不同，需要建立新的理论和算法，目前国内对此较为缺乏。

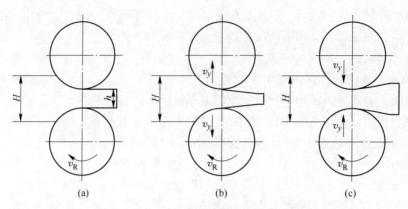

图 12-29 TRB 轧制与普通轧制的比较
（a）普通轧制；（b）趋厚轧制；（c）趋薄轧制

IBF 的研究人员 Hauger 和 Kopp 最早提出了一种用于汽车减重的连续变截面板，研究了柔性轧制控制技术以及 TRB 的制备工艺，还对 TRB 的截面形状划分了类型。

在国家自然科学基金资助下，北京科技大学高效轧制国家工程研究中心余伟等，采用数值模拟和实验室轧制相结合的方式，对 TRB 轧制的辊缝设定模型以及控制方法，辊缝变化的非线性规律进行了研究，提出了一种辊缝控制系统结构以及压下位置闭环和负载辊缝闭环的控制公式，为 TRB 的国产化提供了前期的理论研究支持。同时还根据变厚度轧制特点和前滑定义，推导了一种变厚度轧制的前滑值的理论模型。

TRB 的冲压成形理论与传统等截面是不同的，导致 TRB 的变截面厚度只能沿钢板通过压轧时的运动方向变化，而无法实现多方向的厚度变化要求，限制了其应用范围。

D TWB 与 TRB 的比较

（1）减重效果：TWB 和 TRB 都是基于工程力学中薄壁梁承载性能的基本理论的应用，连续变化的截面形状使得 TRB 具有极佳的减重效果，即用最少重量的 TRB 材料制成的车身结构件能达到 TWB 及普通板料一样的刚度。

（2）力学性能和应用效果：由于 TWB 存在厚度突变和焊缝的影响，焊接导致与母材在材料特性上存在差异，使 TWB 在沿长度方向上的硬度会发生跳跃式的变化。TWB 的焊缝从外观上来说即使采用任何涂装措施也无法彻底掩盖，因此它不适宜用作车身外覆盖件材料，一般只用来制作内覆盖件或支承结构件。相比之下，TRB 具有较好的力学性能，其在沿长度方向上的硬度变化比较平缓，没有 TWB 那样的硬度和应力波峰，具有更佳的成形性能；TRB 所制成的零部件厚度连续变化，适应车身各部位的承载要求；其表面变化是连续、光滑的，因而可以制作各种车身外覆盖件。

（3）工艺复杂程度：TWB 可以通过激光焊接工艺进行任意拼接，具有很大的灵活性。但由于它用不同厚度板材的对接或搭接，拼接处板料厚度有突变；此外焊缝及其附近会产生局部硬化，需要一道热处理工艺来消除硬化效应，加大了工艺复杂程度。TRB 则是靠柔性轧制工艺在不同厚度的板料之间形成一个连续的、缓变的过渡区，不存在 TWB 的焊缝问题。但它的不足之处是受轧制工艺和轧机设备的限制，其厚度变化只能发生在板料的初始轧制方向上；此外，现有的轧制工艺还无法把不同金属材料的板料"轧制"在一块整板上，即在灵活性上不如 TWB。

但是，TRB 并不能完全取代 TWB，也有其局限性：（1）TRB 的变截面厚度只能发生在板料的初始轧制方向并且厚度变化也只能在一定范围内；（2）TRB 只能实现同种材质、同种宽度板材的连接；（3）TRB 宽度受到轧机最大宽度的限制。

变截面板在轻量化方面具有的独特优势，TWB 的制造灵活性更好，但是TRB 在力学性能、减重、表面质量、成本等方面占优。从综合指标来看，TRB 具有更大的优势。目前，TRB 可以替代同等材质、同等宽度、不同厚度的 TWB，将来的发展趋势是开发按照负载和结构要求，结合 TRB 和 TWB，设计过渡区的下一代差厚板，制成真正意义上的"任意拼接板"。

12.2.4.3　气胀热金属成形技术

随着汽车轻量化的进展，特别是高强度钢等材料的快速发展，由于其强度较普通钢板要高很多，使得钢板的成形较普通钢板也困难许多，这些材料在常温下普遍存在成形性差、成形应力高、对模具磨损大，并且回弹现象严重，致使传统的冲压工艺和设备无法满足生产的要求。近几年，针对这些材料在常温下成形困难的问题，出现了气胀金属成形技术。主要是通过热活化成形过程，改善材料的成形性能和变形机制，并可获得优化的热处理后力学性能。原理图如图 12-30 所示。

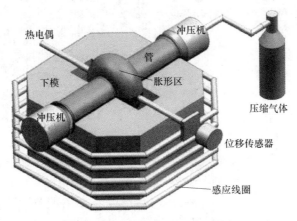

图 12-30　气胀成形原理示意图

针对于管状结构件，首先是通过激光焊接将板料焊接为管料，紧接着将管料运送至预热工位进行电阻加热，有些复杂结构件通常还需要进行预弯曲。将两边密封，使得高压气瓶、气体传输机构、管件内部之间形成气流回路。感应线圈快速加热到高温，使其按预先设定好的程序按时充入压力气体（N_2）。材料在高温、内部气压、管件端部沿轴向的压力和模具内壁共同作用下快速成形。成形结束后释放压力气体，将工件移至后续工位进行热处理。然后喷水冷却工件，使其在较高的冷速下获得均匀一致的淬火组织。对于具有封闭截面或槽形截面的零部件，首先采用激光焊接将板料焊接为具有密闭内腔的毛胚（封闭压力气体），然后将毛胚在预处理工位中预热，再置于陶瓷模具中快速气压成形，成形后释放压力气体并辅以后续热处理，最后去除工件的多余部分获得所需零件。

气胀热金属成形是一种从轻质合金借鉴过来的新型高强钢成形方法，相较于液压成形，它主要的优点有：

（1）生产周期短，速度为普通液压成形的 2~3 倍；

（2）成形所需的压力小、设备成本低；同时成形完的材料性能可以得到优化；

（3）模具的成本低和制造周期都短。

目前，气胀成形在钢铁领域的使用还处于探索阶段，但是，通过轻质合金气胀成形得到的经验使得这种新型的成形方式让人充满期待。成形方式上绿色、环保，不会对环境有额外的负担，整个过程也不会产生有害的废料。这些优点保证了它会很好的满足现代化建设的要求，将对汽车轻量化进程有很强的推动作用。

12.2.4.4 百足成形技术

考虑到通过传统的材料成形工艺，难以使高强度汽车板穿过设计的优化曲面变形，Ding 提出了百足成形法。百足成形的基本原理通过使板带沿着设计的最佳转变曲面进行变形，避免产生多余应变，以减少产品内的残余应力从而避免边浪、扭曲、侧弯等缺陷的产生，同时控制材料的回弹[27]。在传统的辊弯成形过程中，转变曲面是由几个阶段性的部分所组成的，受材料种类、板带几何参数尺寸（厚度、宽度和产品断面形状）等因素的影响。可以明显看出材料的变形主要集中于弯辊附近非常小的范围。而在两个机架之间的变形量很少，这大大增加了辊弯设备的长度和占地面积。而且对于辊弯成形来说，如何合理分配、确定每道次的变形量是十分具有挑战性的，目前虽然有一定的经验公式可以参考，并且可以应用 CAD 和有限元仿真技术进行设计，但对于设计断面形状复杂的产品依然没有很好的解决方法。

图 12-31 是利用百足成形生产同一种型材的转变曲面。在整个加工过程中，转变曲面逐步由平面变化为成品形状，整个曲面为流线型，避免了材料在某些区域集中变形的情况。通过控制成形工艺参数可以得到不同转变曲面，材料纵向上的应变非常小，可以认为这种转变曲面就是最优转变曲面。如果板材沿着该曲面

进行加工，在纵向上的多余变形可以最大限度地被减少，由此产生的产品缺陷也将大大减少。这样的最优转变曲面可以通过简化后的几何模型或有限元模拟的方法得到，应用百足成形工艺，可以让板料沿着最优转变曲面进行变形。

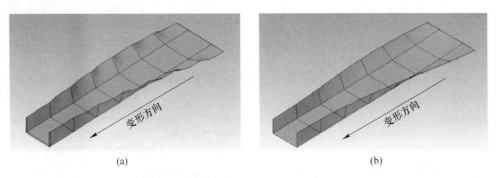

图 12-31　冷弯型材的转变曲面
（a）辊弯成形过程中的转变曲面；（b）优化后的转变曲面

利用百足成形法进行加工板料的基本步骤是先设计出具有优化的转变曲面的一对模具，然后对模具进行切分重组，如图 12-32 所示。两组上、下模具阵列相应地装配在偏心驱动轴上，当驱动轴转动时模具块做相应的圆周平动，而相邻的模具块相角差为 180°。当同一组模具阵列进入工作状态，上下模具块逐渐结合，夹在它们之中的板材被压弯，与此同时，向前运动的分量将板材向前推动，此时

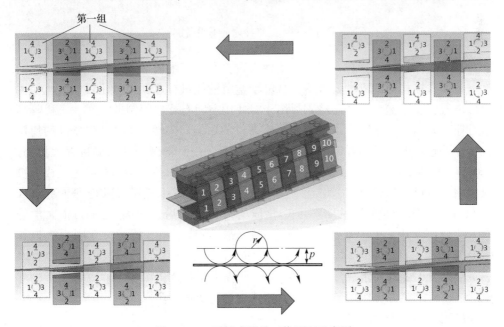

图 12-32　百足成形的工作原理示意图

的另一组模具阵列处于回返状态。当第一组模具阵列的工作阶段完成时，第二组阵列进入工作状态。同样地，由第二组模具阵列继续对板材进行成形并向前驱动。因为该运动模式类似于百足虫向前爬动，故而得名百足成形，如图 12-32 所示。

12.2.4.5 三维冷弯成形工艺

三维成形技术是以轻量化和结构一体化为目的开发的一种变截面经济型断面型材的辊弯成形技术。该技术以机电一体化、有限元模拟技术和计算机控制技术为基础。在三维成形过程中，每个道次需要独立的电机控制轴向运动，如图 12-33 所示。电机由预先编制的程序指令驱动各轧辊调整位置，成形所需的型材。

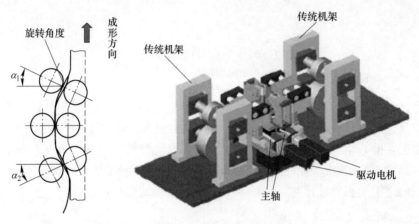

图 12-33 三维冷弯成形设备图

三维成形技术的特点，从力学条件来看，通过三维成形可以得到结构优化的型材截面，在相同的刚度要求下，减轻了金属消耗量，达到轻量化目的。从使用环境来看，三维变截面产品特别适用于对使用空间有严格限制的汽车、飞机等高端行业，如图 12-33 所示。其克服了辊弯件使用的局限性，扩大了辊弯件的使用领域。并且，随着超高强钢的广泛应用，三维变截面辊压件占用率将大大提高。2001 年 ORTIC 公司的 Ingvarsson 教授最早开发三维成形技术，当时的三维成形机只能用来成形锥形轮廓。2002 年，弯曲辊的引入使三维成形技术得到了更深入的发展，型材的曲面和纵向宽度变化成为可能。之后，德国 Darmstadt 大学的 Groche 教授设计了单辊柔性机架整合到传统冷弯成形机，能通过有限元模拟和 CAD 系统控制将边部进行弯曲成形，目前他们实验车间的三维成形机已经可以满足小批量加工的需求。然而，由于技术难度大、投入资金多等原因，三维冷弯成形技术尚未全方位应用于工业上，相关理论需要进一步深入研究。

12.2.4.6 分枝成形技术

分枝成形[28]技术是在无连接（焊接）等、层压和再加热等工艺的条件下，在常温下利用冷弯成形机架逐道次变形而成为整体分枝截面的技术，属于冷弯成形技术的改良技术范畴。成形过程如图12-34所示，该新冷弯成形工艺过程中，钝角撕裂辊和支撑辊逐道次的增加工件边部的表面积，而高的静压力使得在变形过程中，局部变形区的材料成形性能提高，并保证了局部的大应变，成形完毕后边部材料的力学性能提高了近一倍，工件获得了更高的整体刚度、表面加工硬化和低的表面粗糙度。图12-34中2mm板料经过分枝成形得到了边翼为1.2mm厚度的工字型钢且连接处的厚度增加保证了型材的刚度。

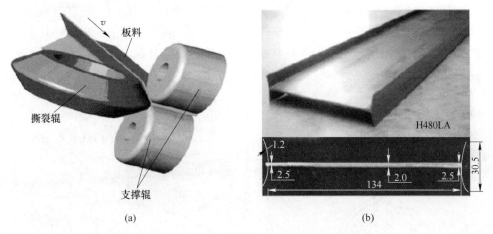

图12-34 分枝成形示意图（a）和分枝成形样品（b）

12.3 管材深加工技术

无缝钢管的深加工，根据下游用户的不同需求，一般包括冷轧、冷拔、机加工（外车内镗）、车丝（油套管）、扩管、管弯头加工、热处理（正火、淬回火、退火，固溶等），旋压等。

12.3.1 冷轧（拔）技术

钢管的冷加工主要包括冷轧、冷拔以及旋压。旋压法可以用来加工大直径、高精度、薄壁厚的管材，但是生产效率较低，成本也较高。冷轧和冷拔是钢管冷加工的主要方法，其原料可以是热轧无缝钢管或者焊管，具有尺寸精度高、表面质量好、减壁能力强等特点。冷轧是用轧辊将管坯轧制成需求厚度的冷加工方法，其突出的优点是减壁能力强。冷拔是利用外力将管坯从孔型中拉拔成形的加工方法，断面收缩率次于冷拔，但设备简单、生产成本低，生产规格范围广。二者所生产的管材尺寸精度和表面质量相近，冷轧和冷拔联用，使用冷轧工艺为冷拔开坯，这样既能充分发挥冷轧的减壁能力，又能利用冷拔工具易于更换的优点，解除冷轧轧辊规格和更换的限制，有利于提高生产效率、扩大产品生产规格范围以及提高钢管表面质量。

12.3.1.1 冷轧管技术

根据冷轧管机的结构不同，主要可以分为二辊式冷轧管机、多辊式冷轧管机以及冷连续轧管机。周期式冷轧管机在轧制钢管时应用广泛。常用的周期式冷轧管机有二辊和（三辊或四辊）多辊式两种，前者应用较为广泛。二辊式冷轧机具有周期式工作制度，工作机架在曲柄连杆机构的带动下做往复运动，从而完成周期轧制过程[29]。

图 12-35 是二辊式冷轧管机轧辊示意图，下边根据示意图分析其工作原理。工作轧辊安装在机架轴承中，在冷轧管过程中借助于装在辊颈上的齿轮作往复运动，同时又进行滚动；在下辊两侧装着一对齿轮，是同装在工作机架底座两侧上的齿条相啮合的。冷轧管时，钢管套在锥形芯棒 3 上，用装在轧辊 2 切槽中的两个轧槽块 1 进行轧制，在轧槽块的圆周上开有截面不断变化的孔型。孔型起点尺寸相当于管料 5 的外径，其末端尺寸相当于成品管 6 的外径。冷轧管机的特点是工作机架作往复运动，而用来轧管的锥形芯棒却固定不动，同时与热轧相比，管料可以被全部利用，材料的利用率有了很大的提升。

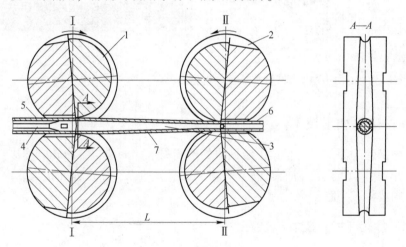

图 12-35　两辊冷轧示意图

1—轧槽块；2—轧辊；3—芯棒；4—芯棒接头；5—管料；6—成品钢管；7—变形区钢管

当工作机架在原始位置（图 12-35 中的 Ⅰ—Ⅰ 位置）时，借助于专门的机构把管料向轧制方向送进一段叫做"送进量" m 的距离。随着工作机架逐渐向前移动，已送进的这一部分管料，在由轧槽和芯棒所构成的逐渐减小的环行间隙中进行减径和减壁的过程。管料的变形部分称为工作锥。为防止管坯向中心线方向移动，在轧制过程中，管料的后端被压住。

当工作机架移动到前面的极限位置（图 12-35 中的 Ⅱ—Ⅱ 位置）时，管料同芯棒一起回转 60°~90°。在工作机架返回时，可以在芯棒上对管料变断面的锥形部分（称工作锥）进行均整，消除壁厚不均，提高精度。周期性的重复上述过程，直到完成轧制过程。

在轧槽块轧槽的始端和末端均有一个叫做开口的切槽，这样，在送进和回转的时候，管料就可以与不同轧槽块接触。

12.3.1.2 冷拔管技术

冷拔钢管具有较高的尺寸精度和较好的表面光洁度，是毛细管、小直径厚壁管的主要生产方式。冷拔钢管生产设备简单，方便维修，可生产的钢管种类和规格较多，但是道次变形量较小，通常需要进行多道次反复拉拔，因此工序多，生产周期长[30]。目前，冷拔管主要包括以下几种方法：

（1）无芯头拉拔：在拉拔时，管坯内部不放置芯棒，所用的变形工具只是一个拔管模（空拔模），是一种最简单的拔管方式。管料通过拔管模进行空心压缩，可以进行减径，但壁厚会有所增加，壁厚依据 D/T（外径/壁厚）值的不同会有所增减。当减径量比较大时，管材内表面会变得比较粗糙。空拉适合于小直径管材的减径、定径、异形管的成形拉拔。

（2）长芯头拔制：将管坯套在表面抛光的圆柱形芯棒上，使芯棒与管坯一起从模孔中拉出，钢管在长芯棒与模孔组成的环状孔型中实现减径和减壁。管坯与芯棒之间摩擦力的方向与拉拔方向一致，使拉拔力减小，从而可增大道次加工率；在拉拔薄壁管材和低塑性管材时，可防止管材的失稳和拉断。但需要准备大量表面抛光的长芯棒，还要有专门的脱芯棒机构。适合于薄壁管，低塑性合金管的拉拔。

（3）固定芯头拔制：拉拔时，将带有短芯棒的芯杆固定，管坯通过芯棒与模孔之间的环形间隙实现减径和减壁。固定短芯头拉拔是管材生产中应用最广泛的一种拉拔方法，一道次最大延伸系数在 1.7 左右，管材内表面质量比空拉的好。由于受到被拔管体和芯杆强度的限制，不适合拉拔细长管材。

（4）游动芯头拔制：拉拔过程中，芯头不用固定，依靠其本身所具有的外形建立起来的力平衡被稳定在模孔中，实现管材的减径和减壁。与空拔都是小直径厚壁管、毛细管生产的主要方法，便于采用卷筒拔制，卷筒的直径由管径和管壁而定，管径越大，管壁越薄、卷筒的直径越大。

（5）顶管法：将芯杆套入带底的管坯中，操作时芯杆与管坯一同从模孔中顶出，实现减径和减壁，适用于大直径管材生产。

（6）扩径拉拔：将扩径芯头装入直径较小的管坯中拉拔，管坯通过扩径后，直径增大，壁厚减薄，长度减小。适用于当受到设备能力限制时，用小直径管坯生产大直径管材。

图 12-36 为空心管材拉拔的基本方法的示意图。

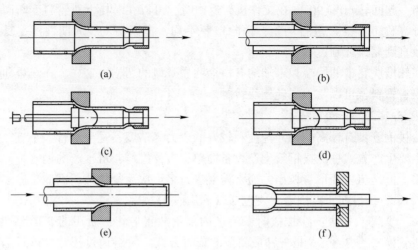

图 12-36　空心管材拉拔的基本方法

（a）空拉；（b）长芯杆拉拔；（c）固定芯头拉拔；（d）游动芯头拉拔；（e）顶管；（f）扩径拉拔

12.3.1.3　冷轧（拔）管生产工艺

冷轧、冷拔钢管生产的一般工艺流程分别如图 12-37、图 12-38 所示。

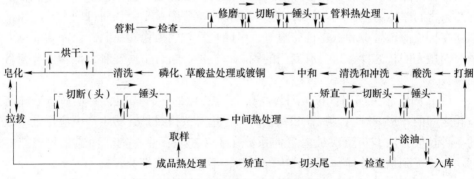

图 12-37　冷拔钢管生产的一般工艺流程

冷轧（拔）钢管的生产工艺流程设定的依据有以下几个方面：

（1）产品品种：包括规定尺寸、形状、性能等，品种不同采用的工艺流程也不同。

（2）产品质量：由不同的标准和用户要求的技术条件或技术协议所规定，标准对产品质量的要求有：化学成分、几何尺寸及其精度、表面质量、产品性能要求等。

（3）车间规模和生产率要求：生产规模越大，品种越多，工艺流程就越复杂和庞大。生产率较高的专业化生产不但对提高产量、质量，提高设备利用率有

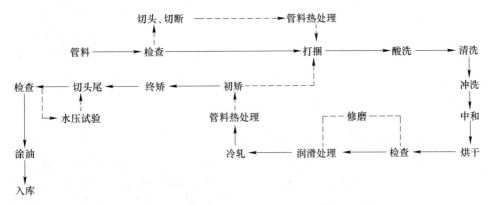

图 12-38　冷轧钢管生产的一般工艺流程

极大的好处，而且可以简化工艺流程。

冷轧（拔）管生产工艺流程的主要组成部分包括：

（1）坯料及坯料准备：包括坯料选择、检查、修磨、剥皮、切断、锤头等。其中锤头是使钢管的前端事先伸过冷拔模孔，以便让拔管小车的钳口夹住进行拔制。

（2）酸洗润滑：包括酸洗（不锈钢的 HF 酸洗和混合酸洗；碳钢、合金钢的 H_2SO_4 酸洗等）、冲洗、清洗、皂化、中和、擦洗、磷化、干燥、皂化或涂乳状润滑脂等。酸洗的目的去除氧化铁皮，为随后进行的润滑创造条件；保证冷加工过程正常和有效地进行。润滑目的是减小模具与钢管表面的摩擦力，从而减小拔制力和拔制时模具的损伤；防止钢管表面造成内外直道和因拔制力大而产生抖纹，提高钢管质量；提高拔制速度，适当加大道次变形量，从而提高冷拔生产率。

（3）冷轧冷拔：冷轧又分为二辊式冷轧机轧制和多辊冷轧机轧制、温轧等，冷拔包括空拔、短芯头拔制、长芯头拔制等。轧拔过程中，钢管的变形包括减径、减壁和延伸，其变形量一般以绝对变形量和相对变形量表示。绝对变形量：减径量、减壁量；相对变形量：断面相对压缩率、端面缩减率、延伸系数。在冷轧冷拔钢管生产中，通常所说的道次变形量就是指道次端面相对压缩率。它是用来说明整个变形情况的综合参数。钢管轧拔时变形量的大小，主要取决于冷轧机类型、拔制方法，同时还与钢管的钢种、规格、技术条件、热处理质量、酸洗润滑工艺等因素有关。变形道次主要取决于道次变形量和管坯尺寸。

（4）热处理：包括退火、正火、常化和淬火、球化退火以及调质处理等。管料热处理的主要目的是消除管料的内应力，调整管料的金相组织，降低硬度，增加塑性以改善其冷加工性能适应冷变形的需要。中间热处理的主要目的是消除钢管冷变形时产生的加工硬化和冷变形后存在于钢管内的残余应力，降低强度，恢复塑性。成品热处理除了消除加工硬化和残余应力外，还使钢管获得所需要的性能。

（5）精整：包括切断、锤头、矫直、中间修磨、成品切头、成品矫直等。其中矫直工序的任务是消除轧制、运输、热处理和冷却过程中产生的弯曲。另外还兼有去除氧化铁皮的作用。

（6）成品处理：包括检验、无损探伤、称量、喷印、涂油、包装等。

12.3.1.4 冷轧（拔）管技术发展趋势

改善变形条件，提高工艺参数，强化变形过程以充分利用金属塑性，提高设备生产率，是当前各国冷轧、冷拔管材生产工艺发展的特点之一。其普遍采用的措施有：提高轧拔速度；改进工具设计及润滑工艺；采用温轧温拔；超声波振动能在轧拔过程中的利用等。生产流程连续化和专业化是冷轧（拔）管技术发展趋势之一，生产流程的连续化便于实现整个过程的自动化控制。根据管材的品种要求，组织专业生产和建设专业生产线，对于保证管材质量，提高产量，降低消耗有着重要意义。此外随着冷轧、冷拔工艺的改进和轧拔机的日益现代化，在管材冷加工生产中，对坯料准备、精整、热处理、成品处理等工艺和设备的研究也得到了重视，例如，目前，在精密管生产中已普遍采用了超声波、涡流、同位素、射线及漏磁等无损检测技术。围绕着产品的品种、质量和产量问题，各国一直在探索新的生产工艺。如钢管的冷连轧、管材的横轧、钢管的周期拔制、行星轧制以及加大高精密管、高合金管的生产等，同时为了提高钢管的表面质量，采用无氧化退火工艺。这些新工艺，有的已进入工业生产阶段，并在进一步发展完善。

12.3.2 热扩管技术

12.3.2.1 热扩管技术概述

热扩管指的是密度比较低但是收缩很强的钢管，用斜轧法或拉拔法扩大管材直径的一种荒管精轧工序。在较短的时间内使钢管增粗，可生产非标，特殊型号的无缝管，且成本低，生产效率高，是目前国际轧管领域的发展趋势。随着20世纪20年代初油井所需无缝钢管数量的剧增和输油输气管线向大直径管方向的发展，二次穿孔工艺和热扩管工艺得到了相应的发展。热扩管技术起源于二次穿孔技术，在此基础上出现了斜轧热扩钢管技术，随后又出现了拉拔热扩钢管技术、推制式热扩钢管技术等[31]。

热扩钢管分类方法很多，按用途来划分，可分为高温设备用热扩钢管、低温用热扩钢管、压力设施用热扩钢管、管线热扩钢管、气瓶热扩钢管、结构热扩钢管、流体输送用热扩钢管和机械辊道热扩钢管等；按钢管材质来划分，可分为碳钢热扩钢管、低合金热扩钢管、高合金热扩钢管、不锈钢热扩钢管和钛合金钢热扩钢管等。

热扩钢管的用途广泛，适应性强，除广泛应用于石油、水蒸气和中低压可燃性或非可燃性流体输送管道的石油、天然气和化学工业中，还应用于高低温压力容器等电力行业用管以及城市建设等结构用管道中。

12.3.2.2 热扩管生产工艺

A 斜轧热扩径工艺

所谓斜轧热扩径工艺，就是将加热至一定温度的管坯以螺旋回转的方式喂入轧机，并在电机的驱动下在轧辊和顶头之间组成的孔型中进行轧制来扩大钢管直径、减少钢管壁厚，如图12-39所示。两个具有相同形状的悬臂式锥形轧辊不在同一平面上，且具有很大倾角，在电击的驱动下，做同向旋转。一对上下布置的固定导板及位于轧制中心线的位置放置一个锥形扩径顶头，顶头装在拉杆的尾端，在顶头的上下方装有导板。管坯送到扩管机前台受料槽，将尾端装有顶头的拉杆插入管内，另一端在扩制时固定在拉杆锁闭装置内。管料由推管机推向轧机入口。扩径后钢管内外表面存在残留螺旋状痕迹，须通过均整机和定径机消除[32]。

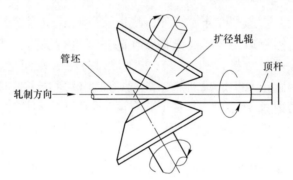

图12-39 斜轧热扩径变形示意图

斜轧扩径机组的母管可以来自连续轧管机或自动轧管机的成品管，也可以是穿孔后的毛管。为改善扩管的质量，扩径前需对管坯内外表面进行除鳞和润滑，扩径后的荒管还如果需要进行精整工序，则需要再次进行加热，随后进行定径、精整、检验等工序以消除扩管内外螺纹并改善扩管外径以及壁厚的尺寸精度，进而得到质量符合要求的成品。斜轧扩径的工艺流程如图12-40所示。

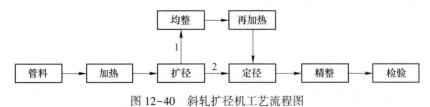

图12-40 斜轧扩径机工艺流程图

斜轧热扩径工艺中钢管一次变形量大，扭转变形少，延伸系数小，轧制过程中钢管角速度恒定，扭转和切应力降为最小。斜轧热扩径变形进行的几乎都是金属的横向扩展，边扩径边减壁，轧件在扩径前后横截面积和长度基本上都保持不变，延伸率接近于1；采用液压小舱对顶杆进行控制定位，可以对顶杆因弹性和膨胀变形所致的长度变化进行补偿，从而保证产品质量的稳定性；斜轧热扩径工艺还能改善母管的尺寸精度，尤其能改善母管的壁厚不均，且对表面质量不会产生不良影响；扩径后内外表面均有螺纹状缺陷，需要增设定径机或均整机予以消除，增加了生产工序；设计时考虑到荒管外径较大，由于斜轧机碾轧角和辊面角较大而咬入角较小，使得金属在圆周方向横向流动速度大，管子推进速度变慢。为保证轧制过程中轧件的稳定性和良好的壁厚精度，有意降低了轧辊转速以限制荒管的出口速度；同时较低的变形速度也有利于轧件的深入变形和宽展；生产投入较大，斜轧热扩径工艺生产设备庞大，投资较高，生产成本也较高。尽管如此，斜轧热扩径工艺仍被认为是通过热轧生产大直径、中薄壁无缝钢管的最佳工艺之一[33]。

B 拉拔式热扩径工艺

拉拔式扩径工艺基本可分为两种，法国式的扩径机需扩口卷边，意大利式的只需扩口不需卷边。扩径前先将管坯的一段进行加热，然后在专用的扩口机上，对加热端进行扩口和卷边，以便扩径时将管端固定在内外卡环上。扩口卷边后的钢管送至步进式加热炉进行加热，然后送至扩管机，将扩口端固定在扩管机的内外卡环上，拉杆上装有顶头，卡爪带动拉杆顶头通过钢管内孔。通过一组直径逐渐增大的顶头，插入并通过钢管内孔全长，从而实现扩径减壁及长度缩短的变形过程。拉拔式扩管一般需加热多次，每次加热后扩径3~4个道次，当温度降到800℃以下时，则需重新加热。所采用的拉拔式热扩径机组由管端加热炉、端部扩径机、扩口机、再加热炉、扩径机、氧气切割机及随后的精整设备所组成。图12-41即为拉拔式热扩径工艺变形区的示意图。图12-42为拉拔热扩径工艺流程图。

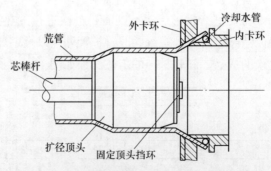

图 12-41 拉拔式热扩径工艺变形区示意图

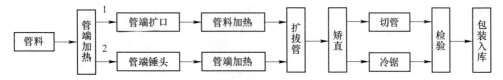

图 12-42　拉拔热扩径工艺流程图

拉拔扩管时，金属受径向、切向和纵向三向拉应力的作用，切向与径向应力使钢管扩径，其变形结果导致钢管直径扩大、壁厚减薄、长度略有缩短。直径增大时金属补偿主要是通过壁厚减薄得到（80%～85%），长度缩短只补偿小部分（15%～20%）。相对斜轧扩径机而言，热拉拔扩径机设备简单，投资较少；操作方便，易于掌握。另外由于扩径时金属受径向、切向和纵向拉应力，与斜轧扩径相比，所需的功率小；产品品种规格范围广，不仅能生产碳素钢，也能生产部分合金钢及不锈钢，还能生产异形管。但拉拔式热扩径工艺生产周期长，生产率较低，且生产的产品仍然存在着钢管外径精度差、钢管表面不光滑、坡口质量较差以及外表面波浪型严重等问题[34]。

C　推制式热扩径工艺

1952 年以后在西德出现了顶推式钢管热扩径的专利，其特点一是扩径时顶头不动，而传动装置将钢管以一定速度推上顶头进行扩径；二是采用感应加热使钢管在变形区域或紧靠变形区域时进行加热。顶推式扩管机按传动装置不同分为液压推制扩管机和机械传动的顶推式热扩机。虽然顶推式钢管热扩径的专利出现较早，但一直没能得到发展，直至 20 世纪八九十年代推制式热扩径工艺，中频感应加热推制式热扩径工艺在国内得到广泛应用。推制式热扩径工艺是将原料管置于中频感应多圈加热炉中经中频感应局部加热后，靠液压缸活塞的运动来推制原料管，使原料管逐步推过尾部固定于固定架上的锥形内模芯棒，以达到扩径的目的，如图 12-43 所示。顶推扩管的工艺流程如图 12-44 所示。

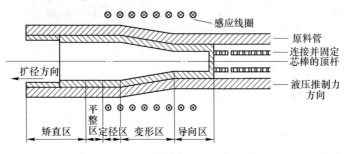

图 12-43　推制式热变形区示意图

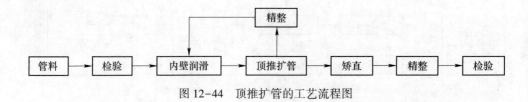

图 12-44   顶推扩管的工艺流程图

推制式热扩径工艺具有以下特点：采用中频感应线圈仅在热扩变形区进行局部加热，加热温度均匀稳定，能以尽可能少的热量消耗来加热钢管，并且在扩径过程中热损耗少；单道次扩径比大，同时钢管长度变短、壁厚减薄，因为采用坯料端推制，与拉拔式扩径相比无需扩口，简化工艺流程，同时减少了金属消耗，提高了材料利用率。设备简单，便于维护，投资少，生产成本低，见效快，生产组织灵活；顶推时容易产生纵向弯曲，需在顶头出口端增加较长的矫直段；由于感应加热是逐段进行的，钢管扩径也是逐段进行的，在全长上各段的温度、扩径情况不一定一致，可能产生纵向壁厚不均或折皱[35,36]。

12.3.2.3   热扩管技术发展趋势

随着生产力的发展，市场竞争越来越激烈，对产品质量的要求越来越高，大口径无缝钢管受到了焊管、离心浇铸铁管等的巨大冲击。因此，扩径机组的产品规格和品种范围要更大，产品质量要更好，生产成本要更低，开发不锈钢无缝管、高合金无缝管等高附加值产品。上述三种热扩径无缝钢管生产方法各有其优缺点，应根据市场及企业的实际情况进行选择，并在生产技术改进、控制热扩钢管各个参数精度等方面进行进一步的研究和完善。我国钢管标准化工作虽然已经有了明显的进步，但由于热扩工艺起步晚，发展较落后，因此热扩钢管标准化工作尚很缺乏，还没有形成一个明确而完整的国家标准。加快我国热扩钢管标准化进程以及加大对热扩基础理论研究力度已经成了进一步推广投资少、见效快和生产组织灵活的热扩无缝钢管生产当务之急的任务[37]。

12.3.3   管弯头加工技术

随着船舶和石化、燃气行业的发展，这些行业的管道系统中用于输送液体和气体的钢制管弯头需求逐渐增多，提高弯头的成形制造水平及生产率是管件生产企业加快管件技术改造步伐的主要内容，采用何种方式制造弯头能够多快好省，存在着其方法的可行性、经济性、效率等方面的选择。

异径弯头是一种将异径接头和弯头合二为一在管道中既拐弯又变径的特型管配件，它的应用可减少用一个异径接头或弯头的使用，利用弯头成形专用液压机制造异径弯头的工艺在逐步成熟。

目前国内钢制管弯头成形制造常用的加工方法有：铸造法、冲压压型法、焊接法、冷热推制法。

冲压压型法：在液压机上将加热过的管坯用模具进行弯曲加工的方法。这种方法是最早用于管弯头弯曲加工的工艺方法，它在弯头生产中已获得了广泛应用。但这种方法生产的弯头壁厚不均，外观质量差，加工大型弯头时，模具的制造成本较高。

焊接法：用模具压制出两块管弯头半壳体，然后焊接成弯头的方法。这种方法的后续工序多，而且大型薄壁类弯头的焊接制造工艺性较差。

热推制法：利用中频感应快速加热管件，提高其塑性，采用二步液压推进，牛角芯棒扩径弯曲，将较小直径的管坯推制成较大直径弯头的成形工艺。这种热推工艺的生产率高、产品规格多、生产过程连续性强、易于机械化生产，是现有各种弯管工艺中较为经济有效的一种，已经成为了目前生产弯头的主要方法。但热推碳钢弯头时，弯头成形温度一般控制在750~950℃之间，对牛角芯棒的红硬性有较高的要求。

冷推制法：常温下采用专用液压机将管坯压入弯曲空腔的模具中，推压形成管弯头的方法。按成形时有无模芯，又可分为有芯和无芯弯头生产法。

钢管的弯曲加工，在不使用芯棒的情况下，其横断面或大或小都会发生椭圆变形，管材变形区的外侧材料受到切向拉伸而伸长，内侧材料受到切向压缩而缩短，外侧壁的减薄、破裂，内侧壁的增厚、起皱和横截面畸变，以及卸载后的回弹及其控制，是管材弯曲成形较难有效解决的技术难题。管坯弯曲壁厚的变化情况不仅与管材的直径和壁厚有关，还与相对弯曲半径 [相对弯曲半径 $R_x = R/D$（R 为弯曲半径，D 为管子外径)] 相关，相对弯曲半径 R_x 越小，变形越大，在极限情况下，弯料弯曲过程将被破坏，产生形状缺陷，尤其是在对薄壁管材进行弯曲时，设计应尽可能避免使用较小的弯曲半径。

专用液压机冷推制、中频加热推制、液压机冲压压型法生产弯头的生产工艺比较见表12-1。

（1）用弯头专用液压机冷推制生产碳钢、不锈钢弯头的流程为：多件管坯锯切下料（下料管坯形状为梯形）、冷推制批量生产、车切加工弯头坡口。这种推制生产方法工序过程简单，生产效率高，成本低，产品精度高，打磨工作量小，工人劳动强度不大，开料损耗少，弯头的加工余量也小，产品质量好，但开料形状复杂。

（2）中频加热推制生产碳钢弯头的流程为：管坯锯切下料、多件安装、中频加热连续推制生产、推制半成品油压机整型、车切加工弯头坡口。这种方法生产效率高，打磨工作量也不大，工人劳动强度一般，开料损耗少，弯头的加工余量也小，生产成本也较低，产品质量一般，开料形状简单，但要加热和校正。

（3）采用液压机压型生产弯头的流程为：多件管坯锯切下料（下料管坯形

状为梯形）、油料炉加热、两次油压机压型、整形、两次人工校圆、人工打磨、车切加工端口。这种弯头生产工艺方法繁杂，生产效率不高，打磨工作量大，开料损耗大，生产成本也高。

中小型碳钢、不锈钢弯头的制造采用弯头成形专用液压机进行有芯冷推制生产比较适宜，成形的弯头管壁壁厚均匀、质量好、生产效率也较高；异径弯头管件也可采用弯头成形液压机进行无芯制作[38]。

表 12-1　生产弯头的生产工艺对比

名　称		专用液压机冷推制生产弯头	中频加热推制生产弯头	液压机冲压压型生产弯头
开料	开料形状	锯切端口成梯形端口	锯切垂直端口	锯切端口成梯形端口
	单件开料时间	约0.38工时	约0.25工时	约0.38工时
	开料损耗	大	小	大
	开料成本	高	低	高
加热	加热方法	不加热	中频加热	加热炉加热
	加热时间	零	短	长
生产方式	生产效率	高	中	低
	单件生产总工时	约0.5工时	约3.0工时	约7.3工时
	劳动强度	小	中	大
	单件推制生产时间	约0.15工时	约0.20工时	约0.25工时
	单件生产成本	约：20.00元	约：36.00	约：75.00元
产品质量	表面形状	光顺、好	光顺、好	不光顺、差
	壁厚尺寸比较	均匀	均匀	不均匀
	端口余量	小	中	大
	尺寸精度比较	精度高	精度高	精度低

12.3.4　管材防腐技术

腐蚀是石油工业中造成金属管材及其他设施破坏的主要原因之一。它加剧了设备及管道的损坏和人员伤亡，造成了石油生产中管材及设备的穿孔、刺漏等现象，致使设备停工、停产，造成了较严重的经济损失和影响，并且污染环境，危害人民健康；同时原油流失增加了石油生产成本，影响了正常的石油生产。尤其是随着油气田开发生产年限的延长及油井综合含水率的逐年升高，以及伴随的侵蚀性离子如 Na^+ 及 CO_2 和 H_2S 少量溶解氧细菌等的大量存在，油井管材、地面集输管线等油气田生产设施遭到严重的腐蚀破坏，致使油气田石油管材使用年限越来越短，极大影响了油田正常生产和经济效益的提高。腐蚀成为影响油田采集系统可靠性及使用寿命的关键因素，是造成采集设备事故频发的最主要原因，且已成为油气田安全生产及经济运营的重要隐患，对油气田的健康发展和人民生命财产的安全产生了重大的负面影响雷达等分析了硫化氢天然气泄漏带来的环境污染，以及对人类造成的灾害风险程度，认为采取不同的安全措施泄漏事故可能导致的风险不同，带来的危险系数就不同。

因此，在油气田开采及运输中，含强腐蚀介质（H_2S/CO_2、Cl^-）的油气混输流体及高矿化度的采出水对油气田集输系统管线及设备的腐蚀问题，成为热门研究课题。

油气管材腐蚀，总的来讲主要是由化学腐蚀及机械腐蚀而引起的综合性腐蚀。腐蚀类型有：硫化氢腐蚀、非含硫气体腐蚀、电化学腐蚀以及设备暴露在大气中受氧的腐蚀。腐蚀的表现形式有：点蚀、均匀腐蚀、酸蚀、甜蚀、H_2S应力腐蚀、腐蚀疲劳、细菌腐蚀及晶间腐蚀。

12.3.4.1　典型防腐措施类型

A　碳钢+缓蚀剂

美国和加拿大等国在管材防腐措施中，近年来90%以上是依赖于使用缓蚀剂，其次是选用钢材和涂层保护。缓蚀剂可分无机和有机化合物两大类，目前普遍采用有机化合物。常用的缓蚀剂类型有：脂肪族盐类、季铵盐类、咪唑啉类、磷化物、氮杂戊以及吡啶类化合物等。缓蚀剂在油气田的使用已经较为成熟，在井下、地面管线中使用很广泛。缓蚀剂以适当的浓度和形式存在于环境（介质）中，可以防止或减缓材料的腐蚀。缓蚀剂通常分为水溶性和油溶性，根据加注的环境介质不同进行选取。缓蚀剂的存在形式主要为吸附在金属的表面，能分别或同时抑制阳极、阴极反应，从而减小腐蚀过程中的腐蚀电流，达到缓蚀的目的。实践证明，合理添加缓蚀剂是防止二氧化碳和硫化氢酸性油气腐蚀的有效方法。缓蚀剂对应用条件的要求很高，针对性很强。不同介质或材料往往要求的缓蚀剂不同，甚至同一种介质，当操作条件（如温度、压力、浓度、流速等）改变时，所采用的缓蚀剂可能也需要改变。缓蚀剂加注工艺简单，操作简便，是一种相对简便的防腐措施。碳钢是油气田使用管材中经济成本最低的一种，但是其耐蚀性在侵蚀性介质中相对较弱，因此碳钢管材配套一种防腐措施使用是油气田在低成本、节约型设计中较为合理的设计方案。

B　碳钢+涂层

涂层技术是采用涂、镀、化学转化等措施，改变材料表面的化学成分、组织结构、力学状态等理化和力学性能，使材料表面获得一层保护性的覆盖层或强化层，从而避免金属基体与介质的直接接触，有的覆盖层还具有电化学保护作用或缓蚀作用。这类方法经济有效，是目前应用较为广泛的防腐措施之一。内防腐涂层防腐效果的优良与否关键在于涂层的性能，以及涂层能否牢固地附着于基体表面并充分发挥对金属的保护作用。因此，基体表面预处理、涂覆工艺、环境要求等都是保证涂层质量的关键程序。从技术角度分析，目前涂层的最大缺点在于露点较多、附着力不高，在化学介质或盐雾试验中鼓泡较为严重。另外，在油气管线中，如果涂层存在检露点，则会在腐蚀介质侵蚀下渗漏到基体，形成涂层与金属基体的电偶腐蚀，促进管材的进一步腐蚀。

T. Fuga 等人研究了在有机酸腐蚀介质中防止高强度钢应力腐蚀开裂保护涂层。采用新型工艺，涂两个保护层，底层为化学漆，表层为环氧酸醋类涂料。底层涂层，一个作用为延长表层涂层寿命，另一作用是钝化钢材表面，以防应力腐蚀初始发生。试验表明，双涂层可严防有机酸渗入，对钢材表面有特强保护作用。

在防腐措施中，一方面是研究和生产适于各种腐蚀介质环境的特种钢材，另一方面是研制和筛选能抗各种腐蚀介质的缓蚀剂和涂层保护。工业发达的产油国，在这两方面均有较大进展，某些方面有所突破。

从文献报道看，日本偏重特种钢材的研制和生产，美国和加拿大偏重化学缓蚀剂及涂层保护的研制和优选。美、加在管线防腐措施中，几乎 90% 以上采用缓蚀剂或涂层保护[39]。

C 油管防腐短接技术

油田开发生产中的采出液矿化度高，含有硫化物、二氧化碳、氧气、硫酸盐厌氧菌等属于强电解质，对井下油管、套管都具有较强的腐蚀性。套管和油管是两种不同的金属材料，在电解质中的电极电位也不同，形成了电化学腐蚀的原电池。大部分的套管材质优于油管材质，因此油管的电极电位负于套管的电极电位。当油管在电解质中发生电化学反应时，油管作为阳极失去电子而发生电化学腐蚀。此外，采出液体和气体受温度、压力等因素影响的结盐、结垢和硫化铁等对井下油管均起着腐蚀作用。

将防腐短接与油管连接，如图 12-45 所示，在作业时与油管一同下入井内，油管和防腐短接处于同一个电解质环境下，构成一个新的原电池。此负电极是新电池的阳极，而油管则成为阴极。从阳极体上通过电解质向油管提供一个阴极电流，使油管进行阴极极化，实现阴极保护（随着电流的不断流动，牺牲阳极材料不断消耗，油水井牺牲阳极消耗的年限就成为油管寿命延长的年限）[40]。

12.3.4.2 国外防腐油管工艺技术现状

目前世界上生产抗 H_2S 管的厂家主要有日本的住友金属、JFE、瑞典的山特维克集团以及德国和法国合并的瓦努莱克集团等，产品的钢级主要有 80、90、95、110 等。上述厂家在抗硫管的研发和生产方面起步较早，生产技术相对成熟和稳定，尤其是 110 等高钢级产品的抗硫性能在饱和的 H_2S 的 A 溶液中加载 90% 名义屈服强度下经过 720h 不开裂，显示出极高的抗硫性能和生产控制水平。

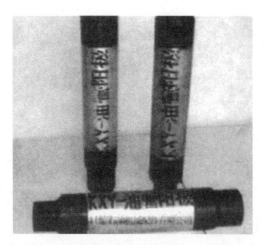

图 12-45　防腐短接

住友金属、曼内斯曼等甚至已开发出 125 等超高强度抗硫油套管。

传统的 9Cr、13Cr 马氏体不锈钢自 20 世纪 70 年代开发以来，作为油气工业用管材得到广泛应用，获得了良好的声誉，并列入 API、SPEC、5CT 标准。这两个钢种在含 CO_2 以及 Cl^- 的酸性环境下具有很好的耐腐蚀性能，目前，世界上 13~15Cr 油井管的生产由 JFE、住友金属、V&M、TENARIS（只有其收购的 NKK 可以生产）垄断，其中 JFE 与住友金属的产量占 80% 以上。

20 世纪 70 年代，针对酸性油气井用油井管及管线管的要求，瑞典山特维克集团开发了 SAF2205 第二代双相不锈钢。它在中性氯化物溶液和 H_2S 中的耐应力腐蚀性能优于 304L、306L 奥氏体不锈钢，此外，由于含氮，耐孔腐性能也很好，还具有良好的强度和韧性，可进行冷、热加工，焊接性良好，因此是所有双相不锈钢中应用最多的一个钢种。继 SAF2205 之后，瑞典又开发了 SAF2507 第三代超级双相不锈钢，用于含氯化物的苛刻介质。该钢种的 PREN（抗点蚀当量数）= 43，铁素体与奥氏体相各占 50%，钢中的高铬、高钼和高氮的平衡成分设计，使钢具有很高的耐应力腐蚀开裂、耐孔蚀和缝隙腐蚀的性能。

（1）达克罗技术：达克罗（DACROMET）又称达克锈、达克膜、迪克龙、锌铬膜，是一种鳞片状锌铝铬盐防护涂层，是金属防腐的新工艺，是当今国际上表面处理的高新技术。由于它的整套工艺采用全过程闭路循环涂覆的方式，因此具有生产过程中将产生的污染物完全控制的特点。所以，达克罗产品又称为环保产品，绿色产品。

（2）高压玻璃钢管技术：高压玻璃钢管道是由在缠绕设备上浸渍了高黏结能力的低黏度树脂基体的高强度玻璃纤维按设定的角度和铺层缠绕于芯模上，经固化、脱模、加工制得。其最大特点是优良的耐腐蚀性能、高耐久性和轻质高强。

（3）热扩散渗锌技术：热扩散渗锌技术作为 20 世纪初发展起来的一项金属表面处理技术，以其良好的耐腐蚀性得到广泛的应用。渗锌是一种将钢铁材料和锌粉混合加热，进而使锌吸附于材料表面形成渗锌保护层的化学热处理过程。渗锌镀层被认为是所有锌制表面中最坚固的。

12.3.4.3 国内防腐油管工艺技术现状

（1）材料型防腐工艺：目前，国产油井管产品已经覆盖了 API Spec 5CT 标准内的全部钢级和规格，并且形成了高强度、高抗挤、抗 H_2S 应力腐蚀，同时兼顾抗硫和高抗挤、抗 CO_2 腐蚀、耐 $H_2S+CO_2+Cl^-$ 腐蚀等高性能非 API 油井管系列。总体上已经达到或接近国外同类产品的技术水平，但在超级 13Cr、双相不锈钢和耐蚀合金油套管的研制开发方面，与国外产品还有明显差距。

（2）高压无气喷涂防腐技术：高压无气喷涂防腐技术是利用压缩空气驱动高压泵，使涂料增压，涂料在喷出时体积急剧膨胀，雾化成极细的漆粒附着在管表面。其特点是压缩空气不与涂料直接接触，喷出的高压涂料中不混有空气，提高了防腐涂层的质量，而且适用于高压无气喷涂工艺的涂料范围广，对黏度高的涂料也能充分雾化，涂层附着力强，物料损失小，污染小，但其技术要求较高。

（3）氮化油管防腐技术：氮化防腐是一种金属化学热处理方法。把油管放入氮化炉中加热，在一定温度下通入氨气，氨气被分解成氮离子和氢离子，氮离子渗入油管的表面，改变表面化学成分，生成含氮的化合物，在不改变心部韧性的情况下提高钢材表面的硬度、耐磨性、抗咬合能力和抗腐蚀性。

（4）纳米复合涂层对碳钢防腐技术：该涂层的成膜高聚物是聚苯硫醚（PP5），由美国杜邦公司生产，涂层内的固含物颗粒的粒径分别是微米级和纳米级，在涂层的成膜高聚物中加入纳米 SiO_2，以改善基体高聚物的致密性，提高了涂层与金属的结合力，使涂层抗电解质溶液的渗透能力增强，所以耐蚀性能显著提高。此外，在纳米复合涂层的基础上加入氟表面活性剂，进一步提高其耐蚀性是因为疏水的纳米复合涂层对水具有排斥作用，不是单纯的屏障作用。溶液中的离子要向涂层中扩散必须先与涂层接触，由于涂层的憎水性，使得离子接触涂层比较困难，这样离子在涂层中的扩散也就变得困难。由此表明，不仅涂层/金属界面憎水对涂层有防腐作用，就是涂层表面憎水也能提高涂层对金属的防腐作用。

（5）陶瓷内衬技术：自蔓延高温合成技术（SHS）起源于前苏联，后来在日本得到进一步的发展，20 世纪 80 年代传到中国。实际应用中分为离心法和重力法，离心法应用较普遍。其基本原理是：把铁粉和铝粉放在钢管中，并让钢管高速旋转，利用铝热剂反应产生的高温使铝热反应持续进行。发生铝热反应后，在离心力的作用下，反应产生的铁和氧化铝（俗称"刚玉"，是最常用的氧化物陶瓷）由于密度不同而分离，前者与钢管壁形成冶金结合，贴在油管内壁；后者紧贴铁层，为机械结合，形成陶瓷内衬复合钢管。

（6）内衬 HDPE 耐磨防腐：内衬 HDPE/EXPE 抗磨抗腐油管是在标准外加厚油管内壁加衬上 HDPE/EXPE 内衬管，将衬管放入钢管之中，通过热胀冷缩工艺和材料的记忆效应，使得衬管紧紧地张紧在钢管上制成具有耐磨和防腐性能特种油管。HDPE/EXPE 是一种以高密度聚乙烯为基体的高分子材料，这种材料具有很优良的弹性、柔韧性、耐磨、耐温（80~130℃）等物理特性，并具有耐 H_2S、CO_2，耐酸盐等性能。目前内衬 HDPE/EXPE 抗磨抗腐油管已成为油田治理偏磨油井最有效的方法之一。

（7）镀钨合金技术：钨合金电镀技术是一种应用于机械设备零部件表面处理的防腐耐磨技术。钨合金的独特成分和结构，使其具有很好的耐磨性和耐蚀性，它在钢材表面形成了致密均匀的耐蚀镀层，硬度≥800HV，镀层>50μm，在不降低原有力学性能的前提下其表面抗蚀性能得到明显改善。由于钨基非晶态合金具有长程无序、短程有序的结构，结构致密，各向同性，没有晶界、错位和缺陷，因而镀渗钨合金防腐应用于抽油杆及油管具有显微硬度高、耐磨性好、耐酸碱腐蚀，且与基底材料结合力好等特点，而且镀层均匀，物料利用率高，能耗和水耗比较低；无污染，可有效解决磨损与腐蚀两大难题[41]。国内主要防腐工艺的性能对比分析如表 12-2 所示。

表 12-2　国内主要防腐工艺的性能对比分析

名　称	优　点	缺　点
陶瓷内衬	防腐和防结垢性能好，工艺简单，可用于修复旧油管	油管的内径变小，防腐层比较脆，不耐磨
双相钢	具有很高的耐应力腐蚀开裂、耐孔蚀和缝隙腐蚀的性能，具有良好的强度和韧性	造价昂贵
涂覆防腐	抗蚀、阻垢能力较强	抗偏磨能力较差，仅能用于注水井。由于防腐层结合强度的问题，造成粉末喷涂层成片脱落，堵塞井筒，影响注水效果
氮化防腐	耐磨，成本低	防腐能力有限，氮化产品有氢脆、渗氮层不均匀等问题，造成使用中容易发生脆断

名　称	优　点	缺　点
玻璃钢	优良的耐腐蚀防结垢性能	价格贵，耐高温性能差，适用于浅井，不能用于深井，此外，玻璃钢比较脆，怕碰
镀钨合金	耐腐蚀防结垢耐磨性能优良，适用范围广	工艺后期镀件需要热处理

12.4　长材深加工技术

以热轧棒线材为原料的长材深加工所涉及的面比较宽，包括有钢丝制品、金属钉、金属（包括钢筋网）网、钢绞线、钢丝绳、钢帘线、PC 钢丝和绞线、冷镦钢丝、螺栓、焊条、冷拉钢材、银亮钢棒、小五金件、紧固件、锻造齿轮、锻造轴类零件等。下面将按照产品的生产工艺，分别介绍钢丝类产品、冷镦类产品和锻造类产品的深加工技术。

12.4.1　钢丝生产技术

钢丝是金属制品典型产品之一，属于线材深加工产品，代表产品有钢帘线、PC 制品、焊丝、弹簧钢丝等。随着国民经济的蓬勃发展，金属制品业也得到快速增长，金属制品总产量由 2000 年的 730 万吨，增加到 2017 年的 4912 万吨，年平均增长率接近 10%[42]。金属制品被广泛应用于大型水利工程、核电工程、大型运动场馆、大跨度桥梁、会展中心、机场、高速铁路、国家电网特高压及大跨越输送电工程、西电东送、石油钻井等国家重点工程[43]，为我国的航空航天、国防军工事业做出了突出贡献，下至"蛟龙"、舰船、航母，上至"神舟""嫦娥""天宫"都有我国自主品牌的金属制品产品应用。

钢丝的典型生产工艺如图 12-46 所示，主要包括除鳞、润滑涂层处理和拉拔，根据不同产品性能和工艺的需要，还需原料、中间品或成品进行热处理。

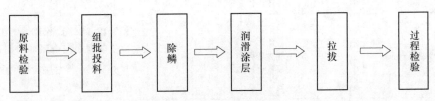

图 12-46　钢丝生产工艺

12.4.1.1　除鳞

钢丝生产的原料一般为直径 5.5~20mm 的热轧线材，其表面都留有 0.3%~

0.5%的氧化铁皮，另外拉拔后经过中间热处理，钢丝表面也会产生氧化铁皮。氧化铁皮硬度高且没有塑性，夹在钢丝和模具之间，拉拔时增加摩擦系数，使拉拔力增加，严重时会发生断丝；此外氧化铁皮还会黏附在模具孔中和划伤钢丝表面，降低模具使用寿命，增加模具消耗。镀层前如果氧化铁皮除不净，镀后镀层表面就会鼓泡，降低镀层的结合强度及镀层质量。因此，拉拔前和镀层前必须对线材和钢丝表面进行清理，除去氧化铁皮，为下一工序做好准备。

除鳞分为化学除鳞和机械除鳞两大类。化学除鳞方法很多，酸洗是最常用的，应用最广泛的是硫酸酸洗，其次是盐酸酸洗、电解酸洗和超声波酸洗[44]。只有在氧化铁皮十分难洗的情况下，例如不锈钢，采用硝酸+氢氟酸进行酸洗。国内大多数金属制品企业，由于受技术条件的限制，多采用间隙式酸洗方式，随着钢丝生产向连续化、高速化发展的趋势，已经出现不少包括酸洗在内的各种连续生产作业线。机械除鳞法是利用钢具有一定延展性，而氧化铁皮无延展性，通过施加机械力的方法使氧化铁皮剥离、脱离。与化学除鳞方法相比，机械除鳞法具有金属损耗少；可避免钢丝产生氢脆缺陷；省去酸洗槽、废酸处理等设备，除鳞时间短，可降低成本；改善劳动条件，不会造成环境污染，氧化铁皮易于回收等优点。但是传统的机械除鳞方法氧化铁皮清除的不够干净，往往是配合酸洗工艺一起进行。

近年来随着人们环保意识的增强，免除环境污染的钢丝无酸洗拉拔已引起金属制品行业生产厂家的关注。国内一些低碳钢丝生产厂家为降低成本，消除酸洗对环境的污染，采用机械除锈代替酸洗进行钢丝表面处理，用压力模等装置取代磷酸盐或硼砂涂层增强润滑效果。

无酸洗拉拔是将盘条缠绕于弯曲辊轮上，盘条靠近弯曲辊轮的弯曲部分产生压缩变形，而离弯曲辊轮较远的弯曲部分产生伸长变形，使之氧化铁皮脱落。从拉拔设备看，目前均使用滑轮式拉丝机进行无酸洗拉拔，其原因有二：一是卷筒的积线高度均在250~350mm，有利于拉拔前钢丝的冷却，减少连拉钢丝的温升；二是导向轮使钢丝在拉拔过程中扭转、跳动，使钢丝通过过线轮进入模盒时，易带动润滑剂自动搅拌，并将已结成条状或焦块的润滑剂带离拉丝模孔，使粉状润滑剂软化吸附在钢丝表面形成润滑膜[45]。

在总压缩率不大的情况下，如果原料的原始组织相同，直径公差要求相同，则无酸洗拉拔及拉拔道次少的耗模量比拉拔道次多的其他工艺的耗模量略大，而抗拉强度值变化不大。经过涂层处理后的钢丝表面油黑发亮，有金属光泽，而无酸洗拉拔的钢丝灰白、暗淡[46,47]。无酸洗拉拔钢丝表面虽然没有任何涂层及载体，但拉拔时进入模孔的润滑剂已经软化，而吸附到钢丝表面的微隙中去，起到了润滑作用，降低了钢丝与模壁之间的摩擦力，减少了拉丝模磨损。其吨耗模数虽然比其他工艺有所增加，但增加幅度较小，约10%。

对于经过涂层的钢丝，因为其表面生成一层难溶于水的磷酸盐薄膜，该薄膜不但与钢基结合得十分牢固，且有微孔结构，富有延展性，润滑剂也最易嵌入微孔而被带进拉丝模，起到良好的润滑作用。所以经过涂层处理的钢丝表面较无酸洗拉拔钢丝表面好。

12.4.1.2 拉拔

拉拔是钢丝生产的重要工艺环节。钢丝在拉拔过程中的变形条件，如模孔工作锥角度、冷却润滑、压缩率、拉拔速度、润滑剂等对冷拉后钢丝力学性能的影响，都可以归纳为"热量"对钢丝的影响。钢丝在拉拔过程中，由于受到变形热及摩擦热的作用而被加热，特别是连续拉拔时，逐道次热量的不断积累，可使钢丝加热到比较高的温度，从而产生时效，显著影响钢丝力学性能。冷拉钢丝生产过程中，原料在拉拔力作用下，形成两压一拉的三向主应力状态，使金属产生塑性变形得到所需要的产品尺寸；与此同时金属内部的晶粒（渗碳体及铁素体）及晶间物质（杂质及夹杂物），沿着变形方向被拉长，以致使金属组织发生改变，形成所谓纤维组织。在显微镜下可以看到纤维状的程度与冷拉钢丝的总压缩率成正比。钢丝在冷状态下的压力加工，由于加工硬化的结果使变形金属的力学性能产生显著的变化。即随着拉拔过程的变形量增大，金属的变形抗力指数（弹性极限屈服有限、强度极限、硬度）有所提高而塑性指数（伸长率、断面收缩率）有所降低，并使金属某些物理及物理—化学性能（如金属的密度、磁导率、电极电位等）都有不同程度的改变[48]。这些性能的变化除了与金属化学成分含量（碳、硅、锰、磷、硫、铬、镍、铜等）有密切关系外，也与冷拉加工过程所采用的冷加工变形条件有关，例如：模孔参数、部分压缩率、冷却条件、拉拔速度、润滑条件、总压缩率等。

几乎所有的碳素钢丝，不论低、中、高碳钢丝的强度都将随总压缩率的增加而升高。这主要是由于随着冷变形量的加大，金属内部晶粒不断产生滑移。随着滑移系的减少及晶格产生位错歪扭，阻止再变形进行，故使钢丝塑性变形抗力增加，金属形成的冷加工硬化现象加剧，因现导致钢丝的破断拉力加大，即钢丝的抗拉强度升高。而加工硬化的加剧却使钢丝的韧性（弯曲、扭转值）恶化，严重的会形成脆性材料，其弯曲性能极低。所以在用总压缩率加大来提高冷拉钢丝的强度时，一定要防止过大的冷加工硬化。因此总压缩率的选择不仅要考虑产品强度要求，而且要考虑产品韧性指标要求。在总压缩一定的前提下尽量选择较小的部分压缩率[49,50]。

12.4.1.3 钢丝热处理

将钢丝加热到一定温度，保温一段时间，然后以一定的速度冷却，改变钢丝内部组织结构，以达到改变钢丝物理化学及力学性能的方法，称为钢丝热处理。钢丝品种很多，性能各异，要达到不同品种的不同要求，要掌握不同的热处理方法。

钢丝热处理主要目的：

（1）消除冷加工造成的加工硬化现象，以利于进一步冷加工。

（2）确保成品钢丝的最终力学性能或物理性能。针布钢丝以淬火-回火状态交货；合金工具钢丝、低碳通讯架空线钢丝要以退火状态交货；预应力钢丝要回火状态交货。

（3）为拉拔成具有高综合力学性能的成品钢丝，而对线坯进行显微组织准备的热处理。例如拉拔制绳钢丝或轮胎钢丝，对成品的坯料进行索氏体化处理，从而经拉拔后使成品钢丝具有高强度和良好的韧性。

（4）提高热轧线材的塑性及消除其组织的不均匀性，以利于拉拔的预先热处理。例如对盘条进行退火或正火处理。

钢丝热处理按工艺流程分为原料热处理、半成品热处理（又称中间热处理）和成品热处理，按热处理效果分为软化处理、球化处理和强韧化处理。

A　软化处理

软化处理是钢丝生产中用得最多的一种热处理方法，软化处理的主要目的是：使显微组织均匀一致、消除加工硬化、降低强度、提高塑性，以利于进一步冷加工或使用，可用于原料、半成品和成品热处理。钢丝软化处理工艺包括：完全退火、不完全退火、再结晶退火、固溶处理、高温回火和消除应力退火等。

完全退火：把亚共析钢加热到 A_{c3} 以上 20~30℃，然后缓慢冷却。由于钢经历了从铁素体+珠光体转变为奥氏体，再从奥氏体转变为铁素体+珠光体的相变，又经缓慢冷却，得到的是细晶粒、粗片状的珠光体组织。完全退火可以使热轧钢棒的硬度降到最低水平，有利于机械加工，但因退火温度高，带来较重的表面脱碳或贫碳，钢丝基本不采用完全退火，特别是过共析钢应严禁完全退火处理。

再结晶退火（recrystallization annealing）：经冷加工的钢丝加热到再结晶温度以上、A_{c1} 点以下，保温适当时间，然后空冷，使晶粒重新结晶为均匀的等轴晶粒，以消除冷加工硬化。再结晶退火是钢丝应用最多的一种软化处理方法，退火温度越接近 A_{c1} 点，钢丝强度和硬度越低。

通过再结晶退火，可消除加工硬化，利于继续拉拔。使钢丝软化的中间退火以及某些软状态交货的低碳钢丝最终热处理，常用再结晶退火。

钢丝再结晶退火也有采用连续作业方式进行的，此时钢丝在连续炉内加热到低于 A_{c1} 10~15℃保温数十秒，随后空冷即可，这种处理称为钢丝连续式再结晶退火。

不完全退火（incomplete annealing）：将钢丝加热到 A_{c1}~A_{c3} 之间温度，得到不完全奥氏体化组织，然后缓慢冷却的热处理，球化退火实际上也是一种不完全退火。

消除应力退火（stress relief annealing）：目的是消除冷加工硬化或实现钢丝软化，退火温度一般为 600~700℃。

固溶处理（solution treatment）：将钢丝或合金丝加热到高温单相区，使析出相充分溶解到固溶体中，然后快速淬水冷却，以获得过饱和固溶体，主要用于奥氏体不锈钢丝，以及某些高温合金、精密合金和耐蚀合金丝的软化处理。高锰钢（Mn13）经固溶、淬水获得完全奥氏体组织的热处理又叫水韧处理（water toughening）。

钢丝固溶处理：奥氏体不锈钢丝以及部分精密合金（3J）丝、高温合金丝和耐蚀合金丝是通过高温固溶处理实现软化的，固溶处理炉有周期炉和连续炉两种，现代化的企业多按钢丝规格范围配置固溶处理作业线。

B 回火处理

定义：将淬火后的钢丝加热到 A_{c1} 以下某一温度，保温一定的时间，然后以一定的冷却速度冷却到室温的处理，称回火处理。

目的：清除不均匀残余应力，使钢丝的抗拉强度、屈服极限和伸长率增加，并增大其抗蠕变性能。

钢丝的回火分为三种：

（1）低温回火：回火温度为 150~250℃。这是对于经淬火后要求保持高硬度、高强度和耐磨性的工件或钢丝所采用，得到回火马氏体。

（2）中温回火：回火温度为 350~450℃。这是为保证高的屈服强度和一定的韧性，得到回火屈氏体。

（3）高温回火：回火温度为 500~650℃，得到回火索氏体。高温回火几乎完全消除淬火内应力，并使钢丝可得到高强度和高韧性最良好配合的力学性能。

C 球化处理（spheroidizing）

球化处理的目的是得到粒状珠光体组织，具有粒状珠光体组织的钢丝与具有片状珠光体组织的钢丝比较，抗拉强度低、塑性更好、冷加工硬化得慢、能承受更大减面率的拉拔；细粒状（或细片状）珠光体钢丝淬火时碳化物能很快溶入奥氏体中，淬火范围宽、淬火性能稳定、不易出现裂纹；特别是粒状珠光体组织钢丝的冷顶锻性能远优于其他状态的钢丝。所以碳素工具钢丝、合金工具钢丝、冷镦钢丝和冷锻成形的缝纫机针钢丝，半成品和成品基本选用球化热处理工艺。

实现钢丝组织球化的方法有 3 种：球化热处理、冷拔+球化处理和铅浴（或正火）+ 球化处理。

球化热处理（spheroidizing treatment）：钢丝加热到 A_{c1} 点上 20~30℃，保温 2~4h，以 20~40℃/h 的速度冷到 A_{r1} 点以下，再空冷或炉冷，使其显微组织中的碳化物呈球状。加热控制要点是使渗碳体部分溶入奥氏体，部分残留，在随后缓冷过程中，部分溶入奥氏体中的渗碳体以残留渗碳体为核心重新析出，形成粒

（球）状珠光体组织。

冷拔+退火多次循环球化处理：球化热处理加热温度比再结晶处理要高出 30~40℃，能耗相对加大，特别是在无保护气氛条件下进行的球化热处理，容易造成钢丝脱碳趋势加重，对于中低碳冷顶钢丝，可采用盘条直接拉拔+再结晶退火+拉拔+再结晶退火……多次循环的方法，获得良好的粒状珠光珠。热轧状态的中低碳盘条显微组织为片状珠光体，具有良好的冷加工塑性，经一定减面率拉拔后，渗碳体部分破碎，同时拉拔形成的内应力为渗碳体碎片的球化提供了一定的动力，一般经两次拉拔+再结晶退火循环（俗称两酸两退），即可获得良好的粒状珠光体组织。与经球化处理的钢丝相比，用此工艺获得的粒状珠光体组织，碳化物的球化度更规整、更细小、更均匀。

铅浴（或正火）+再结晶退火球化处理：对冷顶锻成形，最终需要进行淬-回火处理的钢丝，希望以粒状珠光体交货，同时要求碳化物颗粒度小于 $1\mu m$，采用一般球化工艺很难生产出完全符合要求的钢丝。可采用铅浴（或正火）处理，先将渗碳体彻底打碎成薄片（当然铅浴效果最好，在没有铅浴炉的单位也可用正火处理），然后用拉拔+再结晶退火多次循环的方法实现球化。第 1 次再结晶退火可选用较高（贴近 A_{c1}）的温度，然后逐步降低再结晶退火温度，防止碳化物颗粒过度长大。

无论用哪种方式进行球化退火，都必须保证钢丝在高温下停留一段时间，使珠光体中的渗碳体溶解、成核、聚集、长大，连续炉不管多长，钢丝在炉中停留时间毕竟有限，因此球化处理只能在周期炉中进行。

D　强韧化处理（Strengthening and toughening treatment）

强韧化处理的目的是得到高强度、高韧性的钢丝，强韧化处理方法有 9 种：正火、铅浴（派登脱）处理、贝氏体化等温淬火、油淬火-回火、预硬化处理、沉淀硬化处理、时效处理、消除应力处理和稳定化处理。

正火（normalizing）：将钢丝加热到 A_{c3} 或 A_{ccm} 以上 30~50℃，保温适当时间后，在流动的空气中急速冷却。中、低碳钢正火后的组织为较细片状珠光体，抗拉强度和硬度要高于退火，但有较好的塑性和韧性。合金钢空冷后的组织是索氏体或贝氏体，甚至会出现部分马氏体，此时，钢的硬度往往较高，塑性较差，不利于冷加工和机械加工，需要进行高温回火来改善加工性能。正火处理往往作为碳素钢丝的中间处理过程，而不作为钢丝拉制的成品处理。

铅浴（派登脱）处理：用连续炉将钢丝加热到完全奥氏体化温度，A_{c3} 或 A_{cm} 以上的温度（850~1000℃），然后在铅液、盐液、空气、水溶性有机介质或流态床中等温淬火，冷却到 A_{r1} 以下适当温度，获得索氏体或以索氏体为主的组织，因此又叫索氏体化处理。由于热处理中冷却介质不同，派登脱处理又分为铅浴派登脱、盐浴派登脱、空气派登脱等。生产高碳钢丝时，一般采用索氏体化处理作为拉拔成品前的热处理，如生产制绳钢丝、轮胎钢丝、预应力钢丝、碳素弹簧钢丝和琴钢丝等。

油淬火-回火：拉拔到成品尺寸的钢丝，在连续炉中进行淬火和回火处理，展开的钢丝首先在连续炉中加热到完全奥氏体化温度，然后通过油槽淬火获得马氏体组织，再通过连续回火，获得高强度（高硬度）、高塑性、高韧性钢丝。油淬火-回火弹簧钢丝平直度好，缠簧后经消除应力处理即可使用。

沉淀硬化处理：钢丝经固溶处理或冷拉变形后，在一定温度保温一段时间，从过饱和固溶体中析出沉淀硬化相，弥散分布于基体中，从而导致钢丝硬化的热处理。通常用于沉淀硬化不锈弹簧、弹性合金和高温合金零部件的最终处理。

时效处理：钢丝经固溶处理或冷拉变形后，在室温或一定温度保温一段时间，使过饱和元素从固溶体中析出，通常析出相（金属或金属间化合物）与基体保持共格关系，叫做时效处理。

12.4.1.4　钢丝生产新技术

为了进一步提高金属制品产品质量，降低成本，减少对环境的污染，近年来不断有新技术投入到钢丝生产中。

（1）钢丝水浴热处理技术：采用水浴替代铅浴进行索氏体化处理不仅可以减少环境污染，而且节省能源，降低生产成本，近年来发展非常迅速，并已成功应用于胎圈钢丝、胶管钢丝、帘线钢丝、切割钢丝等索氏体化热处理生产中。

（2）高效节能热处理炉窑技术：传统的燃煤热处理路加热效率低，温度波动大，环境污染严重。天然气明火加热炉、蓄热式加热炉、电热管式加热炉等先进设备的采用，不仅提高了热效率和控温精度，而且改善了环境。

（3）自动控制技术：以温度调控技术、变频调速和 PLC 控制技术、拉拔张力和收放线张力控制技术为代表的自动控制技术在金属制品行业得到广泛的推广和应用，提高了生产效率和产品质量，使金属制品生产过程更加智能化、精确化，推动了行业技术进步。

12.4.2　冷镦生产技术

12.4.2.1　紧固件产品的概述

紧固件是用于紧固连接且应用极为广泛的一类机械零件。在各种机械、设备、车辆、船舶、铁路、桥梁、建筑、结构、工具、仪器、仪表和日用品等方面都可以看到各式各样的紧固件，如图 12-47 所示。它在我们的日常生活中随处可见。它的特点是品种规格繁多，性能用途各异，而且标准化、系列化、通用化的程度也极高。

由于我国的紧固件行业处于开放的市场竞争状态，形成其独有的特点：一是规模小，紧固件企业以其灵活的经营方式，迅速适应着千变万化的市场需求，并

图 12-47　紧固件

得到了快速发展；二是数量多，我国紧固件生产企业形成了庞大的产业集群；三是门类全，从最原始的加工方式到先进的多工位冷镦机、从红打到热处理调质自动生产线，紧固件行业几乎涵盖了整个产业的全部产品及工艺；四是成本低，目前国内各种所有制的企业都有，紧固件经过长期的发展，具备了一定的产业基础和优势。我国紧固件市场包括了大部分的紧固件产品，各种规格型号的产品种类众多。一个市场就可以采购到全部所需[51]。

目前。我国农业、水利能源、交通、信息、建筑、环保等产业的发展较快，为此需要大量机械装备以满足其发展的需要。随着工业化和自动化水平的提高．这些装备需要配套大量的高性能和高可靠性的机械基础元件。

12.4.2.2　冷镦生产技术

冷镦是紧固件生产的主要工艺，其主要是将原料在室温下的进行塑性变形。冷镦件或直接作为零件使用，或进行后续的机加工、热处理、表面处理等工序转化成品零件，其工艺路线如图 12-48 所示。

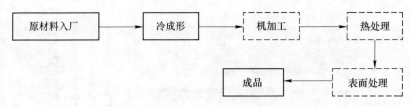

图 12-48　冷镦工艺路线

冷镦工艺的原材料为盘卷线材，钢材为冷镦钢，有中低碳钢和中低碳合金钢、碳钢等。冷镦工艺对原材料的质量要求较高。采用冷镦工艺制造紧固件，效率高、质量好、用料省、成本低。在冷镦过程中，零件的变形量很大，为 60%～85%，而且大多一次成形，因此要求冷镦钢具有很高的塑性，冷镦变形抗力小，不产生裂纹、裂缝等缺陷，加工硬化率低，同时要求冷镦钢材具有高的表面质量。冷镦性能是冷镦钢的重要性能之一，对于冷镦钢变形要具有尽可能小的阻力和尽可能高的变形能力。为此，一般要求冷镦钢的屈强比为 0.50～0.65，断面收缩率>50%，此外，为避免在冷镦时表面开裂，要求钢材表面质量良好，同时钢材的表面脱碳要尽可能小。

冷镦工艺的特点包括：

（1）节约材料。例如一些轴类零件在截面上有不同的尺寸，采用车削的工艺，需使用最大截面的棒材进行车削，将有极大的车削余量及切屑；内部中空的产品，如采用车削工艺，内孔也需钻孔工序，同样有较大的加工量和材料浪费；而冷镦工艺将极大地提高了材料利用率。图 12-49 是典型的冷镦件材料节约案例。

图 12-49　冷镦节省材料案例

（2）生产效率高。冷镦工艺生产高效率，以六工位超高速、超高精度冷镦成形机为例，节拍 60~150 件/min，每班（8h）1.5 万~4 万件，且是连续进料和生产，辅助工作停机时间短；而机加工产品速度为切料 5~15s/件，车削 20~75s/件，每班 300~900 件；因此，冷镦设备生产效率可相当于 10 台以上的通用机床。

（3）净成形和尺寸精度高。随着几十年的锻造行业高速发展，很多项新技术投入到设备和产品设计中，例如：液压定尺送料、伺服传动、压力监控等系统，冷镦技术已经突破了锻造件就是毛坯件的传统概念，产品精度越来越高，越来越多的产品成为净成形产品。另外，冷镦产品有较低的表面粗糙度，局部甚至可达到 $R_a 0.4\mu m$。因此，冷镦产品从尺寸和形位公差精度和粗糙度可满足较高的装配要求等级。

（4）可成形复杂形状和截面产品。冷镦可成形一些机加工难以加工或效率较低的产品，例如：非轴对称的产品、齿型产品、异型突起或截面的产品或曲面产品。图 12-50 中为复杂形状的冷镦产品。

图 12-50 复杂形状的冷成形产品

我国紧固件行业技术创新不多，与国外紧固件同行技术水平相比差距较大。在材料的选择上，尽量选择含硫易切削钢和非金属夹杂物含量较低的 ML 钢。在新材料应用方面，高强碳素结构钢、高强微合金钢、高强合金结构钢和高强微合金钢已经生产成功，钛合金紧固件应用于航空航天领域。在新技术应用方面，六工位超高速、超高精度冷镦成形机的最高生产速度已达 600 件/min，经过气相沉积处理，六角冲头模具寿命提高到 25 万件以上，出现了如三价铬镀锌钝化、三价铬锌镍合金镀层、无铬达克罗等表面处理新技术。要求紧固件用冷镦钢具有很高的塑性，冷镦变形抗力小，不产生裂纹、裂缝等缺陷，加工硬化率低以及高的表面质量[52]。

12.4.3　锻造生产技术

12.4.3.1　锻造生产技术的概述

锻造是一种利用锻压机械对金属坯料施加压力，使其产生塑性变形以获得具有一定力学性能、一定形状和尺寸锻件的加工方法。

钢的再结晶温度约为727℃，但普遍采用800℃作为划分线，高于800℃的是热锻；在300~800℃之间称为温锻或半热锻，在室温下进行锻造的称为冷锻。用于大多数行业的锻件都是热锻，温锻和冷锻主要用于汽车、通用机械等零件的锻造，温锻和冷锻可以有效地节材。

根据成形机理，锻造可分为自由锻、模锻、碾环、特殊锻造[53]。

（1）自由锻：指用简单的通用性工具，或在锻造设备的上、下砧铁之间直接对坯料施加外力，使坯料产生变形而获得所需的几何形状及内部质量的锻件的加工方法。采用自由锻方法生产的锻件称为自由锻件。自由锻都是以生产批量不大的锻件为主，采用锻锤、液压机等锻造设备对坯料进行成形加工，获得合格锻件。自由锻的基本工序包括镦粗、拔长、冲孔、切割、弯曲、扭转、错移及锻接等。自由锻采取的都是热锻方式。

（2）模锻：模锻又分为开式模锻和闭式模锻，金属坯料在具有一定形状的锻模膛内受压变形而获得锻件，模锻一般用于生产重量不大、批量较大的零件。模锻可分为热模锻、温锻和冷锻。温锻和冷锻是模锻的未来发展方向，也代表了锻造技术水平的高低。

按照材料分，模锻还可分为黑色金属模锻、有色金属模锻和粉末制品成形。顾名思义，就是材料分别是碳钢等黑色金属、铜铝等有色金属和粉末冶金材料。

闭式模锻和闭式镦锻属于模锻的两种先进工艺，由于没有飞边，材料的利用率就高。用一道工序或几道工序就可能完成复杂锻件的精加工。由于没有飞边，锻件的受力面积就减少，所需要的荷载也减少。但是，应注意不能使坯料完全受到限制，为此要严格控制坯料的体积，控制锻模的相对位置和对锻件进行测量，努力减少锻模的磨损。

（3）碾环：碾环是指通过专用设备碾环机生产不同直径的环形零件，也用来生产汽车轮毂、火车车轮等轮形零件。

（4）特种锻造：特种锻造包括辊锻、楔横轧、径向锻造、液态模锻等锻造方式，这些方式都比较适用于生产某些特殊形状的零件。例如，辊锻可以作为有效的预成形工艺，大幅降低后续的成形压力；楔横轧可以生产钢球、传动轴等零件；径向锻造则可以生产大型的炮筒、台阶轴等锻件。

楔横轧工艺原理图如图12-51所示。楔横轧机高效轧制各种中重型汽车轴类、内燃机轴类、工程机械轴类部件，已形成一个产业群。据估计，我国目前已

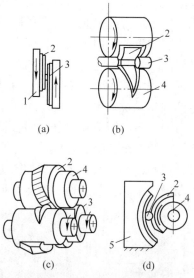

图 12-51　楔横轧工艺原理图

（a）平板式；（b）二辊式；（c）三辊式；（d）单辊圆弧式

1—模板；2—变形楔模具；3—工件；4—轧辊；5—固定圆弧模板

达到年需求 260 万吨的水平，并且还在不断发展之中。随着汽车等行业加大全球化采购力度，其出口量也将大增，其特点是依靠钢厂提供优质钢轴类原料，经剪切—加热—楔横轧—热处理成为各种毛坯，再加工成为各种轴类部件，供应厂根据用户要求可供坯也可供应加工部件。

"十三五"期间，锻造行业急需在材料、锻造工艺、热处理各方面的技术支撑。其中，新材料（轻量化）的研发及其成形工艺研究在市场上会有强烈需求，各种高性能材料（高强度螺栓用钢、铝合金、镁合金及冷温锻用钢等）的需求将不断扩大；适应单一零件大批量生产的专业化、高速化、自动化、高精度和高可靠的高端智能锻造成形设备（线）需求强劲；传统设备的自动化改造会有需求，有利于提高生产效率和材料利用率的工艺改革需求强劲；节能减排、降本增效和少切削或无切削加工型锻造工艺需求增加；模具寿命的延长是所有锻造企业重点且亟待解决的问题。因此，有利于提高模具寿命的材料、热处理、表面处理等新技术需求将会增加，精密、高寿命模具需求会增加。

12.4.3.2　多向锻造技术

多向锻造技术是大塑性变形法中一种代表性工艺。所谓的大塑性变形法就是使材料产生剧烈的塑性变形以达到强烈细化晶粒的效果，其平均晶粒尺寸一般都在亚微米乃至纳米级。目前大塑性变形法已被国际材料学界公认为是制备块体纳米和超细晶材料的最有前途的方法，正引起材料专家们越来越多的兴趣和关注。

与其他几种代表性大塑性变形法如等径角挤和高压扭转相比，多向锻造技术由于其工艺简单、成本低，使用现有的工业装备即可制备大块致密材料以及可使材料性能得到改善等优点，有望直接应用于工业化生产。多向压缩是在多向锻造基础上去掉拔长工序，操作上采用固定比例的方形试样，每道次压缩 30% ~ 45%，淬水，而后将变形试样机加成原比例的试样（长轴转 90°），再沿第二轴进行压缩，反复变形以达到细化晶粒效果。多向压缩便于精确计算变形量，本质上仍属于多向锻造技术。目前，多向锻造技术已在多种材料上得到研究，如钛及钛合金、多晶纯铜、不锈钢、镍合金、铝合金以及镁合金[54]。

多向锻造技术是一种自由锻工艺，其工艺原理如图 12-52 所示。形变中材料随外加载荷轴向变化而不断被压缩和拉长，通过反复变形达到细化晶粒、改善性能的效果。

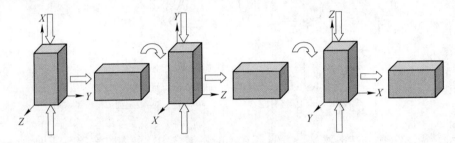

图 12-52   多向锻造技术示意图

与传统的单向成形工艺如轧制、单向墩粗相比，多向锻造技术最大的特点就是形变过程中外加载荷轴向是旋转变化的。这种变形方式对材料变形时的流变应力行为和显微组织演变有很大影响。在第一道次压缩后材料内部变形带基本平行，继续沿先前载荷方向压缩时，随着变形的进行，这些变形带的位向差会有所增大，间距逐渐缩小，最终形成高密度流线组织。在这种变形方式下，新晶粒多数沿着晶界形成，而在晶粒内部产生的比例很小，故体积分数相对较低。反之采用多向锻造工艺，变形带取向将随外加载荷轴向的变化而改变，在晶粒内部相互交错，由于变形带交汇处位错塞积严重，密度较大，位错间相互纠缠形成胞状组织（具有几何晶界）。变形量继续增加就会促使胞状组织转变成亚晶粒（具有独立的滑移系），进而转变成具有小角度晶界或大角度晶界的新晶粒，使得新晶粒不仅能在晶界处产生，而且也能在晶粒内部大量出现，有利于组织细化。

多向锻造大塑性变形能强烈细化组织，使材料力学性能得到很大提高。同时由于外加载荷轴变化使得锻件各方向变形程度和力学性能相同，避免了挤压、轧制等其他常规成形工艺通常出现的各向异性。

12.4.3.3   精密锻造成形技术

汽车、通用机械、兵器、电子、能源、建筑、航空、航天领域的高速发展，在给制造业带来新机遇的同时也带来了更大的挑战。常规的切削加工技术和普通锻造成形制坯工艺已难以满足发展要求。因此,以生产尽量接近最终形状的产品。甚至以完全提供成品零件为目标应是塑性加工技术变革的必然趋势和发展方向。

精密锻造成形技术,亦称近形或近净成形技术是指零件成形后,仅需要少量加工或不再加工,就可以用作机械构件的成形技术。即制造接近零件形状和尺寸要求的毛坯。它是在普通锻造成形工艺的基础上逐渐完善和发展起来的一项先进制造技术,集合了新材料、新能源、信息技术、计算机技术等多学科高新技术于一体的应用技术,具有高效率、节能、节材、高精度、轻量化、低成本等优点。在 20 世纪 70 年代到 90 年代期间,精密锻造成形技术取得了飞速发展,并逐渐在发展中形成了由锻压设备、成形工艺、锻造模具、成形过程的数值模拟和工艺优化等构成的锻造成形体系。精密锻造成形过程中金属的流线沿零件外形分布合理而不被切断,不仅能提高零件的承载能力,而且还能够获得更好的组织结构,得到安全性、可靠性和使用寿命都较高、外观较好的产品,获得更好的经济效益。激烈的市场竞争也使得发展新型精密锻造成形技术成为制造业的主流趋势[55]。

精密锻造成形工艺可按多种方式分类。按成形温度可分为:高温、中温、室温、超塑等温精锻成形;按变形时金属的流动情况可分为:开式、闭式、半闭式精锻成形;按变形速度可分为:一般、慢速、高速精锻成形等。但在生产实践中,人们习惯将精密锻造成形技术分为:冷精锻成形、热精锻成形、温精锻成形、复合成形、复动锻造(闭塞锻造)、等温锻造以及分流锻造等。

目前,精密锻造成形技术主要应用于两个方面:精化毛坯(用精密锻造技术取代粗机械加工工序,即将精锻件直接进行精切削加工得到成品零件)和精锻零件(一般用于精密成形零件上难切削加工的部位,而其他部位仍需进行少量的切削加工)。精密锻造成形技术的发展趋势如下[56]:

(1)精锻产品向复杂化、精密化和优质化方向发展。科技的发展。制造业的进步,使得人们对锻造产品的种类和精度的要求越来越高。另外,较其他工艺而言,锻造工艺本身具有的锻造成本低廉、生产周期短和环境污染小等优点以及各种锻造新工艺的开发应用,使得越来越多复杂精密产品的加工制造趋向于锻造,例如钟表中不可或缺的微小齿轮、形状复杂的螺旋伞齿轮等。

(2)精锻设备和过程向自动化、智能化、柔性化方向发展。科技的发展带来了激烈的市场竞争,随之而来的是丰富的产品种类和各行业飞速的新旧更替。为此,传统的加工单一品种的刚性生产线已不适应这种特征和市场形势发展的要求,其升级换代产品的高柔性和高效率的自动化锻压设备,已成为冲压技术及装备发展的主要潮流。另外,利用控制系统操作锻造机器人代替传统的手工锻造,从而使锻造过程越来越趋向于机械化、智能化和自动化也是未来锻造业发展的方向。

（3）锻造技术向多元化方向发展。随着塑性加工技术逐渐趋于科学化和可控化，传统的开发新产品时以经验和知识为依据、以"试错"为基本方法的工艺技术已不能满足锻造业发展的需求，虚拟仿真技术已逐渐成为锻造新产品开发时必不可少的工艺。现有的模拟软件和模拟方法主要局限于对成形过程的预测和加工工艺的优化分析，如模拟预测锻造过程中坯料和模具的温度场变化、模具磨损量的分布情况等。近期开发的关于模拟锻造过程中坯料组织性能变化的仿真技术也日臻成熟，即通过模拟来优化工艺，从而实现在锻造过程中通过变形就可有效改变坯料的微观组织，使锻件成形后的力学性能达到所规定的要求。可以说，虚拟仿真技术的主要目标和任务正经历着从"成形"到"改性"的过渡与升华。

（4）工艺技术革新向精细化方向发展。随着精密锻造产品应用范围不断扩大，针对某些特种领域的要求，复合成形技术、低温高速超塑性成形、板料成形技术、微成形冷锻技术、粉末特种锻造、旋压成形和液态模锻等各种新技术、新工艺不断涌现。

（5）锻造成形工艺向绿色化、环保化方向发展。顺应当代可持续发展战略的要求，绿色、环保已成为制造业前进的风向标。所谓绿色锻造是指综合考虑环境影响和资源效率的现代制造模式，其追求的目标是使产品在整个生命周期中对环境影响（副作用）最小，资源利用率最高。由锻压生产的特点，决定了锻压设备和工艺过程对资源消耗大，对环境的污染（大气、噪声、固体废弃物和振动污染等）较严重。而随着我国交通运输业和制造业等各行业的迅速发展，锻压工艺将扮演着越来越重要的角色，绿色锻造不仅符合可持续发展战略的要求，也是顺应时代潮流及"以人为本"的需要。

参 考 文 献

[1] 丁波，李煜，车彦民，等. 新常态下的钢材深加工 [J]. 轧钢，2015（2）：1-5.

[2] 唐荻，米振莉，孙蓟泉，等. 钢材深加工的发展与思考 [C]//中国科学技术协会. 第十四届中国科协年会论文集，2012.

[3] 陈其安，丁波. 钢材深加工和技术延伸 [C]//中国科学技术协会. 第十四届中国科协年会论文集，2012.

[4] 唐荻，米振莉，苏岚，等. 浅谈我国钢铁工业对深加工的认识历程 [N]. 世界金属导报，2015-10-20（B12）.

[5] 查五生. 冲压工艺及模具设计 [M]. 重庆：重庆大学出版社，2015.

[6] 张雪松，彭玉龙. 冷弯成形理论与工艺技术的发展 [J]. 金属世界，2014（3）：26-29.

[7] 曹俊杰．集装箱顶板冷弯成形关键技术研究［D］．长春：吉林大学，2016.
[8] 张文莹，Mahdavian，Mahsa，等．波纹钢板覆面冷弯薄壁型钢龙骨式剪力墙抗震性能研究进展［J］．建筑钢结构进展，2017，19（6）：16-24.
[9] Philip Beiter，Peter Groche. On the development of novel light weight profiles for automotive industries by roll forming tailor rolled blank［J］. Key Engineering Materials，2011，473：45-52.
[10] 杨文志，阎昱，曹坤洋，等．高强度钢局部加热辊弯成形分析［J］．北方工业大学学报，2013，25（3）：76-81.
[11] 徐佳奇．电阻点焊工艺参数对高强钢焊接性能的影响研究［D］．上海：华东理工大学，2016.
[12] 王伟森．汽车制造业中焊接技术的应用现状与发展趋势［J］．现代焊接，2009（3）：43-45.
[13] 刘海涛．螺柱焊技术在机车车体上的应用［J］．电力机车与城轨车辆，2011，34（2）：46-48.
[14] 贾云星．CO_2 气体保护焊技术的现状及发展［J］．科技与生活，2010（14）：131.
[15] 宋金虎．焊接机器人现状及发展趋势［J］．现代焊接，2011（3）：1-4.
[16] 范彦平．激光焊接工艺的现状与进展［J］．建筑工程技术与设计，2017（17）.
[17] 徐国建，李响，杭争翔，等．光纤激光及 CO_2 激光焊接高强钢［J］．激光与光电子学进展，2014，51（3）：141-146.
[18] 靳涛．激光焊接技术的研究现状及展望［J］．科学与财富，2016（11）.
[19] 王俊红．建筑钢结构的中厚板脉冲埋弧焊工艺研究［D］．天津：天津大学，2011.
[20] 渐春光，戴忠晨，周成候，等．基于碳钢车体的等离子弧焊工艺的研究［J］．金属加工（热加工），2016（24）：51-53.
[21] 张毅．电子束焊接技术现状及发展［J］．包头职业技术学院学报，2009，10（1）：8-9.
[22] 冯悦峤．中厚钢板的深熔 TIG 焊工艺研究及温度场数值模拟［D］．天津：天津大学，2016.
[23] 蔡长生．热冲压成形技术与应用［J］．锻压技术，2013，38（3）：51-53.
[24] 苑雪雷，叶明礼，尹诗崭．浅谈热冲压成形技术［J］．模具制造，2016，16（6）：8-11.
[25] 朱梅云，李光辉．基于汽车轻量化的变厚板技术研究［J］．锻压装备与制造技术，2017，52（5）：52-53.
[26] 程江洪，王丽娟，陈宗渝，等．基于 TRB 技术的车身减量化设计与优化分析［J］．机械强度，2017（1）：57-62.
[27] 吝章国．先进高强度汽车用钢板研究进展与技术应用现状［J］．河北冶金，2016（1）：1-7.
[28] 晏培杰，韩静涛，王会凤．开发中的冷弯成形新技术［J］．锻压技术，2012，37（1）：6-9.
[29] 金如崧．无缝钢管百年史话［M］．北京：冶金工业出版社，2008.
[30] 李群，高秀华．钢管生产［M］．北京：冶金工业出版社，2008.
[31] 双远华．现代无缝钢管生产技术［M］．北京：化学工业出版社，2008.
[32] 陈建华，杨凛梅．ϕ650mm 热扩管机组大口径无缝钢管定径工艺简析［J］．江苏冶金，2002（3）：8-11.
[33] 徐小华，陈俊德，姜大伟，等．大口径热扩无缝钢管的发展与应用［J］．材料导报网刊，2010：13-16.

[34] 李东, 张志通, 焦如书, 等. 斜轧扩径生产工艺刍议 [J]. 钢管, 2009, 38 (1): 41-45.

[35] 吕庆功, 许文婧, 牟仁玲. 无缝钢管斜轧扩径变形特点分析 [J]. 金属世界, 2017 (4): 32-37.

[36] 钟蜀英, 任全胜, 郭元蓉, 等. 推制式扩管新工艺的研究 [J]. 四川冶金, 2004, 26 (4): 18-20.

[37] 武光, 吕鹏, 魏兰珍. 采用热扩法生产 P91 大口径钢管 [J]. 理化检验 (物理分册), 2014, 50 (5): 326-330.

[38] 向延平, 宗伟奇, 张具武. 弯头管件的冷推制成形工艺 [J]. 广船科技, 2011 (2): 29-33.

[39] 徐成孝. 国外近年来油气田管材防腐技术 [J]. 钻采工艺, 1994 (2): 65-68.

[40] 赵明宸, 朱军. 油管防腐短接技术与应用 [J]. 中国设备工程, 2010 (5): 44-45.

[41] 韩民强. 防腐油管技术综述 [J]. 设备管理与维修, 2017 (1): 83-85.

[42] 王筱冬. 高强度弹簧钢的发展现状和趋势分析 [J]. 中国锰业, 2017 (4): 104-106.

[43] 赵发忠. 我国弹簧钢丝生产现状及发展策略 [J]. 金属制品, 2004 (2): 1-3.

[44] 庞兆夫, 李文竹, 黄磊. 钢丝酸洗中氢脆的形成及预防措施 [J]. 鞍钢技术, 2008 (6): 25-28.

[45] 赵仲前, 余新刚. 低碳钢丝无酸洗拉拔工艺改进 [J]. 金属制品, 2011 (3): 10-12.

[46] 汪富强, 徐磊岗, 汪凯. 铝包钢芯线的清洁生产 [J]. 金属制品, 2017 (6): 14-17.

[47] 曹清. 无酸洗拉拔在高碳钢丝生产中的应用 [J]. 金属制品, 2003 (2): 14-16.

[48] 徐萍, 王伯健. 钢丝拉拔过程中的残余应力 [J]. 金属制品, 2008 (3): 1-4.

[49] Kazunari Yoshida, Ryoto Koyama, 刘湘慧. 钢丝拉拔残余应力的减小 [J]. 轮胎工业, 2014 (2): 124-127.

[50] 罗素梅. 钢丝拉拔生产技术浅析 [J]. 新疆有色金属, 2008 (4): 77-80.

[51] 祝其高, 张先鸣. 我国紧固件行业技术发展 [J]. 金属制品, 2010, 36 (1): 11-13.

[52] 燕来荣. 汽车市场需求带动我国紧固件行业发展的新商机 [J]. 紧固件技术, 2011 (3): 30-38.

[53] 中国锻压协会. 模锻工艺及其设备使用特性 [M]. 北京: 国防工业出版社, 2011.

[54] 郭强, 严红革, 陈振华, 等. 多向锻造技术研究进展 [J]. 材料导报, 2007, 21 (2): 106-108.

[55] 晏爽, 李普, 潘秀秀, 等. 精密锻造成形技术的应用及其发展 [J]. 热加工工艺, 2013, 42 (15): 9-12.

[56] 木青峰, 余心宏, 李伟伟. 精密锻造设备研究现状及发展趋势 [J]. 精密成形工程, 2015, 7 (6): 52-57.

13 钢铁材料全生命周期绿色化、可循环再利用与节能减排

13.1 钢铁材料的绿色属性

世界钢铁协会在《钢铁白皮书》中写到"钢是世界上最重要的基础应用材料之一，从基础设施和运输，到储存食物的锡铁罐，已经渗透到人类生活的方方面面。利用钢材，我们可以创造庞大的建筑物或精密仪器的微小零件。钢是强大的、多功能且能无限循环使用的材料。"正是因为钢铁材料具有易于回收和再利用的特点，用全生命周期的视角来评价钢铁材料会发现，与其他替代材料如铝或塑料等相比，用钢铁材料生产的产品更加具有绿色属性和节能减排的特征。

13.1.1 生命周期评价在钢铁行业的应用

"生命周期（life cycle）"就是指产品从自然界中开采自然资源、化石能源，经过加工、生产、包装、运输、销售、使用、循环再利用直至最终废弃回到自然界的全过程，即从"摇篮到坟墓"（from cradle to grave）的各个阶段的总和，以钢铁产品为例，其生命周期如图 13-1 所示[1]。

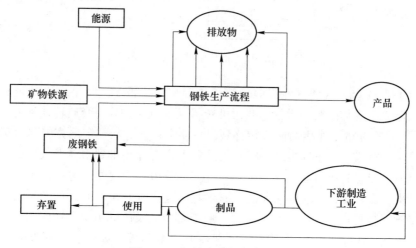

图 13-1　钢铁产品的生命周期

生命周期评价（Life Cycle Assessment，LCA）方法是评价一个产品的整个生

命循环中的环境影响和资源消耗的工具，包括原料的采集，生产和使用阶段，最后到废物处理阶段。目前最具权威性的 LCA 定义来自于国际标准化组织（ISO）和国际环境毒理学与化学学会（SETAC）。LCA 已经纳入 ISO14000 环境管理系列标准而成为国际上环境管理和产品设计的一个重要支持工具。根据 ISO14040：1999 的定义，LCA 是指对一个产品系统的生命周期中输入、输出及其潜在环境影响的汇编和评价，具体包括互相联系、不断重复进行的四个步骤：目的与范围的确定（goal and scope definition）、生命周期清单分析（life cycle inventory，LCI）、生命周期影响评价（life cycle impact assessment，LCIA）和结果解释（interpretation）。ISO14040 标准将 LCA 的评估过程及技术框架划分如图 13-2 所示的四个部分[2]，目前，生命周期评价框架中的前两部分，即目标与范围的确定和清单分析的发展已经相对比较完善，而影响评价是技术含量最高、难度最大的阶段，与结果解释仍处于不断探索和改进的发展过程之中。

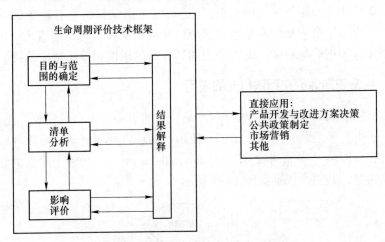

图 13-2　LCA 的评估过程及技术框架

由于 LCA 能最大限度地克服传统环境影响评价技术、污染末端处理技术以及传统环境法规与政策中常常忽略污染转移（如从一种环境介质转移到另一种环境介质，从产品的一个生命阶段转移到另一生命阶段，从一个地方转移到另一个地方等）的弊端，真正满足可持续发展的要求，在近年得到很大发展。它已从最初的借助于能源分析方法的"资源与环境状况分析"，发展成为一种生态与环境管理工具，成为具有基本概念和技术框架的环境管理工具。20 世纪 90 年代以来，LCA 得到了包括产业界、环境科学界、政府部门以及国际组织等在内的社会各界的广泛关注，其应用已几乎遍及环境管理的各个领域，如绿色产品的设计和开发、绿色食品生产、原材料和供应商的选择、生态标志标准的确定、政府采购政策、固体废弃物管理、环境法规和政策的制订和完善等。有迹象表明，LCA 还有可能成为用来制造绿色贸易壁垒的新手段。

　　钢铁行业对生命周期评价的研究早已开始。国际钢铁协会在 1996 年开展了世界钢材产品的生命周期清单研究，并分别于 2000 年和 2007 年对清单数据进行了更新，建立了钢铁产品的 LCI 数据库。参与研究的日本企业有新日铁、JFE、日新制钢、住友金属、神户制钢，欧洲企业有安赛乐米塔尔、塞尔萨钢铁集团、劳塔鲁基钢铁公司、瑞典钢铁公司、蒂森克虏伯、奥钢联，印度企业有印度钢铁管理局、塔塔钢铁欧洲公司、京德勒西南钢铁公司，此外还有巴西的盖尔道公司和中国的宝钢集团[3]。

　　作为对欧盟委员会提出的" 整合性产品政策（Integrated Product Policy，IPP，2003）"的响应，欧钢联承担了钢铁工业的 IPP 项目，于 2007 年提交了《欧洲钢铁工业对整合性产品政策的贡献》（《The EuropeanSteel Industry's Contribution to an Integrated Product Policy》）的报告，报告中建立了钢铁工业 LCA 方法论，发布了欧洲钢铁工业生命周期物流分析图[4]。此外，2007 年欧钢联还对其不锈钢产品的生命周期清单进行了数据更新[5]。

　　到 2008 年，Corus 已经对其 88% 的产品进行了生命周期评价，通过 LCA 量化了产品的环境性能，向建筑用钢客户发布了 40 个产品环境声明[6]。Corus 研发中心开发了 LCA 软件 CLEAR，该软件在其产品设计与优化方面发挥了重要的作用。Corus 的彩涂板 HPS2000 已获得绿色产品认证。Ruukki 和 Arcelor 等钢铁企业也对其产品进行了生命周期评价，多种钢铁产品都已获得绿色认证或处于认证过程中[7,8]。

　　新日铁利用 LCA 对其整个生产流程供应链进行管理，最大限度地减轻了钢铁产品生产对环境的影响；评价了循环利用对于生命周期成本及环境影响的积极作用；利用 LCA 进行了生态产品的研发[9]。

　　宝钢于 2003 年开始关注 LCA，2004 年正式立项进行了 LCA 研究，于 2005 年 3 月首次派人员参加了世界钢铁协会的 LCA 工作组，参与世界钢铁企业 LCA 方法的制定工作，完成了"2007 年世界 LCA 数据库更新项目"中宝钢方面承担的工作，2008 年 6 月派人员参与了全球钢厂的 LCA 分析与优化工作，并于 2006 年承办了世界钢铁协会的 LCA 论坛。宝钢已完成大部分碳钢产品的生命周期评价，得到了产品的生命周期环境负荷的量化结果，开发了 4 套钢铁产品生命周期评价软件[10]。

　　钢铁产品 LCA 数据库涉及的生命周期系统边界主要分三个阶段：原辅料与能源开采、生产和运输阶段；钢铁产品生产阶段；产品废弃后循环再利用阶段，不含下游使用过程。加入循环利用阶段的目的是反映钢铁产品 LCA 研究的导向性，要促进废钢的回收再利用、渣尘泥等钢铁副产品的循环再利用。生命周期系统边界如图 13-3 所示[11]。

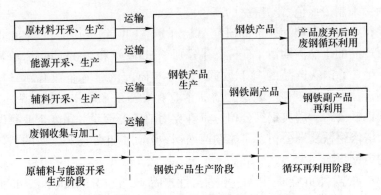

图 13-3　钢铁产品生命周期系统边界图

作为一种环境评价工具，LCA 的最大优点在于"系统、定量"，钢铁企业可以根据产品生命周期评价，把眼光从紧盯生产环节拓展到原料、运输、生产、使用、回收等各个阶段，不断改善生产工艺，提高产品的环境收益，增强产品竞争力。具体包括以下几个方面：材料竞争与产品设计选材可考虑完整的价值链；增加产品的品牌价值和声望，增强产品的市场优势和竞争力；告知客户、产品生产者、消费者，引导他们对钢铁产品形成科学、客观的评价；可以广泛应用于行业政策与标准制定中，用在二氧化碳和能耗的计算中，用于环保产品声明中；根据生命周期评价进行对标管理，衡量钢铁行业、公司及其产品的环境影响；展示钢铁再循环带来的环境收益。

目前 LCA 主要被利用来进行环境现状研究和预测研究，用于环境交流和Ⅲ型环境标志认证，从工序能效（与 BAT 比较）、工艺结构（高炉转炉工艺与电炉工艺，Corex 与高炉）、产品结构、能源结构和废弃物循环等方面分析钢铁企业的节能和环境减排潜力，从而为企业制定环境战略服务。

同时钢铁的用户企业可以使用生命周期评价对材料的环境影响进行比较，以选择对环境影响小的材料。以汽车行业为例，众所周知，一辆乘用车所用钢材的重量占车辆总重的一半多。车辆越重，能源消耗越高，尾气排放也就越多。因此，更轻质的材料似乎比钢铁更具有竞争力。例如，车辆制造如果使用铝或者镁合金等轻金属，或者碳纤维材料，可以减轻很多重量，能在很大程度上减少尾气排放。但是在考虑汽车产品对环境影响时，不能只看它的使用阶段——汽车在驾驶时会耗油，有气体排放，还要看到汽车所需原材料的生产过程都在进行排放，所以不能认为是只要汽车越轻，驾驶时排放越低就越环保。从全生命周期的角度来看，汽车原材料的生产过程排放是很高的。汽车上一个部件用普碳钢、先进高强钢和镁合金、碳纤维不同材料生产，通过非常详细的计算，其能耗对比如图13-4 所示[12]。从图中可以看出先进高强钢、普碳钢的能耗是最低的，铝的能耗是钢的 4 倍，镁合金是钢材的将近 18 倍。如果把汽车生命周期分成不同阶段：

材料种类	生产该材料的能耗 /kgce·t^{-1}	材料的用量 /kg	材料部件的能耗 /kgce	
普碳钢	585	100	59	59
先进高强度钢	590	75	44	44
铝合金	3500	67	235	235
镁合金	14000	50	700	700
碳纤维	7000	45	315	315

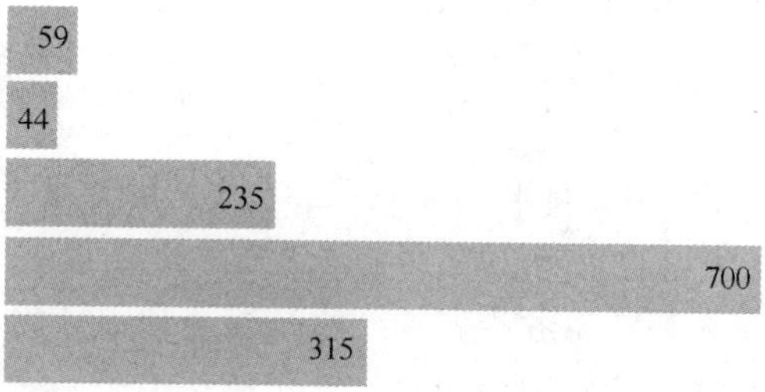

图 13-4　汽车原材料能耗对比

汽车材料的生产，汽车上路行驶，汽车报废回收，以先进高强钢生产汽车为基准，认为它是零碳，驾驶其他不同材料组成的汽车在全生命周期的排放，比基准先进高强钢的车全生命周期排放都高。在材料生产阶段，铝和镁合金的排放比先进高强钢的排放高很多，随着汽车行驶里程的增加，二氧化碳排放高出的数量会相对减少。但是在最后报废回收的时候，钢材可以全部回收，但是铝合金很难进行全部回收，碳纤维几乎是塑料，几乎是无法再进行回收利用的。所以，如果仅仅关注产品生命周期中的一个阶段，则不可避免地会出现不合理的评价结果。

13.1.2　钢铁生产流程的绿色管理

绿色生产管理的"3R"原则是"减量化（Reduce）""再使用（Reuse）""再循环利用资源化（Recycle）"三大原则。

"减量化"原则是循环经济最重要的操作原则，也是清洁生产的操作原则。减量化原则，旨在生产或消费过程中减少输入端资源和能源流入量，从源头节约资源和能源、减少污染物的排放。在钢铁生产过程中，对产生的废弃物采取减量化，如废气要尽量的减少，以减少对大气的污染。钢铁行业属于流程行业，积极推进钢铁制造流程从间歇—停顿—流程长向紧凑化—准连续化—流程短的方向发展，以使物质收得率最大化、能源效率最佳化和制造流程时间最小化。从铁矿石—能源—钢材—制品（工程）—废弃—再利用的过程看，如短流程钢厂的能耗及吨钢有害气体排放量都远低于高炉长流程钢厂，因此选择短流程钢厂更加符合"减量化"原则。

"再使用原则"，旨在生产和消费过程中尽量延长产品和服务的"生命周期"，提高产品和服务的利用效率，尽可能地多次或多种方式使用物品，避免产品过早成为垃圾，如通过改进设计使产品升级换代，而不是更换整个产品。对于钢铁产品，提高钢材及其制品的使用寿命，提高耐久性和可靠性，是显示其"绿色度"的另一途径。改善钢板表面涂镀层、改善轴承钢的抗疲劳性能、改善不锈钢耐热、抗腐蚀性能以及一系列抗大气腐蚀钢材的开发等均属此例。提高钢材的使用效率可以直接或间接地显示其"绿色度"。高强度耐腐蚀管线用钢的开发、轻型钢结构、钢制房屋的开发以及高性能电工钢板的开发、超临界高效锅炉用钢管的开发等属于此例。

"再循环利用原则",即针对输出端的资源化原则,要求产品完成使用功能后产品生命周期结束重新变成再生资源,以减少最终垃圾处理与排放量。这也就是人们熟悉的废弃物回收与综合利用。关于钢材及其制品的可再生性钢材及其制品的循环使用率明显高于塑料、水泥、纸、铝、玻璃等大宗使用的材料,可以说可再生性相对来说是最好的。为了再生循环利用,钢材及其制品在生产、设计使用、拆解、分类处理、收集等过程已经有了一系列措施,最为突出的是废旧汽车拆解、分类处理、回收。钢制罐头容器的回收率也达到了很高的水平。

随着可持续发展的理念逐步深入人心,同时考虑经济发展与环境责任的绿色经济,已成为社会各界的共识。在此背景下,钢铁工业运用 LCA 这一全流程、系统性的环境绩效评价工具,将钢铁的生产过程由传统的"原料—产品—废弃物"流程转变为一个"资源—产品—再生资源"的流程,充分体现和发展循环经济。提高资源和能源的利用效率,最大限度地减少废弃物的排放,缓解资源环境的有限性与发展无限性间的矛盾,解决日益严重的资源短缺、环境污染、生态破坏等问题,将生产纳入有机的、可持续发展的框架中,从而实现经济、社会、环境的和谐和可持续发展。

钢铁产品的生命周期如图 13-1 所示,包括钢铁生产,钢铁制品的加工及使用,以及制品使用寿命终了后的回收和再利用、再制造等几个阶段,钢铁全生命周期过程绿色管理的关键点是对废气、废渣、废水、废钢的管理。

目前,世界发达国家已完成粉尘治理。我国随着环保法律法规的严格执行,钢铁企业普遍建有废气脱硫设施,大中型企业中建有高炉煤气干法除尘-电除尘、布袋过滤器、转炉煤气干法静电除尘装置,在年产万吨以上焦炭的焦化厂配置装煤推焦除尘地面站设施,建设高炉出铁场、矿槽除尘系统,应用烧结尾气脱硫及综合利用技术。

我国钢铁行业每年排出的固体废弃物有亿吨以上,其中高炉渣及钢渣约万吨。除钒钛高炉渣和含放射性稀土元素的高炉矿渣没有利用外,大中型企业普通高炉渣及钢渣基本上全部利用。主要用于矿渣硅酸盐水泥及钢渣水泥,部分用于建筑填料及道面砖等。随着社会经济的不断发展,跨行业协作将会越来越多,要广泛联结化工、石油、轻工、建筑、食品等行业,构建资源生态化的产品链条和产业的链条,使钢铁企业成为清洁化生产基地。

在废水管理方面,主要是与周边企业实现资源共享,建立串接供水系统及回用处理后的外排生产废水的供水系统，力争实现生产废水排放为零。串接供水系统一水多次利用，用净水排水补浊水系统，浊水排污补入对污水无严格要求的用户，提高水的利用率，节水效果显著。建立污染水处理站是回用外排废水节水的有效途径之一。通过污水处理技术的不断发展，在全部回用外排生产废水时，即可达到钢铁企业生产废水"零排放"的目标。进一步完善敞开式循环冷却水系统，逐步开发推广密闭式循环水系统，最大限度地降低新水消耗。

废钢是炼钢生产的主要原料之一，转炉冶炼使用废钢可以节约能源、降低消耗、降低成本、提高经济效益和社会效益。对于废钢的管理要逐步建立起废钢配送体系，建立废钢采购联盟，实行大批量采购，集中加工，统一配送的新体制，提高废钢资源和夹杂物的综合利用，提高再生资源利用率。强化污染控制和环境保护促进废钢加工工艺的应用和废钢品种质量的提高。加快科技进步，调整产品结构，提高废钢品种质量，实施"精料入炉"。提高废钢质量，实施精料入炉的方针是炼钢发展和清洁生产的必由之路。

13.2 废钢回收与循环利用

13.2.1 废钢资源分析

按照来源，废钢可分为自产废钢、加工废钢和折旧废钢三大类。自产废钢（home scrap）是在钢铁生产过程中产生的废钢，冶金系统产生的自产废钢有以下几种途径、在炼钢过程产生的汤道、帽口、钢渣，废钢锭、冻结包底，不正常冶炼时炉中溢出的钢水等，轧钢过程中产生的切头、切尾、切边、氧化铁皮等，更新设备时更换下来的报废设备及备品备件，从冶金渣中磁选出来的渣铁、渣钢，通常只在本厂内部循环利用；加工废钢（new scrap）是在钢铁制品制造加工过程中产生的废钢；而折旧废钢（old scrap）是钢铁制品报废产生的废钢。钢铁企业通常将加工废钢和折旧废钢笼统归类为外购废钢。

铁矿石、废钢和直接还原铁是钢铁生产的主要原料，因为中国直接还原铁的产量还很低，钢铁工业仍以铁矿石和废钢为主要原料。以废钢为主要原料炼钢可节约矿产资源、能源，减少碳、氮氧化物排放，具有显著的经济效益和环保效益。相关研究资料表明[13]，多回收利用 1t 废钢铁，能够节约 1000kg 左右原煤或 400kg 焦炭，可减少消耗 1700kg 精矿粉，或 4300kg 原矿的开采，可减少 1600kg 的 CO_2 排放。相比从铁矿石到转炉炼钢过程，用废钢直接炼钢能够节约 60% 综合能耗，减少约 86% 的碳氧化物、硫氧化物等废气排放量。加强废钢铁回收应用可有效缓解钢铁产业资源紧张的局面，为钢铁工业节能减排发挥特殊功效。废钢资源充足与否，直接关系到炼钢的炉料结构和钢铁工业的流程结构。随着中国废钢资源量不断增加及钢产量逐渐走低，废钢供应状况将逐渐得到改善，钢铁工业可供废钢量将大量增加，做好废钢资源量分析和预测，适时做好炉料结构调整，对钢铁工业生产流程规划意义重大。

而废钢产生量与粗钢产量的密切相关的，根据翁宇庆院士提出的废钢预测模型[14]，如表 13-1 所示。2018 年全国粗钢产量 9.28 亿吨，按照废钢预测模型，2018 年废钢产生量大约为 2.17 亿吨，根据废钢协会统计，2018 年全国废钢铁资源产生总量为 2.2 亿吨，模型预测值与实际发生值非常接近，说明了模型的可靠性和准确性。

表 13-1　废钢预测模型

废钢分类	来　源	预　测　方　法
自产废钢	钢企内部炼钢、轧钢等工序的切头	0.08×当年钢产量
加工废钢	国内制造加工工业产生的废钢	0.06×当年钢产量
折旧废钢	国内各种钢铁制品报废后形成的废钢	模型 1：20 年前钢产量×（0.35-0.4）
		模型 2：15 年前钢产量×（0.32+50 年前钢产量×0.6）

废钢铁产业"十三五"发展规划中明确提出，到 2020 年年末甚至更长一段时间内，我国废钢铁应用的比例比"十二五"翻一番达到 20%；符合工信部废钢铁加工行业准入的企业达到 200 家，社会废钢加工能力达到 7000 万吨；废钢铁加工配送工业化体系不断壮大。

2018 年我国废钢铁消耗总量和废钢综合单耗均创历史新高。2018 年前 9 个月的统计数据，我国废钢铁消耗总量 1.41 亿吨，同比增加 3939 万吨，增幅 38.9%；废钢单耗 201kg/t，同比增加 42.6kg/t，增幅 26.9%，其中转炉废钢单耗 150.1kg/t，同比提高 28.1kt/t，增幅 23%；电炉废钢单耗 660kg/t，同比提高 41.4kg/t，增幅 6.7%；废钢比 20.1%，同比增加 4.3 个百分点。电炉钢比 9.8%，同比提高 2.46 个百分点。我国废钢铁资源利用水平实现了新的突破，提前两年三个月完成了废钢铁产业"十三五"规划提出的 20% 的目标，但与国际水平仍有差距[15]。

中国废钢协会对"十三五"后两年废钢铁产业发展趋势进行了预测：

一是社会废钢铁资源是越来越多，每年将以 1000 万吨的增量攀升，而粗钢产量会越来越少；

二是钢铁企业应用废钢铁的积极性越来越高，废钢铁的应用比例也会越来越高；

三是短流程炼钢的比重会越来越大，电炉废钢比和电炉钢比也会越来越高。

13.2.2　废钢回收

企业回收废钢，不仅能够节省矿产资源和能源，而且可以节省企业生产运作资金，比如钢铁企业可以直接利用企业的自产废钢，节省原材料购进费用，或者充分利用社会回收网络，进行废旧钢铁回收，也要比直接购进钢铁原材料要经济。

企业回收废钢的渠道主要有三个方面：

（1）企业生产性回收。在高炉炼铁炼过程中可产生沟铁、铁水罐底、边沿残铁、铸铁机的散碎废铁等。每炼1t生铁可回收10~12kg的废铁；在炼钢过程中可产生铸余、中注管、汤道、凝钢、跑钢、钢水罐底，边沿残钢、短锭、车间内判废钢等。每炼1t钢可回收30~40kg废钢；在轧钢过程中，铸坯至轧制成材要产生氧化铁皮、切头、切尾、切边和废次材等，每轧1t钢材可回收15%~25%的废钢。以上这类废钢一般也被称为"返回废钢"或"自产废钢"，占废钢铁回收总量的30%~50%。

（2）机械加工生产企业和基本建设单位的废钢铁的回收。机械加工生产下来的废钢一般称为"工业废钢"。机械加工生产，钢材消耗量大，由于生产工艺不同，钢材的利用率也不一样，普通碳素钢材利用率较高，而合金钢材利用率较低。例如，用以制造军用器械、常规武器的钢材一般利用率在50%左右；用以生产轴承的钢材利用率在38%~45%之间；高速工具钢利用率在40%~55%之间；航空用高温合金钢材利用率约为23%。我国机械加工行业钢材平均利用率在70%~75%机械加工生产下来的主要是钢铁屑沫、切头、切尾、边角余料、加工废件等。这类废钢占废钢铁回收总量的20%~25%。

基本建设回收：在基本建设过程中要消耗大量的钢材，随之相应地产生下来一些不同类型的废钢。金属结构工程多产生边角余料，切头、切边等；石油、化工和钢铁工业的基建工程产生的边角余料、废钢材较多。在拆除工程中也会产生大量的废钢铁，如钢铁结构件、框架等。这类废钢铁占废钢铁回收总量的2%~3%。

（3）社会回收。社会回收指非生产性的回收，范围较广，根据新陈代谢的自然发展规律，各种机械设备要不断地进行更新改造，在这个过程中要产生大量的废钢铁。这类废钢一般也叫做"折旧废钢"或"折旧回收"。折旧回收又分为正常报废回收、过时报废回收和事故报废回收。正常报废回收，是指对超过规定使用年限，已失去使用价值的设备回收；过时报废设备，一般是指精度要求高的设备、不论是在正常使用或闲置没用，一旦超过年限，要强制报废；事故报废的设备，主要是指在生产中发生某些重大事故，设备受到损坏而报废。例如航空，航海机械设备，军械武器装备，仪器、机床，动力设备，农业机械、运输工具，车，船等。这类废钢铁占废钢铁回收总量的25%~30%。非生产性回收还包括社会回收，这部分废钢铁资源分散于城乡、各行各业，千家万户，零星分散、品种多、质量杂。把它们收集起来就可以集砂成塔，是不可忽视的潜在资源。例如日用器皿、细小五金、农业生产工具等。这类废钢铁占钢铁回收总量的5%~10%。

不同钢种冶炼，对废钢炉料成分、规格要求不同，投入的废钢比也不同。废钢品质好坏直接影响炼钢的工艺操作，影响到钢的品质和产量。为保证洁净钢生产，回收加工废钢作为循环利用资源要做到以下基本要求，以满足不同钢的品质要求及自动化控制要求，提高炼钢的生产率[16,17]：

（1）废钢尺寸重量要求。废钢再利用必须有限制的重量和尺寸。炉料的装炉，在炉内熔化冶炼，与炉衬的碰撞接触，均会影响到冶炼操作、钢产量及炉龄。因此，轻型废钢要压实打包，重型废钢要切割加工。钢企自产重型废钢，品质好，钢的成分清楚，但废钢尺寸过大，无法投炉，必须切割加工。一般对 1 类重型废钢的要求是，单块重量 40～1500kg，长×宽 ≤ 1000mm×400mm，厚度 ≥ 40mm。对其他中型、小型废钢的外形尺寸、密度也有相应要求[18]。

（2）废钢洁净要求。为了保证冶炼的质量和安全，废钢在回收中必须分类存储，不能掺有生活垃圾、医疗垃圾、放射性废物及其他非钢废弃物。废钢表面、内部不应存在其他杂物。

（3）废钢元素要求。如 LF 精炼炉生产的洁净钢，对冶炼残留的微量金属元素（镉、砷、镍、硒、钼、铜等）成分含量的要求越来越高。随着废钢不断的循环利用，这些微量元素将会在钢中不断富集，对钢的品质造成较大影响。因元素 S 可降低钢的力学性能，如轴承类机械用钢，对元素 S 成分含量有所限制，转炉脱 S 能力低，特别是在铁水炉料初始 S 含量低的情况下，往往在入炉废钢 S 含量较高时发生冶炼过程的回 S 现象。对于超低硫钢种的冶炼，除了在 LF 钢包精炼或 RH 精炼炉对钢水进行脱硫处理以外，必须调整入炉废钢比或对废钢原料的 S 含量加以控制[16,19,20]。

"十二五"期间我国已有 150 多家企业进入废钢铁加工行业准入之列，有 66 家废钢铁加工配送企业先后被授予废钢铁加工配送中心和示范基地称号；形成机械加工能力为 6000 万吨，占社会废钢产生量的 60% 以上，并在全国范围内基本形成了工业化的废钢铁加工配送体系。

废钢铁本身就是一种节能载能的绿色资源，废钢铁回收加工配送应用每个环节每道工序都应该体现出绿色环保，同时要把废钢质量放在首位，为钢铁企业多吃废钢，精品入炉做贡献，不断推进废钢铁产业"一体化"发展培养领军企业，加强企业集中度建立起长期稳定、供需双赢的产业链。

13.3 废钢循环利用新技术

在工业化后期，资源匮乏、能源危机、环境恶化日趋严重，冶金工业发展受到严重挑战。同时也为现有冶金工业发展提供了机遇，大量的钢铁设备与机械零部件的已经到了服役期，虽然一些设备可以进行表面修复可继续服役。但大量的钢铁设备与零部件都要进行重新冶炼，使钢铁材料完成了整个生命周期。重新冶炼后成为新材料迎来了新的轮回，从而开始了新的生命周期[21]。

在当前钢铁工业去产能的趋势推动下，未来时期废钢资源将逐步增加，加之铁矿资源的限制，为以废钢为原料的电炉炼钢技术发展和应用提供了资源前提，低 C（废钢）时代的新型电炉流程技术将成为黑色冶金领域改变传统生产流程工艺的一种创新技术，对中国钢铁工业流程结构、模式和布局、铁素资源消耗、能源消耗和碳排放产生重要影响。

13.3.1 低 C（废钢）时代的新型电炉流程技术

在未来 20 年内，随着中国废钢铁资源的快速增长，特别是在 2030 年后，中国钢铁工业中电炉流程占比将达到相当的比例。废钢是现代钢铁工业主要的不可缺少的铁素原料，也是唯一可以大量替代铁矿石的原料，是节能载能的再生资源。

低 C（废钢）时代的新型电炉流程技术是在开发废钢连续加料工艺，实现电炉"不开盖"连续"平熔池"冶炼的基础上，形成"4 个 1"的电炉流程结构，并使之从间歇操作走向准连续操作，最终实现电炉流程总体准连续化运行[22]。

新型电炉流程技术的主要特征：

（1）以废钢为主要原料，不兑铁水，且电炉钢厂要有废钢二次加工-分类场，要有必要的废钢加工、分类手段；

（2）新型电炉是不开盖的，且能实现废钢连续加料、持续液态熔池操作；

（3）电炉要有控灰尘、回收 Zn 尘、处理二噁英、降噪声、减少散热的手段；

（4）电炉-钢包炉紧凑布置，电炉、LF 炉逐步实现无包连接，使之从间歇操作走向准连续操作方式，推动电炉流程总体准连续化运行；

（5）电炉流程要形成"4 个 1"的流程结构（1EAF + 1×LF + 1×C. C. + 1×H. R. M.），特别是普碳钢长材厂，要实现上、下游工序衔接、匹配，实现动态有序、协同连续运行；

（6）电炉流程较易实现全流程智能化运行，有望在智能化方面首先有所突破；

（7）电炉流程未必是 24h 开足马力生产的，在某些情况下主要是在"谷电"时段内运行的，可以作为电网谷电时期的"大电容"器，充分利用电网电能，提高电能的社会利用效率。

13.3.2 新型电炉流程技术的社会影响分析

2015 年中国电炉钢比 7.3%，世界电炉钢比 24.8%；若不含中国，世界其他国家电炉钢比为 42.1%，远高于中国。而我国由于钢产量上升的原因，废钢资源量优势尚未显现，因此对于电炉流程尤其是新型电炉流程技术尚未得到重视，该技术的研发仍处于理论基础研究与应用基础研究阶段，与技术成熟，以致工程应用还有一定的差距。

当前的电炉流程由于开盖加料导致能量放散、环境污染严重等问题突出，因此，开展该技术的研发极为迫切。该技术的研发成功和应用，将会对钢铁工业流程结构、钢厂模式和钢厂布局、铁素资源消耗、能源消耗和碳排放产生重要的影响。

（1）未来全废钢电炉将在建筑用长材制造领域（螺纹钢、圆钢、线材等）逐步取代高炉—转炉流程的份额，这些电炉普通棒材厂应分布在中心城市周边，规模不大，一般为 50 万~100 万吨/年，以 "EAF×1+LF×1+C. C. ×1+H. R. M. ×1" 的基本结构形态出现，循环消纳中心城市废弃物，销售半径在 200km 左右。

（2）电炉将在一般用途中板制造领域取代高炉—转炉工艺，也是以 "4 个1" 的结构出现，规模 60 万~100 万吨/年，宽度≤3200mm 或 3500mm，厚度≤40mm。以全废钢为主，需要时配合铁块或不超 30%的铁水。

（3）全废钢电炉将与近终型连铸—连轧工艺组合生产，规模 180 万~240 万吨/年，以薄规格、高强度热轧产品为主。

（4）电炉将继续与无缝钢管轧机组合生产。

（5）电炉将与结构用合金钢长材组合生产，一条作业线的规模 50 万~80 万吨/年，该类钢厂位置分布于汽车制造、车辆制造、机械制造中心城市周边。

（6）电炉可以用于生产高质量锻材，以模块件和大、中型轴件等为主，规模不大，一般为 5 万~10 万吨/年，也可以附设在电炉合金钢长材厂内。

13.3.3 新型电炉流程技术研发难点

低碳（废钢）时代的新型电炉流程技术将成为黑色冶金领域改变现有传统生产流程工艺的一种创新技术，技术研发将受到传统生产模式的质疑和阻碍，因此技术研发不仅要克服技术本身创新的难点，还要克服来自传统模式的阻力，同时新技术也要适应越来越严格的环保要求。

该技术研发的障碍及难点主要有：

（1）淘汰现有间断型、开盖式装料电炉生产模式，开发新型的不开盖、连续加料的持续液态熔池操作的电炉，从源头减少烟尘排放。

（2）末端烟气处理一体化集成：既要减少排放，同时高值化回收利用有价元素，因此要有控灰尘、回收 Zn 尘、处理二噁英、降噪声、减少散热的手段。

（3）不开盖平熔池电炉的炉型与装备设计：全废钢预热和电炉熔池中废钢熔化过程是多相流的作用过程，因此多相间传热学和动力学机理是开发烟气预热废钢和废钢熔化模型的关键，也是新型电炉炉型与装备设计开发的难点。

（4）平熔池冶炼的电炉出钢量与留钢量的关系要认真研究，并由此优化电弧炉炉型。

13.3.4 新型电炉流程技术发展所需的环境与实施措施

废钢是新型电炉的主要原料，不仅电炉钢厂要有废钢二次加工–分类场，要有必要的废钢加工、分类手段，而且还需要有废钢资源的供应保障，因此新型电炉的发展需要有健康的废钢资源回收与供产业，这是其技术发展的重要前提和必要条件。构建这一环境所需要的实施措施主要有：

（1）加强废钢产业顶层设计，促进废钢产业合理布局、规范管理。

（2）着力培育废钢加工配送的龙头企业，提倡分区设点和提高加工、分类管理水平，推动废钢回收—拆解—加工—分类—配送—应用一体化。

（3）推行废钢产品标准化、废钢加工企业环保–绿色化、区域化的发展方针。

此外，新型电炉流程技术的应用离不开设计，而且废钢电炉流程较易实现全流程智能化运行，应该在新建电炉厂基础上进行示范性的设计探索，因此在鼓励转炉适度多用废钢的同时，加强清洁绿色新型全废钢的电弧炉冶炼工艺的开发和流程设计，研究制定鼓励钢铁企业充分合理利用废钢的工艺技术和流程结构现代化的相关政策，对电炉短流程的发展提前作出科学规划，防止一哄而起。

13.4 钢铁产品的再制造

13.4.1 再制造的内涵与意义

再制造是指将运输机械、矿山机械、航运机械、机加工机械等报废设备的零部件作为制造毛坯，在磨损程度、强度降低、使用寿命评估等分析的基础上，进行再制造生产设计，采用国内外最先进制造技术，如表面工程技术等手段，进行专业化量化生产，使再制造产品替换原设备的零部件。再制造是一个让报废的设备零部件修复的过程，针对各种失效原因采取相应的措施，使设备的使用寿命延长，挖掘废旧产品中的潜在附加值是再制造产业的宗旨。

再制造工程是一个统筹考虑产品零部件全生命周期管理的系统工程，是利用原有零部件并采用再制造成形技术（包括高新表面工程技术及其他加工技术），使零部件恢复尺寸、形状和性能，形成再制造的产品。主要包括在新产品上重新使用经过再制造的旧部件，以及在产品的长期使用过程中对部件的性能、可靠性和寿命等通过再制造加以恢复和提高，从而使产品或设备在对环境污染最小，资源利用率最高，投入费用最小的情况下重新达到最佳的性能要求。再制造工程被认为是先进制造技术的补充和发展，是极具潜力的新型产业。

图 13-5 所示为机电产品的生命周期过程简图。由图 13-5 中可以看出再制造与维修、回收的区别。以往的产品报废后，一部分是将可再生的材料进行回收，一部分将不可回收的材料进行无害化处理。在产品的生命周期过程中维修主要是

针对在使用过程中因磨损或腐蚀等原因而不能正常使用的个别零件的修复。而再制造是在整个产品报废后，通过采用先进的技术手段对其进行再制造形成新的产品。再制造过程不但能提高产品的使用寿命，而且可以影响产品的设计，最终达到产品的全生命周期费用最小，保证产品创造最大的效益。此外，再制造虽然与传统的回收利用有类似的环保目标，但回收利用（如熔化钢铁和溶解纸张）主要是材料的重新利用，而再制造技术是一种零部件功能性恢复技术，可以从废弃产品中获取零部件的最高价值，甚至获得更高性能的再制造产品。由此可见，再制造是对产品的第二次投资，更是使产品升值的重要举措[23]。

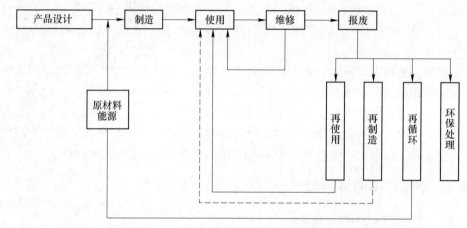

图 13-5　机电产品生命周期简图

再制造的本质是修复，但它不是简单的维修。再制造的内核是采用制造业的模式搞维修，是一种高科技含量的修复术，而且是一种产业化的修复，因而再制造是维修发展的高级阶段，是对传统维修概念的一种提升和改写。

"全寿命周期"这个概念就是由再制造生发的。通常我们说产品寿命周期，指的就是产品的制造、使用和报废处理三个阶段，再制造产业诞生后，产品的寿命周期就不仅要考虑上述三个阶段，而且在产品设计时就充分考虑产品维护以及采用包括再制造在内的先进技术对报废产品进行修复和再造，从而产品性能和价值得以延续。换言之，在全寿命周期概念中，应该报废的产品其寿命并未终结，经过再制造之手，它可以再度使用，因而产品的全寿命周期链条就拉长为产品的制造、使用、报废、再制造、再使用、再报废。

再制造不但能延长产品的使用寿命，提高产品技术性能和附加值，还可以为产品的设计、改造和维修提供信息，最终以最低的成本、最少的能源资源消耗完成产品的全寿命周期。国内外的实践表明，再制造产品的性能和质量均能达到甚至超过原品，而成本却只有新品的1/4甚至1/3，节能达到60%以上，节材70%以上。业内人士认为，最大限度地挖掘制造业产品的潜在价值，让能源资源接近

"零浪费"，这就是发展再制造产业的最大意义所在。

13.4.2 典型的再制造技术

13.4.2.1 堆焊

堆焊是指将具有一定使用性能的合金材料借助一定的热源手段熔覆在母体材料的表面，以赋予母材特殊使用性能或使零件恢复原有形状尺寸的工艺方法。因此，堆焊既可用于修复材料因服役而导致的失效部位，亦可用于强化材料或零件的表面，其目的都在于延长零件的使用寿命、节约贵重材料、降低制造成本。

堆焊技术的显著特点是堆焊层与母材具有典型的冶金结合，堆焊层在服役过程中的剥落倾向小，而且可以根据服役性能选择或设计堆焊合金，使材料或零件表面具有良好的耐磨、耐腐蚀、耐高温、抗氧化、耐辐射等性能，在工艺上有很大的灵活性。

在堆焊方法方面，开发了电弧堆焊（单丝、多丝、单带极、多带极）、电渣堆焊（窄带极、宽带极、躺极）、MIG 堆焊、等离子弧粉末堆焊、高能光束（激光、聚焦光束）粉末堆焊等，就熔敷效率而言，已从单丝电弧堆焊的 11kg/h 发展到多带极电弧堆焊的 70kg/h，而稀释率从电弧堆焊的 30%~60% 降低到等离子弧、激光、聚焦光束堆焊的 5% 左右。堆焊材料方面，针对被修复零件的服役要求，相继开发了耐磨的硬质合金复合堆焊材料（包 WC 的管状焊条以及含碳化物的钴基合金、镍基合金、铁基合金粉末），耐冷热疲劳的 CrNiWMoNb 及镍马氏体时效钢等模具堆焊材料，以及用于轧辊修复的低合金钢堆焊材料（30CrMnSi、40CrMn）、热作模具钢堆焊材料（3Cr2W8、Cr5Mo）、弥散硬化钢堆焊材料（15Cr3Mo2MnV、25Cr5WMoV、27Cr3Mo2W2MnVSi）、马氏体不锈钢堆焊材料（1Cr13NiMo 配 SJ11 烧结焊剂、0Cr14Ni2Si 配 SJ11 烧结焊剂）等。在堆焊材料的使用形式方面，已从堆焊发展初期的以焊条为主转向焊条、实心焊丝配焊剂、焊带配焊剂、药芯焊丝及粉末等多种使用形式，而且药芯焊丝的使用比例呈逐年增长趋势[24]。

轧辊是轧机的重要组成部分，是轧制用的重要工具，也是轧制生产中主要消耗部件之一。在轧制生产中，轧辊处于复杂的应力状态中，热轧轧辊工作环境更为恶劣，轧辊与轧件直接接触加热，轧辊水冷引起周期性热应力，轧制负荷引起接触应力及残余应力等，轧制时卡钢造成局部发热所引起的热冲击、轧辊边部压靠、局部机械应力等都易使轧辊失效。轧辊失效形式主要有轧辊磨损、轴颈磨损、扁头磨损、裂纹、剥落和断裂等，其中任何一种失效都会影响轧辊的使用寿命。在众多的失效形式中，磨损是最主要的失效形式。针对轧辊不同的失效形式，采用不同的处理方式来修复废旧轧辊。一般情况下，对于经探伤确认轧辊本体合格，仅存在裂纹、剥落等表层失效模式的轧辊磨损，多采用磨床磨削、车床车削、开槽式磨削和手工打磨的方式来修复。轧辊严重磨损后的修复常用的是堆焊修复。同样在冶金行业中用堆焊进行修复的包括转炉炼钢除尘设备中的叶轮叶片、连铸辊、冶金设备中的齿轮和轧机牌坊等。

　　阀门的寿命和工作可靠性主要取决于其密封面的质量，密封面不仅因阀门周期性的开启和关闭而受到擦伤、挤压和冲击作用，而且还因所处的工作环境和介质而受到高温、腐蚀、氧化等作用，我国石化企业因密封面失效导致阀门报废而造成的浪费现象十分严重。因此，根据阀门所处的工作环境要求，采用合理的堆焊方法修复或强化阀门密封面，使其具有优异的抗擦伤、抗腐蚀、抗冲蚀、耐高温等综合性能，可有效延长阀门使用寿命，降低成本。我国阀门密封面堆焊技术的研究工作始于 20 世纪 60 年代初，历经几十年的长期发展历程，阀门堆焊方法从以手工电弧堆焊和氧-乙炔火焰堆焊等非自动化、低效率的堆焊方法为主，发展到广泛采用高效、自动化的堆焊方法，如埋弧堆焊、钨极氩弧堆焊、等离子弧粉末堆焊乃至激光堆焊。而堆焊材料也从以焊条为主转向大量采用堆焊焊丝及堆焊粉末[25~27]。

13.4.2.2 激光熔覆

　　激光熔覆是在工件表面加入熔覆材料（送粉、送丝等），如图 13-6 所示，通过高能激光加热，使熔覆材料和基体表面薄层金属熔化，此时靠工件自身的导热，快速凝固为熔覆层，获得工件所要求的具有各种特性的改性层或修复层。

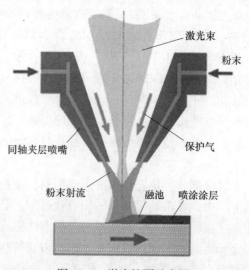

图 13-6　激光熔覆示意图

　　激光熔覆加工过程依靠激光熔覆设备来实现，主要包括激光器（CO_2激光器、YAG 激光器、半导体激光器、光纤激光器等）、送粉系统（送粉器、粉末传输通道和喷嘴）、激光加工平台、多轴机器人（通过程序控制实现自动化熔覆工艺）、气体保护系统、跟踪检测与反馈系统[28]，如图13-7所示。

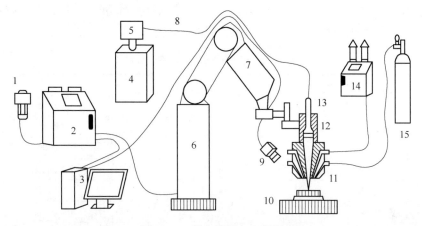

图13-7　激光熔覆加工设备

1—示教器；2—机器人控制系统；3—计算机；4—激光器；5—光纤输出口；6—焊接机器人；

7—机械臂；8—传导光纤；9—视觉跟踪器；10—加工平台；11—送粉头；

12—激光镜头；13—显微输出端；14—送粉系统；15—送气系统

激光熔覆技术同其他表面强化技术相比，有如下优点[29]：

（1）冷却速度快，产生快速凝固组织，容易得到细晶组织或产生平衡态所无法得到的新相；

（2）热输入小，畸变小，熔覆层稀释率低；

（3）合金粉末选择几乎没有任何限制；

（4）针对复杂件及难以接近的区域，激光熔覆工艺过程易实现自动化。

激光熔覆技术是未来先进制造业中潜力最大的技术之一，目前广泛用于矿山行业、钢铁行业、煤炭电力、机械制造等领域中，并取得了很好的经济和社会效益。

矿山机械主要任务是为煤炭、钢铁、有色金属、化工、建材等部门的矿山开采，以及为铁路、公路、水电等大型工程的施工提供先进、高效的技术装备。矿山机械在经济建设和社会发展中占有非常重要的作用，矿山机械制造业是国家建立独立工业体系的基础，也是衡量一个国家工业实力的重要标志，属于国民经济的支柱行业。矿山机械行业由于其行业性质的特殊性，每年产生大量的废旧零部件，据统计预测，到2020年，矿山机械平均报废量将达近百万吨，因此矿山机械再制造越来越受国家与企业的重视，这对推动我国经济可持续发展有着极其重要的意义。随着再制造技术的不断发展完善，越来越多的矿山机械零部件通过再制造得以重新利用，变废为宝，不仅减少了资源和能源的浪费，而且对于整个社会经济的可持续发展起到积极的推动作用。

目前，我国连续采煤机的液压油缸的修复已普遍采用激光熔覆技术，在缸筒和活塞杆表面熔覆不锈钢，以显著提高表面的结合强度、耐蚀性能、脆性、耐冲击性能和可修复性，激光熔覆与电镀涂层各指标对比详情见表 13-2[30]，可以看出激光熔覆的耐蚀性能明显优越于传统的电镀工艺。

表 13-2　激光熔覆技术与电镀技术对比

性能指标 工艺技术	激光熔覆技术	电镀技术
原材料	X431-CoM2	铬酐等
涂层厚度	0.4~0.5mm	0.07~0.09mm
可修复性	局部修复	重新镀层
结合方式	冶金结合	物理结合
气孔率	无气孔	≤5 个/dm^2
硬度	HV400~600	HV800
耐腐蚀性能	1000~1200h（铜加速乙酸盐雾）	144~168h（铜加速乙酸盐雾）

采矿破碎机在工作中，电动机通过传动轴驱动主轴带动动锥在偏心套的迫动下做旋摆运动，使物料在破碎腔内不断受到冲击、挤压和弯曲作用，从而达到破碎物料的目的，这使得破碎机主轴在持续的高强度交变应力下工作。长期的摩擦及交变应力导致主轴表面组织受损，存在不同程度的磨损、烧伤及疲劳裂纹。采用激光熔覆技术对破碎机主轴进行再制造，如图 13-8 所示，克服了传统修复手段所带来的热影响区淬硬、热变形大、焊层晶粒组织粗大等问题，经过修复后破碎机主轴使用寿命可提高 2~3 倍[31]。

激光熔覆精密修复技术在塑料模具修复中的应用是最近几年内发展起来的[32]。由于熔覆层本身的材料与性能是通过对实际失效材料的形式进行的调整，所以激光熔覆精密修复技术的应用范围会比激光焊接修复技术要广泛得多。例如：在实际的塑料工业生产过程中，可以根据塑料生产的实际需求以及原塑料模具的材料和性能，对激光熔覆修复技术应用的匹配材料和性能进行确定，保证了修复之后塑料模具的质量[33]。除此之外，激光熔覆精密修复技术的整个操作过程相对简单便捷，所以国内外针对激光熔覆精密修复技术陆续展开了多种形式的研究，并取得不错的研究成果，在推动激光熔覆精密修复技术走向成熟的同时，也进一步促进了塑料工业生产行业的发展。

13.4.2.3　热喷涂

热喷涂技术是借助喷涂设备，在一定气压下，将被加热的合金粉末，以一定的速度覆盖在基体表面，达到锚固的目的，合金粉末在机体表面形成一定强化涂层，对零件形成保护和加强的作用。喷涂原理如图 13-9 所示[34]。

使用热喷涂技术进行零件加工再制造需经过四个阶段。首先，熔化阶段，在

图 13-8   圆锥破碎机主轴激光熔覆再制造

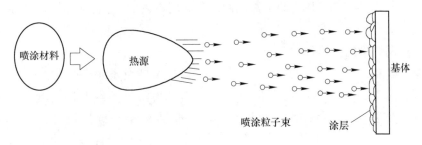

图 13-9   热喷涂原理

金属粉末到达高温区域时热喷涂材料被加热熔化，形成金属熔滴；其次，熔滴雾化，丝材端部形成的熔滴在气流或者热源的作用下雾化成细微熔滴向前喷射；接着，喷涂材料做加速和减速飞行。最后，金属离子与基体表面形成冲击，并凝固，由于基体表面相对粗糙容易使可以停留表面并发生形变，最后冷凝收缩，形成零件表面的金属涂层。使用热喷涂技术进行零件修复强化时，粉末金属与基体金属的结合方式属于机械结合，也就是金属材料的熔滴和零件粗糙的基体表面形成机械键相互啮合。

热喷涂技术一般的分类方法是根据热源燃烧法和电加热法，然后再根据涂层材料进行细分。燃烧法又可以分为火焰喷涂和爆炸喷涂，而火焰喷涂具体细分为三种：粉末火焰喷涂、丝材或棒材火焰喷涂、超音速火焰喷涂。电加热法也可以分为电弧喷涂和等离子喷涂，而等离子喷涂又具体细分为大气等离子喷涂、低压等离子喷涂、感应等离子喷涂和水稳等离子喷涂[35]。

热喷涂技术应用优势主要体现在以下三个方面：

（1）材料受限小。加工部件的材料和喷涂材料受限较小，基体材料可以是金属、陶瓷、塑料，甚至是非金属材料木材、水泥和石膏等。热喷涂技术使用中可对气氛进行调节，任何加热过程中不升华、不降解的材料都可作为喷涂材料。并且涂层材料具有多样性，可以混合使用，对喷涂工艺进行再设计便可以获得各种性能的涂层和制品，喷涂功能多样，如耐磨、耐蚀、抗冲击、防磁、密封、控隙等，尤其在轴类铸件的再制造应用中发挥重要作用。

（2）工件受限小，涂层厚度范围宽。热喷涂技术工具操作方便，对工件的大小没有限制，工件、结构件等都可以进行喷涂。并且热喷涂的涂层可达 0.1 ~ 2.5mm，焊层可达 0.1 ~ 8mm。技术使用范围比较广。

（3）工艺效益高。使用热喷涂技术可以对喷涂材料和工艺进行特殊设计，提高构件的性能和寿命高达几十倍，在工业制造领域可以提高产品质量和产量，开发具有特殊工艺的新构件可以提高其市场竞争力。机械的使用者可以减少备用件库存，削减成本，带来经济效益和社会效益。

与其他修复工艺相比，热喷涂的缺点是镀层本身的抗拉、抗剪切和抗冲击强度都低，结合强度不高，主要用于需要表面防护的轴类零件和热冲压模具的修复、海洋钢结构的防腐等。

煤矿机械、工程机械、汽车制造等行业的大型设备中轴类零件的破坏形式主要有磨损、断裂和弯曲三种，其中磨损最为常见。因摩擦引起磨损从而失效的零件占全部报废零件一半以上。大型轴类零件价格较高，生产周期长，具有较高的修复价值。图 13-10 为某电厂磨煤机拉杆轴采用热喷涂方法进行修复[36]。

汽车车身冲压件最常见的表面缺陷之一是表面拉毛，拉毛刻痕不仅影响涂漆质量及外观，而且易产生应力集中，特别是对一些车身加强板件，极易成为车身锈蚀的开始，导致破裂，从而影响车身寿命。特别是近年来，随着汽车向轻量化发展，高强度钢板的用量增多，对冲压模具的抗磨损性能的要求也相应提高，而传统的热处理已经不能满足这一要求。运用热喷涂技术，能够在冲压模具表面沉

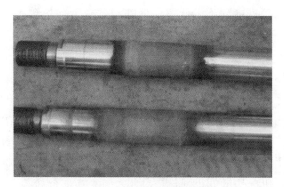

图 13-10　热喷涂修复后的轴

积一层耐磨涂层,来提高模具的使用寿命并且在正常寿命期内更充分确保模具的精确度。图 13-11 为热喷涂处理前后冲压出的汽车零件表面。可以看出,处理前冲压出的零件表面拉毛现象很明显,影响后期焊接安装和喷漆效果。但喷涂后冲压出零件的表面明显顺滑很多,几乎没有拉毛现象[37]。

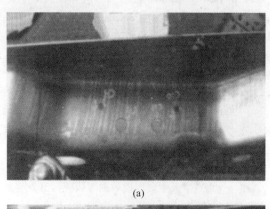

(a)

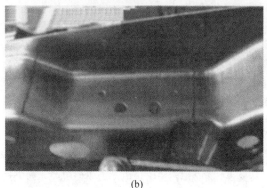

(b)

图 13-11　热喷涂处理前后冲压出的 B 柱内板
(a) 处理前冲压出的制件;(b) 处理后冲压出的制件

　　钢结构以其力学性能好、整体稳定性强、组装方便等优点，成为现代海洋石油开采和储运设施的主要用材。海洋环境中盐含量高，湿度大，钢铁腐蚀严重，将锌、铝等金属涂层涂敷在钢铁上可有效地防止钢铁腐蚀。由于热喷涂金属涂层具有不含有机挥发性溶剂、无需固化时间、无最低施工温度、耐高温性能良好和全寿命成本最低等特点，已在海洋钢结构物防腐中得到了广泛的应用。处于海洋飞溅区的导管架的大腿，高温管线、火炬臂高温区和一些有机溶剂储罐均已经采用热喷金属涂层防腐。如荔湾 3-1 项目中，采用热喷铝涂层对贫乙二醇罐内壁进行防腐，经过三年多的应用运行，热喷铝涂层防腐性能良好，解决了易吸水的有机溶剂无法采用有机涂层防腐的难题[38]。

参 考 文 献

[1] 殷瑞钰. 绿色制造与钢铁工业 [J]. 钢铁，2000，6（35）：61-65.

[2] ISO International Standard14040. Environmental management－Lifecycle assessment－Principles and framework. International Organisation for Standard，Geneva，1997.

[3] 张明. LCA 让绿色钢铁更具魅力 [N]. 中国冶金报，2012-08-14（A03）.

[4] 欧钢联. 欧洲钢铁工业对整合性产品政策的贡献——最终报告 [R]. 2007.

[5] 欧钢联. 2007 年度报告 [R]. 2008.

[6] CORUS 钢铁公司. 2007/08 社会责任报告 [R]. 2008.

[7] Rautaruukki 钢铁公司. 2008 Rautaruukki 钢铁公司年度报告 [R]. 2009.

[8] 安赛乐-米塔尔钢铁公司. 为改变明天承担责任——2007 企业社会责任报告 [R]. 2008.

[9] 新日铁. 2007 可持续发展报告 [R]. 2008.

[10] 刘涛. 钢铁产品生命周期评价研究现状及意义 [J]. 冶金经济与管理，2009，5：46-48.

[11] 王伟晗，刘涛，刘颖昊. 钢铁产品生命周期数据库研究与开发 [J]. 世界科技研究与发展，2015，5（37）：564-569.

[12] 钟绍良. 从汽车板全生命周期角度看钢铁业能耗 [J]. 冶金管理，2015，8：46-48.

[13] 朱继民. 支持和鼓励废钢产业化实现行业协同发展 [J]. 中国废钢铁，2015，5：5-8.

[14] 翁宇庆. 电炉钢与废钢的相关性 [J]. 中国废钢铁，2013，12（6）：3-5.

[15] 邓旭，张娜. 抓住机遇真抓实干不断推进全国废钢产业高质量发展 [J]. 资源再生，2018，11：72-75.

[16] 周启星. 污染土壤修复原理与方法 [M]. 北京：科学出版社，2004：402.

[17] 林曾森，杨欣欣，桑鹏鹏，等. 电动力学修复污染土壤的改进技术 [J]. 大学物理实验，2014，27（4）：10-13.

[18] 刘文庆，祝方，马少云. 重金属污染土壤电动力学修复技术研究进展 [J]. 安全与环境工程，2015，22（2）：55-59.

[19] Gang L，Guo S H，Li S C，et al. Comparsion of approaching and fixed anodes for avoiding the "focusing" effect during electrokinetic remediation of chromium-contaminated soil [J]. Chem-

ical Engineering Journal，2012，7：231-238.

[20] 乔志香，金春姬，贾永刚，等．重金属污染土壤电动力学修复技术［J］．环境污染治理技术，2004，5（6）：80-83.

[21] 张春霞，王海风，张寿荣，等．中国钢铁工业绿色发展工程科技战略及对策［J］．钢铁，2015，10：1-7.

[22] Vucinic Bojan，Patrizio Damiano，Koblenzer Harald. ECS 与传统电弧炉相比——电炉最优工艺技术选择［C］//钢铁流程绿色制造与创新技术交流会论文集，2018，8：105-122.

[23] 刘福中，田晖，向东，等．家电产业与循环经济［M］．北京：中国轻工业出版社，2011：197-198.

[24] 单际国，董祖珏，徐滨士．我国堆焊技术的发展及其在基础工业中的应用现状［J］．中国表面工程，2002，4（57）：19-22.

[25] 黄文哲，等．金属材料堆焊，焊接手册（第2卷）［M］．北京：机械工业出版社，1992：615-651.

[26] 程华，印有胜．我国阀门密封面堆焊合金现状及发展［J］．阀门，2001，23（5）：379-381.

[27] 苏志东．阀门密封面堆焊层厚度的研究［J］．阀门，2001，3：19-22.

[28] 邵丹，胡兵，郑启光．激光先进制造技术与设备集成［M］．北京：科学出版社，2009：116-118.

[29] 李嘉宁，刘科高，张元彬．激光熔覆技术及应用［M］．北京：化学工业出版社，2015：53-56.

[30] 林广旭，王义猛．基于设备大修的液压缸活塞杆激光熔覆技术探讨［J］．内燃机与配件，2019，1：31-33.

[31] 董景隆，高红东，沈俊萍．激光再制造技术的发展及应用［J］．矿山机械，2019，1（47）：1-6.

[32] 姚令，吴楠，韩宪军．光纤激光切割及其在精密加工中的应用展望［J］．热加工工艺，2018（7）：11-15.

[33] 常明，张庆茂，廖健宏，等．塑料模具精密修复技术的评述及展望［J］．金属热处理，2006（7）：1-5.

[34] 刘勇，赖啸，郭晟．轴类零件再制造火焰喷涂高频感应熔覆复合工艺方法研究［J］．西部皮革，2017，39（12）：14.

[35] 李红峰．基于轴类零件再制造火焰喷涂高频感应熔覆复合工艺及装备的研究［D］．镇江：江苏大学，2015.

[36] 刘晓明，高云鹏，闫侯霞，等．3种表面技术在轴磨损修复中的应用研究综述［J］．表面技术，2015，8（44）：103-109

[37] 杨雪梅，秦兴喜，汪文．超音速火焰喷涂在汽车模具上的应用［J］．热加工工艺，2012，8（41）：153-155.

[38] 马永青，赵增元，朱玉婷，等．热喷金属涂层在海洋钢结构物上的应用［J］．中国海洋平台，2018，5（46）：69-73.

索　引